MATHÉMATIQU

&

APPLICATIONS

T0238381

Directeurs de la collection :
G. Allaire et M. Benaïm

59

MATHÉMATIQUES & APPLICATIONS
Comité de Lecture / Editorial Board

Directeurs de la collection :
G. ALLAIRE et M. BENAÏM

Instructions aux auteurs :

Les textes ou projets peuvent être soumis directement à l'un des membres du comité de lecture avec
copie à G. ALLAIRE OU M. BENAÏM. Les manuscrits devront être remis à l'Éditeur
sous format LATEX2e.

Mohamed Elkadi
Bernard Mourrain

Introduction à la résolution des systèmes polynomiaux

 Springer

Mohamed Elkadi

Laboratoire J.A. Dieudonné
Université de Nice Sophia Antipolis
Parc Valrose
06108 Nice cedex
France
e-mail: Mohamed.Elkadi@unice.fr

Bernard Mourrain

Project GALAAD, INRIA
2004 routes deś lucioles
B.P. 93
06902 Sophia Antipolis cedex
France
e-mail: Bernard.Mourrain@sophia.inria.fr

Library Congress Control Number: 2007925261

Mathematics Subject Classification (2000): 13P10, 68Q40, 14Q20, 65F15, 08-0, 14-01, 68-01

ISSN 1154-483X
ISBN-10 3-540-71646-7 Springer Berlin Heidelberg New York
ISBN-13 978-3-540-71646-4 Springer Berlin Heidelberg New York

Springer est membre du Springer Science+Business Media
©Springer-Verlag Berlin Heidelberg 2007
springer.com
WMXDesign GmbH

Imprimé sur papier non acide 3100/SPi - 5 4 3 2 1 0 -

Table des matières

Introduction

Les équations polynomiales sont présentes dans de nombreux domaines. Elles interviennent pour modéliser des contraintes géométriques, des relations entre des grandeurs physiques, des propriétés satisfaites par certaines inconnues ... Voici quelques exemples de tels domaines.

Biologie moléculaire. — Si les distances entre deux atomes consécutifs et les angles entre deux liaisons consécutives d'une molécule à 6 atomes sont connus, quelles sont les configurations possibles de celle-ci ?

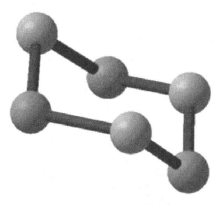

FIGURE 1. Molécule de cyclohexane.

Robotique. — Considérons un robot parallèle, c'est-à-dire une plate-forme rigide reliée à un socle par 6 bras extensibles, et fixés par des rotules au socle et à la plate-forme. Supposons que l'on détache ces 6 bras de la plate-forme (par exemple pour changer une pièce). Une fois cette opération effectuée, il faut rattacher les bras, aux mêmes endroits sur la plate-forme, mais rien ne nous garantit que la plate-forme sera dans la même position. Combien de positions possibles de la plate-forme, existe-t-il satisfaisant les contraintes de distances, imposées par ces bras ?

FIGURE 2. Un robot parallèle.

Vision. — Une caméra (calibrée) en mouvement prend une photographie d'une même scène (par exemple une maison) à deux instants différents. Dans ces deux photographies, on peut reconnaître un certain nombre de paires de points qui se correspondent, d'une image à l'autre. Par exemple, un coin de fenêtre peut être visible dans les deux images. Ceci nous fournit une paire de points (un dans chaque image), que l'on dit en correspondance.

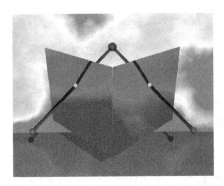

FIGURE 3. Points en correspondance dans deux images.

Quel est le nombre minimal nécessaire de paires de points en correspondance pour qu'il y ait un nombre fini de déplacements possibles entre les deux photos ? Dans ce cas, quel est le nombre maximal de déplacements de la caméra ?

Géométrie algorithmique. — Pour la construction d'un diagramme (dit de Voronoï), il est nécessaire de pouvoir déterminer si un point est à l'intérieur ou à l'extérieur d'un cercle tangent à trois segments.

Comment peut-on s'y prendre sans calcul explicite de ce cercle? Quelle précision doit-on utiliser pour garantir le résultat, si les calculs se font de manière approchée?

Ces problèmes se traduisent par des systèmes polynomiaux. Dans ce cours, nous nous intéresserons à des méthodes et outils permettant de les résoudre. Nous présenterons certains aspects de la géométrie algébrique effective, en considérant avec une attention particulière les variétés algébriques de dimension 0 (i.e. les systèmes d'équations polynomiales qui définissent un nombre fini de points). Pour cette étude, préliminaire à l'analyse des variétés en dimension supérieure, nous commencerons par rappeler le dictionnaire entre l'algèbre et la géométrie. Le « leitmotiv » est le suivant : *les propriétés algébriques permettent de comprendre la géométrie des solutions.* Nous nous intéresserons à certains invariants tels que la dimension et le degré d'une variété algébrique.

Pour résoudre les problèmes cités ci-dessus, nous commencerons par *nommer les inconnues, puis définir les contraintes et travailler modulo les relations qu'elles engendrent.* Ceci conduit à l'étude des algèbres quotients. Nous considérerons en particulier les quotients de dimension 0, qui correspondent aux systèmes d'équations ayant un nombre fini de solutions. Nous introduirons les techniques de bases de Gröbner, et nous montrerons comment *la résolution algébrique se transforme en un calcul de valeurs et de vecteurs propres.*

En suite, nous analyserons certaines classes spécifiques de problèmes, en commençant par le cas des systèmes ayant plus d'équations que d'inconnues. Ceci nous aménera à l'étude de la théorie des résultants. Nous verrons comment détecter si un système polynomial admet des solutions, puis analyser, localiser et déterminer ces dernières. L'autre classe de problèmes concerne les systèmes ayant autant d'équations que d'inconnues. Nous développerons les propriétés des quotients associés à ce type de systèmes et à leurs duaux. Pour cela, nous définirons la notion des résidus et étudierons leurs applications dans les problèmes de représentation et de résolution algébrique.

Des exemples de problèmes et de calculs effectifs accompagneront ces développements. Nous avons utilisé pour cela, le package maple `multires`[1]. Nous encourageons le lecteur à l'utiliser pour mettre en pratique, les notions que nous abordons.

Cette publication est le fruit de cours donnés pendant plusieurs années au DEA de Mathématiques de l'Université de Nice Sophia Antipolis. Nous remercions toutes les personnes qui nous ont aidé de près ou de loin dans sa

---

[1] voir `http ://www-sop.inria.fr/galaad/logiciel/multires`

réalisation, spécialement André Galligo et Laurent Busé qui ont bien voulu lire une première version de ce manuscrit et Marie-Françoise Coste-Roy pour l'intérêt constant qu'elle a apporté à ce travail.

CHAPITRE 1

ÉQUATIONS, IDÉAUX, VARIÉTÉS

Sommaire

Dans ce chapitre, nous introduisons les objets que nous allons étudier tout au long de ce cours : les idéaux de polynômes et les variétés algébriques. Nous rappelons la correspondance entre l'algèbre et la géométrie, la décomposition primaire d'un idéal et définissons quelques invariants utiles pour la suite.

1.1. Polynômes

Dans beaucoup de domaines (robotique, vision par ordinateur, géométrie algorithmique, théorie des nombres, mathématiques financières, théorie des jeux, biologie moléculaire, statistique ...), la modélisation conduit souvent à la résolution de systèmes polynomiaux. Les grandeurs sont représentées par des variables vérifiant des contraintes polynomiales qui, si possible, caractérisent les solutions du problème. Ces variables sont notées $x_1, \ldots, x_n$ et ces contraintes $f_1 = 0, \ldots, f_m = 0$.

Problème :

Nous considérons une caméra calibrée[1] *qui observe une scène tridimensionnelle, dans laquelle trois points A, B, C sont reconnus. Nous voulons déterminer la position de la caméra à partir de ces observations.*

Pour cela, nous allons déterminer les contraintes vérifiées par les distances x_1, x_2, x_3 entre le centre de la caméra X et respectivement A, B, C. Puis à partir de ces distances, nous allons déduire la position de X par rapport à ces points. Comme la caméra est calibrée, nous pouvons à partir de mesures des distances entre les images des points A, B, C, déduire les angles entre les rayons optiques XA, XB, XC (voir figure 1.1).

Notons α l'angle entre XB et XC, β l'angle entre XA et XC, γ l'angle entre XA et XB. Supposons que ces angles et les distances a entre B et C, b entre A et C, c entre A et B sont connus. De simples relations trigonométriques dans un triangle conduisent aux équations suivantes :

$$\begin{cases} x_1^2 + x_2^2 - 2\cos(\gamma)x_1 x_2 - c^2 = 0 \\ x_1^2 + x_3^2 - 2\cos(\beta)x_1 x_3 - b^2 = 0 \\ x_2^2 + x_3^2 - 2\cos(\alpha)x_2 x_3 - a^2 = 0. \end{cases} \qquad (1.1)$$

Dans ce chapitre, nous allons étudier ce système et l'utiliser pour illustrer les différentes notions que nous allons introduire.

Les contraintes $f_1 = 0, \ldots, f_m = 0$ sont à coefficients entiers, entiers modulo un nombre premier, rationnels, réels, complexes, ou encore des fractions

---

[1]sa distance focale et les coordonnées de la projection du centre optique dans l'image sont connues.

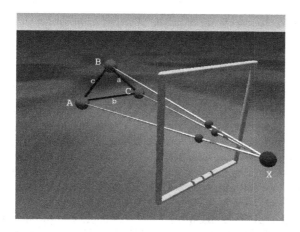

FIGURE 1.1. Modélisation mathématique d'une caméra.

rationnelles en certains paramètres. Désignons par $\mathbb{K}$ un *corps* contenant ces coefficients et par $\overline{\mathbb{K}}$ sa *clôture algébrique*. Les relations $f_1, \ldots, f_m$ entre les variables $x_1, \ldots, x_n$, appartiennent donc à l'anneau des polynômes $\mathbb{K}[x_1, \ldots, x_n]$, noté également $\mathbb{K}[\mathbf{x}]$. Parfois, dans le cas d'une variable (resp. deux ou trois variables), nous utilisons la notation $\mathbb{K}[x]$ (resp. $\mathbb{K}[x, y]$ ou $\mathbb{K}[x, y, z]$). Les monômes sont notés $\mathbf{x}^\alpha = x_1^{\alpha_1} \ldots x_n^{\alpha_n}$ pour $\alpha = (\alpha_1, \ldots, x_n) \in \mathbb{N}^n$. Le degré de $\mathbf{x}^\alpha$ est $|\alpha| = \alpha_1 + \cdots + \alpha_n$.

Pour représenter les éléments de $\mathbb{K}[\mathbf{x}]$, nous ordonnons les monômes suivant un ordre total. Les polynômes sont donc des listes ordonnées de termes définis par des coefficients et des exposants. Le degré d'un polynôme est le maximum des degrés des monômes à coefficients non nuls qui le constituent. Ainsi, nous étendons aux polynômes multivariables, les notions de *coefficient dominant*, *monôme dominant* et *terme dominant*, une fois que l'ordre sur les monômes est fixé. Par convention, le coefficient dominant, le monôme dominant et le terme dominant du polynôme nul sont nuls.

A partir de l'ensemble de contraintes $f_1 = 0, \ldots, f_m = 0$, nous en construisons d'autres, celles définies par l'*idéal de $\mathbb{K}[\mathbf{x}]$ engendré* par $f_1, \ldots, f_m$.

On peut se demander si tout idéal de $\mathbb{K}[\mathbf{x}]$ est engendré par un nombre fini de polynômes.

Définition 1.1. *Un anneau A commutatif et unitaire est dit* noethérien *si tout idéal de A est engendré par un nombre fini d'éléments.*

Proposition 1.2. *Les propriétés suivantes sont équivalentes dans un anneau commutatif et unitaire A :*

i) Tout idéal de A est engendré par un nombre fini d'éléments,

ii) Toute suite croissante d'idéaux de A est stationnaire,

iii) Tout ensemble d'idéaux de A admet un élément maximal.

Démonstration. Voir exercice 1.2.   □

Théorème 1.3. *L'anneau $\mathbb{K}[\mathbf{x}]$ est noethérien.*

Démonstration. Cette preuve est similaire à celle proposée par Hilbert dans ses célèbres travaux sur la théorie des invariants [**Hil93**].

Comme les seuls idéaux de $\mathbb{K}$ sont $\{0\}$ et $\mathbb{K}$, l'anneau $\mathbb{K}$ est noethérien. Nous procédons par récurrence sur le nombre de variables n. Pour cela, il suffit de montrer que si A est un anneau noethérien, alors $A[x]$ (où x est une nouvelle variable) l'est aussi.

Soit I un idéal de $A[x]$. L'ensemble J des coefficients dominants des éléments de I est un idéal de A. Il est donc engendré par un nombre fini d'éléments non nuls $c_1, \ldots, c_s$. Notons $f_1, \ldots, f_s$ des éléments de I dont les coefficients dominants sont respectivement $c_1, \ldots, c_s$.

Soit $f \in I$ de degré $\delta \geq d = \max \deg f_i$ et de coefficient dominant c. Nous avons $c = \sum_{i=1}^{s} c_i r_i$, avec $r_i \in A$. L'élément

$$f - \sum_{i=1}^{s} r_i \, x^{\delta - \deg f_i} f_i$$

de I est de degré $< \delta$. Nous pouvons donc réécrire tout polynôme de I modulo $f_1, \ldots, f_s$ en un élément de I de degré $< d$.

Pour chaque $i \in \{0, \ldots, d-1\}$, soit J_i l'ensemble des coefficients dominants des polynômes de I de degré i. Comme J_i est un idéal de A, il est donc engendré par un nombre fini d'éléments non nuls $c_{i,1}, \ldots, c_{i,k_i}$. Notons $f_{i,1}, \ldots, f_{i,k_i}$ des polynômes de I de degré i dont les coefficients dominants sont respectivement $c_{i,1}, \ldots, c_{i,k_i}$. Le même argument que précédemment montre que tout $f \in I$ de degré $d > i$ se réduit modulo $f_{i,1}, \ldots, f_{i,k_i}$ en un élément de I de degré $< i$. Ceci montre que l'idéal I est engendré par $f_1, \ldots, f_s$ et $f_{i,1}, \ldots, f_{i,k_i}$, $i = 0, \ldots, d-1$.   □

Dans le cas d'une variable, nous avons un résultat plus fort :

Proposition 1.4. *Tout idéal de $\mathbb{K}[x]$ est engendré par un seul polynôme.*

Démonstration. Voir exercice 1.1.   □

1.2. Solutions

L'objet principal de ce cours est l'étude de l'ensemble des solutions d'un système d'équations polynomiales F de $\mathbb{K}[\mathbf{x}]$; c'est-à-dire l'ensemble $\mathcal{Z}_{\mathbb{K}}(F)$

(ou $\mathcal{Z}(F)$ s'il n'y a pas d'ambiguïté sur le corps $\mathbb{K}$) des points ζ de $\mathbb{K}^n$ qui vérifient $f(\zeta) = 0$ pour tout $f \in F$. Un tel ensemble est appelé une *variété algébrique* de $\mathbb{K}^n$. Nous considérons souvent $\mathcal{Z}_{\overline{\mathbb{K}}}(F)$, l'ensemble des solutions de F dans $\overline{\mathbb{K}}^n$ au lieu de $\mathcal{Z}_{\mathbb{K}}(F) \subset \mathbb{K}^n$.

Les polynômes $f_1, \ldots, f_m$ définissent le même ensemble de solutions que l'idéal I qu'ils engendrent : $\mathcal{Z}_{\mathbb{K}}(f_1, \ldots, f_m) = \mathcal{Z}_{\mathbb{K}}(I)$.

Il est facile de vérifier que la réunion finie et l'intersection quelconque de variétés algébriques sont des variétés algébriques. De plus, $\emptyset = \mathcal{Z}(\mathbb{K}[\mathbf{x}])$ et $\mathbb{K}^n = \mathcal{Z}(\{0\})$ sont des variétés algébriques. Donc les variétés algébriques sont les fermés d'une *topologie* définie sur $\mathbb{K}^n$, dite de *Zariski*. Elle est non-séparée si le corps $\mathbb{K}$ est infini (i.e. si $x \neq y$, il n'existe pas deux ouverts disjoints contenant respectivement x et y).

Si V est une variété algébrique, une *sous-variété algébrique* de V est une variété algébrique incluse dans V.

Définition 1.5. *Une variété algébrique V est dite irréductible si $V = V_1 \cup V_2$, avec V_1 et V_2 deux sous-variétés de V, alors $V_1 = \emptyset$ ou $V_2 = \emptyset$.*

Proposition 1.6. *Toute variété algébrique V se décompose de manière unique en une réunion finie de sous-variétés algébriques irréductibles de V, appelées composantes irréductibles de V.*

Démonstration. Voir exercice 1.5.   □

Problème(suite) :

Pour le problème de positionnement de la caméra , nous allons dans un premier temps considérer toutes les solutions (x_1, x_2, x_3) à coordonnées complexes du système (1.1). Puis nous nous restreindrons à celles dont les coordonnées sont réelles et positives, qui correspondent à une position physique de la caméra.

Cette démarche est classique. L'étude algébrique des systèmes polynomiaux, issus des domaines d'applications, fournit des informations sur toutes les solutions dont les coordoonnées appartiennent à la clôture algébrique du corps des coefficients des équations. Les informations sur les « vraies » solutions du problème étudié sont obtenues par une analyse « physique » de celui-ci (par exemple, dans ce problème, en prenant en compte les signes des variables x_i).

La formule de résolution des équations du second degré appliquée aux deux premières équations de (1.1) permet d'exprimer x_2 et x_3 en fonction de x_1. En substituant x_2 et x_3 dans la dernière équation et en « chassant » les radicaux, nous obtenons une équation de degré 8 en x_1 (sauf dans des cas dégénérés). Cette dernière admet 8 solutions complexes, et par conséquent, il y a au plus 16 positions possibles (symétriques par rapport au plan défini par A, B, C)

pour le centre X de la caméra.

1.3. Correspondance entre l'algèbre et la géométrie

Pour résoudre le système $f_1 = \cdots = f_m = 0$, l'approche algébrique consiste à considérer que les inconnues $x_1, \ldots, x_n$ vérifient ces équations et toutes celles qui s'en déduisent. En d'autres termes, on se place dans l'algèbre quotient $\mathcal{A} = \mathbb{K}[\mathbf{x}]/I$, où I désigne l'idéal engendré par $f_1, \ldots, f_m$. L'étude des propriétés de cette algèbre permet de déduire des informations pertinentes sur l'ensemble des solutions $\mathcal{Z}_{\overline{\mathbb{K}}}(I)$. Nous allons analyser cette correspondance entre l'algèbre des polynômes (i.e. les idéaux de $\mathbb{K}[\mathbf{x}]$) et la géométrie (i.e. les variétés algébriques de $\mathbb{K}^n$).

Définition 1.7. *Soit Y une partie de $\mathbb{K}^n$. On définit*

$$\mathcal{I}(Y) = \{ f \in \mathbb{K}[\mathbf{x}] \ : f(a) = 0, \forall a \in Y \}.$$

L'ensemble $\mathcal{I}(Y)$ est un idéal de $\mathbb{K}[\mathbf{x}]$, appelé l'idéal de Y. D'après le théorème 1.3, il est engendré par un nombre fini d'éléments.

Proposition 1.8. *Si Y et Z sont deux sous-ensembles de $\mathbb{K}^n$, alors*

$$\mathcal{I}(Y \cup Z) = \mathcal{I}(Y) \cap \mathcal{I}(Z).$$

Démonstration. Voir exercice 1.4.   □

Définition 1.9. *Un idéal I de $\mathbb{K}[\mathbf{x}]$ est dit premier si*

$$\forall (f, g) \in \mathbb{K}[\mathbf{x}]^2 \ , \ fg \in I \Longrightarrow f \in I \text{ ou } g \in I.$$

La proposition suivante montre l'importance de la notion d'idéal premier.

Proposition 1.10. *Une variété algébrique V est irréductible si, et seulement si, son idéal $\mathcal{I}(V)$ est premier.*

Démonstration. Voir exercice 1.4.   □

Il est facile de vérifier que si V est une variété, alors $\mathcal{Z}(\mathcal{I}(V)) = V$. Mais la question « réciproque » : si I est un idéal de $\mathbb{K}[\mathbf{x}]$, « quel est l'idéal $\mathcal{I}(\mathcal{Z}(I))$? » est plus délicate. Une réponse partielle est donnée grâce au *théorème fondamental de l'algèbre* : *tout polynôme d'une variable de degré d et à coefficients dans $\mathbb{K}$ admet d racines dans $\overline{\mathbb{K}}$ (chaque racine est comptée autant de fois que sa multiplicité).* Donc si $f \in \mathbb{K}[x]$, alors $f = \alpha \prod_{i=1}^{k} (x - z_i)^{m_i}$, où

$\alpha \in \mathbb{K} \setminus \{0\}, m_i \in \mathbb{N}^*, z_i \in \overline{\mathbb{K}}$, et $z_i \neq z_j$ pour $i \neq j$. Nous pouvons vérifier que

$$\mathcal{I}(\mathcal{Z}(f)) = \left(\prod_{i=1}^{k} (x - z_i) \right) = \left(\frac{f}{\mathrm{pgcd}(f, \frac{df}{dx})} \right).$$

Le polynôme $\prod_{i=1}^{k}(x - z_i)$ est à coefficients dans $\mathbb{K}$.

La réponse à la question précédente, dans le cas multivariable, est donnée par le *théorème des zéros de Hilbert*.

Définition 1.11. *Un idéal $I \neq \mathbb{K}[\mathbf{x}]$ est dit maximal si pour tout idéal J tel que $I \subset J$, on a $J = I$ ou $J = \mathbb{K}[\mathbf{x}]$.*

Notons qu'un idéal I de $\mathbb{K}[\mathbf{x}]$ est maximal si, et seulement si, $\mathbb{K}[\mathbf{x}]/I$ est un corps (voir exercice 1.12).

Si $(a_1, \ldots, a_n) \in \mathbb{K}^n$, l'idéal $(x_1 - a_1, \ldots, x_n - a_n)$ est maximal et nous allons voir que si le corps $\mathbb{K}$ est algébriquement clos, tout idéal maximal de $\mathbb{K}[\mathbf{x}]$ est de cette forme.

Définition 1.12. *Soient B un anneau et A un sous-anneau de B. Un élément $b \in B$ est dit entier sur A si b est racine d'une équation d'une variable de la forme $x^m + a_1 x^{m-1} + \cdots + a_m \in A[x]$.*

L'anneau B est une extension entière de A si tout élément de B est entier sur A.

Lemme 1.13. *Soient A, B, C trois anneaux tels que $A \subset B \subset C$ tels que l'extension B de A est entière. Alors tout élément $c \in C$ entier sur B est aussi entier sur A.*

Démonstration. Voir exercice 1.10. □

Lemme 1.14. *Soient B un anneau intègre et A un sous-anneau de B tels que l'extension $A \subset B$ est entière. Alors A est un corps si, et seulement si, B est un corps.*

Démonstration. Supposons que A est un corps et soit $b \in B \setminus \{0\}$. Il existe $m \in \mathbb{N}$ et $(a_1, \ldots, a_m) \in A^m$ tels que $b^m + a_1 b^{m-1} + \cdots + a_m = 0$. Comme B est intègre, on peut supposer que $a_m \neq 0$, donc inversible dans A. Il en découle que $1 = b(-a_m^{-1} b^{m-1} - \cdots - a_m^{-1} a_{m-1})$. Ainsi, b est inversible dans B.

Réciproquement, supposons que B est un corps et soit $a \in A \setminus \{0\}$. L'élément a est inversible dans B, et a^{-1} vérifie $a^{-m} + a_1 a^{1-m} + \cdots + a_m = 0$, avec $m \in \mathbb{N}$ et $(a_1, \ldots, a_m) \in A^m$. Nous en déduisons que $a(-a_m a^{m-1} - \cdots - a_1) = 1$, et donc a est inversible dans A. □

Lemme 1.15. *Soit A un anneau de type fini sur un corps K (i.e. $A = K[a_1, \ldots, a_m]$, avec $a_1, \ldots, a_m \in A$). Alors il existe des éléments $b_1, \ldots, b_r$ de*

*A algébriquement indépendants sur K tels que l'extension $K[b_1, \ldots, b_r] \subset A$
est entière.*

Rappelons que les éléments $b_1, \ldots, b_r$ de A sont algébriquement indépendants
sur K si le seul polynôme f à coefficients dans K qui satisfait $f(b_1, \ldots, b_r) = 0$
est le polynôme nul.

Démonstration. Supposons que $a_1, \ldots, a_m$ sont algébriquement liés sur K, i.e.
$(a_1, \ldots, a_m)$ est solution d'un polynôme non nul $f \in K[x_1, \ldots, x_m]$. Soit $r \in \mathbb{N}$
et pour $i = 2, \ldots, m$, posons $c_i = a_i - a_1^{r^{i-1}}$. Chaque monôme $a_1^{\alpha_1} \ldots a_m^{\alpha_m}$ de
$f(a_1, \ldots, a_m)$ s'écrit sous la forme $a_1^{\alpha_1 + r\alpha_2 + \cdots + r^{m-1}\alpha_m} + g(a_1, c_2, \ldots, c_m)$, où g
est un polynôme de degré inférieur strictement à $\alpha_1 + r\alpha_2 + \cdots + r^{m-1}\alpha_m$.
Choisissons l'entier r tel que toutes les expresssions $\alpha_1 + r\alpha_2 + \cdots + r^{m-1}\alpha_m$
soient différentes pour les différents multi-indices $(\alpha_1, \ldots, \alpha_m)$ des monômes
de $f(a_1, \ldots, a_m)$. Ainsi, a_1 est entier sur $K[c_2, \ldots, c_m]$. En itérant ce procédé
et en utilisant le lemme 1.13, nous construisons $b_1, \ldots, b_r$ tels que A soit une
extension entière de $K[b_1, \ldots, b_r]$. □

Théorème 1.16. *Soit $\mathbb{K}$ un corps algébriquement clos (i.e. $\overline{\mathbb{K}} = \mathbb{K}$). Alors
tout idéal maximal de $\mathbb{K}[\mathbf{x}]$ est de la forme $\mathfrak{m}_\zeta = (x_1 - \zeta_1, \ldots, x_n - \zeta_n)$, avec
$\zeta = (\zeta_1, \ldots, \zeta_n) \in \mathbb{K}^n$.*

Démonstration. Soit $\mathfrak{m}$ un idéal maximal. L'anneau de type fini $K = \mathbb{K}[\mathbf{x}]/\mathfrak{m}$
est un corps. D'après le lemme 1.15, il existe $(b_1, \ldots, b_r) \in K^r$ tel que l'extension $\mathbb{K}[b_1, \ldots, b_r] \subset K$ est entière. En utilisant le lemme 1.14, nous déduisons
que $\mathbb{K}[b_1, \ldots, b_r]$ est un corps et donc $r = 0$. Par conséquent, l'extension de
corps $\mathbb{K} \subset K$ est algébrique, et comme $\mathbb{K}$ est algébriquement clos, $K = \mathbb{K}$.

Considérons l'application $f \in \mathbb{K}[\mathbf{x}] \mapsto \overline{f} \in \mathbb{K}[\mathbf{x}]/\mathfrak{m} = K = \mathbb{K}$. Pour $i = 1, \ldots, n$, notons $\zeta_i = \overline{x_i}$. Nous avons $(x_1 - \zeta_1, \ldots, x_n - \zeta_n) \subset \mathfrak{m}$, et donc
$(x_1 - \zeta_1, \ldots, x_n - \zeta_n) = \mathfrak{m}$.

□

Il existe plusieurs preuves du théorème 1.16 dans la littérature, dont une
utilisant le résultant de Sylvester (voir [**CLO92**], [**BM04**]).

Le résultat suivant est une conséquence directe du théorème 1.16.

Théorème 1.17. *Soit $\mathbb{K}$ un corps algébriquement clos. Si V est une variété
algébrique de $\mathbb{K}^n$, alors $\mathcal{I}(V) = \mathbb{K}[\mathbf{x}]$ si et seulement si $V = \emptyset$.*

Démonstration. Si l'idéal $\mathcal{I}(V) = \mathbb{K}[\mathbf{x}]$, il est clair que $V = \mathcal{Z}(\mathcal{I}(V))$ est vide.
Réciproquement, si l'idéal $\mathcal{I}(V) \neq \mathbb{K}[\mathbf{x}]$, il est inclus dans un idéal maximal
$(x_1 - \zeta_1, \ldots, x_n - \zeta_n)$ de $\mathbb{K}[\mathbf{x}]$. Ainsi, $V \neq \emptyset$, car il contient $(\zeta_1, \ldots, \zeta_n)$. □

Définition 1.18. *Soit I un idéal de $\mathbb{K}[\mathbf{x}]$. Le* radical *de I est*

$$\sqrt{I} = \{g \in \mathbb{K}[\mathbf{x}] : \exists m \in \mathbb{N}, \ g^m \in I\}.$$

Il est facile de vérifier que l'ensemble $\sqrt{I}$ est bien un idéal. Un idéal I est dit radical si $\sqrt{I} = I$. En particulier, un idéal premier est radical.

Le résultat suivant est la clé de la correspondance algèbre-géométrie. Nous en donnons une preuve basée sur l'astuce dite de Rabinowitch.

Théorème 1.19 (Théorème des zéros de Hilbert). *Etant donné un corps algébriquement clos $\mathbb{K}$. Alors pour tout idéal I de $\mathbb{K}[\mathbf{x}]$, $\mathcal{I}(\mathcal{Z}_{\mathbb{K}}(I)) = \sqrt{I}$.*

Démonstration. D'après le théorème 1.3, I est engendré par $f_1, \ldots, f_m$. Soit g un élément de $\mathcal{I}(\mathcal{Z}_{\mathbb{K}}(I))$, c'est-à-dire tel que $\mathcal{Z}(f_1, \ldots, f_m) \subset \mathcal{Z}(g)$. Si z est une nouvelle variable, la variété algébrique $\mathcal{Z}(f_1, \ldots, f_m, 1 - z\,g)$ de $\mathbb{K}^{n+1}$ est vide. Donc d'après le théorème 1.17, $(f_1, \ldots, f_m, 1 - z\,g) = \mathbb{K}[\mathbf{x}, z]$. Il existe alors des polynômes $h_1, \ldots, h_m, h$ tels que

$$1 = \sum_{i=1}^{m} h_i(\mathbf{x}, z)\, f_i(\mathbf{x}) + h(\mathbf{x}, z)\,(1 - z\,g(\mathbf{x})).$$

En remplaçant z par $\dfrac{1}{g}$ dans cette identité polynomiale et en réduisant au même dénominateur, nous obtenons

$$g^d = \sum_{i=1}^{m} f_i(\mathbf{x})g_i(\mathbf{x}) \ , \ \text{avec } d \in \mathbb{N} \ \text{ et } \ g_i \in \mathbb{K}[\mathbf{x}].$$

Ainsi, $g \in \sqrt{I}$ et $\mathcal{I}(\mathcal{Z}_{\mathbb{K}}(I)) \subset \sqrt{I}$. L'inclusion inverse est immédiate. $\quad\square$

Remarque 1.20. L'hypothèse $\mathbb{K}$ *algébriquement clos* dans le théorème 1.19 est nécessaire, comme le montre l'exemple suivant : si $\mathbb{K} = \mathbb{R}$ et $I = (x_1^2 + 1)$, $\mathcal{I}(\mathcal{Z}_{\mathbb{R}}(I)) = \mathcal{I}(\emptyset) = \mathbb{R}[\mathbf{x}] \supsetneq \sqrt{I} = (x_1^2 + 1)$. Pour une version du théorème des zéros dans le cadre réel, voir [**BCR87**], [**BR90**], [**Lom91**], [**GVL93**].

Nous venons de voir qu'il y a une correspondance entre les objets algébriques (les idéaux de $\mathbb{K}[\mathbf{x}]$) et les objets géométriques (les variétés algébriques de $\mathbb{K}^n$), réalisée par les deux opérations $\mathcal{Z}$ et $\mathcal{I}$. Si le corps $\mathbb{K}$ est algébriquement clos, cette correspondance est une bijection entre les idéaux maximaux de $\mathbb{K}[\mathbf{x}]$ et les points de $\mathbb{K}^n$, les idéaux premiers de $\mathbb{K}[\mathbf{x}]$ et les variétés irréductibles de $\mathbb{K}^n$, les idéaux radicaux de $\mathbb{K}[\mathbf{x}]$ et les variétés algébriques de $\mathbb{K}^n$.

Exemple 1.21. *En appliquant le théorème 1.19, nous avons*

$$
\begin{aligned}
\sqrt{(x_1^3 - x_2, x_1^2\,x_2 - x_1\,x_2, x_2^3 - x_1)} \ &= \ \mathcal{I}(\{(0,0),(1,1)\}) \\
&= \ (x_1, x_2) \cap (x_1 - 1, x_2 - 1).
\end{aligned}
$$

Nous verrons dans la section suivante que tout idéal se décompose en une intersection finie d'idéaux « élémentaires », dans le même esprit que cet exemple.

1.4. Décomposition primaire

Nous avons vu que toute variété algébrique se décompose en une réunion finie de composantes irréductibles (proposition 1.6). Dans le cas d'une variable, cette décomposition correspond à la factorisation d'un polynôme en produit de facteurs premiers entre-eux. Dans le cas multivariable, cette décomposition se généralise en l'intersection d'idéaux primaires (voir définition 1.23). Nous rappelons les résultats généraux concernant la décomposition primaire dans $\mathbb{K}[\mathbf{x}]$ (le contenu de cette section reste vrai dans un anneau noethérien quelconque). Pour plus de détails, consulter [**AM69**].

Proposition 1.22. *Si $\mathbb{K}$ est un corps algébriquement clos, tout idéal radical de $\mathbb{K}[\mathbf{x}]$ se décompose en une intersection finie d'idéaux premiers.*

Démonstration. Soit I un idéal radical. La variété algébrique $\mathcal{Z}(I)$ admet une décomposition en composantes irréductibles $\mathcal{Z}(I) = V_1 \cup \ldots \cup V_s$. D'après le théorème de zéros de Hilbert et la proposition 1.8,

$$I = \sqrt{I} = \mathcal{I}(\mathcal{Z}(I)) = \mathcal{I}(V_1) \cap \cdots \cap \mathcal{I}(V_s).$$

De plus, les idéaux $\mathcal{I}(V_i)$ sont premiers (proposition 1.10). □

Pour décomposer un idéal (non nécessairement radical) de $\mathbb{K}[\mathbf{x}]$, il faut affiner la notion d'idéal premier.

Définition 1.23. *Un idéal Q de $\mathbb{K}[\mathbf{x}]$ est primaire si*

$$\forall (f, g) \in \mathbb{K}[\mathbf{x}]^2, \ fg \in Q \text{ et } f \notin Q \Longrightarrow g \in \sqrt{Q}.$$

Il est évident qu'un idéal premier est en particulier primaire.

Si l'idéal Q est primaire, $P = \sqrt{Q}$ est premier. C'est le plus petit idéal premier contenant Q. Dans ce cas, Q est dit *P-primaire*.

Si I est un idéal de $\mathbb{K}[\mathbf{x}]$ et $g \in \mathbb{K}[\mathbf{x}]$, l'idéal $\{f \in \mathbb{K}[\mathbf{x}] \ : \ fg \in I\}$ est appelé l'idéal quotient de I par g, et il est noté $(I : g)$. L'idéal engendré par les éléments de I et par g est noté (I, g).

Définition 1.24. *Un idéal I est dit indécomposable s'il n'existe pas d'idéaux $I_1 \neq I$ et $I_2 \neq I$ vérifiant $I = I_1 \cap I_2$.*

Lemme 1.25. *Soient $g \in \mathbb{K}[\mathbf{x}]$, I un idéal de $\mathbb{K}[\mathbf{x}]$ et m un entier positif tels que $(I : g^{m+1}) = (I : g^m)$. Alors $I = (I : g) \cap (I, g^m)$.*

Démonstration. L'inclusion $I \subset (I : g) \cap (I, g^m)$ est évidente.

Soit $h \in (I : g) \cap (I, g^m)$. Il existe alors $f \in I$ et $q \in \mathbb{K}[\mathbf{x}]$ vérifiant $h = f + qg^m$. Comme $hg = fg + qg^{m+1} \in I$, nous avons $qg^{m+1} \in I$ et

$q \in (I : g^{m+1}) = (I : g^m)$. Ainsi, $qg^m \in I$ et donc $h \in I$. $\qquad\square$

Proposition 1.26. *Si l'idéal I est indécomposable, alors il est primaire.*

Démonstration. Soit $(f, g) \in \mathbb{K}[\mathbf{x}]^2$ tel que $f g \in I$ et $f \notin I$. Puisque la suite d'idéaux $\{(I : g^n)\}_{n \in \mathbb{N}}$ est croissante, d'après la proposition 1.2 et le théorème 1.3, il existe $m \in \mathbb{N}$ vérifiant $(I : g^m) = (I : g^{m+1})$. En utilisant le lemme 1.25, $I = (I : g) \cap (I, g^m)$. Et comme I est indécomposable et $f \in (I : g) \setminus I$, $(I, g^m) = I$, c'est-à-dire $g \in \sqrt{I}$. $\qquad\square$

Théorème 1.27. *Tout idéal I de $\mathbb{K}[\mathbf{x}]$ se décompose en une intersection finie d'idéaux indécomposables.*

Démonstration. Si l'idéal I n'est pas indécomposable, c'est l'intersection de deux idéaux $I_1 \supsetneq I$ et $I_2 \supsetneq I$. Si I_1 et I_2 sont indécomposables, alors I est l'intersection de deux idéaux indécomposables. Sinon, le même argument s'applique à I_1 et/ou I_2. En itérant ceci et en utilisant le théorème 1.3, I s'écrit comme une intersection finie d'idéaux indécomposables. $\qquad\square$

Le corollaire suivant se déduit de la proposition 1.26.

Corollaire 1.28. *Tout idéal de $\mathbb{K}[\mathbf{x}]$ se décompose en une intersection finie d'idéaux primaires.*

Une telle décomposition s'appelle une *décomposition primaire*.

Définition 1.29. *Une décomposition primaire $I = \bigcap_{i=1}^r Q_i$ de l'idéal I de $\mathbb{K}[\mathbf{x}]$ est dite* minimale *si les idéaux premiers $\sqrt{Q_i}$ sont tous distincts et si pour tout $i \in \{1, \ldots, r\}$, $Q_i \not\supseteq \bigcap_{j \neq i} Q_j$.*

Lemme 1.30. *Si I et J sont deux idéaux primaires ayant le même radical P, alors $I \cap J$ est P-primaire.*

Démonstration. Soit $(f, g) \in \mathbb{K}[\mathbf{x}]^2$ tel que $f g \in I \cap J$, $f \notin I \cap J$, et supposons que $f \notin I$. Comme I est primaire, $g \in \sqrt{I} = \sqrt{I} \cap \sqrt{J} = \sqrt{I \cap J}$. $\qquad\square$

Théorème 1.31. *Tout idéal de l'anneau $\mathbb{K}[\mathbf{x}]$ admet une décomposition primaire minimale.*

Démonstration. Le corollaire 1.28 assure l'existence d'une décomposition primaire $I = \bigcap_{i=1}^r Q_i$ pour tout idéal I. Supposons que deux idéaux distincts Q_i et Q_j aient le même radical. D'après le lemme 1.30, $Q_{i,j} = Q_i \cap Q_j$ est primaire. Donc en regroupant les idéaux primaires ayant le même radical, nous obtenons une décomposition de I en idéaux primaires ayant des radicaux distincts deux à deux.

Si dans une telle décomposition, un idéal Q_i contient $\bigcap_{j \neq i} Q_j$, nous l'omettons et obtenons $I = \bigcap_{j \neq i} Q_j$. En répétant ceci, si nécessaire, nous aboutissons à une décomposition primaire minimale de I. $\qquad\square$

Une décomposition primaire minimale n'est pas *forcément unique* comme le montre l'exemple simple suivant :

Exemple 1.32. *Dans l'anneau* $\mathbb{K}[x, y]$, *l'idéal*

$$(xy, y^2) = (y) \cap (x, y^2) = (y) \cap (x + y, y^2).$$

Par contre un idéal radical admet une seule décomposition primaire minimale (voir exercice 1.14).

Nous allons voir que les *idéaux premiers associés* (i.e. les radicaux des composantes primaires d'une décomposition minimale) sont uniquement déterminés. Pour les caractériser, nous avons besoin du lemme suivant :

Lemme 1.33. *Soit* Q *un idéal* P-*primaire (i.e.* Q *est primaire et* $\sqrt{Q} = P$). *Si* $f \in \mathbb{K}[\mathbf{x}]$, *alors*
  i) $f \in Q \Longrightarrow (Q : f) = \mathbb{K}[\mathbf{x}]$,
  ii) $f \notin Q \Longrightarrow (Q : f)$ *est* P-*primaire*,
  iii) $f \notin P \Longrightarrow (Q : f) = Q$.

Démonstration. i) et iii) découlent des définitions.

ii) Déterminons le radical de $(Q : f)$. Soit $g \in (Q : f)$. Comme $f \notin Q$ et $fg \in Q$, nous déduisons que $g \in P$. Ainsi, $Q \subset (Q : f) \subset P$, et $\sqrt{(Q : f)} = P$. L'idéal $(Q : f)$ est P-primaire. En effet, soit $(g, h) \in \mathbb{K}[\mathbf{x}]^2$ qui satisfait $gh \in (Q : f)$, c'est-à-dire $ghf \in Q$, et $g \notin P$. Puisque Q est primaire, $h \in (Q : f)$. $\qquad\square$

Lemme 1.34. *Si* $P, P_1, \ldots, P_m$ *sont des idéaux premiers de* $\mathbb{K}[\mathbf{x}]$ *qui vérifient* $P = P_1 \cap \ldots \cap P_m$, *alors il existe* i *tel que* $P = P_i$.

Démonstration. Voir exercice 1.13. $\qquad\square$

Théorème 1.35. *Soit* $I = \bigcap_{i=1}^r Q_i$ *une décomposition primaire minimale de l'idéal* I. *Si* $f \in \mathbb{K}[\mathbf{x}]$ *est tel que* $\sqrt{(I : f)}$ *est premier, alors* $\sqrt{(I : f)} = \sqrt{Q_i}$ *pour un* $i \in \{1, \ldots, r\}$. *Réciproquement, tous les idéaux premiers* $\sqrt{Q_i}$ *sont de cette forme.*

Démonstration. D'après le lemme 1.33, pour tout $f \in \mathbb{K}[\mathbf{x}]$,

$$(I : f) = (\bigcap_{i=1}^r Q_i : f) = \bigcap_{i=1}^r (Q_i : f) = \bigcap_{\{i : f \notin Q_i\}} (Q_i : f),$$

et $\sqrt{(I:f)} = \bigcap_{\{i:f\notin Q_i\}} \sqrt{Q_i}$. Si l'idéal $\sqrt{(I:f)}$ est premier, il existe i tel que $\sqrt{(I:f)} = \sqrt{Q_i}$ (lemme 1.34). Réciproquement, comme la décomposition est minimale, pour chaque $i \in \{1,\ldots,r\}$, il existe un polynôme f_i tel que $f_i \notin Q_i$ et $f_i \in \bigcap_{j\neq i} Q_j$. En utilisant le lemme 1.33, nous déduisons que $\sqrt{Q_i} = \sqrt{(Q_i:f_i)} = \sqrt{(I:f_i)}$. $\qquad\qquad\square$

Les idéaux primaires d'une décomposition minimale d'un idéal I sont appelés les *composantes primaires* de I.

Remarque 1.36. Même si un idéal peut avoir plusieurs décompositions primaires minimales, le nombre de composantes primaires et les radicaux des idéaux primaires sont uniques dans les différentes décompositions primaires minimales d'un même idéal (voir exercice 1.14).

Définition 1.37. *Soit $I = Q_1 \cap \ldots \cap Q_r$ une décomposition primaire minimale de I. L'ensemble $\{\sqrt{Q_i} : 1 \leq i \leq r\}$, qui est indépendant de la décomposition choisie, est appelé l'ensemble des idéaux associés de I. Il sera noté* $\mathrm{Ass}(I)$.

Dans l'exemple 1.32, l'idéal (xy, y^2) admet deux composantes primaires et $\mathrm{Ass}((xy, y^2)) = \{(y), (x,y)\}$.

Proposition 1.38. *Soient $f \in \mathbb{K}[\mathbf{x}]$ et I un idéal de $\mathbb{K}[\mathbf{x}]$. Si f n'appartient à aucun élément de $\mathrm{Ass}(I)$, alors $(I:f) = I$.*

Démonstration. Soit $I = Q_1 \cap \ldots \cap Q_r$ une décomposition primaire minimale de I. D'après le lemme 1.33, nous avons

$$(I:f) = (Q_1:f) \cap \ldots \cap (Q_r:f) = Q_1 \cap \ldots \cap Q_r = I.$$

$\qquad\qquad\square$

Définition 1.39. *Soit $I = Q_1 \cap \ldots \cap Q_r$ une décomposition primaire minimale de l'idéal I de $\mathbb{K}[\mathbf{x}]$. Une composante primaire Q_i de I est dite* immergée *s'il existe $j \neq i$ tel que $\sqrt{Q_j} \subset \sqrt{Q_i}$. Une composante primaire est dite* isolée *s'elle n'est pas immergée.*

Dans l'exemple 1.32, la composante (y) est isolée et (x,y) (respectivement $(x+y, y^2)$) est immergée.

Remarque 1.40. Les composantes primaires isolées, d'un idéal I, dans les différentes décompositions primaires minimales sont uniques (voir exercice 1.14). Les composantes immergées ne le sont pas, comme le montre l'exemple 1.32. Du point de vue géométrique, ces dernières sont « invisibles », et donc elles sont une source de beaucoup de difficultés en géométrie algébrique effective (voir [**CGH88**], [**Kol88**],[**Kol99**], [**EL99**]). Obtenir la décomposition primaire d'un idéal de $\mathbb{K}[\mathbf{x}]$ est un problème délicat (voir [**GTZ88**], [**EHV92**], [**Mon02**]).

Problème(suite) :

Dans le problème de positionnement de la caméra, si $A = (-1, 0, 0)$, $B = (0, 1, 0)$, $C = (1, 0, 0)$ et le centre X est sur l'arc $\mathcal{C}$ du cercle circonscrit au triangle ABC, allant de A à C sans passer par B. Le système (1.1) devient :

$$\begin{cases} x_1^2 + x_2^2 - \sqrt{2}\, x_1 x_2 - 2 = 0 \\ x_1^2 + x_3^2 - 4 = 0 \\ x_2^2 + x_3^2 - \sqrt{2}\, x_2 x_3 - 2 = 0. \end{cases} \tag{1.2}$$

Pour tout autre point de cet arc de cercle $\mathcal{C}$, les angles de vues des segments (A, B), (B, C) et (A, C) sont les mêmes. L'ensemble des solutions de ce système contient donc les vecteurs (x_1, x_2, x_3) correspondant aux points de $\mathcal{C}$. La différence entre la première et la troisième équation de (1.2) conduit à

$$(x_1 + x_3 - \sqrt{2}\, x_2)\,(x_1 - x_3) = 0. \tag{1.3}$$

L'ensemble des solutions contient la variété algébrique définie par l'idéal $P_{\mathcal{C}}$ engendré par $x_1 + x_3 - \sqrt{2}\, x_2$ et $x_1^2 + x_3^2 - 4$. Cet idéal est premier car $x_1^2 + x_3^2 - 4$ est irréductible.

Y-a-t-il d'autres solutions ? Celles-ci sont sur l'intersection des trois tores obtenus par rotation du cercle $\mathcal{C}$ autour des segments (A, B), (B, C), (A, C), correspondant à un angle de vue constant. D'après l'équation (1.3), les autres solutions vérifient $x_1 - x_3 = 0$, ce qui conduit aux solutions $\xi_1 = (-\sqrt{2}, 0, -\sqrt{2})$, $\xi_2 = (\sqrt{2}, 0, \sqrt{2})$, $\xi_3 = (\sqrt{2}, 2, \sqrt{2})$, $\xi_4 = (-\sqrt{2}, -2, -\sqrt{2})$.

Comme ξ_3 et ξ_4 annulent les polynômes de $P_{\mathcal{C}}$, $\xi_3, \xi_4 \in \mathcal{Z}(P_{\mathcal{C}})$, le radical de l'idéal I engendré par le système d'équations (1.2) se décompose sous la forme

$$\sqrt{I} = P_{\mathcal{C}} \cap \mathfrak{m}_1 \cap \mathfrak{m}_2 \, ,$$

où $\mathfrak{m}_i$ désigne l'idéal maximal définissant le point $\xi_i, i = 1, 2, 3, 4$.

Comme $P_{\mathcal{C}}$ est premier, pour $g = x_1 - x_3$, nous avons $(I : g) = P_{\mathcal{C}}$ et $(I : g^2) = (I : g) = P_{\mathcal{C}}$. De plus,

$$(I, g) = (x_2^2 - \sqrt{2}\, x_1 x_2, x_1^2 - 2, x_1 - x_3) = \mathfrak{m}_1 \cap \mathfrak{m}_2 \cap \mathfrak{m}_3 \cap \mathfrak{m}_4.$$

Nous déduisons d'après le lemme 1.25, la décomposition primaire

$$I = (I : g) \cap (I, g) = P_{\mathcal{C}} \cap \mathfrak{m}_1 \cap \mathfrak{m}_2 \cap \mathfrak{m}_3 \cap \mathfrak{m}_4.$$

Les composantes premières $\mathfrak{m}_3$ et $\mathfrak{m}_4$ sont immergées dans $P_{\mathcal{C}}$, nous pouvons donc simplifier la décomposition de I en $I = P_{\mathcal{C}} \cap \mathfrak{m}_1 \cap \mathfrak{m}_2$, et ainsi $I = \sqrt{I}$.

1.5. Quelques invariants numériques d'une variété algébrique

Plusieurs invariants numériques peuvent être associés à une variété algébrique. Les principaux sont la dimension et le degré. Nous les abordons dans cette section et les étudierons, en détail, dans un autre chapitre.

1.5.1. Dimension d'une variété algébrique. — La dimension d'une variété algébrique V peut être définie de plusieurs façons. Intuitivement, c'est « le nombre maximal de degré de liberté » que peut avoir un point se « déplaçant » dans V. Nous donnons ici deux définitions équivalentes de cette notion.

Définition 1.41. *La dimension topologique d'une variété V est la longueur maximale d d'une suite*

$$V_0 \subsetneq V_1 \subsetneq \cdots \subsetneq V_d$$

de sous-variétés non vides et irréductibles de V. Elle est notée $\dim_{\mathrm{Tg}}(V)$.

Remarque 1.42. Il est clair que la dimension topologique d'une variété algébrique non vide de $\mathbb{K}^n$ est au plus n.

Si $V \subset W$, alors $\dim_{\mathrm{Tg}}(V) \leq \dim_{\mathrm{Tg}}(W)$.

Si $V = V_1 \cup \ldots \cup V_r$ est la décomposition de la variété V en composantes irréductibles, alors $\dim_{\mathrm{Tg}}(V) = \max\{\dim_{\mathrm{Tg}}(V_1), \ldots, \dim_{\mathrm{Tg}}(V_r)\}$.

Exemple 1.43. *Soit I l'idéal monomial $(x_1 x_2, x_1 x_3)$ de $\mathbb{K}[x_1, x_2, x_3]$. La variété $V = \mathcal{Z}(I) = \mathcal{Z}(x_1) \cup \mathcal{Z}(x_2, x_3)$. Nous avons*

$$\mathcal{Z}(x_1, x_2, x_3) \subsetneq \mathcal{Z}(x_1, x_2) \subsetneq \mathcal{Z}(x_1),$$

et donc $\dim_{\mathrm{Tg}}(V) = 2$.

L'équivalent algébrique de la dimension topologique est la notion de la dimension de Krull.

Définition 1.44. *La dimension de Krull d'un anneau $\mathcal{A}$ est la longueur maximale r d'une suite*

$$P_0 \subsetneq P_1 \subsetneq \cdots \subsetneq P_r$$

d'idéaux premiers de $\mathcal{A}$. Elle est notée $\dim_{\mathrm{Krull}}(\mathcal{A})$.

Exemple 1.45. *Si $\mathcal{A} = \mathbb{K}[x_1, x_2, x_3]/I$, avec $I = (x_1 x_2, x_1 x_3)$, nous avons la suite*

$$(x_1) \subsetneq (x_1, x_2) \subsetneq (x_1, x_2, x_3)$$

d'idéaux premiers dans $\mathcal{A}$ (car ce sont des premiers de $\mathbb{K}[\mathbf{x}]$ qui contiennent I). Ainsi, $\dim_{\mathrm{Krull}}(\mathcal{A}) = 2$.

Ces deux notions de dimension sont compatibles avec la correspondance algèbre-géométrie :

Proposition 1.46. *Pour tout idéal* I *de* $\mathbb{K}[\mathbf{x}]$, *nous avons*

$$\dim_{\mathrm{Krull}}(\mathbb{K}[\mathbf{x}]/I) = \dim_{\mathrm{Tg}}(\mathcal{Z}_{\overline{\mathbb{K}}}(I)).$$

Démonstration. Les idéaux premiers de $\mathcal{A} = \mathbb{K}[\mathbf{x}]/I$ sont en bijection avec les idéaux premiers de $\mathbb{K}[\mathbf{x}]$ qui contiennent I. D'après l'exercice 1.13, ils contiennent un des idéaux premiers de $Ass(I)$ et définissent donc une variété algébrique incluse dans l'une des composantes irréductibles de $\mathcal{Z}_{\overline{\mathbb{K}}}(I)$. Les idéaux premiers de $\mathcal{A}$ sont en correspondance avec les sous-variétés irréductibles de $\mathcal{Z}_{\overline{\mathbb{K}}}(I)$. Par conséquent, la dimension de Krull de $\mathcal{A}$ est la même que la dimension topologique de $\mathcal{Z}_{\overline{\mathbb{K}}}(I)$. □

Une variété algébrique X formée de points isolés est de dimension 0, car les idéaux premiers associés à $\mathcal{I}(X)$ sont maximaux.

Une variété algébrique de dimension 1 est une *courbe*, une variété de dimension 2 est une *surface*, et une variété de dimension $n-1$ de l'espace $\mathbb{K}^n$ (qui est de dimension n) est appelée une *hypersurface*.

1.5.2. Degré d'une variété algébrique. — Le degré d'une variété V exprime d'une certaine manière la « complexité » apparente de celle-ci. Plus le degré est élevé et plus il faut s'attendre à une variété « tordue ». Voici une définition géométrique de cette notion.

Définition 1.47. *Le* degré *de* $\mathcal{A} = \mathbb{K}[\mathbf{x}]/I$ *est la dimension du* $\mathbb{K}$-*espace vectoriel* $\mathbb{K}[\mathbf{x}]/(I, l_1, \ldots, l_d)$, *où* $l_1, \ldots, l_d$ *sont des formes linéaires génériques (i.e. dont les coefficients n'appartiennent pas à une variété algébrique) et* d *la dimension de Krull de* $\mathcal{A}$. *Il sera noté* $\deg_L(\mathcal{A})$.

Nous verrons que ce degré est le nombre de points de $V(I) \cap V(l_1, \ldots, l_d)$.

Exemple 1.48. *Un espace linéaire est une variété algébrique de degré* 1.

Une hypersurface $\mathcal{Z}(f)$, *avec* f *sans facteur carré, est une variété algébrique de degré* $\deg f$. *En effet, l'intersection de* $\mathcal{Z}(f)$ *et d'une droite générique est formée de* $\deg f$ *points (comptés avec multiplicité).*

Problème(suite) :

Nous avons décomposé les solutions du système *(1.2)* en une composante de dimension 1 définie par l'idéal $P_{\mathcal{C}}$, et des points ξ_1, ξ_2 de dimension 0. L'ensemble de ces solutions est donc de dimension 1.

Pour obtenir son degré, nous ajoutons une équation linéaire générique $l(x_1, x_2, x_3) = 0$ et calculons la dimension de $\mathcal{A} = \mathbb{K}[x_1, x_2, x_3]/(I, l(x_1, x_2, x_3))$.

Comme $\xi_1, \xi_2, \xi_3, \xi_4$ ne satisfont pas cette équation générique, la dimension de $\mathcal{A}$ est aussi celle de

$$\mathbb{K}[x_1, x_2, x_3]/(x_1^2 + x_3^2 - 4, x_1 + x_3 - \sqrt{2}\, x_2, l(x_1, x_2, x_3)).$$

Nous vérifions que cet espace vectoriel est de dimension 2 (et de base $\{1, x_1\}$).
Le degré de la variété $\mathcal{Z}(I)$ est donc 2.

Des algorithmes permettant de calculer ces invariants numériques associés à une variété algébrique sont décrits dans le chapitre 4.

1.6. Un peu de géométrie projective

La géométrie affine peut se révéler insuffisante pour bien comprendre des problèmes de nature géométrique. Par exemple, l'intersection de deux droites affines distinctes n'est pas toujours un point. Ou encore, la projection d'une variété affine n'est pas toujours une variété affine comme le montre l'exemple de la projection sur l'axe des x de l'hyperbole d'équation $x\,y - 1 = 0$, qui est

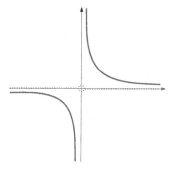

FIGURE 1.2. Une hyperbole et sa projection.

$\mathbb{K} \setminus \{0\}$. Nous reviendrons sur ces questions au chapitre 5.

C'est pour cela que l'on introduit la géométrie projective. Beaucoup de problèmes deviennent plus simples et plus clairs lorsqu'ils sont énoncés dans le cadre projectif.

L'*espace projectif* $\mathbb{P}^n(\mathbb{K})$ (ou $\mathbb{P}^n$ s'il n'y a pas d'ambiguïté sur le corps $\mathbb{K}$) est le quotient de $\mathbb{K}^{n+1} \setminus \{0\}$ par la relation d'équivalence de colinéarité. Un point de $\mathbb{P}^n$ est noté $(a_0 : \cdots : a_n)$.

Soit f un polynôme homogène de $\mathbb{K}[x_0, \ldots, x_n]$. Si f s'annule au point $(a_0, \ldots, a_n)$ de $\mathbb{K}^{n+1}$, alors $f(\lambda(a_0, \ldots, a_n)) = 0$ pour tout $\lambda \in \mathbb{K}$. Nous dirons que $(a_0 : \cdots : a_n)$ est un zéro de f, et notons $f(a_0 : \cdots : a_n) = 0$.

Définition 1.49. *La variété algébrique projective de $\mathbb{P}^n$ définie par des polynômes homogènes $f_1, \ldots, f_m$ de $\mathbb{K}[x_0, \ldots, x_n]$ est l'ensemble*

$$\mathcal{Z}_{\mathbb{P}^n}(f_1, \ldots, f_m) = \{a \in \mathbb{P}^n : f_1(a) = \cdots = f_m(a) = 0\}.$$

21

De la même façon que dans le cadre affine, les variétés projectives définissent une topologie sur $\mathbb{P}^n$, dite de Zariski. Les variétés projectives irréductibles sont aussi définies comme dans le cas affine.

Nous rappelons qu'un idéal I de $\mathbb{K}[\mathbf{x}]$ est dit *homogène* s'il est engendré par des polynômes homogènes.

Définition 1.50. *Soit Z un sous-ensemble de $\mathbb{P}^n$. L'ensemble $\mathcal{I}(Z)$ des polynômes de $\mathbb{K}[x_0, \ldots, x_n]$ qui s'annulent en tout point de Z est un idéal homogène, appelé l'idéal de Z et noté $\mathcal{I}(Z)$.*

Proposition 1.51.

1. *Soient I et J deux idéaux homogènes de $\mathbb{K}[x_0, \ldots, x_n]$. Si $I \subset J$, alors $\mathcal{Z}_{\mathbb{P}^n}(J) \subset \mathcal{Z}_{\mathbb{P}^n}(I)$.*

2. *Si $Z \subset W$ sont deux sous-ensembles de $\mathbb{P}^n$, alors $\mathcal{I}(W) \subset \mathcal{I}(Z)$.*

3. *Une variété projective est irréductible si, et seulement si, son idéal homogène est premier.*

4. *Toute variété projective se décompose en une réunion finie unique de sous-variétés projectives irréductibles.*

5. *Soit $\mathbb{K}$ un corps algébriquement clos. Si I est un idéal homogène de $\mathbb{K}[x_0, \ldots, x_n]$, alors $\mathcal{Z}_{\mathbb{P}^n(\mathbb{K})}(I) = \emptyset$ si, et seulement si, $(x_0, \ldots, x_n) \subset \sqrt{I}$.*

6. *Soit $\mathbb{K}$ un corps algébriquement clos. Si I est un idéal homogène de $\mathbb{K}[x_0, \ldots, x_n]$ tel que $(x_0, \ldots, x_n) \not\subset \sqrt{I}$, alors $\mathcal{I}(\mathcal{Z}_{\mathbb{P}^n(\mathbb{K})}(I)) = \sqrt{I}$.*

Démonstration. Voir l'exercice 1.18. $\qquad\qquad\qquad\qquad\qquad\qquad\qquad$ $\square$

Notons $H_\infty = \{a = (a_0 : \cdots : a_n) \in \mathbb{P}^n : a_0 = 0\}$ et $O = \{a \in \mathbb{P}^n : a_0 \neq 0\}$. Alors l'espace projectif $\mathbb{P}^n = H_\infty \cup O$. La variété H_∞ s'appelle l'*hyperplan à l'infini*. L'ouvert O de $\mathbb{P}^n$ est homéomorphe à $\mathbb{K}^n$ via l'application

$$\phi : O \longrightarrow \mathbb{K}^n$$

$$(a_0 : \cdots : a_n) \mapsto \left(\frac{a_1}{a_0}, \ldots, \frac{a_n}{a_0} \right).$$

L'espace affine $\mathbb{K}^n$ peut être alors vu comme un ouvert de $\mathbb{P}^n$ et l'espace projectif $\mathbb{P}^n$ comme $H_\infty \cup \mathbb{K}^n$.

Proposition 1.52. *Si V est une variété projective de $\mathbb{P}^n$, alors $\phi(V \cap O)$ est une variété affine de $\mathbb{K}^n$.*

Démonstration. La variété $V = \mathcal{Z}_{\mathbb{P}^n}(I)$, où I est un idéal homogène radical. Il est clair que $\phi(V \cap O) = \mathcal{Z}(f(1, x_1, \ldots, x_n) : f \in I)$. $\qquad\qquad$ $\square$

La trace d'une variété projective de $\mathbb{P}^n$ sur son ouvert affine $\mathbb{K}^n$ est bien une variété affine.

1.7. Exercices

Exercice **1.1.**

1. *Théorème fondamental de l'algèbre* : Montrer que tout polynôme non constant à coefficients dans $\mathbb{K}$ admet au moins une racine dans $\overline{\mathbb{K}}$.

2. Montrer que tout idéal de $\mathbb{K}[x]$ est engendré par un seul polynôme.

Exercice **1.2.** Montrer que les propriétés suivantes sont équivalentes dans un anneau A commutatif et unitaire.

1. Tout idéal de A est engendré par un nombre fini d'éléments.

2. Toute suite croissante d'idéaux de A est stationnaire.

3. Tout ensemble d'idéaux de A admet un élément maximal (pour l'inclusion).

Exercice **1.3.**

1. Soit Y un sous-ensemble de $\mathbb{K}^n$. Montrer que $\overline{Y}$ (le plus petit fermé contenant Y pour la topologie de Zariski) est l'ensemble des solutions de tous les polynômes qui s'annulent sur Y.

2. En déduire que si V est une variété algébrique, alors $\mathcal{Z}\big(\mathcal{I}(V)\big) = V$.

Exercice **1.4.**

1. Vérifier que la réunion finie et l'intersection quelconque de variétés algébriques sont des variétés algébriques.

2. Si Y et Z sont deux sous-ensembles de $\mathbb{K}^n$, montrer que $\mathcal{I}(Y \cup Z) = \mathcal{I}(Y) \cap \mathcal{I}(Z)$.

3. Montrer qu'une variété algébrique V est irréductible si, et seulement si, son idéal $\mathcal{I}(V)$ est premier.

4. Soit V une variété algébrique de $\mathbb{K}^n$. Montrer que les propriétés suivantes sont équivalentes :
   i) V est irréductible,
   ii) L'intersection de deux ouverts non vides de V est non vide,
   iii) Tout ouvert non vide de V est partout dense dans V.

Exercice **1.5. Décomposition d'une variété en sous-variétés irréductibles.**
Soit V une variété algébrique de $\mathbb{K}^n$.

1. Si $\zeta \notin V$, montrer que $\mathcal{I}(V \cup \{\zeta\}) \subsetneq \mathcal{I}(V)$.

2. Si V n'est pas une réunion finie de sous-variétés irréductibles, montrer qu'il existe une suite infinie de variétés V_i telle que $V \supsetneq V_1 \supsetneq V_2 \supsetneq \cdots$

3. En déduire que V se décompose de façon unique comme une réunion minimale de sous-variétés irréductibles $V = V_1 \cup \ldots \cup V_d$, où V_i n'est pas contenu dans V_j si $i \neq j$.

Exercice **1.6.** Soient I et J deux idéaux de $\mathbb{K}[\mathbf{x}]$.

1. Est-ce que $\mathcal{Z}(I) \setminus \mathcal{Z}(J)$ est une variété algébrique ?

2. Montrer que $\mathcal{Z}(I) \setminus \mathcal{Z}(J)$ est la projection d'une variété algébrique (en introduisant une nouvelle variable).

3. Montrer que $\mathcal{Z}(I) \setminus \mathcal{Z}(J) \subset \mathcal{Z}(I : J)$.

4. Si le corps $\mathbb{K}$ est algébriquement clos et l'idéal I est radical, montrer que $\overline{\mathcal{Z}(I) \setminus \mathcal{Z}(J)} = \mathcal{Z}(I : J)$.

Exercice 1.7. Soit I un idéal de $\mathbb{K}[\mathbf{x}]$. Montrer :

1. Il existe $m \in \mathbb{N}$ tel que $\sqrt{I}^m \subset I \subset \sqrt{I}$.

2. Si I est primaire, alors $\sqrt{I}$ est premier.

3. Si I est premier, alors I est indécomposable.

Exercice 1.8. Donner des exemples d'anneaux non noethériens.

Exercice 1.9. Soit A un sous-anneau d'un anneau B.

1. Montrer que les conditions suivantes sont équivalentes pour $b \in B$:
   - b est entier sur A,
   - Le sous-anneau $A[b]$ de B est un A-module de type fini,
   - Il existe un sous-anneau C de B tel que $A[b] \subset C$ et C est un A-module de type fini.

2. En déduire que si $b_1, \ldots, b_n$ sont des éléments de B tels que pour tout $i = 1, \ldots, n, b_i$ est entier sur $A[b_1, \ldots, b_{i-1}]$, alors $A[b_1, \ldots, b_n]$ est un A-module de type fini.

3. Montrer que $\{b \in B : b \text{ est entier sur} A\}$ est un sous-annneau de B contenant A.

Exercice 1.10. Soient $A \subset B$ deux sous-anneaux d'un anneau C. Montrer que si $c \in C$ est entier sur B et l'extension $A \subset B$ est entière, alors c est entier sur A.

Exercice 1.11.

1. Montrer que dans l'anneau $\mathbb{Z}$ des entiers, tout idéal primaire est engendré par la puissance d'un nombre premier.

2. Qu'en est-il pour $\mathbb{K}[x]$ et $\mathbb{Z}[x]$?

Exercice 1.12.

1. Montrer qu'un idéal I d'un anneau A est primaire si, et seulement si, les diviseurs de zéro dans A/I sont nilpotents (i.e. si a est un diviseur de zéro dans A/I, il existe $r \in \mathbb{N}^* : a^r = 0$).

2. Montrer qu'un idéal I d'un anneau A est premier (resp. maximal) si, et seulement si, A/I est un anneau intègre (resp. corps).

Exercice 1.13. Soient $P, P_1, \ldots, P_m$ des idéaux premiers d'un anneau A.

1. Monter que si $P \supset P_1 \cap \ldots \cap P_m$, alors il existe $i \in \{1, \ldots, m\}$ tel que $P \supset P_i$.

2. En déduire que si $P = P_1 \cap \ldots \cap P_m$, alors il existe $i \in \{1, \ldots, m\}$ tel que $P = P_i$.

Exercice 1.14. Soit I un idéal de $\mathbb{K}[\mathbf{x}]$. Montrer que :

1. Dans toutes les décompositions primaires minimales de I, le nombre de composantes primaires et les idéaux premiers associés sont les mêmes.

2. Si I est radical, alors I admet une seule décomposition primaire minimale.

3. Les composantes primaires isolées de I sont les mêmes dans les différentes décompositions primaires minimales de I.

Exercice 1.15. Soit $I = Q_1 \cap \ldots \cap Q_r$ une décomposition primaire de l'idéal I de $\mathbb{K}[\mathbf{x}]$ et $P_i = \sqrt{Q_i}$ les idéaux premiers associés. Si $f \in \mathbb{K}[\mathbf{x}]$, montrer que $f \in P_1 \cup \ldots \cup P_r$ si, et seulement si, f est un diviseur de zéro dans $\mathbb{K}[\mathbf{x}]/I$.

Exercice 1.16. Soit $\mathbb{K}$ un corps algébriquement clos et I un idéal de $\mathbb{K}[\mathbf{x}]$. Montrer que si $\mathbb{K}[\mathbf{x}]/I$ est un $\mathbb{K}$-espace vectoriel de dimension finie, alors la variété $\mathcal{Z}(I)$ est finie et les idéaux premiers associés à I sont maximaux.

Exercice 1.17. Soit A un anneau local (i.e. qui admet un seul idéal maximal). Montrer que si $a \in A$ n'est pas un diviseur de zéro, alors

$$\dim_{\mathrm{Krull}}\big(A/(a)\big) = \dim_{\mathrm{Krull}}(A) - 1.$$

Exercice 1.18. Etablir ce qui suit :

1. Si $I \subset J$ sont deux idéaux homogènes de $\mathbb{K}[x_0, \ldots, x_n]$, alors $\mathcal{Z}_{\mathbb{P}^n}(J) \subset \mathcal{Z}_{\mathbb{P}^n}(I)$.

2. Si $Z \subset W$ sont deux sous-ensembles de $\mathbb{P}^n$, alors $\mathcal{I}(W) \subset \mathcal{I}(Z)$.

3. Une variété projective est irréductible si, et seulement si, son idéal est premier.

4. Toute variété projective se décompose en une réunion finie unique de sous-variétés projectives irréductibles.

5. Soit $\mathbb{K}$ un corps algébriquement clos. Si I est un idéal homogène de $\mathbb{K}[x_0, \ldots, x_n]$, alors $\mathcal{Z}_{\mathbb{P}^n(\mathbb{K})}(I) = \emptyset$ si, et seulement si, $(x_0, \ldots, x_n) \subset \sqrt{I}$.

6. Soit $\mathbb{K}$ un corps algébriquement clos. Si I est un idéal homogène de $\mathbb{K}[x_0, \ldots, x_n]$ tel que $(x_0, \ldots, x_n) \not\subset \sqrt{I}$, alors $\mathcal{I}\big(\mathcal{Z}_{\mathbb{P}^n(\mathbb{K})}(I)\big) = \sqrt{I}$.

Exercice 1.19.

1. Calculer explicitement les solutions (x_1, x_2, x_3) du problème de positionnement de la caméra dans le cas générique en fonction des paramètres $\cos(\alpha)$, $\cos(\beta)$, $\cos(\gamma)$, a, b, c et des racines d'un polynôme de degré 8 que l'on déterminera.

2. Dans le cas particulier où le centre de la caméra est sur le cercle circonscrit à (A, B, C), si I désigne l'idéal engendré par les trois équations polynomiales (1.1), vérifier que pour toute forme linéaire générique $l(x_1, x_2, x_3)$, l'espace vectoriel $\mathcal{A} = \mathbb{K}[x_1, x_2, x_3]/(I, l(x_1, x_2, x_3))$ est de dimension 2.

CHAPITRE 2

CALCUL DANS UNE ALGÈBRE QUOTIENT

Sommaire

Dans ce chapitre, nous allons définir les notions de formes normales et de bases de Gröbner, puis donner quelques unes de leurs applications qui seront utiles par la suite. Pour une présentation détaillée, consulter [**AL94**], [**BWK93**], [**CLO92**], [**Eis94**].

2.1. Introduction

Soit f un polynôme d'une variable, de degré m et à coefficients dans $\mathbb{K}$. L'algorithme d'Euclide assure que tout $g \in \mathbb{K}[x]$ peut se réduire modulo f : il existe un unique $(q, r) \in \mathbb{K}[x]^2$ tel que $g = qf + r$, où le reste r est une combinaison linéaire des monômes $1, x, \ldots, x^{m-1}$. Cette réduction consiste à trouver un représentant canonique d'un élément quelconque de l'algèbre quotient $\mathbb{K}[x]/(f)$. C'est la clé de l'étude de certains problèmes effectifs, tels que le calcul du pgcd et ppcm de polynômes, le problème de l'appartenance d'un polynôme à un idéal $I = (f_1, \ldots, f_s)$ de $\mathbb{K}[x]$, le calcul d'une base de l'espace vectoriel $\mathcal{A} = \mathbb{K}[x]/I$, le calcul des représentants canoniques des éléments de $\mathcal{A}, \ldots$

Pour étudier des problèmes de même nature dans le cas multivariable, nous avons besoin d'une généralisation de l'algorithme d'Euclide :

Étant donnés $f_1, \ldots, f_s \in \mathbb{K}[\mathbf{x}] = \mathbb{K}[x_1, \ldots, x_n]$, comment peut-on réduire $g \in \mathbb{K}[\mathbf{x}]$ modulo $f_1, \ldots, f_s$? C'est-à-dire, trouver des polynômes $q_1, \ldots, q_s, r$ tels que $g = q_1 f_1 + \cdots + q_s f_s + r$, où r est « le représentant canonique » de g modulo l'idéal $(f_1, \ldots, f_s)$.

La théorie des bases de Gröbner permet de répondre à cette question, comme nous le verrons par la suite.

2.2. Réduction des polynômes

L'algorithmique dans une algèbre quotient s'appuie sur la réduction des polynômes nécessaire au calcul des « représentants canoniques » des éléments de celle-ci. Le but de cette section est l'étude de cette réduction.

Tout polynôme peut être vu comme une somme de composantes « ordonnées » dont la plus grande sera appelée le « terme dominant ». Ceci correspond à une décomposition de $\mathbb{K}[\mathbf{x}]$ en somme directe de sous-espaces vectoriels :

$$\mathbb{K}[\mathbf{x}] = \oplus_{\gamma \in \Gamma} \mathbb{K}[\mathbf{x}]_{[\gamma]},$$

où Γ est un ensemble ordonné et $\mathbb{K}[\mathbf{x}]_{[\gamma]}$ le sous-espace vectoriel de $\mathbb{K}[\mathbf{x}]$ engendré par les composantes d'indice γ. Donc pour tout $p \in \mathbb{K}[\mathbf{x}]$ non nul, il existe des composantes non nulles uniques $p_{[\gamma_i]} \in \mathbb{K}[\mathbf{x}]_{[\gamma_i]}, i = 1, \ldots, s$, telles que

$$p = p_{[\gamma_1]} + \cdots + p_{[\gamma_s]}.$$

Par exemple la décomposition d'un polynôme en composantes homogènes correspond à $\Gamma = \mathbb{N}$, muni de son ordre naturel, qui indexe le degré. Le polynôme $p = x_1^2 - x_2^2 + 2\,x_1 - 2\,x_2 - 1$ se décompose alors en la somme des termes

$$x_1^2 - x_2^2 \in \mathbb{K}[\mathbf{x}]_{[2]}, \quad 2\,x_1 - 2\,x_2 \in \mathbb{K}[\mathbf{x}]_{[1]}, \quad -1 \in \mathbb{K}[\mathbf{x}]_{[0]}.$$

Si $\Gamma = \mathbb{N}^2$ est ordonné suivant l'*ordre lexicographique* (i.e. l'ordre du dictionnaire) pour lequel $x_2 > x_1$. Les composantes de p, de la plus grande à la plus petite, sont

$$-x_2^2 \in \mathbb{K}[\mathbf{x}]_{[0,2]}, -2\,x_2 \in \mathbb{K}[\mathbf{x}]_{[0,1]}, x_1^2 \in \mathbb{K}[\mathbf{x}]_{[2,0]}, 2\,x_1 \in \mathbb{K}[\mathbf{x}]_{[1,0]}, -1 \in \mathbb{K}[\mathbf{x}]_{[0,0]}.$$

Nous verrons, plus loin, d'autres décompositions de $\mathbb{K}[\mathbf{x}]$.

Définition 2.1. *Pour tout élément p non nul de $\mathbb{K}[\mathbf{x}]$,*
- *$\mathtt{m}(p)$ est le plus grand indice $\gamma \in \Gamma$ tel que $p_{[\gamma]} \neq 0$. Il est appelé le Γ-degré de p.*
- *$\mathtt{t}(p)$ désigne la composante de p de plus grand indice $\gamma \in \Gamma$ tel que $p_{[\gamma]} \neq 0$. Elle est appelée le terme dominant de p.*
- *Si $p \in \mathbb{K}[\mathbf{x}]_{[\gamma]}$, nous dirons que p est Γ-homogène de Γ-degré γ.*

Pour le polynôme $p = x_1^2 - x_2^2 + 2\,x_1 - 2\,x_2 - 1$,
- dans le cas $\Gamma = \mathbb{N}$ qui indexe le degré, $\mathtt{t}(p) = x_1^2 - x_2^2, \mathtt{m}(p) = 2$,
- dans le cas $\Gamma = \mathbb{N}^2$ muni de l'ordre lexicographique avec $x_2 > x_1$, $\mathtt{t}(p) = -x_2^2$ et $\mathtt{m}(p) = (0,2)$.

Définition 2.2. *Soient $a, b_1, \ldots, b_s \in \mathbb{K}[\mathbf{x}]$. Nous dirons que a se réduit par $b_1, \ldots, b_s$ s'il existe des éléments Γ-homogènes $q_1, \ldots, q_s$ de $\mathbb{K}[\mathbf{x}]$ tels que $\mathtt{t}(a) = \sum_{i=1}^{s} q_i\,\mathtt{t}(b_i)$. La réduction de a par $b_1, \ldots, b_s$ est alors $a - \sum_{i=1}^{s} q_i\,b_i$.*

Remarquons que $\mathtt{t}\left(a - \sum_{i=1}^{s} q_i\,b_i\right) < \mathtt{t}(a)$. Nous pouvons de nouveau réduire $a - \sum_{i=1}^{s} q_i\,b_i$ par $b_1, \ldots, b_s$, et ainsi de suite. Pour pouvoir réitérer la réduction un nombre fini de fois et obtenir un polynôme que l'on ne peut plus réduire par $b_1, \ldots, b_s$, et calculer facilement les q_i nous imposons les hypothèses suivantes :

Hypothèse 2.3.
- *Γ est un monoïde additif muni d'un bon ordre (i.e. tout sous-ensemble de Γ admet un plus petit élément),*
- *Pour tout $(\alpha, \beta, \gamma) \in \Gamma^3, \alpha < \beta \Rightarrow \alpha + \gamma < \beta + \gamma$,*
- *Si $f \in \mathbb{K}[\mathbf{x}]_{[\alpha]}$ et $g \in \mathbb{K}[\mathbf{x}]_{[\beta]}$, alors $f\,g \in \mathbb{K}[\mathbf{x}]_{[\alpha+\beta]}$.*
- *Pour tout $\gamma \in \Gamma$, l'espace vectoriel $\mathbb{K}[\mathbf{x}]_{[\gamma]}$ est de dimension finie.*

Nous dirons dans ce cas que Γ est une *graduation effective*.

Dans le cas de la graduation par le degré, où $\Gamma = \mathbb{N}$ est muni de son ordre naturel, ces hypothèses sont vérifiées. Les quotients q_i dans la réduction de a par $b_1, \ldots, b_s$ sont Γ-homogènes de Γ-degrés $\mathtt{m}(a) - \mathtt{m}(b_i)$.

Si $\Gamma = \mathbb{N}^n$ est muni de l'ordre lexicographique, les hypothèses 2.3 sont aussi vérifiées. Les *termes dominants* sont des termes monomiaux et tester si $\mathbf{t}(a) = \sum_{i=1}^{s} q_i \, \mathbf{t}(b_i)$ revient simplement à vérifier si $\mathbf{t}(a)$ est divisible par l'un des $\mathbf{t}(b_i)$. Si c'est le cas q_i est un monôme et $q_j = 0$ pour $j \neq i$. Une telle graduation peut être definie par un ordre monomial, permettant de choisir le plus grand monôme :

Définition 2.4. *Un ordre monomial est un ordre total $>$ sur les monômes de $\mathbb{K}[x]$ tel que tout monôme non constant $m > 1$ et si m_0, m_1, m_2 sont des monômes, on a $m_0 < m_1 \Rightarrow m_0 m_2 < m_1 m_2$.*

Dans le cas général d'une graduation effective, si $\{m_{i,1}, \ldots, m_{i,k_i}\}$ est une base de l'espace vectoriel $\mathbb{K}[\mathbf{x}]_{[m(a) - m(b_i)]}$ (qui est réduit à $\{0\}$ si $m(a) < m(b_i)$), Réduire a par $b_1, \ldots, b_s$ revient à résoudre le système linéaire

$$\mathbf{t}(a) - \sum_{i=1}^{s} \sum_{j=1}^{k_i} \lambda_{i,j} \, m_{i,j} \, \mathbf{t}(b_i) = 0$$

dans lequel les inconnues sont les scalaires $\lambda_{i,j}$.

Dans le cas simple de la réduction par un polynôme, il suffit de tester la divisibilité des termes dominants : une réduction de $p = x_1^2 - x_2^2 + 2\,x_1 - 2\,x_2 - 1$ par $x_1 + x_2 - 1$, pour $\Gamma = \mathbb{N}$, donne

$$x_1^2 - x_2^2 + 2\,x_1 - 2\,x_2 - 1 - (x_1 - x_2)(x_1 + x_2 - 1) = 3\,x_1 - 3\,x_2 - 1.$$

Nous allons décrire l'algorithme de division dans $\mathbb{K}[\mathbf{x}]$ qui généralise celui d'Euclide à une seule variable. Il consiste à itérer la réduction décrite ci-dessus, jusqu'à obtenir un polynôme que l'on ne peut plus réduire.

Définition 2.5. *Soient Γ une graduation effective et $r, f_1, \ldots, f_s \in \mathbb{K}[\mathbf{x}]$. Le polynôme r est dit réduit par rapport à $\{f_1, \ldots, f_s\}$ si aucune composante Γ-homogène non nulle de r ne peut être réduite par $f_1, \ldots, f_s$.*

Algorithme 2.6. DIVISION MULTIVARIABLE.

ENTRÉE : Γ une graduation effective, $f, f_1, \ldots, f_s \in \mathbb{K}[\mathbf{x}]$.
    $r := f$; $q_i := 0$, $i = 1, \ldots, s$.
    Tant qu'une des composantes Γ-homogènes non nulles $r_{[\gamma]}$ de r se décompose en $r_{[\gamma]} = \sum_{i=1}^{s} m_i \, \mathbf{t}(f_i)$, calculer
    -- $r := r - \sum_{i=1}^{s} m_i f_i$,
    -- $q_i := q_i + m_i$, $i = 1, \ldots, s$.
SORTIE : Des éléments $q_1, \ldots, q_s, r$ de $\mathbb{K}[\mathbf{x}]$ qui vérifient
    i) $f = q_1 f_1 + \cdots + q_s f_s + r$,
    ii) r est réduit par rapport à $\{f_1, \ldots, f_s\}$.

Cet algorithme s'arrête après un nombre fini d'étapes. Sinon, il serait possible de construire une suite infinie strictement décroissante d'éléments de Γ, à partir des termes dominants des restes intermédiaires, ce qui contredirait l'hypothèse de bon ordre faite sur Γ.

Contrairement à l'algorithme d'Euclide, les quotients $q_1, \ldots, q_s$ et le reste r ne sont pas uniques. Ils le sont si un ordre de division dans la liste $\{f_1, \ldots, f_s\}$ est imposé. Dans le cas d'une seule variable, le polynôme f appartient à l'idéal $(f_1, \ldots, f_s)$ si, et seulement si, le reste r de la division de f par le pgcd de $f_1, \ldots, f_s$ est nul, ce qui n'est pas vrai pour cet algorithme multivariable comme le montre l'exemple suivant :

Exemple 2.7. *Munissons* $\mathbb{K}[x, y]$ *de la graduation par le degré. Si* $f_1 = x^3 + xy - 1$ *et* $f_2 = x^2 + y$, *alors* $1 = x\,f_2 - f_1 \in (f_1, f_2)$. *Le polynôme constant* 1 *est réduit par rapport à* $\{f_1, f_2\}$, *donc l'algorithme de division de* 1 *par* $\{f_1, f_2\}$ *produit* $q_1 = q_2 = 0$ *et* $r = 1$.

Dans cet exemple, $(\mathtt{t}(f_1), \mathtt{t}(f_2)) = (x^2)$ est contenu strictement dans l'idéal engendré par $\{\mathtt{t}(f) : f \in (f_1, f_2)\}$ qui est égal à $\mathbb{K}[\mathbf{x}]$. Dans ce cas, on dit que f_1 et f_2 ne forment pas un « bon système de générateurs » de l'idéal (f_1, f_2) ; car en partant de $f \in (f_1, f_2)$, l'algorithme de division de f par $\{f_1, f_2\}$ s'arrête sans réduire f à 0. D'où la définition suivante :

Définition 2.8. *Soient* Γ *une graduation effective,* I *un idéal de* $\mathbb{K}[\mathbf{x}]$ *et* $\mathtt{t}(I)$ *l'idéal engendré par* $\{\mathtt{t}(p) : p \in I\}$. *Nous dirons que* $G = \{g_1, \ldots, g_t\}$ *est une* Γ-*base de* I *si*

i) $g_1, \ldots, g_t \in I$,

ii) $\mathtt{t}(g_1), \ldots, \mathtt{t}(g_t)$ *engendrent* $\mathtt{t}(I)$.

Pour simplifier la présentation, nous considérons seulement des Γ-bases finies, bien que la définition s'étende au cas infini. L'existence d'une Γ-base finie est une conséquence du fait que $\mathbb{K}[\mathbf{x}]$ est noethérien (théorème 1.3). Une première propriété de ces Γ-bases est la suivante :

Proposition 2.9. *Tout polynôme* p *de* I *se réduit à* 0 *par une* Γ-*base de* I.

Démonstration. Si $p \in I \setminus \{0\}$ et $G = \{g_1, \ldots, g_t\}$ est une Γ-base de I, $\mathtt{t}(p) \in (\mathtt{t}(g_1), \ldots, \mathtt{t}(g_t))$. Il existe alors des éléments Γ-homogènes $h_1, \ldots, h_t$ de $\mathbb{K}[\mathbf{x}]$ tels que $\mathtt{t}(p) = \sum_{i=1}^{t} h_i \mathtt{t}(g_i)$. Le polynôme p se réduit par G en $q = p - \sum_{i=1}^{s} h_i g_i \in I$, avec $\mathtt{m}(q) < \mathtt{m}(p)$. Comme Γ est muni d'un bon ordre, en itérant la réduction par G nous obtenons 0 comme reste. Sinon, la partie des termes dominants des restes successifs n'aurait pas de plus petit élément. Ainsi, tout polynôme de I se réduit à 0 par une Γ-base. □

Nous déduisons le corollaire suivant :

Corollaire 2.10. *Une Γ-base de l'idéal I est un système de générateurs de I.*

Démonstration. La réduction à 0 de tout élément $p \in I$ par une Γ-base $G = \{g_1, \ldots, g_t\}$ implique une décomposition de la forme $p = \sum_{i=1}^{t} h_i\, g_i$, avec $h_i \in \mathbb{K}[\mathbf{x}]$. Le système G engendre bien l'idéal I.   □

Ceci permet de définir la notion de forme normale :

Proposition 2.11. *Le reste r de la division de $f \in \mathbb{K}[\mathbf{x}]$ par une Γ-base G de I est unique. Il est appelé la forme normale de f par rapport à G, et noté $\mathrm{N}_G(f)$.*

Démonstration. Soient r_1 et r_2 deux restes de la division de f par G. Comme $r_1 - r_2$ est réduit par rapport à G et $r_1 - r_2 \in I$, $r_1 - r_2 = 0$.   □

Une Γ-base permet de travailler effectivement dans une algèbre quotient :

Proposition 2.12. *Soit G une Γ-base de I. L'espace vectoriel $\mathbb{K}[\mathbf{x}]/I$ est isomorphe à l'espace vectoriel des polynômes réduits par rapport à G.*

Démonstration. Soit E l'espace vectoriel des polynômes réduits par rapport à $G = \{g_1, \ldots, g_t\}$. En appliquant l'algorithme 2.6, tout $f \in \mathbb{K}[\mathbf{x}]$ se réduit par G en un élément de E. Il existe alors des polynômes $q_i \in \mathbb{K}[\mathbf{x}]$, et $r \in E$ tels que $f = \sum_{i=1}^{t} q_i\, g_i + r$. Par conséquent, $f \equiv r$ dans $\mathbb{K}[\mathbf{x}]/I$ et $\{\bar{a} : a \in E\}$ engendre bien $\mathbb{K}[\mathbf{x}]/I$.

D'après la proposition 2.9, $I \cap E = \{0\}$, donc $\mathbb{K}[\mathbf{x}]/I$ est isomorphe à E. □

Nous allons décrire un critère effectif pour tester si un ensemble est une Γ-base d'un idéal I qui est la clé de voûte de l'algorithmique dans $\mathbb{K}[\mathbf{x}]/I$. La définition qui suit est nécessaire à la description de ce critère.

Définition 2.13. *Soient $g_1, \ldots, g_s \in \mathbb{K}[\mathbf{x}]$. Le premier module des syzygies (ou des relations) de $g_1, \ldots, g_s$ est l'ensemble*

$$\mathrm{Syz}(g_1, \ldots, g_s) = \{(h_1, \ldots, h_s) \in \mathbb{K}[\mathbf{x}]^s : \sum_{i=1}^{s} h_i\, g_i = 0\}.$$

Cet ensemble est un $\mathbb{K}[\mathbf{x}]$-module engendré par un nombre fini d'éléments (voir exercice 2.19).

Si $g_i \in \mathbb{K}[\mathbf{x}]_{[\gamma_i]}, i = 1, \ldots, s$, alors $\mathrm{Syz}(g_1, \ldots, g_s)$ est engendré par des éléments de la forme $(h_1, \ldots, h_s)$, où h_i est Γ-homogène et il existe $\gamma \in \Gamma$, tel que pour tout i, $h_i g_i \in \mathbb{K}[\mathbf{x}]_\gamma$. Nous dirons dans ce cas que $(h_1, \ldots, h_s)$ est Γ-homogène.

Théorème 2.14. *Soit* $G = \{g_1, \ldots, g_s\}$ *un ensemble de générateurs de l'idéal I. Alors G est une Γ-base de I si, et seulement si, pour tout $(h_1, \ldots, h_s)$ Γ-homogène de* $\mathrm{Syz}(\mathsf{t}(g_1), \ldots, \mathsf{t}(g_s))$, *le polynôme $h_1 g_1 + \cdots + h_s g_s$ se réduit à 0 par $g_1, \ldots, g_s$.*

Démonstration. Si G est une Γ-base de I, d'après la proposition 2.9, tout polynôme de I se réduit à 0 par G. En particulier, tout élément de la forme $h_1 g_1 + \cdots + h_s g_s$, avec $(h_1, \ldots, h_s) \in \mathrm{Syz}(\mathsf{t}(g_1), \ldots, \mathsf{t}(g_s))$. Réciproquement, si $\{\mathbf{h}_u = (\mathbf{h}_{u,1}, \ldots, \mathbf{h}_{u,n})\}_{u \in U}$ est un système de générateurs Γ-homogènes de $\mathrm{Syz}(\mathsf{t}(g_1), \ldots, \mathsf{t}(g_s))$ tel que pour tout $u \in U$, l'élément $\mathbf{h}_{u,1}\, g_1 + \cdots + \mathbf{h}_{u,s}\, g_s$ se réduit à 0 par G, montrons que G est une Γ-base de I.

Soit $p \in I$. L'élément p se décompose sous la forme

$$p = \sum_{i=1}^{s} q_i g_i \quad, \quad q_i \in \mathbb{K}[\mathbf{x}]. \tag{2.1}$$

Il faut prouver que $\mathsf{t}(p) \in (\mathsf{t}(g_1), \ldots, \mathsf{t}(g_s))$. Notons

$$\gamma = \max\{\mathsf{m}(q_i g_i) : q_i \neq 0\} = \max\{\mathsf{m}(q_i) + \mathsf{m}(g_i) : q_i \neq 0\} \in \Gamma$$

et S_γ l'ensemble des indices $i \in \{1, \ldots, s\}$ tel que $\mathsf{m}(q_i\, g_i) = \gamma$. Comme Γ est muni d'un bon ordre, supposons que pour la décomposition (2.1) de p, γ soit le plus petit possible.

Par construction, nous avons $\mathsf{m}(p) \leq \gamma$. Nous allons montrer que $\mathsf{m}(p) = \gamma$, par suite $\mathsf{t}(p) = \sum_{i \in S_\gamma} \mathsf{t}(q_i)\mathsf{t}(g_i)$, et donc $\mathsf{t}(p) \in (\mathsf{t}(g_1), \ldots, \mathsf{t}(g_s))$.

Sinon, $\mathsf{m}(p) < \gamma$, c'est-à-dire

$$\sum_{i \in S_\gamma} \mathsf{t}(q_i)\, \mathsf{t}(g_i) = 0,$$

ou encore $\sum_{i=1}^{s} h_i\, \mathsf{t}(g_i) = 0$, avec $h_i = \mathsf{t}(q_i)$ si $i \in S_\gamma$ et $h_i = 0$ si $i \notin S_\gamma$.

Le vecteur $\mathbf{h} = (h_1, \ldots, h_s)$ est un élément de $\mathrm{Syz}(\mathsf{t}(g_1), \ldots, \mathsf{t}(g_s))$ pour lequel $\mathsf{m}(h_i g_i) = \gamma$ pour $i \in S_\gamma$. Comme $\{\mathbf{h}_u\}_{u \in U}$ engendre $\mathrm{Syz}(\mathsf{t}(g_1), \ldots, \mathsf{t}(g_s))$, il existe des polynômes $m_u \in \mathbb{K}[\mathbf{x}]$ qui vérifient $\mathbf{h} = \sum_{u \in U} m_u\, \mathbf{h}_u$. Nous avons

$$\sum_{i=1}^{s} h_i\, g_i = \sum_{i=1}^{s} \sum_{u \in U} m_u\, \mathbf{h}_{u,i}\, g_i.$$

D'après l'hypothèse, pour tout $u \in U$, $\mathbf{h}_{u,1}\, g_1 + \cdots + \mathbf{h}_{u,s}\, g_s$ se réduit à 0 par G, donc nous pouvons aussi réduire $m_u(\mathbf{h}_{u,1}\, g_1 + \cdots + \mathbf{h}_{u,s}\, g_s)$ à 0. Ainsi,

$$m_u \sum_{i=1}^{s} \mathbf{h}_{u,i}\, g_i = \sum_{i=1}^{s} q_{i,u}\, g_i \ ,$$

avec $q_{i,u} = m_u \mathbf{h}_{u,i}$ et $\mathbf{m}(q_{i,u}\, g_i) \leq \mathbf{m}(m_u(\mathbf{h}_{u,1}\, g_1 + \cdots + \mathbf{h}_{u,s}\, g_s)) < \gamma$. Par conséquent,

$$\sum_{i=1}^{s} h_i\, g_i = \sum_{i=1}^{s} \sum_{u \in U} m_u\, \mathbf{h}_{u,i}\, g_i = \sum_{i=1}^{s} (\sum_{u \in U} q_{i,u})\, g_i = \sum_{i=1}^{s} \tilde{h}_i\, g_i \,, \qquad (2.2)$$

où $\tilde{h}_i = \sum_{u \in U} q_{i,u}$ et $\mathbf{m}(\tilde{h}_i g_i) \leq \max_u \mathbf{m}(q_{i,u}\, g_i) < \gamma$. En utilisant (2.2), p se réécrit sous la forme

$$p = \sum_{i=1}^{s} q_i\, g_i = \sum_{i=1}^{s} h_i\, g_i + \sum_{i=1}^{s} (q_i - h_i)\, g_i = \sum_{i=1}^{s} (\tilde{h}_i + q_i - h_i)\, g_i.$$

Dans cette nouvelle décomposition de p, nous avons

$$\mathbf{m}((\tilde{h}_i + q_i - h_i)\, g_i) \leq \max(\mathbf{m}(\tilde{h}_i\, g_i), \mathbf{m}((q_i - h_i)\, g_i)) < \gamma.$$

Ceci contredit l'hypothèse faite sur la décomposition (2.1) de p pour laquelle γ est le plus petit possible.   □

2.3. Ordres monomiaux

Nous allons considérer dans cette section la réduction par une Γ-base dans le cas où $\Gamma = \mathbb{N}^n$. Les hypothèses 2.3 faites sur Γ donnent la notion d'ordre monomial que nous allons rappeler.

Définition 2.15. *Un ordre monomial est un ordre total $<$ sur l'ensemble des monômes de $\mathbb{K}[\mathbf{x}]$ (ou de façon équivalente sur $\mathbb{N}^n$) qui satisfait*
i) $\forall \alpha \neq 0, \ 1 < \mathbf{x}^\alpha$,
ii) $\forall (\alpha, \beta, \gamma) \in (\mathbb{N}^n)^3, \ \mathbf{x}^\alpha < \mathbf{x}^\beta \Longrightarrow \mathbf{x}^{\alpha+\gamma} < \mathbf{x}^{\beta+\gamma}$.

Le point *i)* de cette définition implique que l'ordre monomial est un bon ordre (voir proposition 2.21).

Exemple 2.16. *Voici quelques ordres totaux sur l'ensemble des monômes de $\mathbb{K}[\mathbf{x}]$. Soient $\alpha = (\alpha_1, \ldots, \alpha_n)$ et $\beta = (\beta_1, \ldots, \beta_n)$ des éléments de $\mathbb{N}^n$.*
i) Ordre lexicographique $<_l$ avec $x_n <_l \cdots <_l x_1$:

$$\mathbf{x}^\alpha <_l \mathbf{x}^\beta \iff \exists\, k \in \{1, \ldots, n\} \ : \ \forall\, j < k\,, \ \alpha_j = \beta_j \ \text{et} \ \alpha_k < \beta_k.$$

ii) Ordre gradué lexicographique $<_{gl}$ avec $x_n <_{gl} \cdots <_{gl} x_1$:

$$\mathbf{x}^\alpha <_{gl} \mathbf{x}^\beta \iff |\alpha| < |\beta| \ \text{ou} \ (|\alpha| = |\beta| \ \text{et} \ \mathbf{x}^\alpha <_l \mathbf{x}^\beta).$$

iii) Ordre lexicographique inverse $<_{li}$ avec $x_n <_{li} \cdots <_{li} x_1$:

$$\mathbf{x}^\alpha <_{li} \mathbf{x}^\beta \iff \exists\, k \in \{1, \ldots, n\} : \ \forall j > k\,, \ \alpha_j = \beta_j \ \text{et} \ \alpha_k > \beta_k.$$

iv) Ordre gradué lexicographique inverse $<_{gli}$ avec $x_n <_{gli} \cdots <_{gli} x_1$,

$$\mathbf{x}^\alpha <_{gli} \mathbf{x}^\beta \iff |\alpha| < |\beta| \ \text{ou} \ (|\alpha| = |\beta| \ \text{et} \ \mathbf{x}^\alpha <_{li} \mathbf{x}^\beta).$$

Les ordres $<_l, <_{gl}, <_{gli}$ sont monomiaux, tandis que $<_{li}$ ne l'est pas, car pour tout $\alpha \neq 0$, $\mathbf{x}^\alpha <_{li} 1$.

Les monômes de degré au plus 2 sont rangés comme suit :
Pour l'ordre lexicographique $x > y > z$,

$$x^2 > xy > xz > x > y^2 > yz > y > z^2 > z > 1.$$

Pour l'ordre gradué lexicographique $x > y > z$,

$$x^2 > xy > xz > y^2 > yz > z^2 > x > y > z > 1.$$

Pour l'ordre gradué lexicographique inverse $x > y > z$,

$$x^2 > xy > y^2 > xz > yz > z^2 > x > y > z > 1.$$

Définition 2.17. *Soit $<$ un ordre monomial. Alors tout polynôme f non nul s'écrit de manière unique sous la forme $f = a_0 \mathbf{x}^{\alpha_0} + \cdots + a_d \mathbf{x}^{\alpha_d}$, où $a_0, \ldots, a_d$ sont des coefficients non nuls et $\alpha_0 > \cdots > \alpha_d$. Dans ce cas, a_0 est appelé le* coefficient dominant *de f, $\mathbf{x}^{\alpha_0}$ le* monôme dominant *de f, $a_0 \mathbf{x}^{\alpha_0}$ le* terme dominant *de f. Ils sont notés respectivement $\mathbf{c}_<(f)$, $\mathbf{m}_<(f)$, $\mathbf{t}_<(f)$ ou simplement $\mathbf{c}(f)$, $\mathbf{m}(f)$, $\mathbf{t}(f)$ s'il n'y a pas de confusion. Si $f = 0$, on définit $\mathbf{c}(0) = \mathbf{m}(0) = \mathbf{t}(0) = 0$.*

Dans la section 2.2, $\mathbf{m}(f)$ désignait l'exposant de $\mathbf{m}_<(f)$. Comme l'ensemble des monômes de $\mathbb{K}[\mathbf{x}]$ est en bijection avec les multi-indices de $\mathbb{N}^n$, il n'y a pas d'ambiguïté dans ces deux notations.

Pour l'ordre lexicographique $x > y$, $\mathbf{m}(x^2 - x\,y^2 + x) = x^2$, et pour l'ordre gradué lexicographique $x > y$, $\mathbf{m}(x^2 - x\,y^2 + x) = x\,y^2$. Donc $\mathbf{c}(f)$, $\mathbf{m}(f)$ et $\mathbf{t}(f)$ dépendent de l'ordre monomial choisi.

Définition 2.18. *Soit $w = (w_1, \ldots, w_n) \in \mathbb{Z}^n$. Si $\alpha = (\alpha_1, \ldots, \alpha_n) \in \mathbb{N}^n$, on appelle w-degré de α, l'entier $w(\alpha) = w_1\alpha_1 + \cdots + w_n\alpha_n$.*

Remarque 2.19. Considérons des n-uplets d'entiers $\mathbf{w} = (w_1, \ldots, w_s) \in (\mathbb{Z}^n)^s$ et définissons l'ordre $<_{\mathbf{w}}$,

$$\mathbf{x}^\alpha <_{\mathbf{w}} \mathbf{x}^\beta \iff (w_1(\alpha), \ldots, w_s(\alpha)) <_l (w_1(\beta), \ldots, w_s(\beta)),$$

où $<_l$ est l'ordre lexicographique sur $\mathbb{Z}^s$ (défini de la même façon que sur $\mathbb{N}^s$). On peut montrer que tous les ordres monomiaux sont de la forme $<_{\mathbf{w}}$, pour un certain $\mathbf{w} = (w_1, \ldots, w_s) \in (\mathbb{Z}^n)^s$ (voir [**Rob86**]). Ainsi, on peut définir
  i) $<_l$ par $\mathbf{w} = ((1, 0, \ldots, 0), (0, 1, 0, \ldots, 0), \ldots, (0, \ldots, 0, 1)) \in (\mathbb{N}^n)^n$,
  ii) $<_{gl}$ par $\mathbf{w} = ((1, \ldots, 1), (1, 0, \ldots, 0), \ldots, (0, \ldots, 0, 1, 0)) \in (\mathbb{N}^n)^n$,
  iii) $<_{gli}$ par $\mathbf{w} = ((1, \ldots, 1), (0, \ldots, 0, -1), \ldots, (0, -1, 0, \ldots, 0)) \in (\mathbb{Z}^n)^n$.
Cette représentation est utilisée dans les logiciels de calcul des bases de Gröbner pour paramétrer les ordres monomiaux.

2.4. Idéaux monomiaux

Dans un premier temps, nous allons nous intéresser aux *idéaux monomiaux* (i.e. engendrés par des monômes), dont la manipulation est très simple (voir exercices 2.6, 2.7, 2.8, 2.20). Et nous verrons comment ils interviennent dans l'étude des idéaux quelconques de $\mathbb{K}[\mathbf{x}]$.

Si A est une partie (éventuellement infinie) de $\mathbb{N}^n$, $\mathbf{x}^A$ désigne l'ensemble $\{\mathbf{x}^\alpha : \alpha \in A\}$ et $(\mathbf{x}^A)$ l'idéal qu'il engendre. Il est facile de vérifier :

i) Un monôme $\mathbf{x}^\beta \in (\mathbf{x}^A)$ si, et seulement si, $\mathbf{x}^\beta$ est divisible par un $\mathbf{x}^\alpha$, avec $\alpha \in A$ (i.e. il existe $\gamma \in \mathbb{N}^n$ tel que $\beta = \alpha + \gamma$).

ii) Un polynôme $f \in (\mathbf{x}^A)$ si, et seulement si, chaque monôme de f est divisible par un $\mathbf{x}^\alpha$, avec $\alpha \in A$.

Notons que l'idéal engendré par tous les monômes situés dans la partie sombre ci-dessous est l'idéal monomial (xy^3, x^4y^2, x^7) de $\mathbb{K}[x, y]$.

Plus généralement, nous avons le lemme suivant :

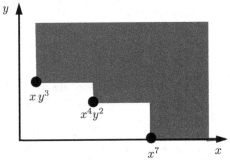

FIGURE 2.1. Un idéal monomial.

Lemme 2.20. *(lemme de Dickson) Tout idéal monomial $I=(\mathbf{x}^A)$ est engendré par un nombre fini d'éléments $\mathbf{x}^{\alpha_1}, \ldots, \mathbf{x}^{\alpha_s}$ de $\mathbf{x}^A$.*

Démonstration. Ce lemme découle du fait que l'anneau $\mathbb{K}[\mathbf{x}]$ est noethérien (théorème 1.3). Mais nous allons donner ici une autre preuve de ce résultat. Nous procédons par récurrence sur le nombre de variables n. Si $n = 1$, $I = (x^\alpha)$, où α est le plus petit élément de A.

Supposons le lemme vrai pour les idéaux de $\mathbb{K}[x_1, \ldots, x_{n-1}]$ et soit $I = (\mathbf{x}^A)$ un idéal de $\mathbb{K}[x_1, \ldots, x_n]$. Notons $\tilde{\mathbf{x}}$ les $n-1$ premières variables $x_1, \ldots, x_{n-1}$ et B la projection de A sur les $n-1$ premières coordonnées de $\mathbb{N}^n$. Par l'hypothèse de récurrence, l'idéal $\tilde{I} = (\tilde{\mathbf{x}}^B)$ est engendré par un nombre fini de monômes : $I = (\tilde{\mathbf{x}}^{\beta_1}, \ldots, \tilde{\mathbf{x}}^{\beta_t})$, avec $\beta_i \in B$.

Fixons $i \in \{1, \ldots, t\}$ et notons I_i l'idéal de $\mathbb{K}[x_n]$ engendré par l'ensemble

$$\{x_n^a : \tilde{\mathbf{x}}^{\beta_i} x_n^a \in I\}.$$

D'après le premier pas de récurrence, $I_i = (x_n^{d_i})$, avec $d_i \in \mathbb{N}$.

Posons $d = \max(d_1, \ldots, d_t)$. Pour tout $k \in \{0, \ldots, d\}$, soit J_k l'idéal de $\mathbb{K}[x_1, \ldots, x_{n-1}]$ engendré par $\{\tilde{\mathbf{x}}^\beta : \tilde{\mathbf{x}}^\beta x_n^k \in I\}$. Cet idéal est engendré par un nombre fini d'éléments $\tilde{\mathbf{x}}^{\beta_{k,1}}, \ldots, \tilde{\mathbf{x}}^{\beta_{k,s_k}}$. Les monômes

$$\tilde{\mathbf{x}}^{\beta_i} x_n^{d_i} , \quad i = 1, \ldots, t \quad \text{et} \quad \tilde{\mathbf{x}}^{\beta_{k,j}} x_n^k , \quad k = 0, \ldots, d , \quad j = 1, \ldots, s_k ,$$

engendrent I. En effet, tout monôme $\mathbf{x}^\alpha = \tilde{\mathbf{x}}^\beta x_n^e \in I$ est divisible par un $\tilde{\mathbf{x}}^{\beta_i} x_n^e, i = 1, \ldots, t$.

Si $e \geq d$, $\mathbf{x}^\alpha$ est divisible par $\tilde{\mathbf{x}}^{\beta_i} x_n^{d_i}$.

Si $e < d$, $\mathbf{x}^\alpha$ est divisible par un $\tilde{\mathbf{x}}^{\beta_{e,j}} x_n^e, j = 1, \ldots, s_e$.   □

Une conséquence importante du lemme de Dickson est le résultat suivant :

Proposition 2.21. *Un ordre monomial est un bon ordre (i.e. tout ensemble de monômes de $\mathbb{K}[\mathbf{x}]$ admet un plus petit élément).*

Démonstration. Soit $\mathbf{x}^A$ un ensemble de monômes. D'après le lemme 2.20, l'idéal $(\mathbf{x}^A) = (\mathbf{x}^{\alpha_1}, \ldots, \mathbf{x}^{\alpha_s})$, où $\alpha_1, \ldots, \alpha_s \in A$. Si $\alpha \in A$, il existe i tel que $\mathbf{x}^\alpha \geq \mathbf{x}^{\alpha_i}$. Par conséquent, le plus petit élément de $\{\mathbf{x}^{\alpha_1}, \ldots, \mathbf{x}^{\alpha_s}\}$ est aussi celui de $\mathbf{x}^A$.   □

La réciproque de la proposition 2.21 est aussi vraie (voir exercice 2.3). La notion de Γ-base dans le contexte d'un ordre monomial conduit à la notion de base de Gröbner :

Définition 2.22. *Une partie $\{g_1, \ldots, g_t\}$ de l'idéal I est une* base de Gröbner *si* $\mathbf{m}(I) = (\mathbf{m}(g_1), \ldots, \mathbf{m}(g_t))$, *où* $\mathbf{m}(I)$ *désigne l'idéal monomial engendré par* $\{\mathbf{m}(p) : p \in I\}$.

L'existence d'une base de Gröbner de I est assurée par le lemme de Dickon : l'idéal $\mathbf{m}(I)$ est engendré par un nombre fini de monômes $\mathbf{m}(g_1), \ldots, \mathbf{m}(g_t)$, et les éléments $g_1, \ldots, g_t$ de I forment bien une base de Gröbner.

Remarque 2.23. Nous allons donner une autre preuve du théorème 1.3 : l'anneau $\mathbb{K}[\mathbf{x}]$ est noethérien. En effet, si I est un idéal de $\mathbb{K}[\mathbf{x}]$, d'après le lemme de Dickson, il existe $g_1, \ldots, g_t \in I$ tels que $\mathbf{m}(I) = (\mathbf{m}(g_1), \ldots, \mathbf{m}(g_t))$. D'après le corollaire 2.10, la base de Gröbner $\{g_1, \ldots, g_t\}$ de I est, en particulier, un système de générateurs de I.

La proposition 2.12 se traduit dans le cas d'un ordre monomial de la façon suivante :

Proposition 2.24. *Soit G une base de Gröbner pour un ordre monomial $<$. Une base de l'espace vectoriel quotient $\mathbb{K}[\mathbf{x}]/I$ est donnée par les monômes qui n'appartiennent pas à l'idéal monomial $\mathbf{m}(G)$ engendré par $\{\mathbf{m}(g) : g \in G\}$.*

2.5. Algorithme de construction d'une base de Gröbner

Nous allons maintenant voir comment construire une base de Gröbner de $I = (f_1, \ldots, f_s)$. Pour cela nous introduisons la définition suivante :

Définition 2.25. *Soit* $(f, g) \in (\mathbb{K}[\mathbf{x}] \setminus \{0\})^2$. *Le* S-*polynôme de* f *et* g *est*

$$S(f, g) = \text{ppcm}(\mathtt{m}(f), \mathtt{m}(g)) \left(\frac{f}{\mathtt{t}(f)} - \frac{g}{\mathtt{t}(g)} \right) \in \mathbb{K}[\mathbf{x}].$$

Notons que le polynôme $S(f, g)$ appartient à l'idéal engendré par f et g, et que $\mathtt{m}(S(f, g)) < \text{ppcm}(\mathtt{m}(f), \mathtt{m}(g))$.

Théorème 2.26. *(théorème de Buchberger) Le système de générateurs* $G = \{g_1, \ldots, g_s\}$ *de l'idéal* I *est une base de Gröbner si, et seulement si, pour tout* $(i, j) \in \{1, \ldots, s\}^2$, *le reste de la division de* $S(g_i, g_j)$ *par* G *est nul.*

Démonstration. Un système de générateurs de $\text{Syz}(\mathtt{t}(g_1), \ldots, \mathtt{t}(g_s))$ est formé des vecteurs de polynômes

$$\mathbf{h}_{i,j} = \left(0, \ldots, 0, \frac{\text{ppcm}(\mathtt{m}(g_i), \mathtt{m}(g_j))}{\mathtt{t}(g_i)}, 0, \ldots, 0, -\frac{\text{ppcm}(\mathtt{m}(g_i), \mathtt{m}(g_j))}{\mathtt{t}(g_j)}, 0, \ldots, 0 \right)$$

pour $i < j$ (voir exercice 2.20). D'après le théorème 2.14, G est une base de Gröbner de I si, et seulement si, $S(g_i, g_j)$ se réduit à 0 par G. $\qquad\square$

Une conséquence importante du théorème 2.26 est *l'algorithme de Buchberger* qui permet de construire une base de Gröbner d'un idéal I.

Algorithme 2.27. ALGORITHME DE BUCHBERGER.

ENTRÉE : Un ordre monomial $<$ et des polynômes $f_1, \ldots, f_s \in \mathbb{K}[\mathbf{x}]$.
   $G := \{f_1, \ldots, f_s\}$,
   $S := \{r_{ij} = $ reste de la division de $S(f_i, f_j)$ par G, pour $i, j = 1, \ldots, s\}$.
   Tant que $S \neq \{0\}$, pour tout $r \neq 0$ dans S,
      -- $S := S \cup \{$ reste la division de $S(r, g)$, pour $g \in G$ $\}$,
      -- $G := G \cup \{r\}$,
SORTIE : Un base de Gröbner de I = $(f_1, \ldots, f_s)$ pour l'ordre monomial $<$.

Cet algorithme s'arrête après un nombre fini d'étapes, car d'après le lemme de Dickson, la suite croissante d'idéaux monomiaux $\mathtt{m}(G)$ qui interviennent dans cette construction est stationnaire.

L'algorithme de Buchberger produit beaucoup d'éléments inutiles de G. C'est pour cela que l'on introduit la définition suivante :

Définition 2.28. *Une base de Gröbner G est dite réduite si*
i) $\forall g \in G$, $\mathsf{c}(g) = 1$,
ii) $\forall g \in G$, g est réduit par rapport à $G \setminus \{g\}$.

Théorème 2.29. *Tout idéal admet une unique base de Gröbner réduite.*

Pour la preuve de ce résultat, voir l'exercice 2.11. C'est cette base de Gröbner réduite qui est calculée par les systèmes de calcul formel (Maple, Macaulay, Mathematica, Gb, CoCoA, Singular, …). L'algorithme 2.27 n'y est pas implémenter tel que nous l'avons décrit. Des optimisations importantes sur la construction des ensembles S, le choix des éléments dans ces ensembles, … y ont été apportées [**Fau99**, **Fau02**], ou pour des calculs de formes normales plus générales [**Tré02**].

2.6. Quelques applications des bases de Gröbner

Dans cette section, nous donnons quelques exemples de questions que l'on peut résoudre par des techniques de bases de Gröbner. D'autres applications sont données en exercices et dans les chapitres suivants.

Soit G une base de Gröbner de l'idéal $I = (f_1, \ldots, f_s)$ de $\mathbb{K}[\mathbf{x}]$.

2.6.1. Appartenance d'un polynôme à un idéal. — Comment peut-on tester l'appartenance d'un polynôme f à I ?

D'après la proposition 2.9, $f \in I$ si, et seulement si, $\mathsf{N}_G(f) = 0$. Donc

$$f \in I \iff f \text{ se réduit à zéro par } G.$$

Remarque 2.30. Une question intéressante, sous-jacente au problème de l'appartenance d'un polynôme f à l'idéal I, est celle de la représentation : si $f \in I$, déterminer des polynômes $q_1, \ldots, q_s$ tels que

$$f = q_1 f_1 + \cdots + q_s f_s.$$

Pour cela, on peut diviser f par $G = \{g_1, \ldots, g_t\}$, puis exprimer chaque g_i en fonction de $f_1, \ldots, f_s$, en utilisant les calculs effectués lors de la construction de G par l'algorithme de Buchberger. En fait, dans ce problème, on cherche des q_i ayant les plus petits degrés possibles. En général, une borne doublement exponentielle en le nombre de variables n (i.e. de la forme d^{2^n}, où $d = \max(\deg f, \deg f_1, \ldots, \deg f_s)$) est inévitable pour les degrés des q_i (voir [**MM82**], [**Dem87**]). Par conséquent, les éléments de G peuvent avoir de très grands degrés. En effet, une base de Gröbner réduite d'un idéal engendré par peu de polynômes ayant des petits degrés et coefficients peut contenir beaucoup d'éléments de degrés et coefficients très grands.

On utilise néanmoins ces techniques de bases de Gröbner car les problèmes pratiques ont souvent des propriétés particulières qui rendent les calculs beaucoup plus raisonnables ([**Mou96**], [**Mou93**], [**Rou95**], [**FMR98**], [**FJ03**],

[**FK99**], [**KL99**]). De même lorsque les données vérifient des hypothèses géométriques : par exemple, le problème de la représentation polynomiale, lorsque la variété algébrique définie par $f_1, \ldots, f_s$ est vide ou une intersection complète se résout avec des bornes simplement exponentielles en n (i.e. de la forme d^n) pour les degrés et aussi pour les coefficients de $q_1, \ldots, q_s$ (voir [**Bro87**], [**CGH88**], [**Kol88**], [**BY90**], [**BY91**], [**Phi91**], [**Amo90**], [**Elk93**], [**Elk94**], [**KP96**], [**KPS01**]).

2.6.2. Appartenance d'un polynôme au radical d'un idéal. — Comment peut-on tester l'appartenance d'un polynôme f à $\sqrt{I}$?

Si u est une nouvelle variable, le polynôme $f \in \sqrt{I}$ si, et seulement si, 1 appartient à l'idéal $I + (1 - u\,f)$ de $\mathbb{K}[\mathbf{x}, u]$ (l'anneau des polynômes en $x_1, \ldots, x_n, u$ à coefficients dans $\mathbb{K}$). Donc, si $\tilde{G}$ est une base de Gröbner de $I + (1 - u\,f)$, alors

$$f \in \sqrt{I} \Longleftrightarrow \tilde{G} \text{ contient une constante non nulle.}$$

2.6.3. Système polynomial sans solution. — Comment peut-on savoir si la variété algébrique $\mathcal{Z}(I) = \{a \in \overline{\mathbb{K}}^n : f(a) = 0, \forall f \in I\}$ est vide?

D'après le théorème 1.17, $\mathcal{Z}(I)$ est vide si, et seulement si, $1 \in I$. Alors

$$\mathcal{Z}(I) = \emptyset \Longleftrightarrow G \text{ contient une constante non nulle.}$$

2.6.4. Idéaux d'élimination et résolution polynomiale. — Soit r un entier de $\{1, \ldots, n-1\}$. L'idéal $I_r = I \cap \mathbb{K}[x_1, \ldots, x_r]$ formé des éléments de I qui ne dépendent pas des variables $x_{r+1}, \ldots, x_n$, est appelé *idéal d'élimination* d'indice r. Ces idéaux jouent un rôle important dans la résolution des systèmes polynomiaux.

Étant donné un ordre monomial sur $\mathbb{K}[\mathbf{x}]$ pour lequel les monômes en les variables $x_{r+1}, \ldots, x_n$ sont plus grands que ceux en $x_1, \ldots, x_r$ (par exemple l'ordre lexicographique avec $x_1 < \cdots < x_n$). Un tel ordre est appelé un *ordre d'élimination* avec $(x_{r+1}, \ldots, x_n)$ plus grand que $(x_1, \ldots, x_r)$. Si G est une base de Gröbner de I pour cet ordre, alors $G \cap \mathbb{K}[x_1, \ldots, x_r]$ est une base de Gröbner de I_r (voir exercice 2.13). En particulier, d'après la proposition 2.10, $G \cap \mathbb{K}[x_1, \ldots, x_r]$ est un système de générateurs de I_r. Ceci fournit un procédé de résolution polynomiale par induction.

D'autres exemples d'applications des idéaux d'élimination sont donnés en exercices (2.15, 2.16, 2.17).

2.7. Bases de Gröbner des sous-modules de $\mathbb{K}[\mathbf{x}]^m$

Dans cette section, nous introduisons brièvement la théorie des bases de Gröbner des sous-modules de $\mathbb{K}[\mathbf{x}]^m$, qui généralise celle des idéaux de $\mathbb{K}[\mathbf{x}]$. Notons $\{e_1, \ldots, e_m\}$ la base canonique du $\mathbb{K}[\mathbf{x}]$-module $\mathbb{K}[\mathbf{x}]^m$.

Définition 2.31.
  i) Un monôme *de* $\mathbb{K}[\mathbf{x}]^m$ *est un élément de la forme* $\mathbf{x}^\alpha e_i$.
  ii) Un monôme $\mathbf{x}^\alpha e_i$ *divise un autre monôme* $\mathbf{x}^\beta e_j$ *si* $i = j$ *et* $\mathbf{x}^\alpha$ *divise* $\mathbf{x}^\beta$ *dans* $\mathbb{K}[\mathbf{x}]$.
  iii) Un polynôme de $\mathbb{K}[\mathbf{x}]^m$ *est une combinaison linéaire, à coefficients dans* $\mathbb{K}$, *de monômes de* $\mathbb{K}[\mathbf{x}]^m$.

Définition 2.32. *Un* ordre monomial *sur* $\mathbb{K}[\mathbf{x}]^m$ *est un ordre total* $<$ *sur l'ensemble des monômes de* $\mathbb{K}[\mathbf{x}]^m$ *qui satisfait*
  i) Si X *est un monôme de* $\mathbb{K}[\mathbf{x}]^m$ *et* $\alpha \neq 0$, *alors* $X < \mathbf{x}^\alpha X$.
  ii) Si X *et* Y *sont deux monômes de* $\mathbb{K}[\mathbf{x}]^m$ *tels que* $X < Y$, *alors* $\mathbf{x}^\alpha X < \mathbf{x}^\alpha Y$ *pour tout* $\alpha \in \mathbb{N}^n$.

Si $m = 1$, la définition 2.32 coïncide avec la définition 2.15.

Exemple 2.33. *Ordres monomiaux sur* $\mathbb{K}[\mathbf{x}]^m$ *: soit* $<$ *un ordre monomial sur* $\mathbb{K}[\mathbf{x}]$.
  i) $\mathbf{x}^\alpha e_i < \mathbf{x}^\beta e_j \iff \mathbf{x}^\alpha < \mathbf{x}^\beta$ *ou* $(\mathbf{x}^\alpha = \mathbf{x}^\beta$ *et* $i < j)$.
  ii) $\mathbf{x}^\alpha e_i < \mathbf{x}^\beta e_j \iff i < j$ *ou* $(i = j$ *et* $\mathbf{x}^\alpha < \mathbf{x}^\beta)$.

De la même façon que dans le cas $m = 1$, nous pouvons ordonner les termes d'un polynôme de $\mathbb{K}[\mathbf{x}]^m$, décrire l'algorithme de division dans $\mathbb{K}[\mathbf{x}]^m$, définir les bases de Gröbner pour les sous-modules de $\mathbb{K}[\mathbf{x}]^m$, généraliser l'algorithme de Buchberger pour la construction de ces bases de Gröbner, ... (voir exercice 2.19).

2.7.1. Relations entre polynômes. — Étant donnés $f_1, \ldots, f_s \in \mathbb{K}[\mathbf{x}]$. Comment peut-on trouver un ensemble de générateurs du $\mathbb{K}[\mathbf{x}]$-module

$$\mathrm{Syz}(f_1, \ldots, f_s) = \{(h_1, \ldots, h_s) \in \mathbb{K}[\mathbf{x}]^s : h_1 f_1 + \cdots + h_s f_s = 0\} \ ?$$

Soient $z, e_1, \ldots, e_s$ des nouvelles variables (ici les vecteurs $e_1, \ldots, e_s$ de la base canonique du $\mathbb{K}[\mathbf{x}]$-module $\mathbb{K}[\mathbf{x}]^s$ sont considérés comme des variables). Si $(h_1, \ldots, h_s) \in \mathrm{Syz}(f_1, \ldots, f_s)$, alors

$$\sum_{i=1}^s h_i e_i = \sum_{i=1}^s h_i(e_i - z\, f_i) + z \sum_{i=1}^s h_i f_i = \sum_{i=1}^s h_i(e_i - z\, f_i). \tag{2.3}$$

Notons $\tilde{G}$ une base de Gröbner de l'idéal $J = (e_1 - z\, f_1, \ldots, e_s - z\, f_s)$ pour un ordre d'élimination pour lequel z est plus grand que $(x_1, \ldots, x_n, e_1, \ldots, e_s)$.

D'après (2.3), $\tilde{G}$ contient des éléments indépendants de z qui sont de la forme

$$a_1 e_1 + \cdots + a_s e_s \ , \ a_i \in \mathbb{K}[\mathbf{x}].$$

L'ensemble G de ces polynômes engendre le module $\mathrm{Syz}(f_1, \ldots, f_s)$. En effet, soit $a_1 e_1 + \cdots + a_s e_s \in G$. Comme les éléments de J s'annulent si on substitue e_i par f_i et z par 1, $a_1 f_1 + \cdots + a_s f_s = 0$, donc $G \subset \mathrm{Syz}(f_1, \ldots, f_s)$. Inversement, soit $(h_1, \ldots, h_s) \in \mathrm{Syz}(f_1, \ldots, f_s)$. D'après (2.3), $\sum_{i=1}^s h_i e_i \in J$. Donc le polynôme $h_1 e_1 + \cdots + h_s e_s$ se réduit à 0 par $\tilde{G}$, mais aussi par G car il ne contient pas z. Ceci montre que G est bien un système de générateurs de $\mathrm{Syz}(f_1, \ldots, f_s)$.

2.8. Exercices

Exercice 2.1. Caractéristiques de certains ordres monomiaux.
Supposons $x_1 > \cdots > x_n$. Soient $f \in \mathbb{K}[\mathbf{x}]$ et $s \in \{1, \ldots, n\}$. Montrer :

1. Si $\mathtt{m}_l(f) \in \mathbb{K}[x_s, \ldots, x_n]$, alors $f \in \mathbb{K}[x_s, \ldots, x_n]$.
2. Si f est homogène et $\mathtt{m}_{gl}(f) \in \mathbb{K}[x_s, \ldots, x_n]$, alors $f \in \mathbb{K}[x_s, \ldots, x_n]$.
3. Si f est homogène et $\mathtt{m}_{gli}(f) \in (x_s, \ldots, x_n)$, alors $f \in (x_s, \ldots, x_n)$.

Exercice 2.2. Montrer que $<_{gl}$ et $<_{gli}$ coïncident sur $\mathbb{K}[x,y]$ et diffèrent sur $\mathbb{K}[x,y,z]$.

Exercice 2.3. Soit $<$ un ordre total sur l'ensemble des monômes de $\mathbb{K}[\mathbf{x}]$ compatible avec la multiplication par les monômes (i.e. $<$ vérifie ii) de la définition 2.15). Montrer que $<$ est monomial si, et seulement si, $<$ est un bon ordre.

Exercice 2.4. Soit $<$ un ordre monomial. Montrer que $<_g$ défini par

$$\mathbf{x}^\alpha <_g \mathbf{x}^\beta \iff |\alpha| < |\beta| \ \text{ ou } \ (|\alpha| = |\beta| \ \text{ et } \ \mathbf{x}^\alpha < \mathbf{x}^\beta)$$

est aussi un ordre monomial.

Exercice 2.5. Soit $A = \{(\alpha, \beta) \in \mathbb{N}^2 : 5\beta = \alpha^2 - 6\alpha + 20\}$.

1. Montrer que l'ensemble A est infini.
2. Trouver un sous-ensemble fini minimal B de A tel que $(\mathbf{x}^A) = (\mathbf{x}^B)$.

Exercice 2.6. Intersection des idéaux monomiaux de $\mathbb{K}[\mathbf{x}]$.

1. Soient m_1 et m_2 deux monômes de $\mathbb{K}[\mathbf{x}]$. Déterminer $(m_1) \cap (m_2)$.
2. Soient I_1, I_2, I_3 des idéaux monomiaux de $\mathbb{K}[\mathbf{x}]$. Montrer que

$$(I_1 + I_2) \cap I_3 = (I_1 \cap I_3) + (I_2 \cap I_3).$$

3. En déduire l'intersection de deux idéaux monomiaux.
4. Calculer $(x^3, xyz^2, y^2z, z^3) \cap (z^2, xy^2z)$ dans $\mathbb{K}[x,y,z]$.

Exercice 2.7. Quotient des idéaux monomiaux de $\mathbb{K}[\mathbf{x}]$.

1. Soient m_1 et m_2 deux monômes de $\mathbb{K}[\mathbf{x}]$. Montrer que

$$(m_1) : (m_2) = \{f \in \mathbb{K}[\mathbf{x}] : (m_2)f \subset (m_1)\} = \left(\frac{m_1}{\mathrm{pgcd}(m_1, m_2)} \right).$$

2. Soient I_1, I_2, I_3 des idéaux de $\mathbb{K}[\mathbf{x}]$. Montrer que
$$I_1 : (I_2 + I_3) = (I_1 : I_2) \cap (I_1 : I_3).$$

3. Soient $m, m_1, \ldots, m_s$ des monômes. Montrer que
$$(m_1, \ldots, m_s) : (m) = (m_1) : (m) + \cdots + (m_s) : (m).$$

4. Si I_1 et I_2 sont deux idéaux monomiaux, déterminer $I_1 : I_2$.

5. Calculer $(x^3, xyz^2, y^2z, z^3) : (z^2, xy^2z)$ dans $\mathbb{K}[x, y, z]$.

Exercice 2.8. Déterminer le radical d'un idéal monomial de $\mathbb{K}[\mathbf{x}]$.

Exercice 2.9. Soit I un idéal monomial de $\mathbb{K}[\mathbf{x}]$.

1. Montrer que le $\mathbb{K}$-espace vectoriel $\mathbb{K}[\mathbf{x}]/I$ est de dimension finie si, et seulement si, pour tout $i \in \{1, \ldots, n\}$, il existe $j \in \mathbb{N}$ tel que $x_i{}^j \in I$.

2. Supposons qu'un système minimal de générateurs de I contient les monômes $x_1{}^{d_1}, \ldots, x_n{}^{d_n}$. Trouver une borne inférieure et une borne supérieure pour la dimension du $\mathbb{K}$-espace vectoriel $\mathbb{K}[\mathbf{x}]/I$.

Exercice 2.10. Soient $f_1 = x^2 y + z$ et $f_2 = xz + y$.

1. Calculer une base de Gröbner de (f_1, f_2) pour l'ordre lexicographique $x > y > z$.

2. Montrer que $f = x^2 z^3 - xy^2 - zy^2 + z^2 \in (f_1, f_2)$.

3. Déterminer des polynômes q_1 et q_2 tels que $f = q_1 f_1 + q_2 f_2$.

Exercice 2.11. Une base de Gröbner G est dite minimale si
$$\forall g \in G , \ \mathbf{m}(g) \notin \mathbf{m}(G \setminus \{g\}).$$

1. Comment peut-on trouver une base de Gröbner minimale de l'idéal I engendré par $f_1, \ldots, f_s$, à partir de celle obtenue par l'algorithme de Buchberger ?

2. Est-ce que l'idéal I admet une seule base de Gröbner minimale ?

3. Que peut-on dire du nombre d'éléments dans les différentes bases de Gröbner minimales de I ?

4. Montrer que tout idéal admet une seule base de Gröbner réduite.

Exercice 2.12. Soient I un idéal de $\mathbb{K}[\mathbf{x}]$ et G une partie finie de I. Montrer que G est une base de Gröbner de I si, et seulement si, pour tout $f \in I$, le reste de la division de f par G est nul.

Exercice 2.13. Soit I un idéal de $\mathbb{K}[\mathbf{x}]$. Pour $r \in \{1, \ldots, n\}$, $I_r = I \cap \mathbb{K}[x_1, \ldots, x_r]$.

1. Montrer que si G est une base de Gröbner de I pour l'ordre lexicographique $x_n > \cdots > x_1$, alors $G \cap \mathbb{K}[x_1, \ldots, x_r]$ est une base de Gröbner de I_r.

2. En déduire un algorithme pour la résolution des systèmes polynomiaux.

3. Qu'est ce que l'on obtient si l'on applique cet algorithme à un système linéaire ?

Exercice 2.14. Considérons les éléments suivants de $\mathbb{K}[x]$
$$f_1 = x_1{}^d , \ f_2 = x_1 - x_2{}^d , \ \ldots , \ f_{n-1} = x_{n-2} - x_{n-1}{}^d , \ f_n = 1 - x_{n-1}x_n{}^{d-1}.$$

1. Montrer que $1 \in (f_1, \ldots, f_n)$.

2. Si $g_1, \ldots, g_n$ sont des polynômes tels que $1 = g_1 f_1 + \cdots + g_n f_n$, montrer que $\max \deg g_i \geq d^n - d^{n-1}$.

3. Déterminer $g_1, \ldots, g_n \in \mathbb{K}[\mathbf{x}]$ qui vérifient
$$1 = g_1 f_1 + \cdots + g_n f_n \quad, \quad \text{avec} \quad \max \deg g_i = d^n - d^{n-1}.$$

Exercice 2.15. Intersection des idéaux de $\mathbb{K}[\mathbf{x}]$.
Soient $I = (f_1, \ldots, f_s)$ et $J = (h_1, \ldots, h_l)$ deux idéaux de $\mathbb{K}[\mathbf{x}]$.

1. Si u est une nouvelle variable, montrer que
$$I \cap J = \big(u f_1, \ldots, u f_s, (1-u) h_1, \ldots, (1-u) h_l\big) \cap \mathbb{K}[\mathbf{x}].$$

2. En déduire un algorithme pour déterminer des générateurs de $I \cap J$.

Exercice 2.16. Représentation implicite d'une variété algébrique.

1. Soient $p_1, \ldots, p_n, q_1, \ldots, q_n \in \mathbb{K}[\mathbf{y}] = \mathbb{K}[y_1, \ldots, y_m]$. Si le corps $\mathbb{K}$ est infini, montrer que la plus petite variété algébrique de $\mathbb{K}^n$ contenant l'ensemble
$$\left\{ \left(\frac{p_1(y)}{q_1(y)}, \ldots, \frac{p_n(y)}{q_n(y)} \right) : y \in \mathbb{K}^m \text{ et } q_1 \ldots q_n(y) \neq 0 \right\}$$
est $\mathcal{Z}(J \cap \mathbb{K}[\mathbf{x}])$, où J est l'idéal de $\mathbb{K}[\mathbf{x}, \mathbf{y}, u]$ engendré par les polynômes
$$x_1 q_1(\mathbf{y}) - p_1(\mathbf{y}) \ , \ \ldots \ , \ x_n q_n(\mathbf{y}) - p_n(\mathbf{y}) \ , \ 1 - u q_1(\mathbf{y}) \ldots q_n(\mathbf{y}).$$

2. Montrer que la variété $\mathcal{Z}(J \cap \mathbb{K}[\mathbf{x}])$ est irréductible.

3. En déduire un algorithme pour passer d'une représentation paramétrée
$$\begin{cases} x_1 = \dfrac{f_1(t_1, \ldots, t_s)}{d_1(t_1, \ldots, t_s)} \\ \quad\vdots \\ x_n = \dfrac{f_n(t_1, \ldots, t_s)}{d_n(t_1, \ldots, t_s)} \end{cases}$$
(les $f_i, d_i, i = 1, \ldots, n$, sont des polynômes) d'une variété algébrique V de $\mathbb{K}^n$ à une représentation implicite (i.e. $V = \mathcal{Z}(g_1, \ldots, g_t)$, avec $g_1, \ldots, g_t \in \mathbb{K}[\mathbf{x}]$).

Exercice 2.17. Saturé d'un idéal par un autre idéal.
Soient I et $J = (g_1, \ldots, g_t)$ deux idéaux de $\mathbb{K}[\mathbf{x}]$. L'idéal saturé de I par J est
$$(I : J^*) = \cup_{i \in \mathbb{N}} (I : J^i) = \{f \in \mathbb{K}[\mathbf{x}] : \text{il existe } m \in \mathbb{N}, \ f J^m \subset I\}.$$
Il décrit la variété définie par I « en dehors » de celle définie par J.

1. Soient $u_1, \ldots, u_t$ des nouvelles variables, et K l'idéal de $\mathbb{K}[\mathbf{x}, u_1, \ldots, u_t]$ engendré par les éléments de I et les polynômes $1 - u_1 g_1, \ldots, 1 - u_t g_t$. Montrer que l'idéal d'élimination $K \cap \mathbb{K}[\mathbf{x}] = (I : J^*)$.

2. En déduire un algorithme pour déterminer le saturé de I par J.

Exercice 2.18. Quotient des idéaux de $\mathbb{K}[\mathbf{x}]$.
Soient I et $J = (h_1, \ldots, h_t)$ deux idéaux de $\mathbb{K}[\mathbf{x}]$.

1. Si $I \cap (h_i) = (g_1, \ldots, g_r)$, montrer que $I : (h_i) = \left(\dfrac{g_1}{h_i}, \ldots, \dfrac{g_r}{h_i} \right)$.

2. Montrer que $I : J = \bigcap_{i=1}^{t} (I : (h_i))$.

3. En déduire un algorithme pour calculer $I : J$.

Exercice 2.19. Bases de Gröbner des sous-modules de $\mathbb{K}[\mathbf{x}]^m$.

1. Soient $f, f_1, \ldots, f_s \in \mathbb{K}[\mathbf{x}]^m$. Écrire l'algorithme de division de f par la famille $\{f_1, \ldots, f_s\}$.

2. Formuler la définition d'une base de Gröbner d'un sous-module de $\mathbb{K}[\mathbf{x}]^m$.

3. Généraliser l'algorithme de Buchberger aux sous-modules de $\mathbb{K}[\mathbf{x}]^m$.

4. Soit M un sous-module de $\mathbb{K}[\mathbf{x}]^m$. Comment peut-on trouver une base du module quotient $\mathbb{K}[\mathbf{x}]^m / M$?

5. Montrer que $\mathbb{K}[\mathbf{x}]^m$ est un *module noethérien* (i.e. tout sous-module de $\mathbb{K}[\mathbf{x}]^m$ est engendré par un nombre fini d'éléments).

6. Comment peut-on tester si un élément f de $\mathbb{K}[\mathbf{x}]^m$ appartient au sous-module engendré par $f_1, \ldots, f_s$?

Exercice 2.20. Module des relations de monômes de $\mathbb{K}[\mathbf{x}]$.
Soient $m_1, \ldots, m_s$ des monômes de $\mathbb{K}[\mathbf{x}]$. Montrer que $\mathrm{Syz}(m_1, \ldots, m_s)$ est engendré par les relations élémentaires

$$\frac{\mathrm{ppcm}(m_i, m_j)}{m_i} e_i - \frac{\mathrm{ppcm}(m_i, m_j)}{m_j} e_j \ , \quad 1 \leq i < j \leq s,$$

où $(e_1, \ldots, e_s)$ est la base canonique de $\mathbb{K}[\mathbf{x}]^s$

Exercice 2.21. Module des relations de polynômes de $\mathbb{K}[\mathbf{x}]$.
Soient $f_1, \ldots, f_s$ des polynômes de $\mathbb{K}[\mathbf{x}]$. Notons $(e_1, \ldots, e_s)$ la base canonique du $\mathbb{K}[\mathbf{x}]$-module $\mathbb{K}[\mathbf{x}]^s$.

1. Si $\{f_1, \ldots, f_s\}$ est une base de Gröbner, montrer que $\mathrm{Syz}(f_1, \ldots, f_s)$ est engendré par

$$\sigma_{ij} = \mathrm{ppcm}\big(\mathtt{m}(f_i), \mathtt{m}(f_j)\big) \left(\frac{e_i}{\mathtt{t}(f_i)} - \frac{e_j}{\mathtt{t}(f_j)} \right) - \sum_{k=1}^{s} q_{ij,k} e_k \ , \ 1 \leq i < j \leq s,$$

où les $q_{ij,k}$ sont les quotients de la division de $S(f_i, f_j)$ par $\{f_1, \ldots, f_s\}$.

2. Soit $G = \{g_1, \ldots, g_t\}$ une base de Gröbner de $(f_1, \ldots, f_s)$. Notons par f et g les vecteurs de composantes $f_1, \ldots, f_s$ et $g_1, \ldots, g_t$, M la matrice obtenue par la division de chaque f_i par G et qui satisfait $f = gM$, N la matrice obtenue lors de la construction de G par l'algorithme de Buchberger et qui vérifie $g = fN$.

   i) Si $\sigma_1, \ldots, \sigma_r$ sont des générateurs de $\mathrm{Syz}(g_1, \ldots, g_t)$, montrer que les $N\sigma_i$ sont des éléments de $\mathrm{Syz}(f_1, \ldots, f_s)$.

   ii) Montrer que les colonnes $l_1, \ldots, l_m$ de la matrice $\mathbb{I} - NM$ appartiennent à $\mathrm{Syz}(f_1, \ldots, f_s)$.

   iii) Montrer que le premier module des syzygies $\mathrm{Syz}(f_1, \ldots, f_s)$ est engendré par $N\sigma_1, \ldots, N\sigma_r, l_1, \ldots, l_m$.

Exercice 2.22. Autre méthode d'intersection des idéaux de $\mathbb{K}[\mathbf{x}]$.
Soient $I = (f_1, \ldots, f_s)$ et $J = (h_1, \ldots, h_l)$ deux idéaux de $\mathbb{K}[\mathbf{x}]$. Notons

$$\mathbf{1} = (1,1) \ , \ F_1 = (f_1, 0) \ , \ldots, \ F_s = (f_s, 0) \ , \ H_1 = (0, h_1) \ , \ldots, \ H_l = (0, h_l),$$

$$\pi_1 : (g_1, \ldots, g_{s+l+1}) \in \mathbb{K}[\mathbf{x}]^{s+l+1} \ \mapsto \ g_1 \in \mathbb{K}[\mathbf{x}].$$

1. Montrer que $I \cap J = \pi_1\big(\mathrm{Syz}(\mathbf{1}, F_1, \ldots, F_s, H_1, \ldots, H_l)\big)$.

2. Montrer que si le $\mathbb{K}[\mathbf{x}]$-module $\mathrm{Syz}(\mathbf{1}, F_1, \ldots, F_s, H_1, \ldots, H_l)$ est engendré par $G_1, \ldots, G_r$, alors l'idéal $I \cap J = \big(\pi_1(G_1), \ldots, \pi_1(G_r)\big)$.

3. En déduire un algorithme pour calculer l'intersection des idéaux de $\mathbb{K}[\mathbf{x}]$.

Exercice 2.23. Soient

$$
\begin{aligned}
f_0 &= 2\,x - 4\,xy + 4\,xy^2 - 2\,x^2 + 4\,x^2y - 4\,x^2y^2 + 2\,y - 2\,y^2 \\
f_1 &= 4\,xy - 4\,xy^2 \\
f_2 &= 2\,y - 2\,y^2 - 8\,xy + 10\,xy^2 + 8\,x^2y - 10\,x^2y^2 \\
f_3 &= 2\,xy^2 - 2\,x^2y^2.
\end{aligned}
$$

1. Décrire l'algèbre $\mathbb{Q}[\frac{f_1}{f_0}, \frac{f_2}{f_0}, \frac{f_3}{f_0}]$, comme une algèbre quotient.

2. Tracer la variété associée à ce quotient, déterminer ses points singuliers, montrer qu'elle contient quatres droites.

Exercice 2.24. Optimisation combinatoire.
Le but de cet exercice est de résoudre le problème suivant : un chef d'une entreprise de 50 salariés (32 ouvriers, 13 techniciens, 5 commerciaux) souhaite minimiser sa masse salariale. Les employés se répartissent sur 3 sites : le premier (19 ouvriers, 8 techniciens, 2 commerciaux), le deuxième (8 ouvriers, 3 techniciens, 2 commerciaux) et le troisième (5 ouvriers, 2 techniciens, 1 commercial).

Supposons que le salaire perçu par chaque catégorie d'employés est le même sur les différents sites et que chaque salaire correspond à un nombre entier de points. Comment minimiser la masse salariale de cet entreprise sachant que pour la rentabilité de chaque site, les salaires sur le premier (respectivement deuxième, troisième) ne doivent pas dépasser 99 (respectivement 66, 35) points ?

Donc si A désigne le salaire d'un ouvrier, B celui d'un technicien et C celui d'un commercial, le problème est de minimiser $32A + 13B + 5C$ sous les contraintes en inégalités

$$19A + 8B + 2C \leq 99 \ , \ \ 8A + 3B + 2C \leq 66 \ , \ \ 5A + 2B + C \leq 35.$$

1. Quitte à introduire des nouvelles variables A_i, montrer que le problème générale se ramème à optimiser une forme linéaire

$$l : (A_1, \ldots, A_n) \in \mathbb{Z}^n \mapsto \alpha_1 A_1 + \cdots + \alpha_n A_n$$

sous les contraintes d'égalités

$$\gamma_{1,1}A_1 + \cdots + \gamma_{1,n}A_n = \beta_1 \ , \ \ \ldots \ , \ \ \gamma_{m,1}A_1 + \cdots + \gamma_{m,n}A_n = \beta_m \ , \qquad (2.4)$$

où les entiers $\alpha_j, \lambda_{i,j}$ et β_i sont donnés.

2. Supposons ici que les $\gamma_{i,j}$ et β_i soient positifs et considérons l'homomorphisme d'algèbres
$$\phi : \mathbb{K}[x_1, \ldots, x_n] \to \mathbb{K}[y_1, \ldots, y_m]$$
défini par $\phi(x_i) = y_1^{\gamma_{1,i}} \ldots y_m^{\gamma_{m,i}}$. A quelle condition le n-uplet $(A_1, \ldots, A_n) \in \mathbb{N}^n$ vérifie les contraintes (2.4) ?

3. Soient $f_1, \ldots, f_n \in \mathbb{K}[y_1, \ldots, y_m]$, et G une base de Gröbner de l'idéal $I = (f_1 - x_1, \ldots, f_n - x_n)$ de $\mathbb{K}[x_1, \ldots, x_n, y_1, \ldots, y_m]$ pour un ordre d'élimination pour lequel les monômes en $y_1, \ldots, y_m$ sont plus grands que ceux en $x_1, \ldots, x_n$. Pour tout $f \in \mathbb{K}[y_1, \ldots, y_m]$. Montrer que

   i) $f \in \mathbb{K}[f_1, \ldots, f_n]$ si, et seulement si, $N_G(f) \in \mathbb{K}[x_1, \ldots, x_n]$ (ceci est un test d'appartenance au sous-anneau de $\mathbb{K}[y_1, \ldots, y_m]$ engendré par $f_1, \ldots, f_n$).

   ii) Si $f \in \mathbb{K}[f_1, \ldots, f_n]$, alors $f = N_G(f)(f_1, \ldots, f_n)$.

   iii) Si $f \in \mathbb{K}[f_1, \ldots, f_n]$ et $f_1, \ldots, f_n$ sont des monômes, alors $N_G(f)$ est aussi un monôme.

Si $f_i = y_1^{\gamma_{1,i}} \ldots y_m^{\gamma_{m,i}}, i = 1, \ldots, n$, d'après iii), l'identité (2.4) est vérifiée si, et seulement si, $y_1^{\beta_1} \ldots y_m^{\beta_m} \in \text{im}(\phi) = \mathbb{K}[f_1, \ldots, f_n]$.

4. Montrer que si $f = y_1^{\beta_1} \ldots y_m^{\beta_m} \in \mathbb{K}[f_1, \ldots, f_n]$, alors l'exposant du monôme $N_G(f) \in \mathbb{K}[x_1, \ldots, x_m]$ est un minimum de l'application l sous les contraintes (2.4).

5. Quelle est la solution de ce problème de minimisation de la masse salariale ?

6. Montrer que le cas $\gamma_{i,j}, \beta_k \in \mathbb{Z}$ peut se traiter de la même façon en rajoutant une nouvelle variable z et le polynôme $z y_1 \ldots y_m - 1$ à l'idéal I.

CHAPITRE 3

DIMENSION ET DEGRÉ D'UNE VARIÉTÉ ALGÉBRIQUE

Sommaire

Dans ce chapitre, nous allons analyser plus en détail les notions de dimension et de degré d'une variété algébrique, qui ont été introduites au chapitre 1. Tout au long de ce chapitre, nous noterons $R = \mathbb{K}[x_1, \ldots, x_n]$ l'anneau des polynômes en n variables $x_1, \ldots, x_n$ à coefficients, dans $\mathbb{K}$, I un idéal de R engendré par les polynômes $f_1, \ldots, f_s \in R$, et $\mathcal{A} = R/I$ l'algèbre quotient.

3.1. Dimension d'une variété algébrique

Une description intuitive de la dimension est donnée à la section 1.5.1. Dans cette section, nous allons étendre cette idée et définir la dimension d'une variété algébrique X de plusieurs façons. Puis nous montrerons l'équivalence de ces définitions. Dans cette partie, nous considérons des variétés affines. Le cas des variétés projectives, c'est-à-dire définies par des équations homogènes, peut être abordé de la même manière. En effet, ces polynômes homogènes définissent une variété algébrique dans $\mathbb{K}^n$, qui est un ensemble de droites passant par l'origine, aussi appelée cône affine associé à la variété projective. Par convention, la dimension projective de la variété correspondante dans $\mathbb{P}^{n-1}$ sera un de moins que la dimension de ce cône affine.

3.1.1. Dimension de Hilbert et fonction de Hilbert. — Pour tout $s \in \mathbb{N}$, on note
  - $R_{\leq s}$ l'ensemble des polynômes de degré $\leq s$,
  - $I_{\leq s} = I \cap R_{\leq s}$ et
  - $\mathcal{A}_{\leq s} := R_{\leq s}/I_{\leq s}$.

Définition 3.1. *La fonction de Hilbert de $\mathcal{A}$ est la fonction*

$$H_{\mathcal{A}} : s \mapsto \dim_{\mathbb{K}}(\mathcal{A}_{\leq s}).$$

La série de Hilbert est

$$S_{\mathcal{A}}(z) = \sum_{s \geq 0} H_{\mathcal{A}}(s) \, z^s.$$

Lemme 3.2. *Pour $R = \mathbb{K}[x_1, \ldots, x_n]$, on a*
  - $S_R(z) = \frac{1}{(1-z)^{n+1}}$.
  - $H_R(z) = \dim_{\mathbb{K}}(R_{\leq s}) = \binom{n+s}{n}$.

Démonstration. Pour calculer $S_R(z)$, nous pouvons remarquer que

$$\frac{1}{(1-z)(1-z\,x_1)\cdots(1-z\,x_n)} = \sum_{s=0}^{\infty} \left(\sum_{\alpha \in \mathbb{N}^n, |\alpha| \leq s} \mathbf{x}^{\alpha} \right) z^s$$

est la série formelle de tous les monômes de $\mathbb{K}[x_1, \ldots, x_n]$. En remplaçant x_i par 1, nous obtenons la série de Hilbert de $R = \mathbb{K}[x_1, \ldots, x_n]$ qui vaut donc

$$\sum_{s=0}^{\infty} \left(\sum_{\alpha \in \mathbb{N}^n, |\alpha| \leq s} 1 \right) z^s = \sum_{s=0}^{\infty} H_R(s)\, z^s = S_{\mathbb{K}[x_1, \ldots, x_n]}(z) = \frac{1}{(1-z)^{n+1}}.$$

Le coefficient de z^s dans cette série est $\binom{n+s}{n}$. $\square$

Cette définition nous permet de remplacer l'idéal I par un autre idéal plus simple, sans changer la fonction de Hilbert, de la façon suivante : Si $h \in \mathbb{K}[\mathbf{x}]$, nous notons $h^\top$ la composante homogène de plus haut degré de h. Pour tout idéal $I \subset \mathbb{K}[\mathbf{x}]$, l'idéal engendré par $h^\top$ pour $h \in I$ est noté $I^\top$.

Nous allons montrer la propriété suivante :

Proposition 3.3 (Macaulay). *Pour tout idéal I de R, et tout $s \in \mathbb{N}$,*

1. *toute base B homogène de $R_{\leq s}/I_{\leq s}^\top$ est une base de $R_{\leq s}/I_{\leq s}$,*
2. *$H_{R/I}(s) = H_{R/I^\top}(s)$ pour tout $s \in \mathbb{N}$.*

Démonstration. Fixons $s \in \mathbb{N}$ et choisissons une base homogène B de $R_{\leq s}/I_{\leq s}^\top$ telle que $\langle B \rangle^\top \subset \langle B \rangle$. Nous allons montrer que B est une base de $R_{\leq s}/I_{\leq s}$, ce qui montrera le point (1) qui implique (2) (en choisissant pour B par exemple une base de monômes).

Tout polynôme p de degré s se réécrit sous la forme

$$p = b + g$$

avec $b \in \langle B \rangle$, $g \in I^\top$. Comme $g \in I^\top$, il existe $h \in I$ tel que $g = h^\top$, c'est-à-dire $h' = h + g'$ avec $\deg(g') < s$. Par hypothèse de récurrence sur s, nous avons $g' = b' + h'$ avec $b' \in \langle B \rangle$ et $h' \in I_{\leq s-1}$. On en déduit que

$$p = (b + b') + (h + h'),$$

avec $b + b' \in \langle B \rangle$ et $h + h' \in I$. Donc B est une partie génératrice de $R_{\leq s}/I_{\leq s}$.

Montrons qu'elle est libre, c'est-à-dire que $\langle B \rangle \cap I_{\leq s} = \{0\}$. Pour tout polynôme $h \in \langle B \rangle \cap I_{\leq s}$, on a $h^\top \in \langle B \rangle^\top \cap I_{\leq s}^\top = \langle B \rangle \cap I_{\leq s}^\top = \{0\}$, car B est homogène. Donc $h^\top = 0$, ce qui implique que $h = 0$. $\square$

Remarque 3.4. Il suffit en fait que $\langle B \rangle^\top = \langle B \rangle$ pour que la proposition précédente soit vraie.

Remarquons également que si nous avons, pour $s \in \mathbb{N}$, les suites exactes de R-modules :

$$0 \to A_{\leq s} \to B_{\leq s+d} \to C_{\leq s+d'} \to 0,$$

où A, B, C sont des R-modules gradués, alors

$$H_A(s) - H_B(s+d) + H_C(s+d') = 0,$$

car pour tout application f $\mathbb{K}$-linéaire d'un espace vectoriel E dans F, la dimension de E est la somme des dimensions du noyau et de l'image de f.

Pour analyser le comportement de $H_I(s)$, nous utilisons la notation suivante : $\mathrm{Ass}(I)$ désigne l'ensemble de idéaux premiers $P \neq (1)$ contenant I. Nous utiliserons également la notion de suite exacte :

Définition 3.5 (suite exacte). *Une suite de R-modules $A_0, \ldots, A_d$ et d'applications R-linéaires $d_i : A_i \to A_{i+1}$, $i = 0, \ldots, d-1$ est dite exacte si*

$$\mathrm{im} d_i = \ker d_{i+1} \text{ pour } i = 0, \ldots, d-1.$$

Proposition 3.6. *Pour s assez grand, la fonction $s \mapsto H_{\mathcal{A}}(s)$ coincïde avec un polynôme, qui est noté $P_{\mathcal{A}}$ et appelé polynôme de Hilbert de $\mathcal{A}$.*

Démonstration. D'après la propriété précédente, nous pouvons supposer I homogène. Nous allons démontrer ce résultat dans ce cas, par récurrence sur le nombre n de variables. Pour $n = 0$, la fonction $s \mapsto H_I(s)$ est constante. Pour $n > 0$, nous choisissons une forme linéaire l n'appartenant à aucun des idéaux premiers $P \in \mathrm{Ass}(I)$ associés à I. Ceci est possible car $\langle 1, x_1, \ldots, x_n \rangle \subset P$ impliquerait $P = (1)$, ce qui est contradictoire.

On a donc la propriété $l f \in I \Rightarrow f \in I$, ce qui nous montre que la multiplication M_l par l de $\mathcal{A}_{\leq s}$ dans $\mathcal{A}_{\leq s+1}$ est injective. Nous avons donc la suite exacte

$$0 \to \mathcal{A}_{\leq s} \xrightarrow{M_l} \mathcal{A}_{\leq s+1} \to \mathcal{B}_{\leq s+1} \to 0$$

où $\mathcal{B}_{\leq s+1} = R_{\leq s+1}/(I_{\leq s+1} + (l)_{\leq s+1})$. Comme I est homogène $(I_{\leq s+1} + (l)_{\leq s+1}) = (I, l)_{\leq s+1}$. Par ailleurs, quotienter par une forme linéaire l revient, après changement de coordonnées, à se placer dans $\mathbb{K}[x_1, \ldots, x_{n-1}]$. Nous pouvons donc appliquer l'hypothèse de récurrence à $\mathcal{B}_{\leq s+1}$. Sa dimension $H_{\mathcal{B}}(s+1)$ est donc un polynôme pour s assez grand. Comme

$$H_{\mathcal{A}}(s) - H_{\mathcal{A}}(s+1) + H_{\mathcal{B}}(s+1) = 0,$$

on en déduit que $H_{\mathcal{A}}(s)$ est aussi polynomiale pour s assez grand. $\square$
Ceci implique que $S_{\mathcal{A}}(z)$ est une fonction rationnelle (voir exercice 3.1).

Définition 3.7. *On note $\dim_H(\mathcal{A})$ le degré du polynôme $P_{\mathcal{A}}$.*

Exemple 3.8. *Considérons un cas où I est engendré par des monômes, par exemple $I = (x_1 x_2, x_1 x_3) \subset \mathbb{K}[x_1, x_2, x_3]$. Pour calculer sa fonction de Hilbert, nous pouvons utiliser la règle d'Elliott [**Ell03**] qui nous dit que*

$$\mathbb{K}[a, b] = \mathbb{K}[a\,b, a] \oplus b\,\mathbb{K}[a\,b, b].$$

En quotientant cette décomposition par $a\,b$, on obtient $\mathbb{K}[a,b]/(a\,b) = \mathbb{K}[a] \oplus b\,\mathbb{K}[b]$. Ce qui nous donne ici $(a = x_1,\ b = x_2)$

$$
\begin{aligned}
\mathbb{K}[x_1, x_2, x_3]/(x_1 x_2, x_1 x_3) &= \mathbb{K}[x_1, x_3]/(x_1 x_3) + x_2 \mathbb{K}[x_2, x_3]/(x_1 x_3) \\
&= \mathbb{K}[x_1] \oplus x_3 \mathbb{K}[x_3] \oplus x_2 \mathbb{K}[x_2, x_3]
\end{aligned}
$$

Sa fonction de Hilbert est donc

$$H_{\mathcal{A}}(s) = H_{\mathbb{K}[x_1]_{\leq s}}(s) + H_{\mathbb{K}[x_3]_{\leq s}}(s-1) + H_{\mathbb{K}[x_2,x_3]_{\leq s}}(s-1).$$

Sa série de Hilbert se déduit directement :

$$S_{\mathcal{A}}(z) = \frac{1}{(1-z)^2} + z\frac{1}{(1-z)^2} + z\frac{1}{(1-z)^3} = \frac{1+z-z^2}{(1-z)^3}$$

et $\dim_H(\mathcal{A}) = 2$. *La variété* $\mathcal{Z}(I)$ *est la réunion d'un plan* $\mathcal{Z}(x_1)$ *et d'une droite* $\mathcal{Z}(x_2,x_3)$ *et sa dimension est bien intuitivement* 2. *Cette méthode se généralise à des idéaux monomiaux quelconques.*

Exemple 3.9. *Nous reprenons l'idéal* $I = (x_1x_2, x_1x_3) \subset \mathbb{K}[x_1,x_2,x_3]$ *et calculons sa série de Hilbert d'une autre façon, en utilisant la suite exacte*

$$0 \to (R/(J:m))_{\leq s-d} \xrightarrow{M_m} (R/J)_{\leq s} \xrightarrow{\pi} (R/I)_{\leq s} \to 0$$

où $m = x_1 x_2$, $d = \deg(m) = 2$,
- $J = (x_1 x_3)$,
- $I = J + (m) = (x_1 x_3, x_1 x_2)$,
- *et* $(J:m) = \{n \in R \mid nm \in J\} = (x_2)$.

On a alors

$$z^2 S_{R/(J:m)}(z) - S_{R/J}(z) + S_{R/I}(z) = 0.$$

Ce qui nous donne

$$S_{R/I}(z) = S_{R/(x_1x_3)}(z) - z^2 S_{R/(x_3)}(z) = \frac{1+z}{(1-z)^3} - z^2\frac{1}{(1-z)^3} = \frac{1+z-z^2}{(1-z)^3}.$$

Cette méthode se généralise aussi à des idéaux monomiaux quelconques et est utilisée effectivement dans certains logiciels de calculs de bases de Gröbner [**GS**], [**GPS**].

Proposition 3.10. *Soit* p *un non-diviseur de* 0 *dans* R/I. *Alors*

$$\dim_H(R/(I,p)) = \dim_H(R/I) - 1.$$

Démonstration. Considérons la multiplication par p (de degré k) dans R/I :

$$0 \to R/I \xrightarrow{M_p} R/I \to R/(I,p) \to 0$$

L'application M_p étant injective (car p est non-diviseur de 0 dans R/I), cette suite est exacte. On en déduit l'égalité des fonctions de Hilbert pour $s \gg 0$:

$$H_{R/I}(s - \deg(p)) - H_{R/I}(s) + H_{R/(I,p)}(s) = 0.$$

Ce qui montre que le degré du polynôme du Hilbert de $R/(I,p)$ est un de moins que celui de R/I et donc que $\dim_H(R/(I,p)) = \dim_H(R/I) - 1$. $\square$

3.1.2. Dimension combinatoire et face. — Nous donnons ici une définition combinatoire de la dimension, a priori liée à un ordre monomial.

Définition 3.11. *Pour tout* $F \subset \{x_1, \ldots, x_n\}$, *on note* $[F]$ *l'ensemble des monômes en les variables* F.

Soit $>$ un ordre monomial (2.4) et $J = \mathtt{m}_>(I)$ l'idéal des initiaux de I :

$$\mathtt{m}_>(I) = \{m \in [x_1, \ldots, x_n]; \ \exists p \in I, \mathtt{m}_>(p) = m\}.$$

Définition 3.12. *Une face* F *d'un idéal monomial* J *est un sous-ensemble de* $\{x_1, \ldots, x_n\}$ *tel que* $J \cap [F] = \emptyset$ *et qui est maximal pour cette propriété.*

Ce qui nous conduit à la définition combinatoire suivante :

Définition 3.13. *On note* $\dim_>(\mathcal{A})$ *la taille maximale d'une face de* $\mathtt{m}_>(I)$.

Exemple 3.14. *Nous reprenons l'exemple* $I = (x_1 x_2, x_1 x_3)$. *L'initial de* I *est engendré par* $x_1 x_2, x_1 x_3$ *et aucun monôme en* $\{x_2, x_3\}$ *n'est dans cet idéal, ce qui n'est pas le cas pour* $\{x_1, x_2, x_3\}$. *Nous avons donc* $\dim_>(\mathcal{A}) = 2$.

Proposition 3.15. *Pour tout idéal* I *de* $R = \mathbb{K}[x_1, \ldots, x_n]$, *l'algèbre quotient* $\mathcal{A} = R/I$ *se décompose en la somme directe des sous-espaces vectoriels :*

$$\mathcal{A} = \oplus_{i=1}^{\nu} m_i \mathbb{K}[F_i] \tag{3.1}$$

où les m_i *sont des monômes de* R *et les* F_i *sont inclus dans une face de* $\mathtt{m}_>(I)$.

Démonstration. Par réduction suivant les éléments de I, nous pouvons remplacer tout monôme par une combinaison de monômes en dehors de $\mathtt{m}_>(I)$. Nous avons ainsi

$$\mathcal{A} = \oplus_{\alpha \in \mathbb{N}^n - \mathtt{m}_>(I)} \mathbb{K} \mathbf{x}^{\alpha}.$$

Comme $\mathtt{m}_>(I)$ est engendré par un nombre fini de monômes, il suffit de remarquer que $\oplus_{\alpha \in \mathbb{N}^n - \mathtt{m}_>(I)} \mathbb{K} \mathbf{x}^{\alpha} = \oplus_{i=1}^{\nu} m_i \mathbb{K}[F_i]$ pour un nombre fini ν de monômes m_i et de sous-ensembles F_i de $\{x_1, \ldots, x_n\}$. Par construction, $m_i \mathbb{K}[F_i] \cap \mathtt{m}_>(I) = \emptyset$, on a aussi $\mathbb{K}[F_i] \cap \mathtt{m}_>(I) = \emptyset$ et F_i est inclus dans une des faces de $\mathtt{m}_>(I)$. $\square$
Remarquons que cette décomposition *n'est pas unique.*

Exemple 3.16. *D'après les calculs précédents, pour* $I = (x_1 x_2, x_1 x_3)$, *nous avons*

$$\mathcal{A} = \mathbb{K}[x_1] \oplus x_3 \mathbb{K}[x_3] \oplus x_2 \mathbb{K}[x_2, x_3],$$

et la taille maximale des F_i *est* 2.

3.1.3. Dimension algébrique et degré de transcendance. —

Définition 3.17. *Les éléments* $a_1, \ldots, a_k \in \mathcal{A}$ *sont dits* $\mathbb{K}$-*algébriquement indépendants s'il n'existe pas de polynôme* p *à coefficients dans* $\mathbb{K}$ *tel que* $p(a_1, \ldots, a_k) \equiv 0$.

Définition 3.18. *Le nombre maximal d'éléments algébriquement indépendants est noté* $\dim_{\text{alg}}(\mathcal{A})$.

Exemple 3.19. *Dans l'exemple* $I = (x_1 x_2, x_1 x_3)$, x_2, x_3 *sont algébriquement indépendants dans* $\mathcal{A}$ *mais* x_1, x_2, x_3 *ne le sont pas car* $x_1 x_2 \equiv 0$. *Nous avons donc* $\dim_{\text{alg}}(\mathcal{A}) = 2$.

Avec cette définition, nous obtenons facilement la proposition suivante :

Proposition 3.20. *Pour tout idéal* $I \subset R$, *on a*
$$\dim_{\text{alg}}(R/I) = \dim_{\text{alg}}(R/\sqrt{I}).$$

Démonstration. Voir exercice 3.2.   □

3.1.4. Dimension de Noether et normalisation de Noether. — Nous rappelons qu'un élément a d'un anneau A est dit entier sur un sous-anneau B de A s'il existe $b_0, \ldots, b_{N-1} \in B$ tels que
$$a^N + b_{N-1}\, a^{N-1} + \cdots + a_0 = 0.$$

On vérifie à l'exercice 3.3 que l'ensemble des éléments de A entiers sur B est un anneau.

Si tout élément de A est entier sur B, on dit que A est une extension entière de B.

Remarquons au passage qu'une algèbre de type finie qui est une extension entière d'une sous-algèbre B, est un B-module de type fini.

Définition 3.21. *Une normalisation de Noether de* $\mathcal{A}$ *est la donnée de formes linéaires* $l_1, \ldots, l_d \in \mathbb{K}[x_1, \ldots, x_n]$ *telles que*
  – $l_1, \ldots, l_d$ *sont algébriquement indépendantes dans* $\mathcal{A}$.
  – $\mathcal{A}$ *est une extension entière de* $\mathbb{K}[l_1, \ldots, l_d]$.

Les formes linéaires $l_1, \ldots, l_d$ sont appelées les *paramètres* de la normalisation.

Proposition 3.22. *Toute algèbre* $\mathcal{A}$ *de la forme* $\mathcal{A} = R/I$ *admet une normalisation de Noether.*

Démonstration. Nous allons montrer cette propriété par récurrence sur le nombre de variables.

Dans le cas où $I = 0$ alors $R/I = R$ est entier sur $R = \mathbb{K}[x_1]$.

Dans le cas où $R = \mathbb{K}[x_1]$ et $I \neq 0$, R/I est un $\mathbb{K}$-espace vectoriel de dimension finie et donc une extension entière de $\mathbb{K}$ ($d = 0$).

Considérons maintenant le cas où $I = (f_1, \ldots, f_m) \subset R = \mathbb{K}[x_1, \ldots, x_n]$ avec $f_1 \neq 0$. Quitte à faire un changement linéaire de variables, on peut supposer que
$$f_1 = x_n^{d_1} + a_1(x_1, \ldots, x_{n-1})\, x_n^{d_1 - 1} + \cdots + a_{d_1}(x_1, \ldots, x_{n-1})$$

et
$$\mathcal{A} = R/I = R/(f_1)/I = \sum_{i=0}^{d_1-1} x_n^i \, \mathbb{K}[x_1, \ldots, x_{n-1}]/I$$

est donc une extension entière de $\mathbb{K}[x_1, \ldots, x_{n-1}]$.

Notons $J = I \cap \mathbb{K}[x_1, \ldots, x_{n-1}]$. Par l'hypothèse de récurrence, nous avons $\mathbb{K}[x_1, \ldots, x_{n-1}]/J$ est une extension entière de $\mathbb{K}[l_1, \ldots, l_d]$, les $l_1, \ldots, l_d$ étant algébriquement indépendants dans $\mathbb{K}[x_1, \ldots, x_{n-1}]/J$. Ces éléments sont aussi algébriquement indépendants dans R/I (puisque si $p(l_1, \ldots, l_d) \in I$, alors $p(l_1, \ldots, l_d) \in J = I \cap \mathbb{K}[x_1, \ldots, x_{n-1}]$). On voit donc que x_n entier sur $\mathbb{K}[x_1, \ldots, x_{n-1}]/J$ (qui est une extension entière de $\mathbb{K}[l_1, \ldots, l_d]$) est donc entier sur $\mathbb{K}[l_1, \ldots, l_d]$. Il en est de même pour les autres éléments de $\mathbb{K}[x_1, \ldots, x_n]$. Ce qui nous montre la proposition.   □

Définition 3.23. *On note* $\dim_N(\mathcal{A})$ *le nombre maximal* d *de paramètres intervenant dans une telle normalisation.*

Exemple 3.24. *Dans l'exemple* $I = (x_1 x_2, x_1 x_3)$, $l_1 = x_1 + x_2$ *et* $l_2 = x_3$ *sont algébriquement indépendants et on a*
$$x_1^2 - x_1 \, l_1 \equiv 0,$$
$$x_2^2 - x_2 \, l_1 \equiv 0,$$
$$x_3 - l_2 \equiv 0,$$

dans $\mathcal{A}$. *Ils forment les paramètres d'une normalisation de Noether de* $\mathcal{A} = R/I$.

3.1.5. Dimension topologique. —

Définition 3.25. *Pour toute variété* X *de* $\mathbb{K}^n$, *on appelle* dimension topologique *de* X *la longueur maximale* d *d'une suite*
$$X_0 \subset X_1 \subset \cdots \subset X_d,$$

les X_i *étant des sous-variétés de* X, *non-vides, irréductibles et distinctes. Cette dimension sera notée* $\dim_{\mathrm{Tg}}(X)$.

Nous nous intéresserons bien sûr aux variétés $X = \mathcal{Z}(I)$ définies par des idéaux $I \subset R$. De cette définition, nous déduisons immédiatement la propriété suivante :

Proposition 3.26. *Si* $X \subset Y$, *alors* $\dim_{\mathrm{Tg}}(X) \leq \dim_{\mathrm{Tg}}(Y)$.

Exemple 3.27. *Reprenons* $I = (x_1 x_2, x_1 x_3)$ *et considérons* $X = \mathcal{Z}(I) = \mathcal{Z}(x_1) \cup \mathcal{Z}(x_2, x_3)$. *On a la suite d'inclusion suivante :*
$$\mathcal{Z}(x_1, x_2, x_3) \subset \mathcal{Z}(x_1, x_2) \subset \mathcal{Z}(x_1),$$

ce qui nous montre que $\dim_{\mathrm{Tg}}(X) \geq 2$ *(en fait* $= 2$*).*

Par cette définition, nous voyons que la dimension de X est la dimension maximale de ses composantes irréductibles (une chaîne de sous-variétés irréductibles de X étant incluse dans une de ces composantes).

3.1.6. Dimension de Krull. —

Définition 3.28. *On note* $\dim_{\mathrm{Krull}}(\mathcal{A})$ *le nombre* r *maximal tel que*
$$P_0 \subset P_1 \subset \cdots \subset P_r \subset \mathcal{A}$$
où les P_i *sont des idéaux premiers de* $\mathcal{A}$, *distincts deux à deux.*

Exemple 3.29. *Reprenons* $I = (x_1\,x_2, x_1\,x_3)$ *et* $\mathcal{A} = \mathbb{K}[x_1, x_2, x_3]/I$. *On a alors*
$$(x_1) \subset (x_1, x_2) \subset (x_1, x_2, x_3) \subset \mathcal{A},$$
ces idéaux étant premiers dans $\mathcal{A}$, *car premiers dans* R *et contenant* I. *La dimension est également 2 par cette définition.*

3.1.7. Dimension géométrique et espace tangent. —

Pour $\mathbf{p} \in \mathbb{K}^n$ et $f \in \mathbb{K}[x_1, \ldots, x_n]$, nous notons
$$d_{\mathbf{p}}(f)(\mathbf{u}) = \partial_{x_1}(f)(\mathbf{p})\,(u_1 - p_1) + \cdots + \partial_{x_n}(f)(\mathbf{p})\,(u_n - p_n).$$
Ce qui nous permet de définir l'espace tangent à $X = \mathcal{Z}(f_1, \ldots, f_m)$ en $\mathbf{p} \in X$:

Définition 3.30. *Soient* X *une sous-variété de* $\mathbb{K}^n$, $\mathcal{I}(X) = (f_1, \ldots, f_m) \subset \mathbb{K}[\mathbf{x}]$ *et* $\mathbf{p} \in X = \mathcal{Z}(I)$. *Nous notons*
$$T_{\mathbf{p}}(X) = \{\mathbf{u} \in \mathbb{K}^n;\ d_{\mathbf{p}}(f_1)(\mathbf{u}) = 0, \ldots, d_{\mathbf{p}}(f_m)(\mathbf{u}) = 0\},$$
l'espace affine tangent à X *en* $\mathbf{p}$.

Cette définition a une traduction algébrique sous la forme suivante :

Proposition 3.31. *Soient* X *une variété de* $\overline{\mathbb{K}}^n$, $I = \mathcal{I}(X)$ *et* $\mathcal{A} = R/I$, *et* $\mathbf{p} \in X$ *et* $\mathbf{m_p}$ *l'idéal maximal définissant* $\mathbf{p}$. *Alors* $T_{\mathbf{p}}$ *est isomorphe comme espace affine à* $\mathbf{m_p} \cdot \mathcal{A}/\mathbf{m_p}^2$.

Démonstration. Notons $f_1, \ldots, f_m$ des générateurs de $\mathcal{I}(X)$. En utilisant le développement de Taylor en $\mathbf{p}$, nous avons pour $i = 1, \ldots, m$
$$f_i(x) = \partial_{x_1}(f_i)(\mathbf{p})(x_1 - p_1) + \cdots + \partial_{x_1}(f_i)(\mathbf{p})(x_n - p_n) + \underbrace{\cdots\cdots}_{\in \mathbf{m_p}^2}$$

et

$$
\begin{aligned}
&\mathbf{m_p} \cdot \mathcal{A}/\mathbf{m_p}^2 \\
&= \mathbf{m_p}/(f_1, \ldots, f_m, \mathbf{m_p}^2) = \mathbf{m_p}/(d_{\mathbf{p}}(f_1)(\mathbf{x}), \ldots, d_{\mathbf{p}}(f_m)(\mathbf{x}), \mathbf{m_p}^2) \\
&= \langle x_1 - p_1, \ldots, x_n - p_n \rangle / \langle d_{\mathbf{p}}(f_1)(\mathbf{x}), \ldots, d_{\mathbf{p}}(f_m)(\mathbf{x}) \rangle,
\end{aligned}
$$

qui est bien isomorphe comme espace affine à $T_{\mathbf{p}}(X)$.   □

Cette définition de « l'espace tangent », permet de construire algébriquement l'application tangente à une application polynomiale $f : X \to Y$ entre deux variétés algébriques X et Y. Cette application induit une application f^* : $\mathcal{A}_Y \to \mathcal{A}_X$ entre les algèbres quotients $\mathcal{A}_X = R/\mathcal{I}(X)$ et $\mathcal{A}_Y = R/\mathcal{I}(Y)$ associées à X et Y, telle que $f^*(a) = a \circ f$. Soient $x \in X, y \in Y$ tels que $y = f(x)$. On en déduit l'application

$$d_x(f) : \mathbf{m}_y/\mathbf{m}_y^2 \to \mathbf{m}_x/\mathbf{m}_x^2,$$

par restriction et passage au quotient de f^*.

Pour toute fonction rationnelle f/g avec $f, g \in \mathbb{K}[\mathbf{x}]$ et $g(x) \neq 0$, nous généralisons la définition de d_x par

$$d_x(\frac{f}{g}) = (g(x)\, d_x(f) - f(x)\, d_x(g))/g(x)^2.$$

Cette définition s'étend composante par composante à une fonction rationnelle entre deux variétés algébriques.

On vérifie que si $\sigma : X^o \to Y^o$ et $\gamma : Y^o \to X^o$ sont deux applications rationnelles définies sur des ouverts X^o, Y^o de deux variétés algébriques X, Y, et telles que $\gamma \circ \sigma = Id$, alors pour tous $x \in X^o$ et $y = \sigma(x) \in Y^o$, les espaces tangents $T_x(X)$ et $T_y(Y)$ sont isomorphes. Voir [**Sha74**][p. 72-78].

Intuitivement, l'espace tangent $T_{\mathbf{p}}(X)$ est une approximation au premier ordre de X en un point $\mathbf{p} \in X$, pourvu que ce point ne soit pas « spécial ». Il est donc naturel de définir la dimension de X à partir de la dimension de l'espace tangent. Pour cela, nous rappelons la notion de généricité :

Définition 3.32. *Nous dirons qu'une propriété est vraie génériquement sur une variété algébrique X, s'il existe un ouvert dense de X sur lequel la propriété est vraie.*

Si $x \in X$ est un point de cet ouvert, nous dirons que x est un point générique de X, pour cette propriété.

Considérons une variété irréductible $X = \mathcal{Z}(P)$, où $P = (f_1, \ldots, f_s)$ est un idéal premier de $\mathbb{K}[x_1, \ldots, x_n]$. Notons $J(\mathbf{x}) = [\partial_{x_i} f_j]_{1 \le i \le n, 1 \le j \le s}$ et $r \in \mathbb{N}$ le plus grand indice, tel que les mineurs de $J(\mathbf{x})$ d'ordre $r+1$ sont dans P mais pas tous ceux d'ordre r. Alors $J(\mathbf{x})$ est *génériquement de rang r* sur X. En effet, un des mineurs Δ_0 d'ordre r de J n'est pas dans P. Donc $\mathcal{Z}(\Delta_0) \cap X$ est une sous-variété strictement incluse dans X et son complémentaire $U = X - \mathcal{Z}(\Delta_0)$ est dense dans X. Pour $\mathbf{p} \in U \subset X = \mathcal{Z}(P)$, tous les mineurs d'ordre $r+1$ de $J(\mathbf{p})$ sont nuls, mais $\Delta_0(\mathbf{p}) \neq 0$. La matrice $J(\mathbf{p})$ est donc de rang r, en un point $\mathbf{p}$ de l'ouvert dense U.

Notons que J ne peut être génériquement de rang r et r' avec $r \neq r'$, car deux ouverts denses de X ont une intersection non-vide.

D'après la définition, pour $p \in U$, l'espace tangent $T_{\mathbf{p}}(X)$ est de dimension $n - r$. Nous dirons dans ce cas que l'espace tangent à X est génériquement de dimension $n - r$, ou que $n - r$ est la dimension générique de $T_{\mathbf{p}}(X)$ pour $\mathbf{p} \in X$.

Définition 3.33. *Si X est une variété irréductible, la dimension de X est la dimension générique de l'espace tangent $T_{\mathbf{p}}(X)$ pour $\mathbf{p} \in X$.*

Si X n'est pas irréductible, sa dimension est le maximum des dimensions de ses composantes irréductibles. On la notera $\dim_{\mathrm{Tg}}(X)$.

Notons que par cette définition, la dimension géométrique de X est la plus grande des dimensions de ses composantes irréductibles.

Exemple 3.34. *L'espace tangent d'un espace linéaire L en un point de L étant L lui-même, sa dimension en tant que variété algébrique est donc sa dimension habituelle.*

Exemple 3.35. *Considérons la variété X de l'exemple précédent définie par l'idéal radical $I = (x_1 x_2, x_1, x_3)$. L'espace tangent en $\mathbf{p} = (0, 1, 1) \in X$ est défini par les équations*

$$\partial_{x_1}(f_1)(\mathbf{p})u_1 + \partial_{x_2}(f_1)(\mathbf{p})(u_2 - 1) + \partial_{x_3}(f_1)(\mathbf{p})(u_3 - 1) = 0$$
$$\partial_{x_1}(f_2)(\mathbf{p})u_1 + \partial_{x_2}(f_2)(\mathbf{p})(u_2 - 1) + \partial_{x_3}(f_2)(\mathbf{p})(u_3 - 1) = 0$$

c'est-à-dire par l'équation $u_1 = 0$. C'est un plan de $\mathbb{K}^3$ et la dimension suivant la définition précédente est bien 2.

Exemple 3.36. *Soient*

$$M = \begin{bmatrix} 1 & x_1 & x_2 \\ x_1 & x_2 & x_3 \end{bmatrix} \text{ et}$$

$$f_1 = x_1^2 - x_2, f_2 = x_1 x_2 - x_3, f_3 = x_2^2 - x_1 x_3$$

les mineurs 2×2 de cette matrice. Notons $X = \mathcal{Z}(f_1, f_2, f_3)$ la variété algébrique définie par ces équations. Calculons la dimension de X en appliquant la proposition 3.33. Soit $\mathbf{x}_0 = (x_{01}, x_{02}, x_{03})$ un point de X. Son espace tangent est défini par

$$\begin{bmatrix} \frac{\partial f_1}{\partial x_1}(\mathbf{x}_0) & \frac{\partial f_1}{\partial x_2}(\mathbf{x}_0) & \frac{\partial f_1}{\partial x_3}(\mathbf{x}_0) \\ \frac{\partial f_2}{\partial x_1}(\mathbf{x}_0) & \frac{\partial f_2}{\partial x_2}(\mathbf{x}_0) & \frac{\partial f_2}{\partial x_3}(\mathbf{x}_0) \\ \frac{\partial f_3}{\partial x_1}(\mathbf{x}_0) & \frac{\partial f_3}{\partial x_2}(\mathbf{x}_0) & \frac{\partial f_3}{\partial x_3}(\mathbf{x}_0) \end{bmatrix} \begin{bmatrix} u - x_{01} \\ v - x_{02} \\ w - x_{03} \end{bmatrix} = 0$$

c'est-à-dire

$$\begin{bmatrix} 2\,x_{01} & -1 & 0 \\ x_{02} & x_{01} & -1 \\ -x_{03} & 2\,x_{02} & -x_{01} \end{bmatrix} \begin{bmatrix} u - x_{01} \\ v - x_{02} \\ w - x_{03} \end{bmatrix} = 0.$$

Le déterminant de cette matrice

$$-2\,{x_{01}}^3 + 3\,x_{01}x_{02} - x_{03} = -2\,f_1(\mathbf{x}_0)\,x_{01} + f_2(\mathbf{x}_0)$$

est nul, modulo $f_1 = 0, f_2 = 0, f_3 = 0$. Nous vérifions que cette matrice est génériquement (sur X) de rang 2 et son noyau est donc de rang 1, ce qui nous montre que X est bien une courbe (de dimension 1).

Plus généralement, nous pouvons donc calculer la dimension géométrique de X par l'algorithme suivant :

Algorithme 3.37. DIMENSION DE $X = \mathcal{Z}(f_1, \ldots, f_s)$.

ENTRÉE : X une variété algébrique définie par les polynômes $f_1, \ldots, f_s \in R$, tels que $I(X) = (f_1, \ldots, f_s)$.

1. Calculer la matrice Jacobienne $s \times n$ J de $f_1, \ldots, f_s$.
2. Calculer le rang r de J modulo $f_1, \ldots, f_s$, c.à.d. dans l'algèbre quotient $\mathcal{A}$.

SORTIE : la dimension de X est $n - r$.

Il est important que l'on ait $I(X) = (f_1, \ldots, f_s)$ (ou encore que $I = (f_1, \ldots, f_s)$ soit radical, c'est-à-dire $I = \sqrt{I}$) car sinon la dimension de l'espace tangent à X n'est pas relié directement au rang de la matrice Jacobienne, comme le montre le contre-exemple $f_1 = x_1^2$.

Dans le cas où la variété est paramétrée, c'est-à-dire l'adhérence de l'image d'une application de la forme :

$$\sigma : U \subset \mathbb{K}^p \;\to\; \mathbb{K}^n$$
$$\mathbf{u} = (u_1, \ldots, u_p) \;\mapsto\; (f_1(\mathbf{u}), \ldots, f_n(\mathbf{u})),$$

où U est un ouvert de $\mathbb{K}^p$. L'espace tangent en un point $\mathbf{u}_0$ de U est l'image du noyau de la matrice Jacobienne $J(f_1, \ldots, f_n)(\mathbf{u}_0)$ dans $\mathbb{K}^n$. La dimension de $\overline{\sigma(U)}$ est donc le rang de la matrice J en un point générique de U.

Exemple 3.38. *Considérons la paramétrisation*

$$\sigma : U \;\to\; \mathbb{K}^3$$
$$(u_1, u_2, u_3) \;\mapsto\; \left(\frac{u_1^2 + u_2^2}{u_1\,u_2}, \frac{u_2^2 + u_3^2}{u_2\,u_3}, \frac{u_1^2 + u_3^2}{u_1\,u_3} \right)$$

où U est l'ouvert $U = \{(u_1, u_2, u_3) \in \mathbb{K}^3; u_1 \neq 0, u_2 \neq 0, u_3 \neq 0\}$. La matrice Jacobienne est

$$\begin{bmatrix} \dfrac{u_1^2 - u_2^2}{u_1^2 u_2} & -\dfrac{u_1^2 - u_2^2}{u_1 u_2^2} & 0 \\[2ex] 0 & \dfrac{u_2^2 - u_3^2}{u_2^2 u_3} & -\dfrac{u_2^2 - u_3^2}{u_2 u_3^2} \\[2ex] \dfrac{u_1^2 - u_3^2}{u_1^2 u_3} & 0 & -\dfrac{u_1^2 - u_3^2}{u_1 u_3^2} \end{bmatrix}$$

et son rang est génériquement 2 sur U.

***Algorithme* 3.39.** DIMENSION D'UNE VARIÉTÉ PARAMÉTRÉE.

ENTRÉE : U un ouvert de $\mathbb{K}^p$ et

$$\sigma : U \subset \mathbb{K}^p \ \rightarrow \ \mathbb{K}^n$$
$$\mathbf{u} = (u_1, \ldots, u_p) \ \mapsto \ (f_1(\mathbf{u}), \ldots, f_n(\mathbf{u}))$$

une paramétrisation rationnelle de $X = \overline{\sigma(U)}$.

1. Calculer J la matrice Jacobienne $m \times n$ de $f_1, \ldots, f_m$.

2. Calculer le rang r de J en un point générique de U.

SORTIE : la dimension de X est r.

Les points spéciaux pour lesquels nous ne pouvons pas appliquer la définition précédente sont les points dits *singuliers.* Ils se définissent de la façon suivante :

Définition 3.40. *Le* lieu singulier *de X est*

$$X_\Sigma = \{\mathbf{x} \in X \ \ \dim(T_\mathbf{x}(X)) \neq \dim_{\mathrm{Tg}}(X)\}.$$

Proposition 3.41. *Le lieu singulier X_Σ d'une variété algébrique de X est une sous-variété stricte de X.*

Démonstration. C'est une conséquence du théorème 3.42 que nous allons montrer plus loin, et qui nous dit que sur un ouvert de X, la dimension de $T_\mathbf{x}(X)$ est constante et vaut $\dim_{\mathrm{Tg}}(X)$. □

3.1.8. Les équivalences. — Nous allons voir que ces définitions conduisent au même invariant numérique associé à X :

Théorème 3.42. *Pour tout idéal I de $R = \mathbb{K}[x_1, \ldots, x_n]$, les nombres suivants sont égaux :*

1. $\dim_H(R/I)$ *: le degré du polynôme de Hilbert $P_{R/I}$.*

2. $\dim_>(R/I)$ *: la taille maximale d'une face de $\mathbf{m}_>(I)$ pour un ordre monomial $>$ compatible avec le degré.*

3. $\dim_{\mathrm{alg}}(R/I)$ *: le nombre maximal d'éléments algébriquement indépendants dans $\mathcal{A}$.*

4. $\dim_N(R/I)$ *: le nombre de paramètres dans une normalisation de Noether.*

5. $\dim_{\mathrm{Tg}}(\mathcal{Z}(I))$ *: la longueur maximale d'une chaîne de sous-variétés algébriques irréductibles de $\mathcal{Z}(I)$.*

6. $\dim_{\mathrm{Krull}}(R/I)$: *la longueur maximale d'une chaîne d'idéaux premiers de $\mathcal{A}$.*

7. $\dim_{\mathrm{Tg}}(\mathcal{Z}(I))$: *la dimension maximale de l'espace tangent en un point générique de $X = \mathcal{Z}(I)$.*

Ils définissent la dimension de $\mathcal{A} = R/I$.

Démonstration. Nous allons montrer dans un premier temps que

$$\dim_H(\mathcal{A}) \leq \dim_>(\mathcal{A}) \leq \dim_{\mathrm{alg}}(\mathcal{A}) \leq \dim_H(\mathcal{A}).$$

- $\underline{\dim_H(\mathcal{A}) \leq \dim_>(\mathcal{A})}$ — D'après la proposition 3.15, $\mathcal{A}$ se décompose en

$$\mathcal{A} = \oplus_{i=1}^{\nu} m_i \mathbb{K}[F_i].$$

On a donc pour $s \gg 0$ (c'est-à-dire pour $s \geq \max_i(\deg(m_i))$),

$$H_{\mathcal{A}}(s) = \sum_{i=1}^{\nu} H_{m_i \mathbb{K}[F_i]}(s) = \sum_{i=1}^{\nu} H_{\mathbb{K}[F_i]}(s - \deg(m_i)).$$

Son degré est donc plus petit que la taille maximale des F_i, qui est majoré par la taille maximale d'une face.

- $\underline{\dim_>(\mathcal{A}) \leq \dim_{\mathrm{alg}}(\mathcal{A})}$ — Soit $F = \{x_{i_1}, \ldots, x_{i_d}\}$ une face de taille maximale d de $\mathtt{m}_>(I)$. Ces éléments $x_{i_1}, \ldots, x_{i_d}$ sont algébriquement indépendants modulo I, sinon il existerait $p(x_{i_1}, \ldots, x_{i_d}) \in I$ et $[F] \cap \mathtt{m}_>(I)$ ne serait pas vide.

- $\underline{\dim_{\mathrm{alg}}(\mathcal{A}) \leq \dim_H(\mathcal{A})}$ — Soient $t_1, \ldots, t_d$ des éléments algébriquement indépendants de $\mathcal{A}$ représentés par des polynômes de degré $\leq k$. Alors nous avons une injection de

$$\iota : \mathbb{K}[y_1, \ldots, y_d]_{\leq s} \hookrightarrow \mathcal{A}_{\leq ks}$$

telle que $\iota(y_i) = t_i$, pour $i = 1, \ldots, d$. Par comparaison des comportements asymptotiques des fonctions de Hilbert, on en déduit que

$$d \leq \dim_H(\mathcal{A}).$$

Ceci nous montre donc que

$$\dim_>(\mathcal{A}) = \dim_{\mathrm{alg}}(\mathcal{A}) = \dim_H(\mathcal{A}).$$

Montrons maintenant que

$$\dim_H(\mathcal{A}) \leq \dim_N(\mathcal{A}) \leq \dim_{\mathrm{Krull}}(\mathcal{A}) \leq \dim_H(\mathcal{A}).$$

- $\underline{\dim_H(\mathcal{A}) \leq \dim_N(\mathcal{A})}$ — Soient $l_1, \ldots, l_d$ des paramètres d'une normalisation de Noether de $\mathcal{A}$, la taille d étant supposée maximale. Ce qui implique une décomposition de la forme

$$\mathcal{A} = \sum_{i=0}^{\delta} g_i \, \mathbb{K}[l_1, \ldots, l_d].$$

où les g_i sont des générateurs du $\mathbb{K}[l_1, \ldots, l_d]$-module $\mathcal{A}$. Notons e_i le degré de g_i. On a alors

$$H_{\mathcal{A}}(s) \leq \sum_{i=1}^{\delta} H_{\mathbb{K}[l_1, \ldots, l_d]}(s - e_i)$$

pour s assez grand. Ceci implique donc que le polynôme de Hilbert de $\mathcal{A}$ est au plus de degré d : $\dim_H(\mathcal{A}) \leq d = \dim_N(\mathcal{A})$.

Remarquons à ce niveau-là qu'on a aussi $\dim_N(\mathcal{A}) \leq \dim_{\text{alg}}(\mathcal{A})$ par définition, et donc que $\dim_N(\mathcal{A}) = \dim_{\text{alg}}(\mathcal{A}) = \dim_>(\mathcal{A}) = \dim_H(\mathcal{A})$.

• $\underline{\dim_N(\mathcal{A}) \leq \dim_{\text{Krull}}(\mathcal{A})}$ — Démontrons cette inégalité par récurrence sur $\dim_N(\mathcal{A})$.

Si $\dim_N(\mathcal{A}) = 0$ alors $\mathcal{A}$ est un $\mathbb{K}$-espace vectoriel de dimension finie, $\mathcal{Z}(I)$ est finie et tout idéal premier qui contient I est un idéal maximal (voir exercice 3.5). Sa dimension de Krull est donc nulle.

Supposons la propriété vraie pour toute algèbre $\mathcal{A}'$ telle que $\dim_N(\mathcal{A}') \leq d - 1$ et considérons $\mathcal{A} = R/I$ telle que $\dim_N(\mathcal{A}) = d$. Soit t un élément non diviseur de zéro dans $\mathcal{A} = R/I$. Posons

$$I \subsetneq J = (I, t)$$

et $\mathcal{A}' = R/J$. On a $I \subsetneq J$ car $t \notin I$. D'après la proposition 3.10, $\dim_H(\mathcal{A}') = \dim_H(\mathcal{A}) - 1$, ce qui implique que $\dim_N(\mathcal{A}') = \dim_N(\mathcal{A}) - 1 = d - 1$ (car $\dim_H = \dim_N$ d'après ci-dessus). Par hypothèse de récurrence, nous avons donc $d - 1 = \dim_N(\mathcal{A}') \leq \dim_{\text{Krull}}(\mathcal{A}')$. Il existe donc des idéaux premiers P_i ($i = 1, \ldots, d$) tels que

$$J \subsetneq P_1 \subsetneq \cdots \subsetneq P_d.$$

Comme $\sqrt{I} \subsetneq \sqrt{J} \subset P_1$, une des composantes premières P_0 de $\sqrt{I}$ est telle que $P_0 \subsetneq P_1$. On a donc

$$I \subset \sqrt{I} \subsetneq P_0 \subsetneq P_1 \subsetneq \cdots \subsetneq P_d.$$

Ce qui nous montre que $\dim_{\text{Krull}}(\mathcal{A}) \geq d = \dim_N(\mathcal{A})$.

• $\underline{\dim_{\text{Krull}}(\mathcal{A}) \leq \dim_H(\mathcal{A})}$ — Montrons ce point par récurrence sur $\dim_H(\mathcal{A}) = \dim_N(\mathcal{A})$.

Si $\dim_H(\mathcal{A}) = 0$, $\mathcal{A}$ est un espace vectoriel de dimension finie, $\mathcal{Z}(I)$ est finie et tout premier associé à I est maximal (voir exercice 3.5). Ceci nous montre que $\dim_{\text{Krull}}(\mathcal{A}) = 0$.

Supposons maintenant que pour toute algèbre $\mathcal{A}'$ telle que $\dim_H(\mathcal{A}') = d - 1$, on a aussi $\dim_{\text{Krull}}(\mathcal{A}') \leq d - 1$. Soit $\mathcal{A}$ une algèbre telle que $\dim_H(\mathcal{A}) = d$.

Notons $r = \dim_{\text{Krull}}(\mathcal{A})$. Il existe dont une chaîne d'idéaux premiers telle que $I \subsetneq P_0 \subsetneq P_1 \subsetneq \cdots \subsetneq P_r$, de longueur maximale r. Soit $x \in$

$P_1 - P_0$. Comme $\mathcal{A}_0 = \mathcal{A}/P_0 = R/P_0$ est intègre, la multiplication M_x par x est injective dans $\mathcal{A}_0$ et la suite

$$0 \to \mathcal{A}_0 \overset{M_x}{\to} \mathcal{A}_0 \to \mathcal{A}_0/(x) \to 0$$

est exacte. Posons $\mathcal{A}_0' = \mathcal{A}_0/(x)$. Si x est de degré k, on a donc

$$H_{\mathcal{A}_0'}(s + k) = H_{\mathcal{A}_0}(s + k) - H_{\mathcal{A}_0}(s)$$

pour s assez grand et le polynôme de Hilbert associé à $H_{\mathcal{A}_0'}$ est donc de degré $d-1$. Par hypothèse de récurrence, on en déduit que $\dim_{\mathrm{Krull}}(\mathcal{A}_0') \leq \dim_H(\mathcal{A}_0') = d - 1$.

Par ailleurs, nous avons $(P_0, x) \subset P_1 \subsetneq \cdots \subsetneq P_r$ et il ne peut pas y avoir de telle suite d'idéaux premiers plus longue entre (P_0, x) et R sinon $r = \dim_{\mathrm{Krull}}(\mathcal{A}_0)$ ne serait pas la longueur maximale d'une suite associée à $\mathcal{A}_0$. On en déduit donc que $\dim_{\mathrm{Krull}}(\mathcal{A}_0') = r - 1$. Ce qui implique d'après ci-dessus que

$$r - 1 \leq d - 1,$$

d'où $\dim_{\mathrm{Krull}}(\mathcal{A}) = r \leq d = \dim_H(\mathcal{A})$.

Il nous reste à montrer que $\dim_{\mathrm{Tg}}(\mathcal{Z}(I))$ coïncide avec une des définitions précédentes.

- $\underline{\dim_{\mathrm{Tg}}(X) = \dim_{\mathrm{alg}}(\mathcal{A})}$ — Nous considérons dans un premier temps, le cas d'une hypersurface $X = \mathcal{Z}(I)$ irréductible, c'est-à-dire définie par une équation irréductible $f(x_1, \ldots, x_n) = 0$. Nous vérifions que $\dim_{\mathrm{alg}}(R/(f))$ est $n-1$ (d'après la proposition 3.10, avec $I = 0$). Comme f est irréductible, il existe des points $x \in \mathbb{K}^n$ tels que $f(x) = 0$ et $d_x(f) \neq \mathbf{0}$. En ces points, $T_x(X)$ est de dimension $n - 1$. Ceci nous montre le théorème pour une hypersurface.

  Nous allons nous y ramener dans le cas d'une variété irréductible générale X. Dans ce cas $\mathcal{A}_X = R/\mathcal{I}(X)$ est un anneau intègre. Notons $\mathcal{F}(X)$ son corps des fractions et $t_1, \ldots, t_d$ une suite de paramètres de $\mathcal{A}_X$, où $d = \dim_N(\mathcal{A}_X)$. Comme $\mathcal{F}(X)$ est une extension entière de $K = \mathbb{K}(t_1, \ldots, t_d)$, il existe donc par le théorème de l'élément primitif [Lan80], $t_{d+1} \in \mathcal{A}_X$ tel que

$$K[t_{d+1}] = K(t_{d+1}) \equiv \mathcal{F}(X).$$

Notons $f(t_1, \ldots, t_d, t_{d+1}) = 0$ l'équation irréductible reliant les t_i dans $\mathcal{A}_X$ et Y l'hypersurface de $\mathbb{K}^{d+1}$ définie par $f(y_1, \ldots, y_{d+1}) = 0$. On a alors $\mathcal{A}_Y = \mathbb{K}[y_1, \ldots, y_{d+1}]/(f)$ et

$$\mathcal{F}(Y) = \mathbb{K}(y_1, \ldots, y_d)[y_{d+1}]/(f) \equiv \mathcal{F}(X).$$

Il existe donc deux applications rationnelles $\sigma : X^o \to Y^o$ et $\gamma : Y^o \to X^o$ définies sur des ouverts $X^o \subset X$ et $Y^o \subset Y$ telles que $\gamma \circ \sigma = Id$. Elles expriment respectivement t_i en fonction des x_j et réciproquement.

Nous en déduisons que les espaces tangents $T_x(X)$ et $T_y(Y)$ sont isomorphes, pour $x \in X^o$ et $y = \sigma(x) \in Y^o$. Nous voyons donc que sur un ouvert de X la dimension de $T_x(X)$ est d. Ce qui implique donc que $\dim_{\mathrm{Tg}}(X) = d = \dim_N(X)$.

Dans le cas d'une variété algébrique quelconque X, nous la décomposons en composantes irréductibles. La dimension $\dim_{\mathrm{Tg}}(X) = \dim_{\mathrm{alg}}(X)$ est la dimension maximale de ses composantes irréductibles. La dimension $d = \dim_{\mathrm{Tg}}(X)$ est la dimension (maximale) de l'espace tangent $T_x(X)$ sur un ouvert U de X. D'après ci-dessus, c'est aussi la dimension $\dim_{\mathrm{Tg}} = \dim_{\mathrm{alg}}$ des composantes irréductibles qui rencontrent U, car les ouverts d'une même composante se coupent. Ces composantes irréductibles sont par ailleurs de dimension de Noether ($\dim_N$) maximale. Sinon nous construirions un ouvert d'une de ces composantes (qui est aussi un ouvert de X) sur lequel $\dim_{\mathrm{Tg}}$ serait plus grande que le maximum d, ce qui est contradictoire.

Nous concluons ainsi que $\dim_N(X) = \dim_{\mathrm{Tg}}(X)$.

$\square$

Voir [**Sha74**], [**AM69**], [**Eis94**], [**Har77**], ... pour une étude plus détaillée de la théorie de la dimension.

3.2. Degré d'une variété algébrique

Le degré d'une variété algébrique X exprime d'une certaine manière la « complexité » apparente de cette variété. Plus le degré est élevé et plus il faut s'attendre à une variété « tordue ».

3.2.1. Degré de Hilbert et fonction de Hilbert. —

Définition 3.43. *Le degré de $\mathcal{A} = R/I$ est*
- *le coefficient de $\frac{s^d}{d!}$ dans le polynôme de Hilbert (où $d = \dim_{\mathrm{alg}}(\mathcal{A})$),*
- *$P(1)$ si la série de Hilbert de $\mathcal{A}$ s'écrit*

$$S_{\mathcal{A}}(z) = \frac{P(z)}{(1-z)^{d+1}}.$$

On le notera $\deg_H(\mathcal{A})$.

Exemple 3.44. *Reprenons encore l'exemple 3.8. La série de Hilbert de $\mathcal{A}$ est $S_{\mathcal{A}}(z) = \frac{P(z)}{(1-z)^3}$ où $P(z) = 1 + z - z^2$. On a $P(1) = 1$, ce qui, par cette définition, montre que le degré est 1. Ceci semble assez logique, la variété se décomposant en un plan (de dimension 2) et une droite (de dimension 1) qui n'intervient pas dans le calcul du degré.*

3.2.2. Degré combinatoire et faces. —

Définition 3.45. *Le degré de $\mathcal{A}$ est le nombre de faces de taille maximale $d = \dim(\mathcal{A})$ parmi les F_i de la décomposition (3.1). On le note $\deg_>(\mathcal{A})$.*

Exemple 3.46. *Toujours dans le cas de l'exemple 3.8, une décomposition de la forme (3.1) de $\mathcal{A}$ est*

$$\mathcal{A} = \mathbb{K}[x_1] \oplus x_3\mathbb{K}[x_3] \oplus x_2\mathbb{K}[x_2, x_3].$$

Une seule face est de dimension 2 et le degré est aussi 1, par cette définition.

Proposition 3.47. *Les sous-ensembles F_i apparaissant dans la décomposition (3.1) et de taille $d = \dim(\mathcal{A})$ sont les faces de $\mathtt{m}_>(I)$ de taille d.*

Démonstration. Montrons dans un premier temps que ces sous-ensembles sont des faces de $\mathtt{m}_>(I)$. Soit F_{i_0} un sous-ensemble de $\{x_1, \ldots, x_n\}$ apparaissant dans la décomposition (3.1) et de taille maximale $d = \dim(\mathcal{A})$. Nous allons voir plus loin que la composante $m_{i_0}\mathbb{K}[F_{i_0}]$ va intervenir dans le calcul du coefficient de s^d de $H_{\mathcal{A}}(s)$ pour $s \gg 0$. Si F_{i_0} peut être étendu en un ensemble F de taille $> |F_{i_0}| = d$ tel que $[F] \cap \mathtt{m}_>(I) = \emptyset$, alors $\mathbb{K}[F]$ s'injecterait dans $\mathcal{A}$. On en déduirait que le polynôme $P_{\mathcal{A}}(s)$ serait de degré $> d$. Ce qui est contradictoire par définition de d. Ceci montre que F_i est une face de $\mathtt{m}_>(I)$, c'est-à-dire maximale telle que $[F_i] \cap \mathtt{m}_>(I) = \emptyset$.

Inversement, montrons qu'une face F de taille d apparaît forcément parmi les F_i. Comme $\mathbb{K}[F]$ s'injecte dans $\mathcal{A}$, on a

$$\mathbb{K}[F] = \mathbb{K}[F] \cap (\oplus m_i\mathbb{K}[F_i]) = \oplus_i (\mathbb{K}[F] \cap m_i\mathbb{K}[F_i]) = \oplus_{m_i \in [F]} m_i\mathbb{K}[F \cap F_i]$$

Par comparaison des dimensions de $\mathbb{K}[F]$ et des $\mathbb{K}[F \cap F_i]$, on en déduit qu'il existe i tel que $F = F \cap F_i$ et donc comme F est maximale, que $F = F_i$. □

3.2.3. Degré et intersection. —

Définition 3.48. *Le degré de $\mathcal{A} = R/I$ est la dimension du $\mathbb{K}$-espace vectoriel*

$$R/(I, l_1, \ldots, l_d),$$

ou $l_1, \ldots, l_d$ sont des formes linéaires génériques et $d = \dim_{\mathrm{alg}}(\mathcal{A})$. Il sera noté $\deg_L(\mathcal{A})$.

Le mot générique est encore ici à comprendre comme dans la définition 3.32, où l'espace considéré est l'ensemble des d formes linéaires en n variables. Plus précisément, dans la définition précédente, pour presque tout espace linéaire L de dimension $n - d$, le nombre de points d'intersection de L et X vaut une certaine valeur D qui est le degré de X.

Exemple 3.49. *Par cette définition, un espace linéaire est une variété de degré 1. De même, une équation* $f(x_1, \ldots, x_n) = 0$ *de degré d définit une hypersurface de degré d. En effet par cette définition, nous allons couper* $\mathcal{Z}(f(\mathbf{x}) = 0)$ *par une droite* $(L(t) = (1 - t) A + t B)$ *générique, ce qui nous conduit à un polynôme de degré d en t et donc a d solutions (comptées avec multiplicité).*

Cette définition nous permet de minorer le degré d'une courbe plane tracée sur une figure en cherchant avec une règle le nombre maximum de points d'intersection. Évidemment comme nous ne voyons que la trace réelle de cette courbe, nous ne pouvons pas compter ainsi tous les points complexes se trouvant à l'intersection de la droite et de la courbe.

3.2.4. Les équivalences. — Ici aussi ces définitions conduisent au même invariant associé à $\mathcal{A} = R/I$.

Théorème 3.50. *Les définitions suivantes sont équivalentes :*

1. $\deg_H(\mathcal{A})$: *le coefficient de* $\frac{s^d}{d!}$ *dans le polynôme de Hilbert associé à* $H_{\mathcal{A}}(s)$, *d étant la dimension de* $\mathcal{A}$,

2. $\deg_>(\mathcal{A})$: *le nombre de* F_i *de taille maximale dans une décomposition du type (3.1),*

3. $\deg_L(\mathcal{A})$: *la dimension du* $\mathbb{K}$-*espace vectoriel* $\mathcal{A}/(l_1, \ldots, l_{n-d})$ *pour des formes linéaires génériques* l_i, $i = 1, \ldots, n - d$ *où* $d = \dim(\mathcal{A})$.

Démonstration.

• $\underline{\deg_H(\mathcal{A}) = \deg_>(\mathcal{A})}$ — Il suffit de remarquer que si

$$\mathcal{A} = \oplus_i m_i \mathbb{K}[F_i],$$

alors pour $s \gg 0$,

$$H_{\mathcal{A}}(s) = \sum_i H_{\mathbb{K}[F_i]}(s - \deg(m_i)).$$

avec $H_{\mathbb{K}[F_i]}(s - \deg(m_i)) = \frac{s^{|F_i|}}{|F_i|!} + \cdots$ où $|F_i|$ désigne le cardinale de F_i. En notant $d = \dim(\mathcal{A})$, on voit donc que le coefficient de $\frac{s^d}{d!}$ est donc le nombre de faces F_i de taille maximale d, c'est-à-dire $\deg_>(\mathcal{A})$.

• $\underline{\deg_L(\mathcal{A}) = \deg_H(\mathcal{A})}$ — Supposons que le polynôme de Hilbert soit de la forme

$$P_{\mathcal{A}}(s) = \delta \frac{s^d}{d!} + \underbrace{\cdots}_{\deg < d},$$

où $\delta = \deg_H(\mathcal{A})$. Alors d'après la preuve de la proposition 3.10, pour une forme linéaire générique donc non-diviseur de 0 dans $\mathcal{A}$, le polynôme de

Hilbert de $\mathcal{A}/(l_1)$ est

$$P_{\mathcal{A}/(l_1)}(s) = P_{\mathcal{A}}(s) - P_{\mathcal{A}}(s-1) = \delta \frac{s^{d-1}}{(d-1)!} + \underbrace{\cdots}_{\deg < d-1}$$

En itérant cette construction, nous obtenons pour des formes linéaires génériques $l_1, \ldots, l_d$:

$$P_{\mathcal{A}/(l_1,\ldots,l_d)}(s) = \delta = \dim_{\mathbb{K}} \left(\mathcal{A}/(l_1, \ldots, l_d) \right) = \deg_L(\mathcal{A}).$$

$\square$

3.3. L'exemple d'une intersection complète

Dans cette section, nous allons mettre en application les résultats précédents, dans le cas *simple* d'un idéal $I = (f_1, \ldots, f_s)$ dit en *intersection complète*. Géométriquement, ce cas correspond à la situation où, pour $i = 1, \ldots, s$, la variété algébrique $\mathcal{Z}(f_1, \ldots, f_i)$ est de codimension[1] i. En d'autres termes, à chaque équation ajoutée, la dimension chute de 1.

3.3.1. Le complexe de Koszul. — Nous allons d'abord introduire la notion importante de complexe de Koszul et établir quelques unes de ses propriétés que nous utiliserons ultérieurement.

Définition 3.51 (module libre). *Un A-module E est libre de base $e_1, \ldots, e_s$ si pour toute combinaison $a_1 e_1 + \cdots + a_s e_s = 0$, on a $a_1 = 0, \ldots, a_s = 0$.*

Définition 3.52. *Soient $f_1, \ldots, f_s$ des éléments de $\mathbb{K}[\mathbf{x}]$. On définit les suites de $\mathbb{K}[\mathbf{x}]$-modules et de $\mathbb{K}[\mathbf{x}]$-homomorphismes d_i (appelées aussi complexe de $\mathbb{K}[\mathbf{x}]$-modules)*

$$K(f_1, \ldots, f_s) : 0 \longrightarrow K_0 \xrightarrow{d_1} \cdots \longrightarrow K_i \xrightarrow{d_{i+1}} K_{i+1} \longrightarrow \cdots \xrightarrow{d_s} K_s \longrightarrow 0$$

où $K_0 = \mathbb{K}[\mathbf{x}]$, K_1 est le $\mathbb{K}[\mathbf{x}]$-module libre de rang s et de base $\{e_1, \ldots, e_s\}$, K_i est le $\mathbb{K}[\mathbf{x}]$-module libre de base $\{e_{j_1} \wedge \ldots \wedge e_{j_i} : 1 \le j_1 < \cdots < j_i \le s\}$ pour $i \ge 2$, et

$$d_{i+1}(e_{j_1} \wedge \cdots \wedge e_{j_i}) = \sum_{k=1}^{s} (-1)^{k-1} f_k \; e_k \wedge (e_{j_1} \wedge \cdots \wedge e_{j_i}).$$

Les e_i vérifient ces règles de calcul : $e_k \wedge e_l = -e_l \wedge e_k$ si $k \ne l$ et $e_k \wedge e_k = 0$.

---

[1] La différence entre la dimension de l'espace ambiant et celle de la variété.

Toutes ces données définissent bien un complexe (i.e. $d_{i+1} \circ d_i = 0$), appelé complexe de Koszul. En effet, si $i \in \{0, \ldots, s-2\}$,

$$d_{i+2} \circ d_{i+1}(e_{j_1} \wedge \cdots \wedge e_{j_i}) = \sum_{k,l=1}^{s} (-1)^{k+l-2} f_k f_l \, e_k \wedge e_l \wedge e_{j_1} \wedge \cdots \wedge e_{j_i}$$

$$= \sum_{1 \leq k < l \leq s} (-1)^{k+l-2} f_k f_l \, (e_k \wedge e_l + e_l \wedge e_k) \wedge e_{j_1} \wedge \cdots \wedge e_{j_i} = 0.$$

La notation $\widehat{e_i}$ signifie que e_i n'apparaît pas dans l'expression.

En identifiant de façon naturelle K_{s-1} à K_1 et K_s à K_0, le premier module des syzygies $\mathrm{Rel}(f_1, \ldots, f_s)$ est alors $\ker(d_s)$, et

$$\mathrm{im}(d_s) = \left\{ d_s \left(\sum_{i=1}^{s} a_i \, e_1 \wedge \cdots \wedge \widehat{e_i} \wedge \cdots \wedge e_s \right) : a_i \in \mathbb{K}[\mathbf{x}] \right\}$$

$$= \left\{ \sum_{i=1}^{s} \left(f_i a_i \right) (e_1 \wedge \cdots \wedge e_s) : a_i \in \mathbb{K}[\mathbf{x}] \right\},$$

c'est-à-dire l'idéal de $\mathbb{K}[\mathbf{x}]$ engendré par les polynômes $f_1, \ldots, f_s$.

Si $1 \leq i < j \leq s$, l'élément

$$\sigma_{i,j} = f_j \, e_1 \wedge \cdots \wedge \widehat{e_i} \wedge \cdots \wedge e_s - f_i \, e_1 \wedge \cdots \wedge \widehat{e_j} \wedge \cdots \wedge e_s \in \mathrm{Rel}(f_1, \ldots, f_s).$$

$\sigma_{i,j}$ sera appelé une relation élémentaire.

Définition 3.53. *Une suite $\{a_1, \ldots, a_s\}$ d'éléments d'un anneau commutatif unitaire A est dite régulière si*

i) l'idéal $(a_1, \ldots, a_s) \neq A$,

ii) $\forall i \in \{1, \ldots, s\}, a_i$ n'est pas un diviseur de 0 dans $A/(a_1, \ldots, a_{i-1})$.

Nous allons établir, dans la proposition suivante, que si la suite de polynômes $\{f_1, \ldots, f_s\}$ est régulière, alors $\mathrm{Rel}(f_1, \ldots, f_s)$ est engendré par les relations élémentaires $\sigma_{i,j}$ pour $1 \leq i < j \leq s$.

Proposition 3.54. *Si la suite $\{f_1, \ldots, f_s\}$ de $\mathbb{K}[\mathbf{x}]$ est régulière, alors pour tout $g \in \mathrm{Rel}(f_1, \ldots, f_s)$, il existe une matrice M antisymétrique, à coefficients dans $\mathbb{K}[\mathbf{x}]$ telle que $g = Mf$, où f est le vecteur de composantes $f_1, \ldots, f_s$.*

Démonstration. La preuve se fera par récurrence sur s. Si $s = 1$, le module $\mathrm{Rel}(f_1) = \{h \in \mathbb{K}[\mathbf{x}] : hf_1 = 0\} = \{0\}$, donc la matrice M est nulle. Supposons le résultat vrai pour $s-1$ et soit $g = (g_1, \ldots, g_s) \in \mathrm{Rel}(f_1, \ldots, f_s)$. Comme f_s n'est pas un diviseur de 0 dans $\mathbb{K}[\mathbf{x}]/(f_1, \ldots, f_{s-1}), g_s \in (f_1, \ldots, f_{s-1})$. Il existe alors des polynômes h_i tels que $g_s = h_1 f_1 + \cdots + h_{s-1} f_{s-1}$, et

$$g_1 f_1 + \cdots + g_s f_s = (g_1 + h_1 f_s) f_1 + \cdots + (g_{s-1} + h_{s-1} f_s) f_{s-1} = 0.$$

Par l'hypothèse de récurrence, il existe une matrice antisymétrique N de taille $s-1$ et à coefficients dans $\mathbb{K}[\mathbf{x}]$ telle que

$$
\begin{pmatrix} g_1 \\ \vdots \\ g_{s-1} \end{pmatrix} = N \begin{pmatrix} f_1 \\ \vdots \\ f_{s-1} \end{pmatrix} - \begin{pmatrix} h_1 \\ \vdots \\ h_{s-1} \end{pmatrix} f_s.
$$

Par suite

$$
g = \left\{ \begin{pmatrix} N & & 0 \\ & \vdots & \\ 0 & \cdots & 0 \end{pmatrix} + \begin{pmatrix} 0 & \cdots & 0 & -h_1 \\ \vdots & & \vdots & \vdots \\ 0 & \cdots & 0 & -h_{s-1} \\ h_1 & \cdots & h_{s-1} & 0 \end{pmatrix} \right\} f.
$$

$\square$

La réciproque de cette proposition est vraie pour une suite de polynômes homogènes.

Proposition 3.55. *Soient $f_1, \ldots, f_s$ des polynômes homogènes de $\mathbb{K}[\mathbf{x}]$ non constants. Si pour tout $\mathbf{g} \in \mathrm{Rel}(f_1, \ldots, f_s)$, il existe une matrice antisymétrique $M = (m_{i,j})_{1 \le i,j \le s}$ à coefficients dans $\mathbb{K}[\mathbf{x}]$ telle que $\mathbf{g} = M\mathbf{f}$ ($\mathbf{f}$ désigne le vecteur de composantes $f_1, \ldots, f_s$), alors $\{f_1, \ldots, f_s\}$ est une suite régulière.*

Démonstration. L'élément f_s n'est pas un diviseur de 0 dans l'anneau quotient $\mathbb{K}[\mathbf{x}]/(f_1, \ldots, f_{s-1})$. En effet, si $g_1, \ldots, g_s$ sont des polynômes qui vérifient $g_1 f_1 + \cdots + g_s f_s = 0$, comme $m_{s,s} = 0$, $g_s \in (f_1, \ldots, f_{s-1})$. On va montrer de la même façon que pour tout $i \in \{1, \ldots, s-1\}, f_i$ n'est pas un diviseur de 0 dans $\mathbb{K}[\mathbf{x}]/(f_1, \ldots, f_{i-1})$. Pour cela, on va prouver que tout élément du module $\mathrm{Rel}(f_1, \ldots, f_i)$ est engendré par ses relations élémentaires.

Soit $(g_1, \ldots, g_{s-1}) \in \mathrm{Rel}(f_1, \ldots, f_{s-1})$. On peut supposer que les polynômes g_i sont homogènes, et qu'il existe $d \in \mathbb{N}$ tel que $\deg g_i + \deg f_i = d$ pour $i = 1, \ldots, s-1$ (on convient que le polynôme nul peut avoir tous les degrés). Cet entier d est appelé le degré de la relation. La preuve se fera par récurrence sur d. Si $d = 0$, $g_1 = \cdots = g_{s-1} = 0$. Supposons que toute relation entre $f_1, \ldots, f_{s-1}$ de degré plus petit que d est engendrée par les relations élémentaires entre $f_1, \ldots, f_{s-1}$, et soient $g_1, \ldots, g_{s-1}$ des polynômes homogènes tels que $g_1 f_1 + \cdots + g_{s-1} f_{s-1} = 0$ et pour tout $i = 1, \ldots, s-1, \deg g_i + \deg f_i = d$. D'après l'hypothèse de la proposition 3.55,

$$
\begin{pmatrix} g_1 \\ \vdots \\ g_{s-1} \\ 0 \end{pmatrix} = M\, f,
$$

où $M = (m_{i,j})_{1 \leq i,j \leq s}$ est une matrice antisymétrique à coefficients dans $\mathbb{K}[\mathbf{x}]$, $m_{i,j}$ est homogène et $\deg m_{i,j} = \deg g_i - \deg f_j = d - \deg f_i - \deg f_j$. Donc

$$
\begin{pmatrix} g_1 \\ \vdots \\ g_{s-1} \end{pmatrix} = \begin{pmatrix} m_{1,1} & \cdots & m_{1,s-1} \\ \vdots & \vdots & \vdots \\ m_{s-1,1} & \cdots & m_{s-1,s-1} \end{pmatrix} \begin{pmatrix} f_1 \\ \vdots \\ f_{s-1} \end{pmatrix} + f_s \begin{pmatrix} m_{1,s} \\ \vdots \\ m_{s-1,s} \end{pmatrix},
$$

et $0 = m_{s,1} f_1 + \cdots + m_{s,s-1} f_{s-1}$ (car $m_{s,s} = 0$). Dans cette dernière relation entre $f_1, \ldots, f_{s-1}$, $\deg m_{s,i} + \deg f_i = d - \deg f_s < d$. D'après l'hypothèse de récurrence, il existe une matrice antisymétrique N telle que

$$
\begin{pmatrix} m_{s,1} \\ \vdots \\ m_{s,s-1} \end{pmatrix} = N \begin{pmatrix} f_1 \\ \vdots \\ f_{s-1} \end{pmatrix}.
$$

Par suite

$$
\begin{pmatrix} g_1 \\ \vdots \\ g_{s-1} \end{pmatrix} = \left\{ \begin{pmatrix} m_{1,1} & \cdots & m_{1,s-1} \\ \vdots & \vdots & \vdots \\ m_{s-1,1} & \cdots & m_{s-1,s-1} \end{pmatrix} + f_s \, N \right\} \begin{pmatrix} f_1 \\ \vdots \\ f_{s-1} \end{pmatrix}.
$$

Ainsi, $\mathrm{Rel}(f_1, \ldots, f_{s-1})$ est engendré par ses relations élémentaires. Le même argument reste valable si $s - 1$ est remplacé par $i \in \{s - 2, \ldots, 2\}$. □

Le résultat suivant donne une condition nécessaire et suffisante, portant sur le complexe de Koszul, pour que le premier module des syzygies soit engendré par ses relations élémentaires.

Proposition 3.56. *Les conditions suivantes sont équivalentes :*
i) $\ker(d_s) = \mathrm{im}(d_{s-1})$.
ii) Pour tout $\mathbf{g} = (g_1, \ldots, g_s) \in \ker(d_s)$, il existe une matrice M antisymétrique et à coefficients dans $\mathbb{K}[\mathbf{x}]$ telle que $\mathbf{g} = M\mathbf{f}$, où $\mathbf{f} = (f_1, \ldots, f_s)$.

Démonstration. Comme $K(f_1, \ldots, f_s)$ est un complexe, $\mathrm{im}(d_{s-1}) \subset \ker(d_s)$. On a

$$\ker(d_s) = \operatorname{im}(d_{s-1}) \iff \forall \mathbf{g} \in \ker(d_s)\ , \exists\ a_{i,j} \in \mathbb{K}[\mathbf{x}], 1 \leq i < j \leq s :$$

$$
\begin{aligned}
\mathbf{g} &= d_{s-1}\Bigg(\sum_{1 \leq i < j \leq s} a_{i,j}\, e_1 \wedge \ldots \wedge \widehat{e_i} \wedge \ldots \wedge \widehat{e_j} \wedge \ldots \wedge e_s \Bigg) \\
&= \sum_{1 \leq i < j \leq s} a_{i,j} f_i\, e_1 \wedge \ldots \wedge \widehat{e_j} \wedge \ldots \wedge e_s \\
&\qquad\qquad\qquad - \sum_{1 \leq i < j \leq s} a_{i,j} f_j\, e_1 \wedge \ldots \wedge \widehat{e_i} \wedge \ldots \wedge e_s \\
&= \sum_{j=2}^{s} \Bigg(\sum_{i=1}^{j-1} a_{i,j} f_i \Bigg) e_1 \wedge \ldots \wedge \widehat{e_j} \wedge \ldots \wedge e_s \\
&\qquad\qquad\qquad - \sum_{i=1}^{s-1} \Bigg(\sum_{j=i+1}^{s} a_{i,j} f_j \Bigg) e_1 \wedge \ldots \wedge \widehat{e_i} \wedge \ldots \wedge e_s \\
&= \sum_{k=1}^{s} \Bigg(\sum_{l=1}^{k-1} a_{l,k} f_l - \sum_{l=k+1}^{s} a_{k,l} f_l \Bigg) e_1 \wedge \ldots \wedge \widehat{e_k} \wedge \ldots \wedge e_s
\end{aligned}
$$

$$\iff \quad \forall \mathbf{g} \in \ker(d_s)\ , \exists\ a_{k,l} \in \mathbb{K}[\mathbf{x}], 1 \leq k,l \leq s : -a_{k,l} = a_{l,k}, \text{ et}$$

$$
\mathbf{g} = \begin{pmatrix} a_{1,1} & \cdots & a_{s,1} \\ \vdots & \vdots & \vdots \\ a_{1,s} & \cdots & a_{s,s} \end{pmatrix} \mathbf{f}.
$$

$\square$

Proposition 3.57. *Si la suite de polynômes homogènes* $\{f_1, \ldots, f_s\}$ *de* $\mathbb{K}[\mathbf{x}]$ *est régulière, alors le complexe de Koszul est exact* $(\ker(d_i) = \operatorname{im}(d_{i-1}),\ i = 1, \ldots, s)$.

Démonstration. Nous allons le démontrer par récurrence sur le nombre de polynôme s. Dans le cas $s = 1$, le résultat est immédiat.

Supposons la propriété vraie pour les $s-1$ polynômes $f_1, \ldots, f_{s-1}$. Notons $E = \mathbb{K}[\mathbf{x}]e_1 \oplus \cdots \mathbb{K}[\mathbf{x}]e_{s-1}$, $\tilde{E} = E \oplus \mathbb{K}[\mathbf{x}]e_s$

$$K_i = \Lambda^i E = \sum_{j_1 < \cdots < j_i} \mathbb{K}[\mathbf{x}]e_{j_1} \wedge \cdots \wedge e_{j_i},$$

et

$$\tilde{K}_i = \Lambda^i \tilde{E} = \Lambda^{i-1} E \wedge \mathbb{K}[\mathbf{x}]e_s \oplus \Lambda^i E.$$

Nous avons donc la suite exacte, induite par la projection π de $\Lambda^i \tilde{E}$ sur $\Lambda^{i-1}E \wedge \mathbb{K}[\mathbf{x}]e_s$:

$$0 \to K_i \overset{\iota}{\to} \tilde{K}_i \overset{\pi}{\to} K_i \wedge \mathbb{K}[\mathbf{x}]e_s \to 0.$$

Nous notons encore $d_i : K_{i-1} \to K_i$ les applications du complexe de Koszul de $f_1, \dots, f_{s-1}$ et et $\tilde{d}_i : \tilde{K}_{i-1} \to \tilde{K}_i$ celles associées à $f_1, \dots, f_s$. Nous avons alors les suites exactes (pour $i > 0$) :

$$
\begin{array}{ccccccccc}
0 \to & K_{i+1} & \overset{\iota}{\to} & \tilde{K}_{i+1} & \overset{\pi}{\to} & K_i \wedge \mathbb{K}[\mathbf{x}]e_s & \to 0 \\
& \uparrow d_{i+1} & & \uparrow \tilde{d}_{i+1} & & \uparrow d_i \\
0 \to & K_i & \overset{\iota}{\to} & \tilde{K}_i & \overset{\pi}{\to} & K_{i-1} \wedge \mathbb{K}[\mathbf{x}]e_s & \to 0 \\
& \uparrow d_i & & \uparrow \tilde{d}_i & & \uparrow d_{i-1} \\
0 \to & K_{i-1} & \overset{\iota}{\to} & \tilde{K}_{i-1} & \overset{\pi}{\to} & K_{i-2} \wedge \mathbb{K}[\mathbf{x}]e_s & \to 0
\end{array}
$$

avec, par convention, $K_{-1} = 0$. Nous vérifions que les applications de ce diagramme commutent (voir exercice 3.8).

Montrons que si la suite $(d_i)_{i=1,\dots,s-1}$ est exacte, alors $(\tilde{d}_i)_{i=1,\dots,s}$ l'est. Pour cela considérons $v \in \tilde{K}_i$ ($i > 0$) tel que $\tilde{d}_{i+1}(v) = 0$ et vérifions que $v \in \mathrm{im}(\tilde{d}_i)$.

Soit $w = \pi(v)$. Comme $d_i(w) = d_i \circ \pi(v) = \pi \circ \tilde{d}_{i+1}(v) = \pi(0) = 0$ et que la suite $(d_i)_{i=1,\dots,s-1}$ est exacte, il existe $w' \in K_{i-2} \wedge \mathbb{K}[\mathbf{x}]e_s$ tel que $d_{i-1}(w') = w$. Comme π est surjective, il existe $v' \in \tilde{K}_{i-1}$ tel que $\pi(v') = w'$.

Notons $\delta v = v - \tilde{d}_i(v') \in \tilde{K}_i$. Comme

$$
\pi \circ \tilde{d}_i(v') = d_{i-1} \circ \pi(v') = d_{i-1}(w') = w = \pi(v),
$$

nous déduisons que $\pi(\delta v) = \pi(w) - \pi \circ \tilde{d}_i(v') = 0$. Donc il existe $\delta u \in K_{i-1}$ tel que $\iota(\delta u) = \delta v$.

Remarquons que $\tilde{d}_{i+1}(\delta v) = \tilde{d}_{i+1}(v - \tilde{d}_i(v')) = \tilde{d}_{i+1}(v) = 0$, donc

$$
\iota \circ d_{i+1}(\delta u) = \tilde{d}_{i+1} \circ \iota(\delta u) = \tilde{d}_{i+1}(\delta v) = 0
$$

et $d_{i+1}(\delta u) = 0$ car ι est injective.

Comme $(d_i)_{i=1,\dots,s-1}$ est exacte, nous en déduisons qu'il existe $\delta v' \in K_{i-1}$ tel que $d_i(\delta v') = \delta u$. Ceci nous permet de montrer que

$$
\tilde{d}_i(v' - \iota(\delta v')) = v + \delta v - \iota \circ d_i(\delta v') = v + \delta v - \iota(\delta u) = v + \delta v - \delta v = v,
$$

et donc que la suite $(\tilde{d}_i)_{i=1,\dots,s}$ est exacte. □

3.3.2. Application au calcul de dimension et de degré.

— Considérons un idéal $I = (f_1, \dots, f_s)$ de polynômes homogènes de degré $d_i = \deg(f_i)$ pour $i = 1, \dots, k$, qui définissent une variété projective dans $\mathbb{P}^{n-1}$ et un cône affine dans $\mathbb{A}^n$.

Nous allons supposer que $(f_1, \dots, f_s)$ est une *suite régulière*.

D'après la proposition 3.57, le complexe de Koszul est exact. Si nous associons à $e_{i_1} \wedge \cdots \wedge e_{i_k}$ le degré $d_{i_1} + \cdots + d_{i_k}$, nous voyons que l'image par les applications d_i d'éléments homogènes est homogènes. Nous en déduisons donc la suite exacte graduée, en degré n :

$$0 \longrightarrow K_0[n] \xrightarrow{d_1} \cdots \xrightarrow{d_{s-1}} K_{s-1}[n] \xrightarrow{d_s} K_s[n]$$

où $K_i[n]$ est l'ensemble des éléments de degré n de K_i. Comme $K_s = \mathbb{K}[\mathbf{x}]$ et $\mathrm{im}(d_s) = (f_1, \ldots, f_s)$, nous complétons cette suite exacte en :

$$0 \longrightarrow K_0[n] \xrightarrow{d_1} \cdots \xrightarrow{d_{s-1}} K_{s-1} \xrightarrow{d_s} K_s[n] = \mathbb{K}[\mathbf{x}][n] \longrightarrow (\mathbb{K}[\mathbf{x}]/I)[n] \longrightarrow 0.$$

On a alors

$$S_{\mathbb{K}[\mathbf{x}]/I}(z) = \sum_{i=0}^{s} (-1)^{i+1} S_{K_{s-i}}(z).$$

Remarquons que $\sum_{i=0}^{s} (-1)^{i+1} S_{K_{s-i}}(z)$ ne dépend que du degré d_i des polynômes f_i. En remplaçant f_i par $x_i^{d_i}$ dans ce complexe, on trouve donc la même série de Hilbert, c'est-à-dire :

$$S_{\mathbb{K}[\mathbf{x}]/I}(z) = S_{\mathbb{K}[\mathbf{x}]/(x_1^{d_1}, \ldots, x_s^{d_s})}(z) = \frac{\prod_{i=1}^{s}(1 - z^{d_i})}{(1-z)^n}.$$

(voir exercice 3.6). D'après les théorèmes 3.42 et 3.50, nous déduisons que
 – $\dim(\mathbb{K}[\mathbf{x}]/(f_1, \ldots, f_s)) = n - s$ (l'ordre du pôle $z = 1$ de $S_{\mathbb{K}[\mathbf{x}]/I}(z)$).
 – $\deg(\mathbb{K}[\mathbf{x}]/(f_1, \ldots, f_s)) = \prod_{i=1}^{s} d_i$ (la valeur de $\prod_{i=1}^{s}(1 + z + \cdots + z^{d_i-1})$ en $z = 1$, d'après la définition 3.43).

Quand les polynômes f_i sont homogènes, on s'intéresse en générale à la variété qu'ils définissent dans l'espace projectif $\mathbb{P}^{n-1}$. Ici, comme les polynômes forment une suite régulière, cette variété projective est de dimension projective $n - 1 - s$, le cône affine associé étant de dimension $\dim(\mathbb{K}[\mathbf{x}]/I) = n - s$.

3.4. Exercices

Exercice 3.1. Montrer que si une fonction $f : \mathbb{N} \to \mathbb{N}$ est polynomiale pour $s > s_0$ alors $S(z) = \sum_{s \geq 0} f(s) z^s$ est une fraction rationnelle en z.

Exercice 3.2. Montrer que des éléments sont algébriquement liés modulo I, si et seulement si, ils le sont modulo $\sqrt{I}$. En déduire que pour tout idéal $I \subset \mathbb{K}[\mathbf{x}]$, $\dim_{\mathrm{alg}}(\mathbb{K}[\mathbf{x}]/I) = \dim_{\mathrm{alg}}(\mathbb{K}[\mathbf{x}]/\sqrt{I})$.

Exercice 3.3. Soient $A \subset B$ deux anneaux. Montrer en utilisant le résultant de Sylvester de manière astucieuse que l'ensemble des éléments de B entiers sur A est un anneau.

Exercice 3.4. Soit A un anneau. Montrer que

$$\dim_{\mathrm{Krull}}(A) = \max_{\mathfrak{m}} \dim_{\mathrm{Krull}}(A_{\mathfrak{m}}),$$

où $\mathfrak{m}$ parcourt l'ensemble des idéaux maximaux de A et $A_{\mathfrak{m}}$ désigne le localisé de A en $\mathfrak{m}$.

Exercice 3.5. Soit I un idéal de $\mathbb{K}[\mathbf{x}]$. Montrer

$$\dim_{\text{Krull}}\big(\mathbb{K}[\mathbf{x}]/I\big) = 0 \iff \dim_{\mathbb{K}}\big(\mathbb{K}[\mathbf{x}]/I\big) \text{ est finie.}$$

Exercice 3.6. Calculer $S_{\mathbb{K}[x_1,\ldots,x_n]/(x_1^{d_1},\ldots,x_s^{d_1})}(z)$ pour $s \leq n$.

Exercice 3.7.

1. Expliciter le complexe de Koszul dans le cas de la suite $\{x, y(1-x), z(1-x)\}$ dans $\mathbb{K}[x,y,z]$.

2. Montrer, à la main, que ce complexe est exacte.

3. Est-ce que la proposition 3.55 est vraie si les f_i ne sont pas homogènes ?

Exercice 3.8. Avec les notations de la preuve du théorème 3.57, montrer que pour $i = 1, \ldots, s-1$, $d_i \circ \pi = \pi \circ \tilde{d}_{i-1}$, $\pi \circ \tilde{d}_i = d_{i-1} \circ \pi$ et $\tilde{d}_i \circ \iota = \iota \circ d_i$.

Exercice 3.9. Soit $\{f_1, \ldots, f_s\}$ une suite régulière de $\mathbb{K}[\mathbf{x}]$.

1. Pour tout $i \in \{0, \ldots, s\}$ et tout entier l, notons $(K_i)_l$ le $\mathbb{K}$-espace vectoriel

$$(K_i)_l = \left\{ \sum_{1 \leq j_1 < \cdots < j_i \leq s} a_{j_1 \ldots j_i} e_{j_1} \wedge \ldots \wedge e_{j_i} : a_{j_1 \ldots j_i} \in \mathbb{K}[\mathbf{x}], \right.$$

$$\left. \deg a_{j_1 \ldots j_i} \leq l + \deg f_{j_1} + \cdots + \deg f_{j_i} \right\}.$$

Si $\mathbb{K}[\mathbf{x}]_l = \{f \in \mathbb{K}[\mathbf{x}] : \deg f \leq l\}$ et $I_l = \mathbb{K}[\mathbf{x}]_l \cap I$, montrer qu'il existe une suite exacte de $\mathbb{K}$-espaces vectoriels

$$0 \longrightarrow (K_0)_l \cdots \longrightarrow (K_i)_l \longrightarrow (K_{i+1})_l \longrightarrow \cdots \longrightarrow (K_s)_l \longrightarrow \mathbb{K}[\mathbf{x}]_l/I_l \longrightarrow 0.$$

2. En déduire que $\dim_{\mathbb{K}}(\mathbb{K}[\mathbf{x}]_l/I_l)$ ne dépend que de $\deg f_1, \ldots, \deg f_s$.

3. Montrer que

$$\inf\{k \in \mathbb{N} : (x_1, \ldots, x_n)^k \subset (f_1, \ldots, f_s)\} = \deg f_1 + \cdots + \deg f_s - n + 1.$$

Exercice 3.10. Lemme du serpent

Montrer que si dans le diagramme suivant :

$$
\begin{array}{ccccccccc}
0 \to & A & \xrightarrow{u} & A' & \xrightarrow{u'} & A'' & \to 0 \\
& \uparrow f & & \uparrow f' & & \uparrow f'' & \\
0 \to & B & \xrightarrow{v} & B' & \xrightarrow{v'} & B'' & \to 0 \\
& \uparrow g & & \uparrow g' & & \uparrow g'' & \\
0 \to & C & \xrightarrow{w} & C' & \xrightarrow{w'} & C'' & \to 0
\end{array}
$$

les suites d'applications définissent des complexes (l'image d'une application est dans le noyau de la suivante) qui commutent, alors

– les applications v et v' induisent une suite exacte ($\text{im}(\overline{v}) = \text{ker}(\overline{v}')$) :

$$\text{ker}(f)/\text{im}(g) \xrightarrow{\overline{v}} \text{ker}(f')/\text{im}(g') \xrightarrow{\overline{v}'} \text{ker}(f'')/\text{im}(g'').$$

– il existe une application naturelle ν de $\text{ker}(g'')$ dans $\text{ker}(f)/\text{im}(g)$, telle que $\text{im}(\nu) = \text{ker}(\overline{v})$.

On pourra s'inspirer de la technique (dite de *chasse au diagramme*) utilisée dans la preuve du théorème 3.57.

CHAPITRE 4

ALGÈBRES DE DIMENSION 0

Sommaire

Nous développerons dans ce chapitre l'idée suivante : la résolution d'un système d'équations polynomiales qui engendre un idéal I de $\mathbb{K}[\mathbf{x}]$, se déduit de l'étude de l'algèbre quotient $\mathbb{K}[\mathbf{x}]/I$. L'étude de cette algèbre permet de trouver la géométrie des solutions : compter le nombre de racines du système, les déterminer, analyser leurs multiplicités, ...

4.1. Cas d'une seule variable

En une variable, l'idéal I est engendré par un seul polynôme $f = f_d\, x^d + \cdots + f_0$ de degré d. L'espace vectoriel $\mathcal{A} = \mathbb{K}[x]/(f)$ est de dimension d et de base $(1, x, \ldots, x^{d-1})$. Nous allons supposer que le corps $\mathbb{K}$ est algébriquement clos et que les racines de f sont simples.

Considérons l'opérateur M_x de multiplication par x dans $\mathcal{A}$:

$$M_x : \mathcal{A} \rightarrow \mathcal{A}$$
$$a \mapsto a\,x.$$

Sa matrice dans la base $(1, x, \ldots, x^{d-1})$ est la matrice compagnon

$$M_x = \begin{pmatrix} 0 & \cdots & 0 & -\frac{f_0}{f_d} \\ 1 & \ddots & \vdots & \vdots \\ & \ddots & 0 & \vdots \\ 0 & & 1 & -\frac{f_{d-1}}{f_d} \end{pmatrix}.$$

La dernière colonne de M_x correspond aux coordonnées du reste de la division euclidienne de x^d par f dans la base $(1, x, \ldots, x^{d-1})$. Le polynôme caractéristique de M_x est $(-1)^d f$. Donc les valeurs propres de M_x sont les racines $\zeta_1, \ldots, \zeta_d$ de f. Ces valeurs propres sont supposées distinctes, la matrice M_x est alors diagonalisable sur $\mathbb{K}$.

Si p est un élément de $\mathbb{K}[x]$, les valeurs propres de la multiplication par p dans $\mathcal{A}$ sont $p(\zeta_1), \ldots, p(\zeta_d)$ (car la matrice de l'endomorphisme M_p dans la base $(1, x, \ldots, x^{d-1})$ est $M_p = p(M_x)$). Les matrices $M_p, p \in \mathbb{K}[x]$, commutent deux à deux, donc elles sont diagonalisables dans une même base, puisque M_x est diagonalisable. Nous allons décrire une telle base. Soit

$$\mathbf{e}_i(x) = \prod_{j=1, j \neq i}^{d} \left(\frac{x - \zeta_j}{\zeta_i - \zeta_j} \right)$$

le $i^{\text{ème}}$ *polynôme d'interpolation de Lagrange* de f. Les éléments $\mathbf{e}_i(\mathbf{e}_i - 1)$, $(x - \zeta_i)\,\mathbf{e}_i$, $\mathbf{e}_i\,\mathbf{e}_j$ si $j \neq i$, s'annulent aux différentes racines de f. Ils sont donc divisibles par f, et nous avons dans $\mathcal{A}$

$$\mathbf{e}_i^2 \equiv \mathbf{e}_i \quad, \quad x\,\mathbf{e}_i \equiv \zeta_i \mathbf{e}_i \quad, \quad \mathbf{e}_i \mathbf{e}_j \equiv 0 \text{ si } i \neq j.$$

Comme $\mathbf{e}_1 + \cdots + \mathbf{e}_d = 1$ et $x\mathbf{e}_i \equiv \zeta_i \mathbf{e}_i$, $\mathcal{A} \equiv \mathbb{K}\,\mathbf{e}_1 \oplus \cdots \oplus \mathbb{K}\,\mathbf{e}_d$ (en effet, pour tout $p \in \mathbb{K}[\mathbf{x}]$, $p \equiv p(\zeta_1)\mathbf{e}_1 + \cdots + p(\zeta_d)\mathbf{e}_d$). La famille $\mathbf{e} = (\mathbf{e}_1, \ldots, \mathbf{e}_d)$ est une base de $\mathcal{A}$, formée *d'idempotents orthogonaux* (i.e. $\mathbf{e}_i^2 \equiv \mathbf{e}_i$, $\mathbf{e}_i\mathbf{e}_j \equiv 0$ si $i \neq j$). De plus, $\mathbf{e}_i$ est un vecteur propre de M_x associé à la valeur propre ζ_i. La matrice de multiplication par p dans la base $\mathbf{e}$ de $\mathcal{A}$ est

$$\begin{pmatrix} p(\zeta_1) & & 0 \\ & \ddots & \\ 0 & & p(\zeta_d) \end{pmatrix}.$$

La structure de l'algèbre $\mathcal{A} = \mathbb{K}[x]/(f)$, dans le cas d'un polynôme f de degré d n'ayant que des racines simples, se décrit complètement en terme des idempotents $\mathbf{e}_1, \ldots, \mathbf{e}_d$, qui sont en correspondance avec les racines de f.

Proposition 4.1. *Soit $f \in \mathbb{K}[x]$ n'ayant que des racines simples $\zeta_1, \ldots, \zeta_d$. Si $\mathbf{e}_i(x) = \prod_{j=1, j\neq i}^{d} \left(\dfrac{x - \zeta_j}{\zeta_i - \zeta_j} \right)$, $i = 1, \ldots, d$, alors $\mathbf{e} = (\mathbf{e}_1, \ldots, \mathbf{e}_d)$ est une base (d'idempotents orthogonaux) de l'espace vectoriel $\mathcal{A} = \mathbb{K}[x]/(f)$. Et pour tout $p \in \mathbb{K}[x]$, l'endomorphisme de multiplication par p dans $\mathcal{A}$ dans la base $\mathbf{e}$ est diagonale et ses valeurs propres sont $p(\zeta_1), \ldots, p(\zeta_d)$.*

Maintenant nous allons nous intéresser au dual $\widehat{\mathcal{A}}$ de $\mathcal{A}$ (i.e. l'espace vectoriel des formes linéaires sur $\mathcal{A}$). C'est un espace vectoriel de dimension d. La base de $\widehat{\mathcal{A}}$ duale de la base $(1, x, \ldots, x^{d-1})$ de $\mathcal{A}$ sera notée $\delta = (\delta^0, \ldots, \delta^{d-1})$. Tout élément Λ de $\widehat{\mathcal{A}}$ se décompose dans cette base sous la forme

$$\Lambda = \Lambda(1)\delta^0 + \cdots + \Lambda(x^{d-1})\delta^{d-1}.$$

Si $g \in \mathbb{K}[x]$ et $r = r_0 + \cdots + r_{d-1}\,x^{d-1}$ est le reste de la division euclidienne de g par f, alors

$$\Lambda(g) = \Lambda(r) = r_0\,\Lambda(1) + \cdots + r_{d-1}\,\Lambda(x^{d-1}).$$

Parmi les formes linéaires sur $\mathcal{A}$, les *évaluations* $\mathbf{1}_\zeta : p \mapsto p(\zeta)$ aux différentes racines ζ de f vont jouer un rôle particulier.

Considérons l'application linéaire transposée de M_x

$$\begin{aligned} \widehat{M_x} : \widehat{\mathcal{A}} &\rightarrow \widehat{\mathcal{A}} \\ \Lambda &\mapsto \Lambda \circ M_x. \end{aligned}$$

La matrice de $\widehat{M_x}$ dans la base δ est la transposée de la matrice de M_x dans la base $(1, x, \ldots, x^{d-1})$ de $\mathcal{A}$.

Comme tout polynôme r de degré au plus $d-1$ s'écrit dans $\mathbf{e}$ sous la forme

$$r \equiv \sum_{i=1}^{d} r(\zeta_i)\,\mathbf{e}_i \equiv \sum_{i=1}^{d} \mathbf{1}_{\zeta_i}(r)\,\mathbf{e}_i ,$$

la base de $\widehat{\mathcal{A}}$ duale de la base $\mathbf{e}$ de $\mathcal{A}$ est $\widehat{\mathbf{e}} = (\mathbf{1}_{\zeta_1}, \ldots, \mathbf{1}_{\zeta_d})$.

De plus, $\mathbf{1}_{\zeta_i}$ est un vecteur propre de $\widehat{M}_x$ associé à la valeur propre ζ_i. En effet, pour tout $a \in \mathcal{A}$,

$$(\widehat{M}_x(\mathbf{1}_{\zeta_i}))(a) = \mathbf{1}_{\zeta_i}(x\,a) = (\zeta_i \mathbf{1}_{\zeta_i})(a).$$

$\mathbf{1}_{\zeta_i}$ est également un vecteur propre de tous les endomorphismes $\widehat{M}_p$, $p \in \mathcal{A}$, associé à la valeur propre $p(\zeta_i)$.

Proposition 4.2. *Soit $f \in \mathbb{K}[x]$ n'ayant que des racines simples $\zeta_1, \ldots, \zeta_d$. Pour tout $p \in \mathbb{K}[x]$, les valeurs propres du transposé de l'endomorphisme de multiplication par p dans $\mathbb{K}[x]/(f)$ sont $p(\zeta_1), \ldots, p(\zeta_d)$ et elles sont associées respectivement aux vecteurs propres $\mathbf{1}_{\zeta_1}, \ldots, \mathbf{1}_{\zeta_d}$.*

Nous avons ainsi une description complète des opérateurs de multiplication de $\mathcal{A}$ et de leurs transposés. Nous allons voir dans les sections suivantes que cette description se généralise au cas multivariable et avec multiplicité.

4.2. Idéaux 0-dimensionnels de $\mathbb{K}[\mathbf{x}]$

Rappelons qu'un idéal I de $\mathbb{K}[\mathbf{x}]$ définit une variété algébrique affine $\mathcal{Z}(I) = \{a \in \overline{\mathbb{K}}^n : f(a) = 0, \forall f \in I\}$ de dimension 0, si cette variété est un ensemble fini et non vide. Par abus de langage, nous dirons que l'idéal I est de dimension 0 ou 0-*dimensionnel*.

Théorème 4.3. *Les conditions suivantes sont équivalentes pour un idéal propre I (i.e. $I \neq \mathbb{K}[\mathbf{x}]$) :*

i) L'idéal I est 0-dimensionnel.

ii) Pour tout $i \in \{1, \ldots, n\}$, $\mathbb{K}[x_i] \cap I \neq \{0\}$.

iii) La dimension du $\mathbb{K}$-espace vectoriel $\mathcal{A} = \mathbb{K}[\mathbf{x}]/I$ est finie.

Démonstration. i) $\Rightarrow$ ii) Fixons $i \in \{1, \ldots, n\}$ et notons $\xi_1, \ldots, \xi_m$ les $i^{\text{èmes}}$ coordonnées des points de $\mathcal{Z}(I)$. Pour tout $j \in \{1, \ldots, m\}$, il existe $g_j \in \mathbb{K}[x_i]$ non nul tel que $g_j(\xi_j) = 0$. Le polynôme $g = g_1 \ldots g_m \in \mathbb{K}[x_i]$ est non nul et s'annule sur $\mathcal{Z}(I)$. D'après le théorème des zéros de Hilbert, il existe $N \in \mathbb{N}$ tel que $g^N \in I \cap \mathbb{K}[x_i]$.

ii) $\Rightarrow$ iii) Pour chaque $i \in \{1, \ldots, n\}$, soit $p_i \in I \cap \mathbb{K}[x_i] \setminus \{0\}$. Il est facile de vérifier que l'espace vectoriel $\mathcal{A}$ est engendré par les monômes $x_1^{\alpha_1} \ldots x_n^{\alpha_n}$, avec $0 \leq \alpha_i < \deg p_i$. Ainsi, la dimension de $\mathcal{A}$ est finie.

iii) $\Rightarrow$ i) Posons $D = \dim_{\mathbb{K}} \mathcal{A}$. Pour tout $i \in \{1, \ldots, n\}$, $\{1, x_i, \ldots, x_i^D\}$ est une famille liée de $\mathcal{A}$. Il existe alors des scalaires $c_0, \ldots, c_D$ non tous nuls tels que $q_i(x_i) = c_0 + c_1 x_i + \cdots + c_D x_i^D \in I$. Pour chaque $i \in \{1, \ldots, n\}$, les $i^{\text{èmes}}$ coordonnées des points de $\mathcal{Z}(I)$ sont solutions de $q_i(x_i)$, donc leur nombre est fini. Par conséquent, la variété $\mathcal{Z}(I)$ est un ensemble fini. $\qquad\square$

Remarque 4.4. D'après la proposition 2.24, l'espave vectoriel $\mathcal{A} = \mathbb{K}[\mathbf{x}]/I$ admet une base monomiale (i.e. constituée de classes modulo I de monômes de $\mathbb{K}[\mathbf{x}]$).

Dorénavant, dans ce chapitre, I désignera un idéal 0-dimensionnel de $\mathbb{K}[\mathbf{x}]$, $\mathcal{A}$ le $\mathbb{K}$-espace vectoriel $\mathbb{K}[\mathbf{x}]/I$, D sa dimension, $(\mathbf{x}^\alpha)_{\alpha \in E}$ (où E est un sous-ensemble de $\mathbb{N}^n$ de cardinal D) une base monomiale de $\mathcal{A}$, $\mathcal{Z}(I)$ la variété algébrique $\{\zeta_1, \ldots, \zeta_d\}$ définie par I. Pour chaque $i \in \{1, \ldots, d\}, \zeta_i = (\zeta_{i,1}, \ldots, \zeta_{i,n}) \in \overline{\mathbb{K}}^n$.

Les monômes de $\mathbb{K}[\mathbf{x}] = \mathbb{K}[x_1, \ldots, x_n]$ sont en bijection avec les éléments de $\mathbb{N}^n$. Chaque $\mathbf{x}^\alpha$ est associé au multi-indice α. Pour $n = 2$, la figure suivante représente un exemple de base $(\mathbf{x}^\alpha)_{\alpha \in E}$. Les monômes situés au dessus des points noirs se réduisent, modulo l'idéal I, à des combinaisons linéaires des $\mathbf{x}^\alpha, \alpha \in E$.

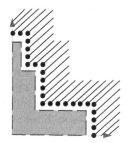

FIGURE 4.1. Base monomiale d'une algèbre quotient.

Exemple 4.5. *Soient $f_1(x_1, x_2) = 13x_1^2 + 8x_1x_2 + 4x_2^2 - 8x_1 - 8x_2 + 2$ et $f_2(x_1, x_2) = x_1^2 + x_1x_2 - x_1 - 1/6$. L'idéal $I = (f_1, f_2)$ est 0-dimensionnel car il est facile de vérifier que l'espace vectoriel $\mathcal{A} = \mathbb{K}[x_1, x_2]/I$ est de dimension 4 et de base $(1, x_1, x_2, x_1x_2)$.*

Nous pouvons vérifier algorithmiquement si un idéal est 0-dimensionnel.

Proposition 4.6. *Soit G une base de Gröbner d'un idéal I pour un ordre monomial quelconque. L'idéal I est 0-dimensionnel si, et seulement si, pour tout $i \in \{1, \ldots, n\}$, il existe $(g_i, m_i) \in G \times \mathbb{N}^*$ tel que $\mathbf{m}(g_i) = x_i^{m_i}$.*

Démonstration. D'après le *iii*) du théorème 4.3 et la proposition 2.24, I est 0-dimensionnel si, et seulement si, $\mathbf{m}(G) = \{\mathbf{m}(g) : g \in G\}$ contient une puissance de chaque variable. $\qquad \square$

Le résultat précédent est plus précis pour l'ordre lexicographique.

Corollaire 4.7. *Soit I un idéal 0-dimensionnel. Si G est une base de Gröbner de I pour l'ordre lexicographique $x_1 < \cdots < x_n$, alors il existe des polynômes $g_1, \ldots, g_t$ dans G tels que $g_1 \in \mathbb{K}[x_1], g_2 \in \mathbb{K}[x_1, x_2]$ et $\mathrm{m}(g_2)$ soit une puissance de $x_2, \ldots, g_n \in \mathbb{K}[x_1, \ldots, x_n]$ et $\mathrm{m}(g_n)$ soit une puissance de x_n.*

Démonstration. D'après la proposition 4.6, pour tout $i \in \{1, \ldots, n\}$, il existe $(g_i, m_i) \in G \times \mathbb{N}^*$ tel que $\mathrm{m}(g_i) = x_i^{m_i}$. Comme l'ordre choisi est l'ordre lexicographique $x_1 < \cdots < x_n$, $g_i \in \mathbb{K}[x_1, \ldots, x_i]$. $\qquad\square$

Remarque 4.8. Ce corollaire ramène (en théorie) la résolution d'un système d'équations polynomiales ayant un nombre fini de solutions à celle d'un système triangulaire, c'est-à-dire dont certaines équations ne dépendent que de la vari able x_1, d'autres que des variables x_1, x_2, ... La résolution d'un tel système se fait en résolvant des polynômes d'une variable. Cette approche présente au moins deux inconvénients. Premièrement, le calcul de bases de Gröbner lexi cographiques est, en général, coûteux (voir exercice 4.1) et donc peu utilisé en pratique. Pour remédier à ceci dans le cas 0-dimensionnel, on calcul une base de Gröbner pour un ordre moins coûteux et on utilise un procédé de conver sion pour avoir une base de Gröbner lexicographique (consulter [**FGLM93**] pour plus de détails). Deuxièmement, la résolution d'un système triangulaire se fait de la manière suivante : on commence par résoudre numériquement $g_1(x_1) = 0$, puis on remplace dans $g_2(x_1, x_2)$ la variable x_1 par les zéros approchés de $g_1(x_1)$ pour obtenir un polynôme d'une variable $\tilde{g}_2(x_2)$ que l'on résout numériquement. Et ainsi de suite. L'accumulation des erreurs dans ce procédé peut fausser complétement le résultat (voir exercice 4.2). Nous ver rons, dans les prochaines sections, comment on peut transformer le problème de la résolution polynomiale de manière plus économique, en un problème d'algèbre linéaire : à savoir le calcul de *valeurs et vecteurs propres*.

4.3. Dual de l'algèbre $\mathcal{A}$

Un ingrédient important de l'approche matricielle, qui sera développée dans les sections suivantes, pour la résolution algébrique est la dualité au sens clas sique. Supposons que le corps $\mathbb{K}$ est algébriquement clos, et rappelons que l'espace vectoriel $\mathcal{A}$ est de dimension finie D et de base $(\mathbf{x}^\alpha)_{\alpha \in E}$. L'espace vectoriel des formes linéaires sur $\mathbb{K}[\mathbf{x}]$ (resp. $\mathcal{A}$) est noté $\widehat{\mathbb{K}[\mathbf{x}]}$ (resp. $\widehat{\mathcal{A}}$). La base de $\widehat{\mathcal{A}}$ duale de la base $(\mathbf{x}^\alpha)_{\alpha \in E}$ de $\mathcal{A}$ est désignée par $(\delta^\alpha)_{\alpha \in E}$. Toute forme linéaire Λ sur $\mathcal{A}$ s'écrit donc sous la forme

$$\Lambda = \sum_{\alpha \in E} \Lambda(\mathbf{x}^\alpha)\, \mathbf{d}^\alpha.$$

Le dual $\widehat{\mathcal{A}}$ s'identifie (naturellement) à l'ensemble des éléments de $\widehat{\mathbb{K}[\mathbf{x}]}$ qui s'annulent sur l'idéal I. Pour cela, $\widehat{\mathcal{A}}$ est parfois noté $I^{\perp}$.

Si $p \in \mathbb{K}[\mathbf{x}]$ et $\alpha \in E$, $\mathbf{d}^{\alpha}(p)$ est le coefficient du monôme $\mathbf{x}^{\alpha}$ de la base de $\mathcal{A}$ dans p. Dans le cas où cette base est obtenue à partir d'une base de Gröbner G de I, $\mathbf{d}^{\alpha}(p)$ est le coefficient de $\mathbf{x}^{\alpha}$ dans le reste de la division de p par G.

L'espace vectoriel $\widehat{\mathcal{A}}$ peut être muni d'une structure de $\mathcal{A}$-module de la façon suivante : si $(a, \Lambda) \in \mathcal{A} \times \widehat{\mathcal{A}}$,

$$a \cdot \Lambda : \mathcal{A} \;\to\; \mathbb{K}$$
$$b \;\mapsto\; (a \cdot \Lambda)(b) = \Lambda \circ M_a(b) = \Lambda(ab).$$

Pour $\zeta \in \mathbb{K}^n$, la forme linéaire

$$\mathbf{1}_{\zeta} : \mathbb{K}[\mathbf{x}] \;\to\; \mathbb{K}$$
$$a \;\mapsto\; a(\zeta)$$

est appelée *l'évaluation en* ζ. Si $\zeta = (\zeta_1, \ldots, \zeta_n) \in \mathcal{Z}(I)$, $\mathbf{1}_{\zeta}$ s'annule sur I et définit donc un élément de $\widehat{\mathcal{A}} = I^{\perp}$. Il s'écrit dans la base $(\mathbf{d}^{\alpha})_{\alpha \in E}$ sous la forme

$$\mathbf{1}_{\zeta} = \sum_{\alpha = (\alpha_1, \ldots, \alpha_n) \in E} \zeta_1^{\alpha_1} \cdots \zeta_n^{\alpha_n} \, \mathbf{d}^{\alpha}. \tag{4.1}$$

Nous accorderons un intérêt particulier à ces évaluations.

4.4. Décomposition de l'algèbre $\mathcal{A}$

Comme I est 0-dimensionnel, d'après l'exercice 4.4, la décomposition primaire minimale de $I = Q_1 \cap \ldots \cap Q_d$, où Q_i est $\mathfrak{m}_{\zeta_i}$-primaire (i.e. Q_i est un idéal primaire et $\sqrt{Q_i} = \mathfrak{m}_{\zeta_i} = (x_1 - \zeta_{i,1}, \ldots, x_n - \zeta_{i,n})$). Désignons par $\mathcal{A}_i$ le *transporteur* de l'idéal Q_i/I dans l'idéal nul $\mathbf{0}$ de $\mathcal{A}$ (i.e. $\mathcal{A}_i = (\mathbf{0} : Q_i/I) = \{a \in \mathcal{A} : qa \equiv 0, \, \forall q \in Q_i/I\}$). Les idéaux $\mathcal{A}_i$ sont des sous-algèbres de l'algèbre $\mathcal{A}$.

Théorème 4.9. *L'algèbre $\mathcal{A}$ est une somme directe des sous-algèbres $\mathcal{A}_1, \ldots, \mathcal{A}_d$ (i.e. $\mathcal{A} = \mathcal{A}_1 \oplus \mathcal{A}_2 \oplus \cdots \oplus \mathcal{A}_d$).*

Nous avons besoin du lemme suivant pour démontrer ce théorème.

Lemme 4.10. *Si J_1, J_2, J sont des idéaux d'un anneau commutatif et unitaire A, alors*
  i) $(J : J_1) \cap (J : J_2) = (J : J_1 + J_2)$.
  ii) Si de plus J_1 et J_2 sont deux idéaux étrangers (i.e. $J_1 + J_2 = A$), alors $(J : J_1) + (J : J_2) = (J : J_1 \cap J_2)$.

Démonstration. *i)* Cette égalité est évidente.
ii) Soit $(p_1, p_2) \in J_1 \times J_2$ tel que $1 = p_1 + p_2$. Pour tout $a \in (J : J_1 \cap J_2)$, $a\,p_1 \in (J : J_2)$, $a\,p_2 \in (J : J_1)$. Ainsi, $a = ap_1 + ap_2 \in (J : J_1) + (J : J_2)$, et

$(J : J_1 \cap J_2) \subset (J : J_1) + (J : J_2)$. L'inclusion inverse est immédiate. □

Démonstration. (preuve du théorème 4.9) Si $d = 1, I = Q_1$ est primaire et $\mathcal{A} = \mathcal{A}_1$. Supposons que $d \geq 2$. Pour tout $i \in \{1, \ldots, d\}$ et $L \subset \{1, \ldots, d\} \setminus \{i\}$, $Q_i + \cap_{j \in L} Q_j = \mathbb{K}[\mathbf{x}]$. D'après le lemme 4.10,

$$\mathcal{A}_1 + \cdots + \mathcal{A}_d = (\mathbf{0} : Q_1/I) + \cdots + (\mathbf{0} : Q_d/I) = (\mathbf{0} : Q_1 \cap \ldots \cap Q_d/I) = \mathcal{A}.$$

Pour montrer que la somme est directe, soit $i \in \{1, \ldots, d-1\}$,

$$\begin{aligned}
(\mathcal{A}_1 + \cdots + \mathcal{A}_i) \cap \mathcal{A}_{i+1} &= ((\mathbf{0} : Q_1/I) + \cdots + (\mathbf{0} : Q_i/I)) \cap (\mathbf{0} : Q_{i+1}/I) \\
&= (\mathbf{0} : ((Q_1 \cap \ldots \cap Q_i) + Q_{i+1})/I) = (\mathbf{0} : \mathcal{A}) = \mathbf{0}.
\end{aligned}$$

□

Remarque 4.11. Dans le cas d'une variable, $I = (f) = (\prod_{i=1}^{d}(x - \zeta_i)^{\mu_i})$, le théorème 4.9 est une conséquence du théorème des restes chinois :

$$\mathcal{A} = \bigoplus_{i=1}^{d} \mathbb{K}[x]/((x - \zeta_i)^{\mu_i}).$$

Définition 4.12. *La* multiplicité *de la racine* $\zeta_i \in \mathcal{Z}(I)$ *est la dimension du sous-espace vectoriel* $\mathcal{A}_i$ *de* $\mathcal{A}$. *Elle est notée* $\mu_{\zeta_i}(ou\ \mu_i)$. *La racine* ζ_i *est dite* simple *si* $\mu_i = 1$, *et* multiple *si* $\mu_i > 1$.

Théorème 4.13. *La dimension de* $\mathcal{A}$ *est le nombre de racines (chaque racine est comptée autant de fois que sa multiplicité) de* I.

Démonstration. D'après le théorème 4.9, $\dim_{\mathbb{K}} \mathcal{A} = \sum_{i=1}^{d} \mu_i$. □

Remarque 4.14. Le nombre d de racines distinctes de I est inférieur à la dimension D de $\mathcal{A}$. Si toutes ces racines sont simples, $d = D$. Ceci est le cas si, et seulement si, l'idéal I est radical (voir l'exercice 4.7).

4.5. Idempotents de l'algèbre $\mathcal{A}$

D'après le théorème 4.9, il existe un unique $(\mathbf{e}_1, \ldots, \mathbf{e}_d) \in \mathcal{A}_1 \times \cdots \times \mathcal{A}_d$ tel que $1 \equiv \mathbf{e}_1 + \cdots + \mathbf{e}_d$ dans $\mathcal{A}$. Nous avons

$$\mathbf{e}_1 + \cdots + \mathbf{e}_d \equiv 1 \equiv 1^2 \equiv \mathbf{e}_1^2 + \cdots + \mathbf{e}_d^2 + 2 \sum_{1 \leq i < j \leq d} \mathbf{e}_i \mathbf{e}_j.$$

Comme les $\mathcal{A}_i$ sont des sous-algèbres de $\mathcal{A}$ et $\mathcal{A}_i \cap \mathcal{A}_j = \mathbf{0}$ pour $i \neq j$, nous déduisons que $\mathbf{e}_i^2 \equiv \mathbf{e}_i$ et $\mathbf{e}_i \mathbf{e}_j \equiv 0$ pour $i \neq j$. Les $\mathbf{e}_i$ sont donc des *idempotents orthogonaux*.

Proposition 4.15. *La sous-algèbre* $\mathcal{A}_i$ *de* $\mathcal{A}$ *coïncide avec* $\mathcal{A}\mathbf{e}_i$, *et* $\mathbf{e}_i$ *est son élément neutre.*

Démonstration. Soit $a \in \mathcal{A}_i$. Puisque $\mathcal{A}_i \cap \mathcal{A}_j = \mathbf{0}$ si $i \neq j$, $a \equiv a\,\mathbf{e}_1 + \cdots + a\,\mathbf{e}_d \equiv a\,\mathbf{e}_i$. Réciproquement, si $a \in \mathcal{A}$, $a\,\mathbf{e}_i \in \mathcal{A}_i$ (car $\mathcal{A}_i$ est un idéal de $\mathcal{A}$). $\qquad\square$

Si $\zeta_j \in \mathcal{Z}(I)$, $\mathbf{e}_i(\zeta_j)$ est défini sans ambiguïté, en posant $\mathbf{e}_i(\zeta_j) = e_i(\zeta_j)$, où e_i est un représentant dans $\mathbb{K}[\mathbf{x}]$ de $\mathbf{e}_i \in \mathcal{A}$.

Proposition 4.16. *Les idempotents* $\mathbf{e}_1, \ldots, \mathbf{e}_d$ *de* $\mathcal{A}$ *vérifient*

$$\mathbf{e}_i(\zeta_j) = \left\{ \begin{array}{ll} 1 & \text{si } i = j \\ 0 & \text{si } i \neq j. \end{array} \right.$$

Démonstration. Soit $i \in \{1, \ldots, d\}$. Si $d = 1, \mathbf{e}_1 = 1$ et $\mathbf{e}_1(\zeta_1) = 1$. Supposons que $d \geq 2$. Pour chaque $j \neq i$, il existe $q \in Q_i$ tel que $q(\zeta_j) \neq 0$ (car $\mathcal{Z}(Q_i) = \{\zeta_i\} \neq \{\zeta_j\} = \mathcal{Z}(Q_j)$). Comme $\mathbf{e}_i \in \mathcal{A}_i = (\mathbf{0} : Q_i/I)$, $q\,\mathbf{e}_i \equiv 0$, et $\mathbf{e}_i(\zeta_j) = 0$. Ainsi, $1 = \mathbf{e}_1(\zeta_i) + \cdots + \mathbf{e}_d(\zeta_i) = \mathbf{e}_i(\zeta_i)$. $\qquad\square$

Remarque 4.17. Si les points de $\mathcal{Z}(I)$ sont simples, alors pour tout $f \in \mathbb{K}[\mathbf{x}]$,

$$f \equiv \sum_{i=1}^{d} f(\zeta_i)\,\mathbf{e}_i \equiv \sum_{i=1}^{d} \mathbf{1}_{\zeta_i}(f)\,\mathbf{e}_i.$$

Les idempotents $\mathbf{e}_i$ jouent donc un rôle dual des évaluations $\mathbf{1}_{\zeta_i}$, c'est-à-dire celui d'une base pour les polynômes d'interpolations aux racines $\zeta_1, \ldots, \zeta_d$ de l'idéal I.

Nous avons vu, dans la section 4.1, que dans le cas d'une variable et si toutes les racines de I sont simples, les idempotents sont les polynômes d'interpolation de Lagrange.

4.6. Description des sous-algèbres $\mathcal{A}_i$ de $\mathcal{A}$

Considérons l'application linéaire surjective

$$\begin{array}{rcl} M_{\mathbf{e}_i} : \mathcal{A} & \to & \mathcal{A}_i \\ a & \mapsto & a\,\mathbf{e}_i. \end{array}$$

Son noyau permet de calculer la composante $\mathfrak{m}_{\zeta_i}$-primaire Q_i de l'idéal I.

Proposition 4.18. *Le noyau de* $M_{\mathbf{e}_i}$ *est* $\ker(M_{\mathbf{e}_i}) = Q_i/I$.

Démonstration. L'application $M_{\mathbf{e}_i}$ est la projection de $\mathcal{A} = \mathcal{A}_1 \oplus \cdots \oplus \mathcal{A}_d$ sur $\mathcal{A}_i$, donc

$$\ker(M_{\mathbf{e}_i}) = \oplus_{j \neq i} \mathcal{A}_j = (I : \cap_{j \neq i} Q_j)/I = Q_i/I.$$

$\qquad\square$

Il en résulte que $\mathcal{A}_i$ s'identifie à $\mathcal{A}/\ker(M_{\mathbf{e}_i}) = \mathbb{K}[\mathbf{x}]/Q_i$.

Corollaire 4.19. *L'application linéaire*

$$\phi_i : \mathbb{K}[\mathbf{x}]/Q_i \quad \to \quad \mathcal{A}_i$$
$$a \quad \mapsto \quad a\,\mathbf{e}_i$$

est un isomorphisme d'algèbres.

Nous déduisons de la proposition 4.18, l'algorithme suivant pour construire la composante primaire Q_i de I associée à la racine ζ_i.

Algorithme 4.20. Composantes primaires d'un idéal 0-dimensionnel.

ENTRÉE : Une base de $\mathcal{A}$ $=$ $\mathbb{K}[\mathbf{x}]/I$ et les tables de multiplications.

1. Trouver les idempotents $\mathbf{e}_1, \ldots, \mathbf{e}_d$.
2. Pour chaque $i \in \{1, \ldots, d\}$, déterminer

   i) La matrice de l'application linéaire $M_{\mathbf{e}_i}$.

   ii) Une base $(p_{i,1}, \ldots, p_{i,D-\mu_i})$ de $\ker(M_{\mathbf{e}_i})$.

SORTIE : L'idéal $I + (p_{i,1}, \ldots, p_{i,D-\mu_i})$ est la composante primaire Q_i de I.

Cet algorithme s'appuie sur la connaissance des idempotents. Nous allons voir par la suite comment les obtenir.

Proposition 4.21. $\mathcal{A}_i$ *est un anneau local d'idéal maximal* $(\mathfrak{m}_{\zeta_i}/I)\mathbf{e}_i$.

Démonstration. D'après le corollaire 4.19, il suffit de vérifier que $\mathbb{K}[\mathbf{x}]/Q_i$ est un anneau local d'idéal maximal $\mathfrak{m}_{\zeta_i}/Q_i$. Soit $\mathfrak{m}/Q_i$ un idéal maximal de $\mathbb{K}[\mathbf{x}]/Q_i$. Comme $Q_i \subset \mathfrak{m}$ et $\mathfrak{m}$ est maximal, $\sqrt{Q_i} = \mathfrak{m}_{\zeta_i} \subset \mathfrak{m}$, et donc $\mathfrak{m}_{\zeta_i} = \mathfrak{m}$. $\qquad\square$

Corollaire 4.22. *Si* $a \in \mathcal{A}$, *alors* $(a - a(\zeta_i))\mathbf{e}_i$ *est nilpotent.*

Démonstration. Puisque $a - a(\zeta_i) \in \mathfrak{m}_{\zeta_i}/I$, il existe alors un entier N tel que $(a - a(\zeta_i))^N \equiv 0$ dans $\mathbb{K}[\mathbf{x}]/Q_i$. D'après le corollaire 4.19,

$$\phi_i\big((a - a(\zeta_i))^N\big) \equiv (a - a(\zeta_i))^N \mathbf{e}_i \equiv \big((a - a(\zeta_i))\mathbf{e}_i\big)^N \equiv 0.$$

$\square$

4.7. Opérateurs de multiplication de $\mathcal{A}$

Soit $a \in \mathcal{A}$. Intéressons-nous à l'opérateur de multiplication par a dans $\mathcal{A}$

$$M_a : \mathcal{A} \rightarrow \mathcal{A}$$
$$b \mapsto M_a(b) = a\,b.$$

$\mathtt{M}_a$ désigne sa matrice dans la base $(\mathbf{x}^\alpha)_{\alpha \in E}$. L'endomorphisme transposé de M_a est

$$\widehat{M}_a : \widehat{\mathcal{A}} \rightarrow \widehat{\mathcal{A}}$$
$$\Lambda \mapsto \widehat{M}_a(\Lambda) = a \cdot \Lambda = \Lambda \circ M_a.$$

La matrice de $\widehat{M}_a$ dans la base $(\mathbf{d}^\alpha)_{\alpha \in E}$ est la transposée de $\mathtt{M}_a$. Les opérateurs M_a et $\widehat{M}_a$ ont donc les mêmes valeurs propres.

La résolution des systèmes polynomiaux par des méthodes matricielles est basée sur le résultat suivant :

Théorème 4.23. *Soit $\mathcal{Z}(I) = \{\zeta_1, \ldots, \zeta_d\}$ la variété définie par l'idéal I.*

i) Si $a \in \mathbb{K}[\mathbf{x}]$, alors les valeurs propres de M_a (et $\widehat{M}_a$) sont $a(\zeta_1), \ldots, a(\zeta_d)$. En particulier, celles de $M_{x_i}, i = 1, \ldots, n$, sont les $i^{\text{èmes}}$ coordonnées des racines $\zeta_1, \ldots, \zeta_d$.

ii) Si $a \in \mathbb{K}[\mathbf{x}]$, alors les évaluations $\mathbf{1}_{\zeta_1}, \ldots, \mathbf{1}_{\zeta_d}$ sont des vecteurs propres de $\widehat{M}_a$ associés respectivement aux valeurs propres $a(\zeta_1), \ldots, a(\zeta_d)$. De plus, ils sont les seuls (à des scalaires près) vecteurs propres communs à tous les endomorphismes $\widehat{M}_a$, $a \in \mathbb{K}[\mathbf{x}]$.

Démonstration. i) Soit $i \in \{1, \ldots, d\}$. Pour tout $b \in \mathcal{A}$,

$$\left(\widehat{M}_a(\mathbf{1}_{\zeta_i})\right)(b) = \mathbf{1}_{\zeta_i}(a\,b) = \left(a(\zeta_i)\,\mathbf{1}_{\zeta_i}\right)(b).$$

Ceci montre que $a(\zeta_1), \ldots, a(\zeta_d)$ sont des valeurs propres de M_a et $\widehat{M}_a$, les $\mathbf{1}_{\zeta_i}$ sont des vecteurs propres de $\widehat{M}_a$ associés aux valeurs propres $a(\zeta_i)$, et qu'ils sont communs à tous les endomorphismes $\widehat{M}_a$.

Montrons que réciproquement toute valeur propre de M_a est de la forme $a(\zeta_i)$. Pour cela, définissons

$$p(\mathbf{x}) = \prod_{\zeta \in \mathcal{Z}(I)} \left(a(\mathbf{x}) - a(\zeta)\right) \in \mathbb{K}[\mathbf{x}].$$

Ce polynôme s'annule sur $\mathcal{Z}(I)$. D'après le théorème des zéros de Hilbert, il existe $m \in \mathbb{N}$ tel que $p^m \in I$. Si $\mathbb{I}$ désigne l'identité de $\mathcal{A}$, l'opérateur

$$p^m(M_a) = \prod_{\zeta \in \mathcal{Z}(I)} \left(M_a - a(\zeta)\,\mathbb{I}\right)^m$$

est nul, et le polynôme minimal de M_a divise $\prod_{\zeta \in \mathcal{Z}(I)} (T - a(\zeta))^m$. Par suite, les valeurs propres de M_a sont de la forme $a(\zeta)$, $\zeta \in \mathcal{Z}(I)$.

$ii)$ Soit $\Lambda \in \widehat{\mathcal{A}}$ un vecteur propre commun à toutes les applications linéaires $\widehat{M_a}$, $a \in \mathbb{K}[\mathbf{x}]$. Si $\gamma = (\gamma_1, \ldots, \gamma_n) \in \mathbb{K}^n$ vérifie $\widehat{M_{x_i}}(\Lambda) = \gamma_i \Lambda$, pour $i = 1, \ldots, n$, alors tout monôme $\mathbf{x}^\alpha$ satisfait

$$(\widehat{M_{x_i}}(\Lambda))(\mathbf{x}^\alpha) = \Lambda(x_i \mathbf{x}^\alpha) = \gamma_i \Lambda(\mathbf{x}^\alpha).$$

Il s'en suit que pour tout $\alpha = (\alpha_1, \ldots, \alpha_n) \in \mathbb{N}^n$,

$$\Lambda(\mathbf{x}^\alpha) = \gamma_1^{\alpha_1} \ldots \gamma_n^{\alpha_n} \Lambda(1) = \Lambda(1) \mathbf{1}_\gamma(\mathbf{x}^\alpha),$$

c'est-à-dire $\Lambda = \Lambda(1) \mathbf{1}_\gamma$. Comme $\Lambda \in \widehat{\mathcal{A}} = I^\perp$, $\Lambda(p) = \Lambda(1)p(\gamma) = 0$ pour tout $p \in I$. Puisque $\Lambda(1) \neq 0$, $\gamma \in \mathcal{Z}(I)$ et $\mathbf{1}_\gamma \in \widehat{\mathcal{A}}$. □

Remarque 4.24. Si $a \in \mathbb{K}[\mathbf{x}]$, alors l'ensemble de tous les vecteurs propres de M_a est $\cup_{i=1}^d (I : a - a(\zeta_i))/I$.

Le théorème 4.23 et l'identité (4.1) permettent de calculer les racines de I (par un seul calcul) si la base choisie $(\mathbf{x}^\alpha)_{\alpha \in E}$ de $\mathcal{A}$ contient $1, x_1, \ldots, x_n$.

Algorithme 4.25. CALCUL DES RACINES D'UN IDÉAL RADICAL.

ENTRÉE : Une base $(\mathbf{x}^\alpha)_{\alpha \in E}$ de $\mathcal{A}$ qui contient $1, x_1, \ldots, x_n$ et les tables de multiplication. Soit a un élément de $\mathbb{K}[\mathbf{x}]$ qui sépare $\mathcal{Z}(I)$ (i.e. l'application $\zeta \in \mathcal{Z}(I) \mapsto a(\zeta) \in \mathbb{K}$ est injective).

1. Déterminer les vecteurs propres $\Lambda = (\Lambda_0, \Lambda_1, \ldots, \Lambda_n, \ldots)$ de $\widehat{M_a}$ dans la base $(\mathbf{d}^\alpha)_{\alpha \in E}$ de $\widehat{\mathcal{A}}$.

2. Pour tout vecteur propre Λ, calculer $\zeta = (\frac{\Lambda_1}{\Lambda_0}, \ldots, \frac{\Lambda_n}{\Lambda_0})$.

SORTIE : Les points ζ ainsi obtenus sont les zéros de I.

Remarque 4.26. Les vecteurs propres Λ dans cet algorithme peuvent se calculer par des méthodes numériques. Pour un aperçu de ces techniques, consulter [**GVL96**].

Si l'idéal I n'est pas radical, cet algorithme produit les zéros simples de I, mais les racines multiples nécessitent, comme nous allons le voir, une triangularisation simultanée de matrices de multiplication.

Exemple 4.27. *Calculons la matrice de multiplication par x_1 dans $\mathcal{A}$ de l'exemple 4.5,*

$$1 \times x_1 \equiv x_1,$$

$$x_1 \times x_1 \equiv -x_1 x_2 + x_1 + \frac{1}{6},$$

$$x_2 \times x_1 \equiv x_1 x_2,$$

$$x_1 x_2 \times x_1 \equiv -x_1 x_2 + \frac{55}{54} x_1 + \frac{2}{27} x_2 + \frac{5}{54}.$$

Les matrices de M_{x_1} et M_{x_2} dans la base $(1, x_1, x_2, x_1 x_2)$ sont

$$
M_{x_1} = \begin{pmatrix} 0 & \frac{1}{6} & 0 & \frac{5}{54} \\ 1 & 1 & 0 & \frac{55}{54} \\ 0 & 0 & 0 & \frac{2}{27} \\ 0 & -1 & 1 & -1 \end{pmatrix}, \quad M_{x_2} = \begin{pmatrix} 0 & 0 & -\frac{25}{24} & -\frac{5}{54} \\ 0 & 0 & -\frac{5}{4} & -\frac{55}{54} \\ 1 & 0 & 2 & \frac{5}{54} \\ 0 & 1 & \frac{5}{4} & 2 \end{pmatrix}.
$$

Les valeurs propres de l'endomorphisme $\widehat{M}_{x_1}$ sont $-\frac{1}{3}$ et $\frac{1}{3}$, leur multiplicité est 2, leurs sous-espaces propres respectifs sont les droites vectorielles engendrées par $\Lambda_1 = (1, -\frac{1}{3}, \frac{5}{6}, -\frac{5}{18})$, $\Lambda_2 = (1, \frac{1}{3}, \frac{7}{6}, \frac{7}{18})$.

D'après le théorème 4.23, il existe deux racines ζ_1, ζ_2 communes à f_1, f_2 telles que $x_1(\zeta_1) = \zeta_{1,1}$ (resp. $x_1(\zeta_2) = \zeta_{2,1}$) est une valeur propre associée au vecteur propre $\mathbf{1}_{\zeta_1}$ (resp. $\mathbf{1}_{\zeta_2}$). Donc $\mathbf{1}_{\zeta_1}$ et Λ_1 (resp. $\mathbf{1}_{\zeta_2}$ et Λ_2) sont liés. Comme la base de $\mathcal{A}$ est $(1, x_1, x_2, x_1 x_2)$, les solutions du système $f_1 = f_2 = 0$ sont $\zeta_1 = (-\frac{1}{3}, \frac{5}{6})$ et $\zeta_2 = (\frac{1}{3}, \frac{7}{6})$. Les quatrièmes coordonnées des vecteurs Λ_1 et Λ_2 (correspondent à $x_1 x_2$) sont bien le produit des deuxièmes et troisièmes coordonnées.

Remarque 4.28. Lorsque certains sous-espaces propres de $\widehat{M}_a$ sont de dimensions au moins 2, les évaluations $\mathbf{1}_{\zeta_i}$ sont des combinaisons linéaires des vecteurs propres de ces sous-espaces. Il est donc possible de paramétrer ces ζ_i sans pour autant les expliciter : si la dimension du sous-espace propre associé à une valeur propre $a(\zeta)$ est $m \geq 2$, et $(\Lambda_1, \ldots, \Lambda_m)$ est une base de celui-ci, d'après le théorème 4.23, il existe $(c_1, \ldots, c_m) \in \mathbb{K}^m$ tel que $\mathbf{1}_\zeta = c_1 \Lambda_1 + \cdots + c_m \Lambda_m$. Ainsi, $(\zeta^\alpha)_{\alpha \in E} = c_1 (\Lambda_{1,\alpha})_{\alpha \in E} + \cdots + c_m (\Lambda_{m,\alpha})_{\alpha \in E}$, où $(\Lambda_{i,\alpha})_{\alpha \in E}$ sont les coordonnées du vecteur propre Λ_i dans la base duale $(\mathbf{d}^\alpha)_{\alpha \in E}$ de la base $(\mathbf{x}^\alpha)_{\alpha \in E}$ de $\mathcal{A}$. Pour expliciter les zéros de I, nous utiliserons le fait que les matrices $M_{x_1}, \ldots, M_{x_n}$ commutent.

Proposition 4.29. *Il existe une base de $\mathcal{A}$ dans laquelle les matrices T_j des opérateurs M_{x_j} sont triangulaires. Et si $t_{i,i}^j$ désigne le $i^{ème}$ élément de la diagonale de T_j, alors $\mathcal{Z}(I) = \{t_i := (t_{i,i}^1, \ldots, t_{i,i}^n), i = 1, \ldots, D\}$.*

Démonstration. Puisque $M_{x_1}, \ldots, M_{x_n}$ commutent, ils se triangularisent dans une même base en $T_1, \ldots, T_n$. Pour tout $p \in I$, la matrice de multiplication par p dans $\mathcal{A}$ est $M_p = p(M_{x_1}, \ldots, M_{x_n}) = 0$. Donc $p(T_1, \ldots, T_n) = 0$, et le $i^{ème}$ élément $p(t_i)$ de la diagonale de la matrice $p(T_1, \ldots, T_n)$ est nul. Par suite $t_i \in \mathcal{Z}(I)$, pour $i = 1, \ldots, D$.

Montrons que réciproquement tout élément de $\mathcal{Z}(I)$ est un point t_i. Soit $l = \sum_{i=1}^n \lambda_i x_i$ une forme linéaire qui sépare $\mathcal{Z}(I)$. Les valeurs propres de M_l sont les termes diagonaux de la matrice $\sum_{j=1}^n \lambda_j T_j$, c'est-à-dire $l(t_i)$, $i = 1, \ldots, D$. Soit ζ un zéro de I. D'après le théorème 4.23, il existe $i_0 \in \{1, \ldots, D\}$ tel que $l(\zeta) = l(t_{i_0})$. Comme $t_{i_0} \in \mathcal{Z}(I)$ et l sépare $\mathcal{Z}(I)$, $\zeta = t_{i_0}$. □

La proposition 4.29 permet de résoudre les systèmes polynomiaux.

***Algorithme* 4.30.** CALCUL DES RACINES PAR TRIANGULATION SIMULTANÉE.

ENTRÉE : Les matrices M_{x_i} des opérateurs de multiplication par les variables x_i pour $i = 1, \ldots, n$ dans une base de $\mathcal{A}$.

1. Déterminer une décomposition de Schur de M_{x_1} (i.e. trouver une matrice unitaire P telle que $T_1 = P M_{x_1} P^{-1}$ soit triangulaire).

2. Calculer les matrices triangulaires $T_i = P M_{x_i} P^{-1}$, $i = 2, \ldots, n$.

SORTIE : Si $t_{i,i}^j$ désigne le $i^{ème}$ élément de la diagonale de T_j, alors

$$\mathcal{Z}(I) = \{(t_{i,i}^1, \ldots, t_{i,i}^n), i = 1, \ldots, D\}.$$

4.8. Décomposition des opérateurs de multiplication de $\mathcal{A}$

Comme les sous-algèbres $\mathcal{A}_i$ de $\mathcal{A}$ sont stables par multiplication par les éléments de $\mathcal{A}$, et $\mathcal{A}_i \mathcal{A}_j \equiv 0$ si $i \neq j$, les matrices des opérateurs M_a, $a \in \mathcal{A}$, se décomposent en blocs dans une base de $\mathcal{A}$ adaptée à la décomposition $\mathcal{A} = \mathcal{A}_1 \oplus \cdots \oplus \mathcal{A}_d$.

***Théorème* 4.31.** *Il existe une base de $\mathcal{A}$ dans laquelle tout endomorphisme M_a se décompose sous la forme*

$$\begin{pmatrix} N_a^1 & & 0 \\ & \ddots & \\ 0 & & N_a^d \end{pmatrix}, \text{ avec } N_a^i = \begin{pmatrix} a(\zeta_i) & \cdots & \star \\ & \ddots & \vdots \\ 0 & & a(\zeta_i) \end{pmatrix}, i = 1, \ldots, d.$$

Le bloc N_a^i correspond à la sous-algèbre $\mathcal{A}_i$.

Démonstration. Pour chaque $i \in \{1, \ldots, d\}$, les opérateurs de multiplication dans $\mathcal{A}_i$ par les éléments de $\mathcal{A}$ commutent. Donc il est possible de choisir une base de $\mathcal{A}_i$ pour que les matrices de multiplication $\mathtt{N}_a^i$ par $a \in \mathcal{A}$, dans $\mathcal{A}_i$, dans cette base soient triangulaires supérieures. D'après le corollaire 4.19 et le théorème 4.23, la seule valeur propre de $\mathtt{N}_a^i$ est $a(\zeta_i)$. $\square$

Nous déduisons le résultat suivant :

Corollaire 4.32. *Si μ_ζ est la multiplicité de la racine $\zeta \in \mathcal{Z}(I)$, alors pour tout $a \in \mathcal{A}$, nous avons*
  i) la trace de l'endomorphisme M_a est $\mathrm{tr}(M_a) = \sum_{\zeta \in \mathcal{Z}(I)} \mu_\zeta a(\zeta)$,
  ii) le déterminant de l'endomorphisme M_a est $\det(M_a) = \prod_{\zeta \in \mathcal{Z}(I)} a(\zeta)^{\mu_\zeta}$.

Remarque 4.33. Sur la diagonale de $\mathtt{N}_a^i$ du théorème 4.31, $a(\zeta_i)$ apparaît autant de fois que la multiplicité de ζ_i. Cependant si $a(\zeta_i) = a(\zeta_j)$ pour $i \neq j$, la multiplicité de la valeur propre $a(\zeta_i)$ de la multiplication par a dans $\mathcal{A}$ est plus grande que μ_{ζ_i}.

4.9. Forme de Chow de l'idéal I

Le théorème de structure 4.31 permet de définir la *forme de Chow* de I.

Définition 4.34. *La* forme de Chow *de l'idéal I est le polynôme homogène de $\mathbb{K}[\mathbf{u}] = \mathbb{K}[u_0, \ldots, u_n]$ défini par*

$$\mathcal{C}_I(\mathbf{u}) = \mathcal{C}_I(u_0, \ldots, u_n) = \prod_{\zeta \in \mathcal{Z}(I)} (u_0 + \zeta_1 u_1 + \cdots + \zeta_n u_n)^{\mu_\zeta} ,$$

μ_ζ désigne la multiplicité de $\zeta = (\zeta_1, \ldots, \zeta_n)$.

Proposition 4.35. *La forme de Chow de I est le déterminant de la matrice $u_0 \mathbb{I} + u_1 M_{x_1} + \cdots + u_n M_{x_n}$, où $\mathbb{I}$ désigne la matrice identité et M_{x_i} la matrice de multiplication par x_i dans $\mathcal{A}$ (dans une base quelconque de $\mathcal{A}$).*

Démonstration. D'après le théorème 4.31, pour tout $(u_0, \ldots, u_n) \in \mathbb{K}^{n+1}$,

$$
\begin{aligned}
\det(u_0 \mathbb{I} + u_1 M_{x_1} + \cdots + u_n M_{x_n}) &= \det(M_{u_0 + u_1 x_1 + \cdots + u_n x_n}) \\
&= \prod_{\zeta \in \mathcal{Z}(I)} (u_0 + \zeta_1 u_1 + \cdots + \zeta_n u_n)^{\mu_\zeta}.
\end{aligned}
$$

$\square$

Remarque 4.36. Il est donc possible de déterminer la forme de Chow en calculant les matrices des opérateurs $M_{x_1}, \ldots, M_{x_n}$, à l'aide par exemple d'une base de Gröbner de I. Et si nous utilisons un algorithme de factorisation pour décomposer le polynôme $\det(u_0 \mathbb{I} + u_1 M_{x_1} + \cdots + u_n M_{x_n}) \in \mathbb{K}[\mathbf{u}]$ en facteurs linéaires (voir [**CM93, CG05**]), les coefficients de ces facteurs permettent de déterminer les racines de I.

La partie sans facteur carré de $\mathcal{C}_I(\mathbf{u})$ est

$$\tilde{\mathcal{C}}_I(\mathbf{u}) = \frac{\mathcal{C}_I(\mathbf{u})}{\mathrm{pgcd}\left(\mathcal{C}_I(\mathbf{u}), \frac{\partial \mathcal{C}_I}{\partial u_0}(\mathbf{u})\right)} = \prod_{\zeta \in \mathcal{Z}(I)} (u_0 + \zeta_1 u_1 + \cdots + \zeta_n u_n) \in \mathbb{K}[\mathbf{u}].$$

Elle est appelée *la forme de Chow réduite* de I.

4.10. Représentation univariée rationnelle

La représentation univariée rationnelle est la description des solutions d'un système polynomial multivariable et 0-dimensionnel $f_1 = \cdots = f_m = 0$ à l'aide des zéros d'un polynôme en une variable et d'une application rationnelle. Nous utiliserons, pour cela, la forme de Chow de $I = (f_1, \ldots, f_m)$.

Théorème 4.37. *Soit $\Delta(\mathbf{u})$ un multiple de la forme de Chow réduite $\tilde{\mathcal{C}}_I(\mathbf{u})$. Pour $t = (t_1, \ldots, t_n) \in \mathbb{K}^n$ générique, nous écrivons*

$$\frac{\Delta}{\mathrm{pgcd}(\Delta, \frac{\partial \Delta}{\partial u_0})}((0,t) + \mathbf{u}) = d_0(u_0) + u_1 d_1(u_0) + \cdots + u_n d_n(u_0) + r(\mathbf{u}),$$

avec $d_0(u_0), \ldots, d_n(u_0) \in \mathbb{K}[u_0]$, $\mathrm{pgcd}\big(d_0(u_0), d_0{}'(u_0)\big) = 1$, et le polynôme $r(\mathbf{u})$ appartient à l'idéal $(u_1, \ldots, u_n)^2$ de $\mathbb{K}[\mathbf{u}] = \mathbb{K}[u_0, \ldots, u_n]$. Alors pour tout $\zeta = (\zeta_1, \ldots, \zeta_n) \in \mathcal{Z}(I)$, il existe une racine ζ_0 de $d_0(u_0)$ telle que

$$d_0{}'(\zeta_0)\, \zeta_i - d_i(\zeta_0) = 0 \ , \quad i = 1, \ldots, n.$$

Remarque 4.38. La proposition 4.35 donne un moyen pour calculer la forme de Chow en utilisant les opérateurs de multiplication. Nous verrons, dans les sections 6.4 et 10.3, comment obtenir un multiple de la forme de Chow en utilisant les matrices des résultants ou les bézoutiens.

Le théorème 4.37 décrit les éléments de $\mathcal{Z}(I)$, comme les valeurs des points $\left(\frac{d_1(u_0)}{d_0{}'(u_0)}, \ldots, \frac{d_n(u_0)}{d_0{}'(u_0)}\right)$ en certaines racines de $d_0(u_0)$. Cette approche remonte à Macaulay, qui l'a utilisée pour déterminer une décomposition primaire d'un idéal (voir la note en bas de la page 88 de [**Mac16**]). Elle a été utilisé par la suite par plusieurs auteurs (voir [**ABRW96, Rou96, Rou99**]). Sur l'extension de cette méthode au cas non 0-dimensionnel, voir sous-secion 10.3.4 ou consulter [**EM99a**].

Pour montrer le théorème 4.37, nous avons besoin du lemme suivant :

Lemme 4.39. *Soient $A(\mathbf{u})$ et $B(\mathbf{u})$ deux polynômes de $\mathbb{K}[\mathbf{u}]$ premiers entre eux. Pour $t = (t_1, \ldots, t_n) \in \mathbb{K}^n$ générique, $A_0(u_0) = A(u_0, t_1, \ldots, t_n)$ et $B_0(u_0) = B(u_0, t_1, \ldots, t_n)$ sont premiers entre eux dans $\mathbb{K}[u_0]$.*

Démonstration. Si l'un des deux polynômes ne dépend pas de u_0, alors le lemme est vrai pour tout $t \in \mathbb{K}^n$. Sinon $A(\mathbf{u})$ et $B(\mathbf{u})$ sont premiers entre eux dans $(\mathbb{K}[u_1, \ldots, u_n])[u_0]$. Il existe alors $\delta \in \mathbb{K}[u_1, \ldots, u_n]$ non nul, $F \in$

$\mathbb{K}[\mathbf{u}]$, $G \in \mathbb{K}[\mathbf{u}]$ tels que $F(\mathbf{u})A(\mathbf{u}) + G(\mathbf{u})B(\mathbf{u}) = \delta(u_1, \ldots, u_n)$. Pour tout $t \in \mathbb{K}^n$ vérifiant $\delta(t_1, \ldots, t_n) \neq 0$, $A_0(u_0)$ et $B_0(u_0)$ sont premiers entre eux.
$\square$

Démonstration. (preuve du théorème 4.37) Décomposons $\Delta(\mathbf{u})$ sous la forme

$$\Delta(\mathbf{u}) = \left(\prod_{\zeta = (\zeta_1, \ldots, \zeta_n) \in \mathcal{Z}(I)} (u_0 + \zeta_1 u_1 + \cdots + \zeta_n u_n)^{n_\zeta} \right) H(\mathbf{u}) \,,$$

avec $n_\zeta \in \mathbb{N}^*$, $\prod_{\zeta \in \mathcal{Z}(I)} (u_0 + \zeta_1 u_1 + \cdots + \zeta_n u_n)^{n_\zeta}$ et $H(\mathbf{u})$ premiers entre eux. Posons

$$d(\mathbf{u}) = \frac{\Delta(\mathbf{u})}{\mathrm{pgcd}\left(\Delta(\mathbf{u}), \frac{\partial \Delta}{\partial u_0}(\mathbf{u})\right)} = \left(\prod_{\zeta \in \mathcal{Z}(I)} (u_0 + \zeta_1 u_1 + \cdots + \zeta_n u_n) \right) h(\mathbf{u}) \,,$$

où $\prod_{\zeta \in \mathcal{Z}(I)} (u_0 + \zeta_1 u_1 + \cdots + \zeta_n u_n)$ et $h(\mathbf{u})$ sont premiers entre eux. Soit $t = (t_1, \ldots, t_n) \in \mathbb{K}^n$, et notons $\mathbf{t} = (0, t_1, \ldots, t_n) \in \mathbb{K}^{n+1}$. Nous avons

$$
\begin{aligned}
d(\mathbf{t} + \mathbf{u}) &= \left(\prod_{\zeta \in \mathcal{Z}(I)} (\langle t, \zeta \rangle + u_0 + \zeta_1 u_1 + \cdots + \zeta_n u_n) \right) h(\mathbf{t} + \mathbf{u}) \\
&= d_0(u_0) + u_1 d_1(u_0) + \cdots + u_n d_n(u_0) + r(\mathbf{u}) \,,
\end{aligned}
$$

avec $\langle t, \zeta \rangle = t_1 \zeta_1 + \cdots + t_n \zeta_n$, $d_0, \ldots, d_n \in \mathbb{K}[u_0]$, et $r(\mathbf{u}) \in (u_1, \ldots, u_n)^2$. Développons $h(\mathbf{t} + \mathbf{u})$ sous la forme

$$h(\mathbf{t} + \mathbf{u}) = h_0(u_0) + u_1 h_1(u_0) + \cdots + u_n h_n(u_0) + s(\mathbf{u}) \,,$$

où $h_0, \ldots, h_n \in \mathbb{K}[u_0]$ et $s(\mathbf{u}) \in (u_1, \ldots, u_n)^2$. Par identification

$$d_0(u_0) = \left(\prod_{\zeta \in \mathcal{Z}(I)} (\langle t, \zeta \rangle + u_0) \right) h_0(u_0) \,, \quad \text{et pour } i = 1, \ldots, n \,,$$

$$d_i(u_0) = \left(\sum_{\zeta \in \mathcal{Z}(I)} \zeta_i \prod_{\xi \neq \zeta} (\langle t, \xi \rangle + u_0) \right) h_0(u_0) + \left(\prod_{\zeta \in \mathcal{Z}(I)} (\langle t, \zeta \rangle + u_0) \right) h_i(u_0).$$

Ainsi,

$$d_0{}'(u_0) = \left(\sum_{\zeta \in \mathcal{Z}(I)} \prod_{\xi \neq \zeta} (\langle t, \xi \rangle + u_0) \right) h_0(u_0) + \left(\prod_{\zeta \in \mathcal{Z}(I)} (\langle t, \zeta \rangle + u_0) \right) h_0{}'(u_0).$$

D'après le lemme 4.39, si $t \in \mathbb{K}^n$ est générique, les polynômes $h_0(u_0)$ et $\prod_{\zeta \in \mathcal{Z}(I)} (\langle t, \zeta \rangle + u_0)$ sont premiers entre eux. Si $\zeta_0 = -\langle t, \zeta \rangle$ est une racine de

$d_0(u_0)$, alors $h_0(\zeta_0) \neq 0$, et

$$d_0'(\zeta_0) = \left(\prod_{\xi \neq \zeta} (\langle t, \xi \rangle - \langle t, \zeta \rangle) \right) h_0(\zeta_0) ,$$

$$d_i(\zeta_0) = \zeta_i \left(\prod_{\xi \neq \zeta} (\langle t, \xi \rangle - \langle t, \zeta \rangle) \right) h_0(\zeta_0) , \text{ pour } i = 1, \ldots, n.$$

Supposons, de plus, que le vecteur générique t sépare $\mathcal{Z}(I)$. Alors

$$\zeta_i = \frac{d_i(\zeta_0)}{d_0'(\zeta_0)} \quad \text{pour } i = 1, \ldots, n.$$

$\square$

La représentation de $\mathcal{Z}(I)$ donnée par le théorème 4.37 n'est pas minimale, car les racines de $d_0(u_0)$ ne définissent pas toutes nécessairement des zéros de I. Nous venons de démontrer que la variété $\mathcal{Z}(I)$ est décrite seulement par les racines de $d_0(u_0)$ qui n'annulent pas $h_0(u_0)$.

Nous déduisons de ce qui précède l'algorithme suivant :

Algorithme 4.40. Représentation univariée rationnelle (minimale) des racines de l'idéal 0-dimensionnel $I = (f_1, \ldots, f_m)$.

Entrée : Un mutltiple de la forme de Chow réduite $\Delta(\mathbf{u})$ de I.

1. Calculer $d(\mathbf{u}) = \dfrac{\Delta(\mathbf{u})}{\text{pgcd}\left(\Delta(\mathbf{u}), \frac{\partial \Delta}{\partial u_0}(\mathbf{u})\right)}$.

2. Choisir $t \in \mathbb{K}^n$ générique (i.e. tel que le polynôme $d_0(u_0)$ ci-dessus soit sans facteur carré) et développer $d(\mathbf{t} + \mathbf{u})$ sous la forme

   $$d(\mathbf{t} + \mathbf{u}) = d_0(u_0) + u_1 d_1(u_0) + \cdots + u_n d_n(u_0) + \cdots$$

3. Décomposer $d_0(u_0)$, puis garder ses facteurs irréductibles $p_1, \ldots, p_s$ qui divisent les numérateurs des fractions rationnelles

   $$f_i \left(\frac{d_1(u_0)}{d_0'(u_0)}, \ldots, \frac{d_n(u_0)}{d_0'(u_0)} \right) , \quad i = 1, \ldots, m.$$

Sortie : La représentation minimale de $\mathcal{Z}(I)$ est donnée par

$$(p_1 \ldots p_s)(u_0) = 0 \quad , \quad \left(\frac{d_1(u_0)}{d_0'(u_0)} , \ldots, \frac{d_n(u_0)}{d_0'(u_0)} \right).$$

Dans le cas où le polynôme $\Delta(\mathbf{u})$ est exactement la forme de Chow $\mathcal{C}_I(\mathbf{u})$, nous avons la proposition suivante :

Proposition 4.41. *Avec les notations du théorème 4.37, si $\Delta(\mathbf{u}) = \mathcal{C}_I(\mathbf{u})$ et t sépare $\mathcal{Z}(I)$, alors il y a une bijection entre les racines de $d_0(u_0)$ et $\mathcal{Z}(I)$.*

Démonstration. Voir l'exercice 4.13.   □

Remarque 4.42. L'algorithme précédent fournit une autre méthode pour résoudre le système $f_1 = \cdots = f_m = 0$, en résolvant une équation d'une variable, puis en reportant ses solutions dans des fractions rationnelles. Cette approche se prête bien à des calculs exacts et sur des nombres algébriques. Elle peut être utilisée dès que l'on dispose d'une base de $\mathcal{A}$, par exemple via une base de Gröbner. Il suffit alors de calculer les matrices de multiplication $\mathtt{M}_{x_i}$, pour $i = 1, \ldots, n$, puis les premiers termes du développement de la partie sans facteur carré de $\mathcal{C}_I(\mathbf{t} + \mathbf{u})$. Une alternative aux bases de Gröbner pour déterminer un multiple de la forme de Chow de I est l'utilisation des résultants ou des bézoutiens (voir sections 6.4 et 10.3).

Une base de Gröbner lexicographique fournit également une représentation rationnelle de la variété $\mathcal{Z}(f_1, \ldots, f_m)$ (voir exercice 4.15). Cette approche se prête également à une arithmétique exacte ou avec des nombres algébriques, mais se révèle souvent plus coûteuse que la méthode précédente. Pour avoir plus de détails sur ces deux représentations, consulter [**Rou96**].

Nous avons vu comment résoudre le système $f_1 = \ldots = f_m = 0$ en calculant les vecteurs propres des matrices $\mathtt{M}_{x_i}$. Comparée à la représentation rationnelle qui nécessite le calcul d'un déterminant, la méthode des vecteurs propres est plus avantageuse (numériquement) si les coefficients des $\mathtt{M}_{x_i}$ ne sont connus qu'avec une certaine incertitude.

Exemple 4.43. *Reprenons l'exemple 4.5. La forme de Chow de (f_1, f_2) est*

$$
\begin{aligned}
C &= \det(u_0\mathbb{I} + u_1\mathtt{M}_1 + u_2\mathtt{M}_2) \\
&= -\frac{2}{9}u_0^2 u_2 u_1 + u_0^4 + \frac{1}{81}u_1^4 + \frac{1225}{1296}u_2^4 + \frac{35}{9}u_0 u_2^3 + \frac{2}{81}u_2 u_1^3 - \frac{11}{54}u_1^2 u_2^2 \\
&\quad - \frac{35}{162}u_1 u_2^3 - \frac{4}{9}u_0 u_2 u_1^2 - \frac{4}{9}u_0 u_1 u_2^2 + 4u_0^3 u_2 + \frac{107}{18}u_0^2 u_2^2 - \frac{2}{9}u_0^2 u_1^2.
\end{aligned}
$$

la factoriLe polynôme d est

$$
d(u_0, u_1, u_2) = \frac{1225}{1296}u_2^2 + \frac{35}{18}u_0 u_2 + \frac{35}{36}u_0^2 - \frac{35}{324}u_2 u_1 - \frac{35}{324}u_1^2.
$$

Pour $t = (0, 1)$ (qui est ici générique), $d((0, 0, 1) + (u_0, u_1, u_2)) =$

$$
\frac{35}{48} + \frac{35}{18}u_0 + \frac{35}{36}u_0^2 - \frac{35}{108}u_1 + \left(\frac{385}{216} + \frac{35}{18}u_0\right)u_2 - \frac{35}{324}u_1 u_2 - \frac{35}{324}u_1^2 + \frac{1225}{1296}u_2^2.
$$

Ainsi,

$$d_0(u_0) = \frac{35}{48} + \frac{35}{18}u_0 + \frac{35}{36}u_0^2 = \frac{35}{36}\left(u_0 + \frac{1}{2}\right)\left(u_0 + \frac{3}{2}\right),$$

$$d_1(u_0) = -\frac{35}{108},$$

$$d_2(u_0) = \frac{385}{216} + \frac{35}{18}u_0.$$

D'après la proposition 4.41, la représentation rationnelle minimale de $\mathcal{Z}(f_1, f_2)$ est donnée par

$$\left(u_0 + \frac{1}{2}\right)\left(u_0 + \frac{3}{2}\right) = 0, \quad \left(-\frac{1}{6\,(1 + u_0)}, \frac{11 + 12\,u_0}{12\,(1 + u_0)}\right).$$

Donc les solutions du système $f_1 = f_2 = 0$ sont $(-\frac{1}{3}, \frac{5}{6}), (\frac{1}{3}, \frac{7}{6})$.

4.11. Nombre de racines réelles

Dans des domaines, tels que la robotique, la vision, la chimie, la biologie, les statistiques ... la modélisation de certains problèmes conduit à des systèmes polynomiaux à coefficients réels. Pour ces questions, seules les solutions réelles ont une interprétation physique. C'est pour cela que nous allons nous intéresser à la résolution algébrique réelle.

Soient $f_1, \ldots, f_m$ des éléments de $\mathbb{R}[\mathbf{x}]$. Supposons que la variété complexe $\mathcal{Z}_{\mathbb{C}} = \{\zeta \in \mathbb{C}^n : f_1(\zeta) = \cdots = f_m(\zeta) = 0\} = \{\zeta_1, \ldots, \zeta_d\}$ soit finie. Le but de cette section est l'étude de la structure de l'algèbre réelle $\mathcal{A}_{\mathbb{R}} = \mathbb{R}[\mathbf{x}]/I$, où I (resp. J) désigne l'idéal de $\mathbb{R}[\mathbf{x}]$ (resp. $\mathbb{C}[\mathbf{x}]$) engendré par $f_1, \ldots, f_m$.

L'algèbre complexe $\mathcal{A}_{\mathbb{C}} = \mathbb{C}[\mathbf{x}]/J = \mathcal{A}_{\mathbb{R}} \otimes_{\mathbb{R}} \mathbb{C}$ est munie (naturellement) d'une conjugaison, qui fixe les variables $x_1, \ldots, x_n$ et conjugue les coefficients complexes des polynômes. Ainsi, $\mathcal{A}_{\mathbb{R}}$ devient l'ensemble des éléments fixes de $\mathcal{A}_{\mathbb{C}}$ par cette conjugaison. Le conjugué d'un élément $a \in \mathcal{A}$ est noté $\overline{a}$.

Soient $\zeta_1, \overline{\zeta}_1, \ldots, \zeta_s, \overline{\zeta}_s$ les racines complexes non réelles de $f_1 = \cdots = f_m = 0$, et $\zeta_{2s+1}, \ldots, \zeta_d$ ses racines réelles.

Lemme 4.44. *Si $\zeta \in \mathcal{Z}_{\mathbb{C}}$ et $\mathbf{e}_\zeta$ désigne l'idempotent associé à ζ, alors $\overline{\mathbf{e}}_\zeta = \mathbf{e}_{\overline{\zeta}}$.*

Démonstration. Il est facile de vérifier que $\overline{\mathcal{A}}_\zeta = \mathcal{A}_{\overline{\zeta}}$, et par suite $\overline{\mathbf{e}}_\zeta \in \mathcal{A}_{\overline{\zeta}}$. D'après le théorème 4.9, la décomposition $1 = \mathbf{e}_{\zeta_1} + \cdots + \mathbf{e}_{\zeta_d}$, avec $\mathbf{e}_{\zeta_i} \in \mathcal{A}_{\zeta_i}$, est unique, donc $\overline{\mathbf{e}}_\zeta = \mathbf{e}_{\overline{\zeta}}$. $\qquad\square$

Soit $\zeta \in \mathcal{Z}_{\mathbb{C}}$. Introduisons les notations suivantes :

$$\mathbf{e}_{\zeta,\Re} = \mathbf{e}_\zeta + \mathbf{e}_{\overline{\zeta}} \ , \quad \mathbf{e}_{\zeta,\Im} = \frac{1}{\mathbf{i}}(\mathbf{e}_\zeta - \mathbf{e}_{\overline{\zeta}}) \ , \quad \mathcal{A}_{\zeta,\Re} = \mathbf{e}_{\zeta,\Re}\,\mathcal{A}_{\mathbb{R}} \ .$$

Si $\zeta \in \mathcal{Z}_{\mathbb{C}} \cap \mathbb{R}^n$, $\mathcal{A}_{\zeta,\Re} = \mathbf{e}_\zeta \mathcal{A}_{\mathbb{R}}$. Si $\zeta \in \mathcal{Z}_{\mathbb{C}} \setminus \mathbb{R}^n$, $\mathbf{e}_{\zeta,\Im}^2 \equiv -\mathbf{e}_{\zeta,\Re}$.

Lemme 4.45. *Si $\zeta \in \mathcal{Z}_{\mathbb{C}}$, alors la sous-algèbre $\mathcal{A}_{\zeta,\mathbb{R}}$ de $\mathcal{A}_{\mathbb{R}}$ contient $\mathbf{e}_{\zeta,\Re}$ et $\mathbf{e}_{\zeta,\Im}$. Et de plus, $\mathbf{e}_{\zeta,\Re}$ est son élément neutre.*

Démonstration. Les éléments $\mathbf{e}_{\zeta,\Re}$ et $\mathbf{e}_{\zeta,\Im}$ de $\mathcal{A}_{\mathbb{C}}$ sont fixes par conjugaison complexe, ils appartiennent donc à $\mathcal{A}_{\mathbb{R}}$. Par suite $\mathcal{A}_{\zeta,\mathbb{R}} \subset \mathcal{A}_{\mathbb{R}}$. Puisque $\mathbf{e}_{\zeta,\Im} \in \mathcal{A}_{\mathbb{R}}$ et $\mathbf{e}_{\zeta,\Re}\,\mathbf{e}_{\zeta,\Im} \equiv \mathbf{e}_{\zeta,\Im}$, nous déduisons que $\mathbf{e}_{\zeta,\Im} \in \mathcal{A}_{\zeta,\mathbb{R}}$. De plus, pour tout $a \in \mathcal{A}_{\zeta,\mathbb{R}}$, $\mathbf{e}_{\zeta,\Re}\, a \equiv a$ (car $\mathbf{e}_{\zeta,\Re}^2 \equiv \mathbf{e}_{\zeta,\Re}$). $\qquad\square$

Notons $\mathcal{W}$ un sous-ensemble de $\mathcal{Z}_{\mathbb{C}}$ qui contient un seul représentant par classe de conjugaison des racines de I (i.e. $\mathcal{W} = \{\xi_1, \ldots, \xi_s, \zeta_{2s+1}, \ldots, \zeta_d\}$, avec $\xi_i \in \{\zeta_i, \overline{\zeta}_i\}$ pour $i = 1, \ldots, s$).

Proposition 4.46. *L'algèbre réelle $\mathcal{A}_{\mathbb{R}}$ se décompose en $\mathcal{A}_{\mathbb{R}} = \oplus_{\zeta \in \mathcal{W}} \mathcal{A}_{\zeta,\mathbb{R}}$.*

Démonstration. D'après le théorème 4.9, $\mathcal{A}_{\mathbb{C}} = \oplus_{\zeta \in \mathcal{W}}(\mathbf{e}_{\zeta} + \mathbf{e}_{\overline{\zeta}})\,\mathcal{A}_{\mathbb{C}}$. Comme l'ensemble des éléments de $\mathcal{A}_{\mathbb{C}}$ fixes par conjugaison est $\mathcal{A}_{\mathbb{R}}$, nous déduisons la décomposition souhaitée pour $\mathcal{A}_{\mathbb{R}}$.

$\qquad\square$

Considérons maintenant la forme linéaire

$$Tr : \mathcal{A}_{\mathbb{C}} \;\to\; \mathbb{C}$$
$$a \;\mapsto\; Tr(a) := tr(M_a),$$

où $tr(M_a)$ désigne la trace de l'opérateur de multiplication par a dans $\mathcal{A}_{\mathbb{C}}$.

Lemme 4.47. *Si $g \in \mathbb{C}[\mathbf{x}]$ et $\zeta \in \mathcal{Z}_{\mathbb{C}}$, alors $Tr(g\,\mathbf{e}_{\zeta}) = \mu_{\zeta}\, g(\zeta)$. En particulier si $h \in \mathbb{C}[\mathbf{x}]$ et $\alpha \in \mathbb{N}^n \setminus \{0\}$, alors $Tr((\mathbf{x} - \zeta)^{\alpha} h\mathbf{e}_{\zeta}) = 0$.*

Démonstration. D'après le corollaire 4.22, $(g - g(\zeta))\mathbf{e}_{\zeta}$ est nilpotent, donc

$$Tr((g - g(\zeta))\mathbf{e}_{\zeta}) = Tr(g\mathbf{e}_{\zeta}) - g(\zeta)Tr(\mathbf{e}_{\zeta}) = 0.$$

Puisque $\mathcal{A}_{\mathbb{C}} = \oplus_{\zeta \in \mathcal{Z}_{\mathbb{C}}} \mathcal{A}_{\zeta}$, $\mathbf{e}_{\zeta}$ est l'unité de la sous-algèbre $\mathcal{A}_{\zeta}$ de $\mathcal{A}_{\mathbb{C}}$ et $\mathbf{e}_{\zeta}\mathcal{A}_{\xi} = 0$ pour tout $\xi \in \mathcal{Z}_{\mathbb{C}} \setminus \{\zeta\}$, $Tr(\mathbf{e}_{\zeta}) = \dim_{\mathbb{C}}(\mathcal{A}_{\zeta}) = \mu_{\zeta}$. Ainsi, $Tr(g\mathbf{e}_{\zeta}) = g(\zeta)\,\mu_{\zeta}$. $\square$

Pour tout $h \in \mathbb{R}[\mathbf{x}]$, définissons la forme bilinéaire

$$S_h : \mathcal{A}_{\mathbb{R}} \times \mathcal{A}_{\mathbb{R}} \;\to\; \mathbb{R}$$
$$(a, b) \;\mapsto\; Tr(hab),$$

où $Tr(hab)$ désigne la trace de l'opérateur de multiplication pas hab dans $\mathcal{A}_{\mathbb{R}}$. La matrice de S_h est réelle symétrique, donc elle est diagonalisable sur $\mathbb{R}$.

Les racines réelles de $f_1, \ldots, f_m$ vont être décrites à l'aide de la forme quadratique Q_h associée à S_h. Le cas d'une variable a été étudié par Hermite, Jacobi au dix-neuvième siècle (voir [**Kli72**]). Le cas multivariable a été notament étudié dans [**PRS93, Ped96, BPR03**].

Nous rappelons que la *signature* d'une forme quadratique Q sur $\mathcal{A}_{\mathbb{R}}$ est la différence entre le nombre de valeurs propres positives et le nombre de valeurs propres négatives de la matrice de Q dans une base quelconque de $\mathcal{A}_{\mathbb{R}}$. Le *rang* de Q est le nombre de valeurs propres non nulles de la matrice de Q.

Théorème 4.48. *Soit $h \in \mathbb{R}[\mathbf{x}]$.*

  i) Le nombre de racines complexes distinctes ζ de $f_1, \ldots, f_m$ telles que $h(\zeta) \neq 0$ est égal au rang de la forme quadratique Q_h.

  ii) La différence entre le nombre de racines réelles distinctes ζ de $f_1, \ldots, f_m$ telles que $h(\zeta) > 0$ et le nombre de racines réelles distinctes ξ de $f_1, \ldots, f_m$ telles que $h(\xi) < 0$ est égale à la signature de Q_h.

Démonstration. Si $\mathcal{A}_{\zeta,\mathbb{R}} \neq \mathcal{A}_{\xi,\mathbb{R}}$, alors $\mathcal{A}_{\zeta,\mathbb{R}} \cdot \mathcal{A}_{\xi,\mathbb{R}} \equiv 0$. Par conséquent, la matrice de Q_h dans une base de $\mathcal{A}_{\mathbb{R}}$ formée d'éléments des sous-algèbres $\mathcal{A}_{\zeta,\mathbb{R}}$ est diagonale par blocs. Pour prouver le théorème 4.48, il suffit donc de le faire pour la restriction de Q_h à $\mathcal{A}_{\zeta,\mathbb{R}}$. Le rang (resp. la signature) de Q_h sera la somme des rangs (resp. signatures) de ces restrictions. La restriction de Q_h à $\mathcal{A}_{\zeta,\mathbb{R}}$ sera aussi notée Q_h.

D'après la proposition 4.15, le $\mathbb{C}$-espace vectoriel $\mathcal{A}_\zeta$ a une base de la forme $\{(\mathbf{x} - \zeta)^{\alpha_i} \mathbf{e}_\zeta, i = 0, \ldots, \mu_\zeta - 1\}$, avec $\alpha_i \in \mathbb{N}^n$ et $\alpha_0 = 0$.

Si $\zeta = \overline{\zeta}$, cette base est réelle et c'est aussi une base du $\mathbb{R}$-espace vectoriel $\mathcal{A}_{\zeta,\mathbb{R}}$. D'après le lemme 4.47, la matrice de Q_h dans cette base est

$$\left(Tr\left((\mathbf{x} - \zeta)^{\alpha_i + \alpha_j} h \mathbf{e}_\zeta\right)\right)_{i,j=0,\ldots,\mu_\zeta - 1} = \begin{pmatrix} \mu_\zeta h(\zeta) & \mathbf{0} \\ \mathbf{0} & \mathbf{0} \end{pmatrix}.$$

Le rang de Q_h est donc 1 si $h(\zeta) \neq 0$ et 0 sinon. Sa signature est 1 si $h(\zeta) > 0$, 0 si $h(\zeta) = 0$, -1 si $h(\zeta) < 0$.

Si $\zeta \neq \overline{\zeta}$, nous déduisons la base réelle suivante de $\mathcal{A}_\zeta \oplus \mathcal{A}_{\overline{\zeta}} = (\mathbf{e}_\zeta + \mathbf{e}_{\overline{\zeta}})\mathcal{A}$, de celles de $\mathcal{A}_\zeta$ et $\mathcal{A}_{\overline{\zeta}}$,

$$\left((\mathbf{x} - \zeta)^{\alpha_i} \mathbf{e}_\zeta + (\mathbf{x} - \overline{\zeta})^{\alpha_i} \mathbf{e}_{\overline{\zeta}}, \ \frac{1}{\mathbf{i}}((\mathbf{x} - \zeta)^{\alpha_i} \mathbf{e}_\zeta - (\mathbf{x} - \overline{\zeta})^{\alpha_i} \mathbf{e}_{\overline{\zeta}}), \ i = 0, \ldots, \mu_\zeta - 1\right).$$

Cette famille est aussi une base du $\mathbb{R}$-espace vectoriel $\mathcal{A}_{\zeta,\mathbb{R}}$. D'après le lemme 4.47, la matrice de Q_h dans cette base est

$$\begin{pmatrix} \mu_\zeta(h(\zeta) + h(\overline{\zeta})) & \mu_\zeta \frac{1}{\mathbf{i}}(h(\zeta) - h(\overline{\zeta})) & 0 & \cdots & 0 \\ \mu_\zeta \frac{1}{\mathbf{i}}(h(\zeta) - h(\overline{\zeta})) & -\mu_\zeta(h(\zeta) + h(\overline{\zeta})) & 0 & \cdots & 0 \\ 0 & 0 & 0 & \cdots & 0 \\ \vdots & \vdots & \vdots & & \vdots \\ 0 & 0 & 0 & \cdots & 0 \end{pmatrix}.$$

Le rang de Q_h est donc 2 si $h(\zeta) \neq 0$ et 0 sinon. Pour étudier sa signature, posons $a = \Re(h(\zeta))$ et $b = \Im(h(\zeta))$ (la partie réelle et la partie imaginaire de

$h(\zeta)$). Si $ab = 0$, la signature de Q_h est nulle. Si $ab \neq 0$, la signature Q_h est la signature de la forme quadratique

$$a\,x^2 + 2\,b\,x\,y - a\,y^2 = a\left(x + \frac{b}{a}\,y\right)^2 - \frac{1}{a}(a^2 + b^2)\,y^2,$$

qui est encore nulle.

Par conséquent, le rang de Q_h (comme forme quadratique sur $\mathcal{A}$) compte le nombre de racines complexes distinctes $\zeta \in \mathcal{Z}_\mathbb{C}$ telles que $h(\zeta) \neq 0$, et sa signature, la différence entre le nombre de racines réelles ζ telles que $h(\zeta) > 0$ et le nombre de racines réelles ξ telles que $h(\xi) < 0$. $\square$

Le théorème 4.48 permet de compter le nombre de racines dans une région donnée (voir exercices 4.18, 4.19, 4.20). Ce qui est utile pour la localisation des zéros d'un système polynomial avant de les déterminer numériquement.

Corollaire 4.49. *Soient $f_1, \ldots, f_m \in \mathbb{R}[\mathbf{x}]$.*

  i) Le nombre de racines complexes distinctes du système $f_1 = \cdots = f_m = 0$ est égal au rang de la forme quadratique Q_1.

  ii) Le nombre de racines réelles distinctes de $f_1 = \cdots = f_m = 0$ est égal à la signature de Q_1.

Algorithme 4.50. NOMBRE DE RACINES RÉELLES D'UN SYSTÈME POLYNOMIAL.

ENTRÉE : Des polynômes $f_1, \ldots, f_m \in \mathbb{R}[\mathbf{x}]$ définissant une variété de dimension 0.

1. Déterminer une base $(\mathbf{x}^\alpha)_{\alpha \in E}$ de $\mathbb{R}[\mathbf{x}]/(f_1, \ldots, f_m)$.
2. Calculer la matrice symétrique $\left(Tr(\mathbf{x}^{\alpha+\beta})\right)_{\alpha, \beta \in E}$, sa signature s et son rang r.

SORTIE : Retourner

$$r = \mathrm{card}\{\zeta \in \mathbb{C}^n : f_1(\zeta) = \cdots = f_m(\zeta) = 0\},$$
$$s = \mathrm{card}\{\xi \in \mathbb{R}^n : f_1(\xi) = \cdots = f_m(\xi) = 0\}.$$

Exemple 4.51. *Reprenons l'exemple 4.5 et calculons les matrices Q_1 de Q_1 et Q_{x_1} de Q_{x_1}. Par exemple*

$$\mathsf{Q}_{x_1} = \begin{pmatrix} Tr(x_1) & Tr(x_1^2) & Tr(x_1x_2) & Tr(x_1^2x_2) \\ Tr(x_1^2) & Tr(x_1^3) & Tr(x_1^2x_2) & Tr(x_1^3x_2) \\ Tr(x_1x_2) & Tr(x_1^2x_2) & Tr(x_1x_2^2) & Tr(x_1^2x_2^2) \\ Tr(x_1^2x_2) & Tr(x_1^3x_2) & Tr(x_1^2x_2^2) & Tr(x_1^3x_2^2) \end{pmatrix}.$$

En utilisant les matrices M_{x_1} *et* M_{x_2} *calculées dans l'exemple 4.27,* $Tr(1) = 4, Tr(x_1) = tr(M_{x_1}) = 0, Tr(x_2) = tr(M_{x_2}) = 4, Tr(x_1x_2) = Tr(M_{x_1}M_{x_2}) = \frac{2}{9}$.
La forme linéaire Tr *a pour coordonnées* $(4, 0, 4, \frac{2}{9})$ *dans la base duale de la base* $(1, x_1, x_2, x_1 x_2)$ *de* $\mathcal{A}$. *Les coordonnées de la forme linéaire* $x_1 \cdot Tr$ *dans la même base sont*

$$^t(Tr(x_1), Tr(x_1^2), Tr(x_1x_2), Tr(x_1^2 x_2)) = {}^tM_{x_1} {}^t\left(4, 0, 4, \frac{2}{9}\right) = {}^t\left(0, \frac{4}{9}, \frac{2}{9}, \frac{4}{9}\right).$$

Ce vecteur constitue la première colonne de la matrice Q_{x_1}. *Les autres colonnes de* Q_{x_1} *s'obtiennent par multiplication de ce vecteur par* $^tM_{x_1}$, $^tM_{x_2}$, $^tM_{x_2}{}^tM_{x_1}$:

$$Q_1 = \begin{pmatrix} 4 & 0 & 4 & \frac{2}{9} \\ 0 & \frac{4}{9} & \frac{2}{9} & \frac{4}{9} \\ 4 & \frac{2}{9} & \frac{37}{9} & \frac{4}{9} \\ \frac{2}{9} & \frac{4}{9} & \frac{4}{9} & \frac{37}{81} \end{pmatrix} \quad , \quad Q_{x_1} = \begin{pmatrix} 0 & \frac{4}{9} & \frac{2}{9} & \frac{4}{9} \\ \frac{4}{9} & 0 & \frac{4}{9} & \frac{2}{81} \\ \frac{2}{9} & \frac{4}{9} & \frac{4}{9} & \frac{37}{81} \\ \frac{4}{9} & \frac{2}{81} & \frac{37}{81} & \frac{4}{81} \end{pmatrix}.$$

Le rang des deux formes quadratiques Q_1 *et* Q_{x_1} *est 2, leurs signatures respectives sont 2 et 0. Ceci confirme que le système de l'exemple 4.5 a deux racines réelles distinctes et que leurs premières coordonnées sont de signes opposés (voir exemple 4.27).*

4.12. Exercices

Exercice 4.1. Soient
$$f_1(x, y, z) = x^5 + y^4 + z^3 - 1 \quad \text{et} \quad f_2(x, y, z) = x^3 + y^3 + z^2 - 1$$
des éléments de $\mathbb{K}[x, y, z]$. En utilisant un système de calcul formel, calculer :

1. La base de Gröbner réduite de (f_1, f_2) pour l'ordre gradué lexicographique inverse $x > y > z$.
2. La base de Gröbner réduite pour l'ordre lexicographique $x > y > z$.
3. Que constatez-vous ?

Exercice 4.2. Soit $f(x) = (x + 1)(x + 2) \ldots (x + 20)$.

1. En utilisant un système de calcul formel, trouver les racines du polynôme $g(x) = f(x) + 10^{-9}x^{19}$.
2. Comparer les racines de $f(x)$ à celles de $g(x)$.

Exercice 4.3. Soit $\mathcal{Z}$ une partie de $\mathbb{K}^n$ contenant d éléments. Montrer qu'au moins une des formes linéaires $x_1 + ix_2 + \cdots + i^{n-1}x_n, i = 0, \ldots, (n-1)\binom{d}{2}$, sépare $\mathcal{Z}$.

Exercice 4.4. Soient $\mathbb{K}$ un corps algébriquement clos et I un idéal 0-dimensionnel de $\mathbb{K}[\mathbf{x}]$.

1. Montrer que tout idéal premier propre de $\mathbb{K}[\mathbf{x}]$ contenant I est maximal.
2. Si $\mathcal{Z}(I) = \{\zeta_1, \ldots, \zeta_d\}$, montrer que $\sqrt{I} = \mathfrak{m}_{\zeta_1} \cap \ldots \cap \mathfrak{m}_{\zeta_d}$, où $\mathfrak{m}_{\zeta_i}$ désigne l'idéal maximal de $\mathbb{K}[\mathbf{x}]$ défini par la racine ζ_i.

3. En déduire une décomposition primaire de I.

4. Montrer que cette décomposition est unique.

Exercice 4.5. Soit I un idéal 0-dimensionnel de $\mathbb{K}[\mathbf{x}]$ et $Q_1 \cap \ldots \cap Q_r$ sa décomposition primaire. Montrer que l'algèbre $\mathbb{K}[\mathbf{x}]/I$ est isomorphe à $\mathbb{K}[\mathbf{x}]/Q_1 \times \cdots \times \mathbb{K}[\mathbf{x}]/Q_r$.

Exercice 4.6. Un *anneau artinien* est un anneau dans lequel toute suite décroissante d'idéaux est stationnaire. Montrer :

1. Un anneau A est artinien si, et seulement si, tout ensemble non vide d'idéaux de A admet un élément minimal.

2. Dans un anneau artinien, tout idéal premier est maximal.

3. Dans un anneau artinien, il y a seulement un nombre fini d'idéaux maximaux.

4. Si I est un idéal de $\mathbb{K}[\mathbf{x}]$ tel que le $\mathbb{K}$-espace vectoriel $\mathbb{K}[\mathbf{x}]/I$ est de dimension finie, alors $\mathbb{K}[\mathbf{x}]/I$ est artinien.

Exercice 4.7. Radical d'un idéal 0-dimensionnel
Soit I un idéal 0-dimensionnel de $\mathbb{K}[\mathbf{x}]$.

1. Montrer que le nombre de racines distinctes de I est $\dim_{\mathbb{K}}\left(\mathbb{K}[\mathbf{x}]/\sqrt{I}\right)$.

2. Si f est un polynôme en une variable, $\tilde{f} = \dfrac{f}{\mathrm{pgcd}(f,f')}$ est sa partie sans facteur carré. Montrer que $\sqrt{I} = I + \left(\tilde{f}_1(x_1),\ldots,\tilde{f}_n(x_n)\right)$, où $\left(f_i(x_i)\right) = I \cap \mathbb{K}[x_i]$, pour $i = 1,\ldots,n$.

Exercice 4.8. Le but de cet exercice est de donner une autre construction des idempotents (voir [**GVRR97**] pour plus de détails).
Soit I un idéal de $\mathbb{K}[\mathbf{x}]$ tel que le $\mathbb{K}$-espace vectoriel $\mathcal{A} = \mathbb{K}[\mathbf{x}]/I$ soit de dimension finie. Notons $\mathcal{Z}(I) = \{\zeta_1,\ldots,\zeta_d\}$.

1. En utilisant les polynômes d'interpolation de Lagrange, montrer qu'il existe des éléments p_i de $\mathbb{K}[\mathbf{x}]$ tels que $p_i(\zeta_i) = 1$ et $p_i(\zeta_j) = 0$ si $i \neq j$.

2. Montrer qu'il existe des entiers positifs n_i tels que $p_i^{n_i} p_j^{n_j} \in I$ si $i \neq j$.

3. Prouver qu'il existe des polynômes a_i tels que $\sum_{i=1}^d a_i p_i^{n_i} - 1 \in I$.

4. En déduire l'existence d'éléments $\mathbf{e}_1,\ldots,\mathbf{e}_d$ de $\mathbb{K}[\mathbf{x}]$ qui vérifient

$$\sum_{i=1}^d \mathbf{e}_i \equiv 1 \ , \ \mathbf{e}_i\,\mathbf{e}_j \equiv 0 \text{ si } i \neq j \ , \ \mathbf{e}_i^2 \equiv \mathbf{e}_i \ , \ \mathbf{e}_i(\zeta_i) = 1.$$

Exercice 4.9. Radical d'un idéal.
Soit I un idéal 0-dimensionnel de $\mathbb{K}[\mathbf{x}]$. Notons $\mathbf{e}_1,\ldots,\mathbf{e}_d$ (resp. $\mathfrak{m}_{\zeta_1},\ldots,\mathfrak{m}_{\zeta_d}$) les idempotents (resp. idéaux maximaux) associés à $\mathcal{Z}(I) = \{\zeta_1,\ldots,\zeta_d\}$.

1. Si $\mathcal{B}_\zeta = \mathcal{A}_\zeta/\mathbf{e}_\zeta\,\mathfrak{m}_\zeta$ et $\mathcal{B} = \oplus_{\zeta \in \mathcal{Z}(I)}\mathcal{B}_\zeta$, montrer que $\mathcal{B} = \mathbb{K}\mathbf{e}_1 \oplus \cdots \oplus \mathbb{K}\mathbf{e}_d$. Puis décomposer $a \in \mathbb{K}[\mathbf{x}]$ selon cette somme directe.

2. Prouver que $\sqrt{I} = I + \sum_{\zeta \in \mathcal{Z}(I)} \mathbf{e}_\zeta\,\mathfrak{m}_\zeta$.

3. Si $a \in \mathcal{A}_\zeta$, montrer que la forme linéaire $a.Tr$ sur $\mathcal{A}$ est nulle si, et seulement si, $a \in \mathbf{e}_\zeta\,\mathfrak{m}_\zeta$.

4. En déduire que $\sqrt{I} = I + \mathcal{E}$, où $\mathcal{E}$ désigne l'espace vectoriel engendré par $\{a \in \mathbb{K}[\mathbf{x}]/I : a.Tr = 0\}$.

5. Donner un algorithme pour construire le radical de I.

Exercice 4.10. Donner un système $f_1 = f_2 = 0$ de $\mathbb{K}[x, y]$ tel que $\mathcal{Z}(f_1, f_2)$ soit finie et pour tout $a \in \mathcal{A} = \mathbb{K}[x, y]/(f_1, f_2)$, les sous-espaces propres de l'endomorphisme transposé de la multiplication par a dans $\mathcal{A}$ soient de dimensions au moins 2.

Exercice 4.11. Soient $f_1 = x^3 - 3x^2 + 2x, f_2 = y - x^2 + 1$ des éléments de $\mathbb{K}[x, y]$.

1. Déterminer une base de l'espace vectoriel $\mathcal{A} = \mathbb{K}[x, y]/(f_1, f_2)$.

2. Calculer les valeurs propres de la multiplication par x dans $\mathcal{A}$ et leurs sous-espaces propres.

3. Calculer les valeurs propres de la multiplication par y dans $\mathcal{A}$ et leurs sous-espaces propres.

4. En déduire les solutions du système $f_1 = f_2 = 0$.

5. Trouver les sous-algèbres locales $\mathcal{A}_i$ de $\mathcal{A}$.

Exercice 4.12. Soient $f_1 = x^2 - xy + y, f_2 = x^2y - x^2 - y^2 + y$ des polynômes de $\mathbb{K}[x, y]$.

1. Déterminer une base de l'espace vectoriel $\mathcal{A} = \mathbb{K}[x, y]/(f_1, f_2)$.

2. Quel est le nombre de racines réelles, puis complexes, communes aux équations $f_1 = 0, f_2 = 0$?

3. Calculer les valeurs propres des endomorphismes de multiplication par $x, y, 2x + 3y$ dans $\mathcal{A}$ et leurs sous-espaces propres.

4. Déterminer $\mathcal{Z}(f_1, f_2)$.

Exercice 4.13. Montrer la proposition 4.41.

Exercice 4.14. Soit I l'idéal de $\mathbb{C}[x_1, x_2, x_3, x_4]$ engendré par les 4 polynômes
$$f_1 = 2x_1^2 + 2x_2^2 + 2x_3^2 + x_4^2 - x_4 \ , \ f_2 = 2x_1x_2 + 2x_2x_3 + 2x_3x_4 - x_3 \ ,$$
$$f_3 = 2x_1x_3 + x_2^2 + 2x_2x_4 - x_2 \ , \ f_4 = 2x_1 + 2x_2 + 2x_3 + x_4 - 1.$$
Utiliser un système de calcul formel pour :

1. Calculer la base de Gröbner réduite lexicographique avec $x_1 < x_2 < x_3 < x_4$.

2. Déterminer le nombre de racines complexes (en tenant compte des multiplicités) communes à f_1, f_2, f_3, f_4, le nombre de racines complexes distinctes communes à f_1, f_2, f_3, f_4, et le nombre de racines réelles distinctes communes à f_1, f_2, f_3, f_4.

3. Calculer les matrices des opérateurs de multiplication $M_{x_1}, M_{x_2}, M_{x_3}, M_{x_4}$.

4. Résoudre $f_1 = f_2 = f_3 = f_4 = 0$ par la méthode des vecteurs propres, puis par triangulation simultanée.

5. Déterminer la forme de Chow de l'idéal I.

6. Trouver une représentation univariée rationnelle des zéros de I.

7. Comparer cette représentation avec la base de Gröbner lexicographique déjà calculée.

Exercice 4.15. Soit I un idéal 0-dimensionnel et radical de $\mathbb{K}[\mathbf{x}]$. Supposons que x_n sépare $\mathcal{Z}(I)$.

1. Montrer que la base de Gröbner réduite pour l'ordre lexicographique $x_1 < \cdots < x_n$ est $\{x_1 - g_1(x_n), \ldots, x_{n-1} - g_{n-1}(x_n), g_n(x_n)\}$, où les g_i sont des polynômes de la variable x_n.

2. En déduire que la $\mathbb{K}$-algèbre $\mathbb{K}[\mathbf{x}]/I$ est isomorphe à $\mathbb{K}[x_n]/\big(g_n(x_n)\big)$.

3. Si J est un idéal 0-dimensionnel de $\mathbb{K}[\mathbf{x}]$, est-ce que l'on peut toujours trouver un polynôme d'une variable g tel que $\mathbb{K}[\mathbf{x}]/J$ soit isomorphe à $\mathbb{K}[x_n]/\big(g(x_n)\big)$?

Exercice 4.16. Soient $I = (f_1, \ldots, f_m)$ un idéal radical et 0-dimensionnel, et a un élément de $\mathbb{K}[\mathbf{x}]$ qui sépare $\mathcal{Z}(I)$.

1. Si $P(T)$ est le polynôme caractéristique de l'endomorphisme M_a de multiplication par a dans $\mathcal{A} = \mathbb{K}[\mathbf{x}]/I$, montrer que l'application

$$\begin{aligned} \mathbb{K}[T] &\rightarrow \mathcal{A} \\ g(T) &\mapsto g(a) \end{aligned}$$

induit un isomorphisme entre $\mathbb{K}[T]/\big(P(T)\big)$ et $\mathcal{A}$.

2. Soient $g_1, \ldots, g_n$ des polynômes de $\mathbb{K}[T]$ tels que $g_i(a) = x_i$ dans $\mathcal{A}$. Montrer que $\mathcal{Z}(f_1, \ldots, f_m) = \{\big(g_1(\lambda), \ldots, g_n(\lambda)\big) : \lambda$ est valeur propre de $M_a\}$.

Exercice 4.17. Calcul d'une représentation univariée rationnelle à partir des traces.
Soient I un idéal 0-dimensionnel de $\mathbb{K}[\mathbf{x}]$, $\mathcal{C}(\mathbf{u})$ sa forme de Chow et $t = (t_0, \ldots, t_n)$ un vecteur générique de $\mathbb{K}^{n+1}$.

1. Montrer que

$$d_0(u_0) := \mathcal{C}(t_0 + u_0, t_1, \ldots, t_n) = \prod_{\zeta \in \mathcal{Z}(I)} \big(t(\zeta) + u_0\big)^{\mu_\zeta},$$

$$d_0(u_0 + \epsilon) = d_0(u_0) + \epsilon \sum_{\zeta \in \mathcal{Z}(I)} \mu_\zeta \big(t(\zeta) + u_0\big)^{\mu_\zeta - 1} \prod_{\xi \neq \zeta} \big(t(\xi) + u_0\big)^{\mu_\xi} + \mathcal{O}(\epsilon^2),$$

$$\begin{aligned} \tilde{d}_0(u_0; \epsilon x_i) &= \mathcal{C}(t_0 + u_0, t_1, \ldots, t_i + \epsilon x_i, \ldots, t_n) \\ &= d_0(u_0) + \epsilon \sum_{\zeta \in \mathcal{Z}(I)} \mu_\zeta \zeta_i \big(t(\zeta) + u_0\big)^{\mu_\zeta - 1} \prod_{\xi \neq \zeta} \big(t(\xi) + u_0\big)^{\mu_\xi} + \mathcal{O}(\epsilon^2), \end{aligned}$$

où $t(\zeta) = t_0 + \zeta_1 t_1 + \cdots + \zeta_n t_n$ si $\zeta = (\zeta_1, \ldots, \zeta_n)$.

2. Quel est le coefficient de ϵ dans $d_0(u_0 + \epsilon)$?

3. Si $d_i(u_0)$ désigne le coefficient de ϵ dans $\tilde{d}_0(u_0; \epsilon x_i)$, montrer que

$$\lim_{u_0 \to -t(\zeta)} \frac{d_i(u_0)}{d_0{}'(u_0)} = \zeta_i.$$

4. Montrer que l'on peut déterminer le polynôme $d_0(u_0)$ en calculant les traces des opérateurs de multiplication par les puissances de $t_0 + t_1 x_1 + \cdots + t_n x_n$ dans $\mathbb{K}[\mathbf{x}]/I$ (en utilisant les relations entre les sommes de Newton et les fonctions symétriques élémentaires des racines).

5. En déduire que les polynômes $d_0{}'(u_0), d_1(u_0), \ldots, d_n(u_0)$ peuvent également se calculer à partir de la forme linéaire Tr.

6. Donner un algorithme qui fournit une représentation univariée rationnelle des solutions d'un idéal 0-dimensionnel à l'aide de la forme linéaire Tr.

Exercice 4.18. Soient $h, f_1, \ldots, f_m \in \mathbb{R}[\mathbf{x}]$. Expliquer comment l'on peut obtenir les nombres suivants :

1. Le nombre de racines réelles de $f_1, \ldots, f_m$ qui n'annulent pas h.

2. Le nombre de racines réelles ξ de $f_1, \ldots, f_m$ telles que $h(\xi) > 0$.

3. Le nombre de racines réelles de $f_1, \ldots, f_m$ dans l'hypersurface $\{h = 0\}$.

Exercice 4.19. Quel est le nombre de solutions réelles d'un système polynomial réel à l'intérieur d'une boule euclidienne ouverte de $\mathbb{R}^n$?

Exercice 4.20. Etant donnés $f_1, \ldots, f_m \in \mathbb{R}[\mathbf{x}]$.

1. Soient $h_1, h_2 \in \mathbb{R}[\mathbf{x}]$. Quel est le nombre de racines réelles ζ de $f_1, \ldots, f_m$ telles que $h_1(\zeta) > 0$ et $h_2(\zeta) > 0$?

2. Supposons $n = 2$. Quel est le nombre de racines réelles ζ de $f_1, \ldots, f_m$ à l'intérieur d'un rectangle de $\mathbb{R}^2$?

3. Soient $h_1, \ldots, h_s \in \mathbb{R}[\mathbf{x}]$. Quel est le nombre de racines réelles ζ de $f_1, \ldots, f_m$ telles que $h_1(\zeta) > 0, \ldots, h_s(\zeta) > 0$?

CHAPITRE 5

THÉORIE DES RÉSULTANTS

Sommaire

Dans ce chapitre, nous étudierons la théorie des résultants dont le but est d'étudier l'existence de conditions nécessaires (et suffisantes) sur les coefficients d'un système d'équations polynomiales pour que celui-ci ait des solutions dans une variété algébrique donnée. Il faut donc éliminer les variables, qui représentent les solutions du système, pour obtenir des conditions sur les coefficients. Ce qui explique le nom de cette théorie dite de *l'élimination*.

Les premières contributions significatives dans ce sens sont sans doute dues à Bézout [**Béz79**] et Euler vers 1756. Leurs travaux avaient pour but d'étendre la méthode proposée par Gauss pour résoudre les systèmes linéaires. D'autres mathématiciens, comme Sylvester, Cayley, Macaulay, Dixon [**Syl53, Cay48, Cay65, Mac02, Dix08**], se sont illustrés dans l'étude des résultants pendant la seconde moitié du dix-neuvième siècle et le début du vingtième.

Après une période sombre pour la théorie de l'élimination, lancée par André Weil, qui voulait tout simplement "éliminer l'élimination", cette théorie a connu ces dernières années un renouveau, dont l'un des pionniers est sans doute J-P. Jouanolou [**Jou91, Jou93a, Jou93b**]. D'autres travaux ont suivi [**Cha93, GKZ94**], et de nouvelles constructions dans le cas torique [**Ber75, Stu93, CE93**], résiduel ou sur une variété paramétrée [**BEM00**], [**BEM01**], ... ont généralisé le résultant classique défini sur l'espace projectif $\mathbb{P}^n$.

Ce renouveau de l'élimination est lié à son impact en géométrie algébrique effective et à ses applications dans différents domaines tels que la robotique et la planification de trajectoires [**Can88, RR95**], la biologie moléculaire [**BMB94, EM99b**], la conception assistée par ordinateur [**BGW88, Hof89, MD95**], l'analyse de complexité [**Ren92, Can93, Laz93, BPR97, SS95, FGS93**], l'algorithmique des systèmes polynomiaux [**Laz81**] ...

5.1. Cas d'une variable

Dans un premier temps, nous allons étudier le cas d'une variable et présenter deux formulations pour la construction du résultant de deux polynômes.

5.1.1. Matrice de Sylvester. — Soient $f_0 = c_{0,0} + c_{0,1}x + \cdots + c_{0,d_0}\, x^{d_0}$ et $f_1 = c_{1,0} + c_{1,1}x + \cdots + c_{1,d_1}\, x^{d_1}$ deux polynômes d'une variable, à coefficients dans un corps $\mathbb{K}$, de degrés respectifs au plus d_0 et d_1.

Notons $\mathcal{V}_0, \mathcal{V}_1,\ \mathcal{V}$ les sous-espaces vectoriels engendrés respectivement par les sous-ensembles $\{1, x, \ldots, x^{d_1-1}\}$, $\{1, x, \ldots, x^{d_0-1}\}$, $\{1, x, \ldots, x^{d_0+d_1-1}\}$, et considérons l'*application linéaire* dite de *Sylvester*

$$\begin{aligned} \mathcal{S} : \mathcal{V}_0 \times \mathcal{V}_1 &\ \to\ \mathcal{V} \\ (q_0, q_1) &\ \mapsto\ q_0 f_0 + q_1 f_1. \end{aligned}$$

Sa matrice S dans les bases monomiales de $\mathcal{V}_0 \times \mathcal{V}_1$ et $\mathcal{V}$ est

$$
S = \overbrace{
\begin{array}{c}
\begin{array}{ccccccc}
f_0 & \cdots & x^{d_1-1}f_0 & f_1 & \cdots & x^{d_0-1}f_1
\end{array}
\end{array}
}^{d_0+d_1}
$$

$$
S = \left(
\begin{array}{cccc|cccc}
c_{0,0} & & & 0 & c_{1,0} & & & 0 \\
\vdots & \ddots & & & \vdots & \ddots & & \\
\vdots & & c_{0,0} & & \vdots & & c_{1,0} & \\
c_{0,d_0} & & \vdots & & c_{1,d_1} & & \vdots & \\
& \ddots & \vdots & & & \ddots & \vdots & \\
0 & & c_{0,d_0} & & 0 & & c_{1,d_1} &
\end{array}
\right)
\left.
\begin{array}{l}
1 \\
x \\
\vdots \\
x^{d_1-1} \\
x^{d_1} \\
\vdots \\
x^{d_0+d_1-1}
\end{array}
\right\} d_0 + d_1
$$

$$(5.1)$$

Cette matrice s'appelle la *matrice de Sylvester* de f_0, f_1. Elle est carrée et de taille $d_0 + d_1$ (voir [**Syl53**]).

Proposition 5.1. *Le déterminant de la matrice S est nul si, et seulement si, les polynômes homogénéisés f_0^h et f_1^h ont une racine commune dans $\mathbb{P}^1(\overline{\mathbb{K}})$.*

Démonstration. Supposons que f_0^h et f_1^h ont une racine commune $\zeta \in \mathbb{P}^1(\overline{\mathbb{K}})$.

– Si cette racine est à l'infini, c'est-à-dire que $\zeta = (0 : 1)$, les coefficients c_{0,d_0} de f_0 et c_{1,d_1} de f_1 sont nuls, et clairement $\det(S) = 0$.

– Si $\zeta \in \overline{\mathbb{K}}$,

$$(1, \zeta, \ldots, \zeta^{d_0+d_1-1})S = (f_0(\zeta), \ldots, \zeta^{d_1-1}f_0(\zeta), f_1(\zeta), \ldots, \zeta^{d_0-1}f_1(\zeta)) = 0,$$

et dans ce cas aussi $\det(S) = 0$.

Réciproquement, supposons que $\det(S) = 0$.

– Si $c_{0,d_0} = c_{1,d_1} = 0$, alors $(0 : 1)$ est une racine commune à f_0^h et f_1^h.

– Si l'un des coefficients c_{0,d_0}, c_{1,d_1} n'est pas nul (par exemple $c_{0,d_0} \neq 0$ et donc $\deg(f_0) = d_0$), le développement de $\det(S)$ selon les dernières lignes donne $\det(S) = c_{0,d_0}^{d_1-\deg(f_1)} \det(\tilde{S})$, où $\tilde{S}$ est la matrice de Sylvester de taille $d_0 + \deg f_1$ associée à f_0 (de degré d_0) et f_1. Comme $\det(\tilde{S}) = 0$, il existe deux polynômes non nuls q_0 et q_1 tels que $\deg(q_0) < \deg(f_1), \deg(q_1) < d_0$ et $q_0 f_0 + q_1 f_1 = 0$. Ainsi, le ppcm(f_0, f_1) est de degré au plus $d_0 + \deg(f_1) - 1$, et donc le pgcd(f_0, f_1) est de degré au moins 1. Par conséquent, f_0 et f_1 ont une racine commune dans $\overline{\mathbb{K}}$. $\qquad\square$

Définition 5.2. *Le* résultant *des polynômes f_0 et f_1, en une seule variable x et à coefficients indéterminés, est le déterminant de la matrice S de Sylvester de f_0 et f_1. Il sera noté* $\mathrm{Res}(f_0, f_1)$.

Soit $f_1 \in \mathbb{K}[x]$ de degré d_1. Si $f_0 \in \mathbb{K}[x]$ est de degré $d_0 \leq d_1$, la matrice S de Sylvester permet de trouver la matrice de l'opérateur

$$M_{f_0} : \mathcal{A} \rightarrow \mathcal{A}$$
$$a \mapsto a\, f_0$$

de multiplication par f_0 dans $\mathcal{A} = \mathbb{K}[x]/(f_1)$ dans la base $\{1, x, \ldots, x^{d_1-1}\}$. Pour cela, décomposons S en 4 blocs

$$S = \begin{pmatrix} A & B \\ C & D \end{pmatrix},$$

où A, B, C, D sont des matrices de tailles respectives $d_1 \times d_1, d_1 \times d_0, d_0 \times d_1, d_0 \times d_0$. Notons que la matrice D est inversible, puisque son déterminant est $c_{1,d_1}^{d_0} \neq 0$.

Proposition 5.3. *La matrice* M_{f_0} *de multiplication par* f_0, *dans* $\mathcal{A}$ *dans la base* $\{1, x, \ldots, x^{d_1-1}\}$, *est* $M_{f_0} = A - B\,D^{-1}\,C$.

Démonstration. Le bloc $S_0 = \begin{pmatrix} A \\ C \end{pmatrix}$ représente $f_0, x f_0, \ldots, x^{d_1-1} f_0$ de f_0,

alors que $S_1 = \begin{pmatrix} B \\ D \end{pmatrix}$ représente les multiples $f_1, x f_1, \ldots, x^{d_0-1} f_1$ de f_1.

Pour calculer M_{f_0}, il faut réduire $f_0, x f_0, \ldots, x^{d_1-1} f_0$ modulo f_1. La réduction de ces multiples de f_0 par f_1 consiste à soustraire des combinaisons des colonnes de S_1 à celles de S_0, afin de transformer C en 0. Comme D est inversible, ceci se traduit matriciellement par

$$\begin{pmatrix} A & B \\ C & D \end{pmatrix} \begin{pmatrix} \mathbb{I}_{d_1} \\ -D^{-1}C \end{pmatrix} = \begin{pmatrix} A - B D^{-1}C \\ 0 \end{pmatrix}. \tag{5.2}$$

Donc $A - B\,D^{-1}\,C = M_{f_0}$. □

Nous déduisons de la proposition 5.3, la *formule* suivante dite de *Poisson*.

Proposition 5.4. *Si* $\zeta_1, \ldots, \zeta_{d_1}$ *sont les racines de* f_1 *(chaque racine est comptée autant de fois que sa multiplicité), alors*

$$\det(S) = c_{1,d_1}^{d_0} \prod_{i=1}^{d_1} f_0(\zeta_i).$$

Démonstration. D'après la décomposition (5.2) et la propositon 5.3,

$$\begin{pmatrix} A & B \\ C & D \end{pmatrix} \begin{pmatrix} \mathbb{I}_{d_1} & 0 \\ -D^{-1}C & \mathbb{I}_{d_0} \end{pmatrix} = \begin{pmatrix} M_{f_0} & B \\ 0 & D \end{pmatrix}.$$

Ainsi, $\det(S) = \det(M_{f_0}) \det(D) = c_{1,d_1}^{d_0} \det(M_{f_0})$, et l'identité cherchée découle du théorème 4.23. □

5.1.2. Matrice de Bézout. — Supposons ici que $d_1 \geq d_0$.

Définition 5.5. *Le bézoutien des deux polynômes f_0 et f_1 de $\mathbb{K}[x]$ est*

$$\Theta_{f_0,f_1}(x,y) = \frac{f_0(x)f_1(y) - f_1(x)\,f_0(y)}{x - y} \in \mathbb{K}[x,y].$$

Si $\Theta_{f_0,f_1}(x,y) = \sum_{i=0}^{d_1-1} \theta_i(x)\,y^i = \sum_{i,j=0}^{d_1-1} \theta_{i,j}\,x^i\,y^j$, avec $\theta_{i,j} \in \mathbb{K}$, la matrice de Bézout de f_0 et f_1 est $B_{f_0,f_1} = (\theta_{i,j})_{0 \leq i,j \leq d_1-1}$.

Les polynômes $\theta_0(x), \ldots, \theta_{d_1-1}(x)$, qui apparaissent dans la définition 5.5 sont de degrés au plus $d_1 - 1$.

La matrice B_{f_0,f_1} est carrée, de taille d_1 et symétrique, car $\Theta_{f_0,f_1}(x,y) = \Theta_{f_0,f_1}(y,x)$. Elle est appelée matrice de Bézout de f_0, f_1.

Si pour $i = 0, \ldots, d_1$, $H_{f_1,i}(x) = c_{1,d_1-i} + \cdots + c_{1,d_1}\,x^i$ est le $i^{\text{ème}}$ *polynôme de Hörner* associé à $f_1 = c_{1,0} + c_{1,1}x + \cdots + c_{1,d_1}x^{d_1}$, la famille $(H_{f_1,0}, \ldots, H_{f_1,d_1-1})$ est une base de l'espace vectoriel $\mathcal{A} = \mathbb{K}[x]/(f_1)$. Nous déduisons de l'identité

$$\Theta_{1,f_1}(x,y) = \sum_{i=0}^{d_1-1} H_{f_1,d_1-i-1}(x)\,y^i \tag{5.3}$$

que le matrice B_{1,f_1} est inversible.

Il est également possible de construire la matrice de multiplication par f_0 modulo f_1, à l'aide des matrices de Bézout.

Proposition 5.6. *La matrice de multiplication par f_0, dans $\mathcal{A} = \mathbb{K}[x]/(f_1)$, dans la base $\{1, x, \ldots, x^{d_1-1}\}$, est $M_{f_0} = B_{f_0,f_1}B_{1,f_1}^{-1}$.*

Démonstration. Puisque

$$\begin{aligned}
\Theta_{f_0,f_1}(x,y) &= f_0(x)\frac{f_1(y) - f_1(x)}{x - y} + f_1(x)\frac{f_0(x) - f_0(y)}{x - y} \\
&= f_0(x)\Theta_{1,f_1}(x,y) - f_1(x)\Theta_{1,f_0}(x,y),
\end{aligned} \tag{5.4}$$

pour tout $i = 0, \ldots, d_1 - 1$, $\theta_{f_0,f_1,i}(x) \equiv f_0(x)\theta_{1,f_1,i}(x)$ dans $\mathcal{A}$. Si pour $g \in \mathbb{K}[x]$, $[\theta_{g,f_1,i}]$ désigne le vecteur des coefficients de $\theta_{g,f_1,i}$ dans la base monomiale de $\mathcal{A}$, ceci se traduit matriciellement par $[\theta_{f_0,f_1,i}] = M_{f_0}[\theta_{1,f_1,i}]$, et donc $B_{f_0,f_1} = M_{f_0}B_{1,f_1}$. □

D'après la symétrie des matrices de Bézout, nous avons ${}^tM_{f_0} = B_{1,f_1}^{-1}B_{f_0,f_1}$.

Corollaire 5.7. *Le rang de la matrice B_{f_0,f_1} est $d_1 - \deg(\text{pgcd}(f_0, f_1))$.*

Démonstration. D'après la proposition 5.6, B_{f_0,f_1} et M_{f_0} sont de même rang. En utilisant le théorème 4.23, le rang de M_{f_0} est la différence entre d_1 et le nombre de racines communes à f_0 et f_1. □

Proposition 5.8. *Avec les notations précédentes*

$$\det(B_{f_0,f_1}) = \pm c_{1,d_1}{}^{d_1} \prod_{i=1}^{d_1} f_0(\zeta_i) = \pm c_{1,d_1}{}^{d_1-d_0} \mathrm{Res}(f_0, f_1).$$

Démonstration. Ce résultat découle de $\det(B_{1,f_1}) = \pm c_{1,d_1}{}^{d_1}$, du théorème 4.23 et des propositions 5.4, 5.6. $\square$

Remarque 5.9. Il est donc possible de calculer le résultant $\mathrm{Res}(f_0, f_1)$ comme déterminant d'une matrice construite à partir du bézoutien de f_0 et f_1. Cette formulation, légèrement plus compliquée que celle de Sylvester, est plus ancienne, et elle est due à Bézout (voir [**Béz79**]). Son avantage réside dans le fait que la taille de la matrice utilisée, pour exprimer le résultant, est d_1, tandis que celle de la matrice de Sylvester est $d_0 + d_1$. Plus précisément, soient $\theta_0(x), \ldots, \theta_{d_0-1}(x)$ les d_0 polynômes de degrés au plus $d_1 - 1$ qui apparaissent dans la définition 5.5, et $f_0(x), \ldots, x^{d_1-d_0-1} f_0(x)$ les $d_1 - d_0$ multiples de f_0 (qui sont aussi de degrés au plus $d_1 - 1$). Soit D_{f_0,f_1} la matrice dont les coefficients sont ceux de $\theta_0(x), \ldots, \theta_{d_0-1}(x), f_0(x), \ldots, x^{d_1-d_0-1} f_0(x)$ dans la base $\{1, \ldots, x^{d_1-1}\}$:

$$D_{f_0,f_1} = \begin{array}{c} \\ 1 \\ x \\ \cdot \\ \cdot \\ \cdot \\ x^{d_1-1} \end{array} \overbrace{\left(\begin{array}{c|ccc} \theta_0 \ldots \theta_{d_0-1} & f_0 \ldots x^{d_1-d_0-1} f_0 \\ \hline & c_{0,0} & & \mathbf{0} \\ & \vdots & \ddots & \\ & c_{0,d_0} & & c_{0,0} \\ & & \ddots & \vdots \\ & \mathbf{0} & & c_{0,d_0} \end{array} \right)}^{d_1} \left.\vphantom{\begin{array}{c}\\\\\\\\\end{array}}\right\} d_1$$

Proposition 5.10. *Le déterminant de D_{f_0,f_1} est exactement (au signe près) le résultant des polynômes f_0 et f_1.*

Démonstration. D'après (5.3) et (5.4), pour tout $i \geq d_0$, le coefficient $\theta_i(x)$ de y^i dans $\Theta_{f_0,f_1}(x,y)$ est $f_0(x) H_{f_1,d_1-i-1}(x)$. Ainsi,

$$\begin{aligned} \det(B_{f_0,f_1}) &= \det(\theta_0, \ldots, \theta_{d_0-1}, \theta_{d_0}, \ldots, \theta_{d_1-1}) \\ &= \det(\theta_0, \ldots, \theta_{d_0-1}, f_0(x) H_{f_1,d_1-d_0-1}(x), \ldots, f_0(x) H_{f_1,0}(x)) \\ &= \det(\theta_0, \ldots, \theta_{d_0-1}, f_0(x) x^{d_1-d_0-1}, \ldots, f_0(x)) c_{1,d_1}{}^{d_1-d_0} \\ &= \pm c_{1,d_1}{}^{d_1-d_0} \det(D_{f_0,f_1}). \end{aligned}$$

Nous déduisons de la proposition 5.8 que $\det(D_{f_0,f_1}) = \pm \mathrm{Res}(f_0, f_1)$. $\square$

5.2. Cas multivariable

Maintenant nous allons nous intéresser à la généralisation de la notion du résultant en dimension supérieure. Etant donnée une variété projective X de $\mathbb{P}^N$ de dimension n. Soit

$$\mathbf{f_c}(\mathbf{x}) \begin{cases} f_0(\mathbf{x}) & = & \sum_{j=0}^{k_0} c_{0,j}\, \psi_{0,j}(\mathbf{x}) \\ & \vdots & \\ f_n(\mathbf{x}) & = & \sum_{j=0}^{k_n} c_{n,j}\, \psi_{n,j}(\mathbf{x}) \end{cases}$$

un système de $n+1$ équations, où $\mathbf{c} = (c_{i,j})_{i,j}$ sont des paramètres et pour $i = 0,\ldots,n$, les $\psi_{i,j}(\mathbf{x})$ sont des polynômes homogènes de degré d_i et indépendants des paramètres $\mathbf{c}$.

Le problème de l'élimination consiste à trouver des conditions nécessaires (et suffisantes) non triviales sur $\mathbf{c}$ pour que le système $\mathbf{f_c}(\mathbf{x}) = 0$ ait une solution dans X.

Si le nombre d'équations est inférieur ou égal à la dimension de la variété X, $\mathbf{f_c}(\mathbf{x}) = 0$ a toujours des solutions dans X pour toutes les valeurs des coefficients $\mathbf{c}$, donc tout système de ce type a une solution dans X.

5.2.1. Point de vue géométrique. — Supposons que pour tout $i = 0,\ldots,n$, le point $\mathbf{c}_i$ formé des coefficients de f_i est non nul, donc peut être vu comme un élément de $\mathbb{P}^{k_i}$. Le problème de l'élimination qui consite à trouver les $\mathbf{c} = (c_{i,j})$ pour lesquels il existe $\mathbf{x} \in X$ qui satisfait $f_0(\mathbf{x}) = \cdots = f_n(\mathbf{x}) = 0$ se traduit géométriquement par la projection de la variété

$$W_X = \{(\mathbf{c},\mathbf{x}) \in \mathbb{P}^{k_0} \times \cdots \times \mathbb{P}^{k_n} \times X : f_0(\mathbf{x}) = \cdots = f_n(\mathbf{x}) = 0\},$$

dite *variété d'incidence*, sur l'espace des paramètres $\mathbf{c} \in \mathbb{P}^{k_0} \times \cdots \times \mathbb{P}^{k_n}$. Nous avons deux projections naturelles

$$\pi_1 : (\mathbf{c},\mathbf{x}) \in W_X \;\mapsto\; \mathbf{c} \in \mathbb{P}^{k_0} \times \cdots \times \mathbb{P}^{k_n}, \text{ et}$$
$$\pi_2 : (\mathbf{c},\mathbf{x}) \in W_X \;\mapsto\; \mathbf{x} \in X.$$

L'image $\pi_1(W_X)$ est précisément l'ensemble des $\mathbf{c}$ pour lesquels $\mathbf{f_c}(\mathbf{x}) = 0$ a une solution dans X, et $\pi_2(W_X)$ est l'ensemble des solutions de ce système.

En général, la projection d'une variété algébrique affine n'est pas une variété affine, comme le montre l'exemple de l'hyperbole $\{(x,y) \in \mathbb{K}^2 : xy - 1 = 0\}$ qui se projette sur $\mathbb{K} \setminus \{0\}$. Alors que les variétés projectives se projettent sur des variétés projectives (voir [**Har92, Sha74**]). C'est pour cela que X est supposée être une sous-variété de $\mathbb{P}^N$. De plus X est supposée irréductible, car sinon $X = X_1 \cup \ldots \cup X_p$, où les X_i sont des sous-variétés irréductibles de X, et $W_X = W_{X_1} \cup \ldots \cup W_{X_p}$. Il est donc possible de se ramener au cas où X est irréductible.

111

La variété W_X qui est définie par des équations multihomogènes (i.e. homogènes par rapport à $\mathbf{x}$ et par rapport à chaque $\mathbf{c}_i$) est aussi une variété projective (voir exercice 5.7), donc $\pi_1(W_X)$ est une sous-variété de $\mathbb{P}^{k_0} \times \cdots \times \mathbb{P}^{k_n}$.

Définition 5.11. *Si $Z = \pi_1(W_X)$ est une hypersurface, alors son équation (unique à un scalaire près) est appelée le résultant de $f_0, \ldots, f_n$ sur X, et il est noté* $\operatorname{Res}_X(\mathbf{f_c})$ *ou* $\operatorname{Res}_X(f_0, \ldots, f_n)$.

Donc $\operatorname{Res}_X(\mathbf{f_c}) = 0$ est une condition nécessaire et suffisante pour que le système $\mathbf{f_c}(\mathbf{x}) = 0$ ait une solution dans X.

Pour que $Z = \pi_1(W_X)$ soit une hypersurface, nous allons imposer les conditions suivantes :

Conditions 5.12.
   - *Pour tout point $\mathbf{x} \in X$ et pour tout $i = 0, \ldots, n$, $\Gamma_i(\mathbf{x}) = (\psi_{i,j}(\mathbf{x}))_{j=0,\ldots,k_i}$ n'est pas nul.*
   - *Pour des valeurs génériques des paramètres $\mathbf{c}$, le système $\mathbf{f_c}$ n'admet pas de solution dans X.*

La première condition sert à déduire les propriétés de W_X, et la deuxième est nécessaire si on cherche des conditions non triviales pour que le système ait une solution.

Théorème 5.13. *Sous les conditions 5.12, $Z = \pi_1(W_X)$ est une hypersurface, et son équation $\operatorname{Res}_X(\mathbf{f_c})$, définie à un scalaire près, est un polynôme irréductible de $\mathbb{Z}[\mathbf{c}]$.*

Démonstration. Puisque pour tout $\mathbf{x} \in X$ et tout $i = 0, \ldots, n$, $\Gamma_i(\mathbf{x})$ n'est pas nul, $\pi_2^{-1}(\mathbf{x})$ est un sous-espace linéaire de $\mathbb{P}^{k_0} \times \cdots \times \mathbb{P}^{k_n}$ de dimension $\sum_{i=0}^n k_i - n - 1$. D'après le théorème des fibres (voir exercice 5.8), la variété W_X est irréductible et sa dimension est $\sum_{i=0}^n k_i - 1$, donc sa projection $Z = \pi_1(W_X)$ est une variété projective irréductible de dimension au plus $\sum_{i=0}^n k_i - 1$. Soient $U = \{\mathbf{c} \in \mathbb{P}^{k_0} \times \cdots \times \mathbb{P}^{k_n} : \forall \mathbf{x} \in X, \mathbf{f_c}(\mathbf{x}) \neq 0\}$ le complémentaire de Z, et V l'ensemble des paramètres $\mathbf{c}$ pour lesquels le système $f_1 = \cdots = f_n = 0$ a un nombre fini de solutions dans X. Nous avons $U \subset V$, sinon il existerait $\mathbf{c} \in U$ tel que $\mathcal{Z}_X(f_1, \cdots, f_n) = \{\mathbf{x} \in X : f_1(\mathbf{x}) = \cdots = f_n(\mathbf{x}) = 0\}$ serait de dimension au moins 1, et donc $\mathcal{Z}_X(f_0, \cdots, f_n)$ de dimension au moins 0. Puisque le complémentaire de U est de codimension au moins 1, U et V sont denses dans $\mathbb{P}^{k_0} \times \cdots \times \mathbb{P}^{k_n}$.

Considérons le sous-ensemble $W_X \cap (V \times X)$ dense de W_X qui se projette (par π_1) sur $Z \cap V$. Comme pour tout $\mathbf{c} \in Z \cap V$, $\mathcal{Z}_X(f_1, \cdots, f_n)$ est fini, il en est de même pour $\pi_1^{-1}(\mathbf{c}) = \{(\mathbf{c}, \zeta) : \zeta \in \mathcal{Z}_X(f_1, \cdots, f_n) \cap \mathcal{Z}_X(f_0)\}$. D'après le théorème des fibres, W_X et Z sont de même dimension, et Z est une hypersurface de $\mathbb{P}^{k_0} \times \cdots \times \mathbb{P}^{k_n}$. Comme Z est irréductible, son équation $\operatorname{Res}_X(f_0, \ldots, f_n) = 0$ l'est aussi. Par ailleurs, les équations définissant W_X

appartiennent à $\mathbb{Z}[\mathbf{c}, \mathbf{x}]$, en utilisant la procédure d'élimination par un calcul d'une base de Gröbner (voir sous-section 2.6.4), nous montrons que $\mathrm{Res}_X(\mathbf{f_c}) \in \mathbb{Z}[\mathbf{c}]$. □

5.2.2. Matrices du résultant. — Nous allons nous intéresser aux méthodes de calcul du résultant. Celles-ci s'appuient sur la construction de matrices dont les déterminants fournissent le résultant ou un multiple de celui-ci. Ces constructions sont aussi intéressantes, car elles permettent comme nous le verrons plus loin, de résoudre les systèmes polynomiaux.

Ces matrices peuvent être groupées en deux familles, que l'on peut aussi combiner :

- Les matrices de type *Sylvester* qui généralisent la construction de Sylvester (donnée dans la sous-section 5.1.1) au cas multivariable.
- Les matrices de type *Bézout* qui généralisent la construction de Bézout (étudiée dans la sous-section 5.1.2) au cas de plusieurs variables.

Les différentes méthodes de construction de ces matrices sont basées sur le principe suivant : des polynômes h_i dépendant des équations $f_0, \ldots, f_n$ sont construits de manière à s'annuler s'il y a une solution commune à $f_0, \ldots, f_n$ sur X, et la matrice des coefficients des h_i dans la base des monômes est carrée et de déterminant non nul. Les déterminants de ces matrices sont des polynômes en les coefficients $\mathbf{c}$ de $f_0, \ldots, f_n$, qui s'annulent quand la sous-variété $\{\mathbf{x} \in X : f_0(\mathbf{x}) = \cdots = f_n(\mathbf{x}) = 0\}$ est non vide, donc ils sont des multiples du résultant.

Plus précisément, posons $C = \mathbb{Z}[\mathbf{c}]$ et considérons l'application C-linéaire

$$\mathcal{S} : V_0 \times \cdots \times V_m \quad \to \quad V \tag{5.5}$$
$$(g_0, \ldots, g_m) \quad \mapsto \quad g = \sum_{i=1}^{m} g_i h_i,$$

où $V_0, \ldots, V_m, V$ sont des C-modules libres de type fini de $C[\mathbf{x}]$, et pour $i = 0, \ldots, m$, $h_i \in (f_0, \ldots, f_n) C[\mathbf{x}]$.

Soient $\mathbf{v} = (v_1, \ldots, v_N)$ une base de V et $\mathbf{w}$ une base de $V_0 \times \cdots \times V_m$. Supposons que la matrice S de l'application $\mathcal{S}$ dans ces bases est *carrée*.

***Théorème* 5.14.** *Si*

1. *pour tout* $i \in \{1, \ldots, N\}$, v_i *est un polynôme en* $\mathbf{x}$,

2. *il existe un ouvert dense* X^o *de la variété* X *tel que*

$$\forall \, \mathbf{x} \in X^o, (v_1(x), \ldots, v_N(x)) \neq 0,$$

3. *les conditions 5.12 sont satisfaites,*

alors $\Delta(\mathbf{c}) = \det(\mathsf{S})$ *est un multiple de* $\mathrm{Res}_X(f_0, \ldots, f_n)$.

Démonstration. Si la matrice S est toujours de rang $< N$ (i.e. pour toutes les valeurs des paramètres $\mathbf{c}$), son déterminant est nul et le théorème est vrai. Sinon S est génériquement de rang N. Notons

$$Z^o = \{\mathbf{c} \in \mathbb{P}^{k_1} \times \ldots \times \mathbb{P}^{k_n} : \exists\ \mathbf{x} \in X^o, f_0(\mathbf{x}) = \cdots = f_n(\mathbf{x}) = 0\}.$$

Soit $\mathbf{c}_0 \in Z^o$ tel que $\Delta(\mathbf{c}_0) \neq 0$. L'application $\mathcal{S}$ est alors surjective et tout élément v_i de la base $\mathbf{v}$ s'exprime comme combinaison des colonnes de S, c'est-à-dire comme élément de l'idéal engendré par $f_0, \ldots, f_n$. Comme $\mathbf{c}_0 \in Z^o$, il existe une racine commune ζ à $f_0, \ldots, f_n$ dans X^o, et ainsi $v_1(\zeta) = \cdots = v_N(\zeta) = 0$. D'après l'hypothèse 2, $\Delta(\mathbf{c})$ s'annule sur Z^o, donc aussi sur $Z = \overline{Z^o} = \mathcal{Z}(\mathrm{Res}_X(\mathbf{f_c}))$. Puisque Z est irréductible, $\Delta(\mathbf{c})$ est divisible par $\mathrm{Res}_X(\mathbf{f_c})$. $\qquad\qquad\qquad\qquad\qquad\qquad\qquad\qquad\qquad\qquad\qquad\quad\square$

Dans les exemples que nous considérerons, les conditions 1 et 2 sont clairement vérifiées. Par exemple, si $X = \mathbb{P}^n$, X^o sera l'espace affine $\mathbb{K}^n$, les éléments de V seront les monômes en $x_0, \ldots, x_n$ de degré $\nu = \sum_{i=0}^n \deg f_i - n$, et x_0^ν est celui qui ne s'annule pas sur X^o. Dans le cas torique (voir sous-section 5.4), X^o sera l'image par une application monomiale de $(\mathbb{K}^*)^n$ et les éléments de V seront aussi des monômes qui ne s'annulent pas sur X^o.

Remarque 5.15. Lorsque le polynôme $\Delta(\mathbf{c})$ défini dans le théorème 5.14 est non nul, son degré en les coefficients de chaque f_i est supérieur à $\deg_i(\mathrm{Res}_X(\mathbf{f_c}))$. S'il est possible de construire un déterminant $\Delta(\mathbf{c})$ dont le degré par rapport aux coefficients de f_0 est exactement $\deg_0(\mathrm{Res}_X(\mathbf{f_c}))$, en permutant l'ordre des f_i dans cette construction, on peut obtenir $\mathrm{Res}_X(\mathbf{f_c})$ en calculant le pgcd des déterminants $\Delta_i(\mathbf{c})$ correspondants.

5.3. Résultant sur $\mathbb{P}^n$

Nous considérons ici le cas de $X = \mathbb{P}^n$ et de $n + 1$ polynômes homogènes

$$\mathbf{f_c}(\mathbf{x}) \begin{cases} f_0(\mathbf{x}) = \sum_{\alpha_0 + \cdots + \alpha_n = d_0} c_{0,\alpha} x_0^{\alpha_0} \ldots x_n^{\alpha_n} \\ \vdots \\ f_n(\mathbf{x}) = \sum_{\alpha_0 + \cdots + \alpha_n = d_n} c_{n,\alpha} x_0^{\alpha_0} \ldots x_n^{\alpha_n} \end{cases} \qquad (5.6)$$

de degrés respectifs $d_0, \ldots, d_n$. Dans ce cas, $\Gamma_i(\mathbf{x})$ est le vecteur de tous les monômes de degré d_i en $x_0, \ldots, x_n$.

Cette situation classique a été étudiée par Hurwitz, Cayley, Macaulay (voir [**Mac02, Hur95, vdW50, Cay48, Cay65**]).

Les conditions 5.12 sont vérifiées, et d'après le théorème 5.13, $\mathrm{Res}_{\mathbb{P}^n}(\mathbf{f_c}) \in \mathbb{K}[\mathbf{c}]$ est défini, à un scalaire près et il est irréductible. Nous le normalisons en posant $\mathrm{Res}_{\mathbb{P}^n}(\mathbf{f_c}) \in \mathbb{Z}[\mathbf{c}]$ et $\mathrm{Res}_{\mathbb{P}^n}(x_0^{d_0}, \ldots, x_n^{d_n}) = 1$.

Définition 5.16. *Un homomorphisme d'algèbres* $\phi : \mathbb{Z}[\mathbf{c}] \to \mathbb{K}$ *(défini par le choix d'une valeur* $\phi(c_{i,j}) \in \mathbb{K}$ *pour tout* i, j*) est dit une* spécialisation *des coefficients des* f_i *dans le corps* $\mathbb{K}$.

Le résultant $\mathrm{Res}_{\mathbb{P}^n}(\mathbf{f_c})$ vérifie donc la proposition suivante :

Proposition 5.17. *Le système* $f_0 = \cdots = f_n = 0$ *a une solution dans* $\mathbb{P}^n(\overline{\mathbb{K}})$ *pour une spécialisation des coefficients* $f_0, \ldots, f_n$ *dans* $\mathbb{K}$ *si, et seulement si,* $\mathrm{Res}_{\mathbb{P}^n}(f_0, \ldots, f_n) = 0$ *pour cette spécialisation.*

5.3.1. Matrices de Macaulay. — Nous allons étudier la construction de Macaulay [Mac02] permettant de calculer $\mathrm{Res}_{\mathbb{P}^n}(\mathbf{f_c})$. Nous donnons ici une description dans le cas *affine*, c'est-à-dire en substituant x_0 par 1 et en posant $\mathbf{x} = (x_1, \ldots, x_n)$; sa transcription dans le cas homogène se fait facilement.

Soit $\nu = \sum_{i=0}^{n} d_i - n$. L'ensemble $\mathbf{x}^F$ des monômes en $\mathbf{x}$ de degrés au plus ν est de cardinal $N = \binom{\nu+n}{n}$.

Parmi les éléments de $\mathbf{x}^F$, considérons ceux qui sont divisibles par $x_n^{d_n}$, et notons leur ensemble par $x_n^{d_n} \mathbf{x}^{E_n}$. Parmi les monômes de $\mathbf{x}^F$ qui ne sont pas divisibles par $x_n^{d_n}$, considérons ensuite ceux qui sont divisibles par $x_{n-1}^{d_{n-1}}$, et désignons leur ensemble par $x_{n-1}^{d_{n-1}} \mathbf{x}^{E_{n-1}}$. Ainsi de suite, nous construisons les ensembles des exposants $E_n, \ldots, E_1$. Enfin, l'ensemble des monômes de $\mathbf{x}^F$ qui ne sont divisibles par aucun $x_i^{d_i}, i = 1, \ldots, n$, est noté $\mathbf{x}^{E_0}$. Cet ensemble est

$$\mathbf{x}^{E_0} = \{ x_1^{\alpha_1} \ldots x_n^{\alpha_n} \ : \ 0 \leq \alpha_i \leq d_i - 1 \text{ pour } i = 1, \ldots, n \} \ ,$$

et son cardinal est $\prod_{i=1}^{n} d_i$. Par construction, $\mathbf{x}^F$ est la réunion disjointe de $x_n^{d_n} \mathbf{x}^{E_n}, \ldots, x_1^{d_1} \mathbf{x}^{E_1}, \mathbf{x}^{E_0}$.

Pour $A \subset \mathbb{N}^n$, $\langle \mathbf{x}^A \rangle$ désigne l'espace vectoriel engendré par les monômes de $\mathbf{x}^A = \{ \mathbf{x}^\alpha : \alpha \in A \}$. Construisons la matrice $\mathcal{S}$ de l'application

$$\mathcal{S} : \langle \mathbf{x}^{E_0} \rangle \times \cdots \times \langle \mathbf{x}^{E_n} \rangle \ \to \ \langle \mathbf{x}^F \rangle$$

$$(q_0, \ldots, q_n) \ \mapsto \ \sum_{i=0}^{n} q_i f_i,$$

dans les bases monomiales, qui est appelée *matrice de Macaulay*. Elle est indexée par les monômes de $\mathbf{x}^F$ pour les lignes et les monômes de $\mathbf{x}^{E_n} \cup \ldots \cup \mathbf{x}^{E_0}$ pour les colonnes, et elle est bien carrée de taille N.

Remarque 5.18. Il est facile de voir que si $f_0 = 1$, $f_1 = x_1^{d_1}, \ldots, f_n = x_n^{d_n}$ et si les éléments de $\mathbf{x}^{E_0}, \ldots, \mathbf{x}^{E_n}, \mathbf{x}^F$ sont ordonnés convenablement, la matrice $\mathcal{S}$ est l'identité. Donc en particulier, $\det(\mathcal{S})$ est un polynôme en $\mathbf{c}$ non nul.

Proposition 5.19. *Le déterminant de la matrice* $\mathcal{S}$ *est un multiple non nul de* $\mathrm{Res}_{\mathbb{P}^n}(f_0, \ldots, f_n)$*, et son degré en les coefficients de* f_0 *est* $d_1 \ldots d_n$.

Démonstration. Nous déduisons du théorème 5.14, avec $X = \mathbb{P}^n, X^o = \mathbb{K}^n$ et $V = \mathbf{x}^F$, que $\det(\mathsf{S})$ est un multiple du résultant de $f_0, \ldots, f_n$. Et comme le nombre de monômes dans E_0 est $d_1 \ldots d_n$ et que $\det(\mathsf{S})$ n'est pas nul, $\mathrm{Res}_{\mathbb{P}^n}(\mathbf{f_c})$ est bien de degré $d_1 \ldots d_n$ en les coefficients de f_0. □

Exemple 5.20. *Considérons 3 coniques de $\mathbb{P}^2$ (en posant $x_0 = 1$),*

$$f_0 = c_{0,0} + c_{0,1}x_1 + c_{0,2}x_2 + c_{0,3}x_1{}^2 + c_{0,4}x_1x_2 + c_{0,5}x_2{}^2$$
$$f_1 = c_{1,0} + c_{1,1}x_1 + c_{1,2}x_2 + c_{1,3}x_1{}^2 + c_{1,4}x_1x_2 + c_{1,5}x_2{}^2$$
$$f_2 = c_{2,0} + c_{2,1}x_1 + c_{2,2}x_2 + c_{2,3}x_1{}^2 + c_{2,4}x_1x_2 + c_{2,5}x_2{}^2.$$

L'entier $\nu = 4$, et il y a 15 monômes de degrés au plus 4 en x_1, x_2,

$$\{1, x_1, x_2, x_1\,x_2, x_1^2, x_1^3, x_1^2x_2, x_1^3x_2, x_1^4, x_2^2, x_1x_2^2, x_2^3, x_1x_2^3, x_1^2x_2^2, x_2^4\}.$$

Ici nous avons $E_2 = \{1, x_1, x_2, x_1x_2, x_1^2, x_2^2\}, E_1 = \{1, x_1, x_2, x_1x_2, x_1^2\}, E_0 = \{1, x_1, x_2, x_1x_2\}$, et la matrice S est

$$
\left(
\begin{array}{cccc|ccccc|cccccc}
c_{0,0} & 0 & 0 & 0 & c_{1,0} & 0 & 0 & 0 & 0 & c_{2,0} & 0 & 0 & 0 & 0 & 0 \\
c_{0,1} & c_{0,0} & 0 & 0 & c_{1,1} & c_{1,0} & 0 & 0 & 0 & c_{2,1} & c_{2,0} & 0 & 0 & 0 & 0 \\
c_{0,2} & 0 & c_{0,0} & 0 & c_{1,2} & 0 & c_{1,0} & 0 & 0 & c_{2,2} & 0 & c_{2,0} & 0 & 0 & 0 \\
c_{0,4} & c_{0,2} & c_{0,1} & c_{0,0} & c_{1,4} & c_{1,2} & c_{1,1} & c_{1,0} & 0 & c_{2,4} & c_{2,2} & c_{2,1} & c_{2,0} & 0 & 0 \\
c_{0,3} & c_{0,1} & 0 & 0 & c_{1,3} & c_{1,1} & 0 & 0 & c_{1,0} & c_{2,3} & c_{2,1} & 0 & 0 & c_{2,0} & 0 \\
0 & c_{0,3} & 0 & 0 & 0 & c_{1,3} & 0 & 0 & c_{1,1} & 0 & c_{2,3} & 0 & 0 & c_{2,1} & 0 \\
0 & c_{0,4} & c_{0,3} & c_{0,1} & 0 & c_{1,4} & c_{1,3} & c_{1,1} & c_{1,2} & 0 & c_{2,4} & c_{2,3} & c_{2,1} & c_{2,2} & 0 \\
0 & 0 & 0 & c_{0,3} & 0 & 0 & 0 & c_{1,3} & c_{1,4} & 0 & 0 & 0 & c_{2,3} & c_{2,4} & 0 \\
0 & 0 & 0 & 0 & 0 & 0 & 0 & 0 & c_{1,3} & 0 & 0 & 0 & 0 & c_{2,3} & 0 \\
c_{0,5} & 0 & c_{0,2} & 0 & c_{1,5} & 0 & c_{1,2} & 0 & 0 & c_{2,5} & 0 & c_{2,2} & 0 & 0 & c_{2,0} \\
0 & c_{0,5} & c_{0,4} & c_{0,2} & 0 & c_{1,5} & c_{1,4} & c_{1,2} & 0 & 0 & c_{2,5} & c_{2,4} & c_{2,2} & 0 & c_{2,1} \\
0 & 0 & c_{0,5} & 0 & 0 & 0 & c_{1,5} & 0 & 0 & 0 & 0 & c_{2,5} & 0 & 0 & c_{2,2} \\
0 & 0 & 0 & c_{0,5} & 0 & 0 & 0 & c_{1,5} & 0 & 0 & 0 & 0 & c_{2,5} & 0 & c_{2,4} \\
0 & 0 & 0 & c_{0,4} & 0 & 0 & 0 & c_{1,4} & c_{1,5} & 0 & 0 & 0 & c_{2,4} & c_{2,5} & c_{2,3} \\
0 & 0 & 0 & 0 & 0 & 0 & 0 & 0 & 0 & 0 & 0 & 0 & 0 & 0 & c_{2,5} \\
\end{array}
\right).
$$

Cette matrice est divisée en 3 blocs de tailles $4, 5, 6$, dépendant respectivement des coefficients de f_0, f_1, f_2. Aucun terme de la diagonale de S n'est nul, et le déterminant de cette matrice est un polynôme de degré total 15, contenant 37490 monômes, et son degré en les coefficients de f_0 est 4.

Proposition 5.21. *Pour tout $i \in \{0, \ldots, n\}$, le degré de $\mathrm{Res}_{\mathbb{P}^n}(\mathbf{f_c})$ en les coefficients de f_i est $\prod_{j \neq i} d_j$.*

Démonstration. Nous montrons la proposition pour $i = 0$ et la déduisons par analogie pour $i = 1, \ldots, n$. D'après la proposition 5.19, $\deg_0(\mathrm{Res}_{\mathbb{P}^n}(\mathbf{f_c}))$ est au plus $D_0 = \prod_{i=1}^n d_i$. En spécialisant $\mathrm{Res}_{\mathbb{P}^n}(\mathbf{f_c})$ pour le système

$$f_0 = x_0^{d_0-1}(u_0x_0 + \cdots + u_nx_n) \ , \quad f_1 = x_1^{d_1} - x_0^{d_1} \ , \quad \ldots , \quad f_n = x_n^{d_n} - x_0^{d_n},$$

où les u_i sont des paramètres, nous obtenons un polynôme $R(u_0, \ldots, u_n)$ non nul, et qui s'annule sur les D_0 hyperplans : $u_0 + u_1\xi_1 + \cdots + u_n\xi_n$, où ξ_i désigne une racine $d_i^{ième}$ de l'unité. Le polynôme R (et donc $\mathrm{Res}_{\mathbb{P}^n}(\mathbf{f_c})$) est au moins de degré D_0 en f_0, et par suite $\deg_0(\mathrm{Res}_{\mathbb{P}^n}(\mathbf{f_c})) = D_0$. $\hfill \square$

Ceci permet d'obtenir le résultant $\mathrm{Res}_{\mathbb{P}^n}(\mathbf{f_c})$, comme pgcd des déterminants des différentes matrices de Macaulay dans lesquelles on change l'ordre des polynômes $f_0, \dots, f_n$.

Algorithme 5.22. CALCUL DU RÉSULTANT SUR $\mathbb{P}^n$.

ENTRÉE : $f_0, \dots, f_n$ des polynômes à coefficients indéterminés.
-- Pour $i = 0, \dots, n$, calculer le déterminant Δ_i de la matrice de Macaulay associé à $(f_i, \dots, f_n, f_0, \dots, f_{i-1})$.
-- Calculer le $\mathrm{pgcd}(\Delta_0, \dots, \Delta_n) = \mathrm{Res}_{\mathbb{P}^n}(f_0, \dots, f_n)$.
SORTIE : $\mathrm{Res}_{\mathbb{P}^n}(f_0, \dots, f_n)$.

La construction précédente faite en degré ν, peut s'étendre à un degré $s \geq \nu$. Pour cela, posons

$$
\begin{cases}
\mathbf{x}^{E_i^{[s]}} = \{\mathbf{x}^\alpha : |\alpha| = s - d_i \text{ et } \alpha_j < d_j \text{ pour } j > i\}, \\
\mathbf{x}^{F^{[s]}} = \{\mathbf{x}^\beta : |\beta| = s\},
\end{cases}
$$

et considérons l'application

$$
\mathcal{S}^{[s]} : \langle \mathbf{x}^{E_0^{[s]}} \rangle \times \cdots \times \langle \mathbf{x}^{E_n^{[s]}} \rangle \;\; \rightarrow \;\; \langle \mathbf{x}^{F^{[s]}} \rangle \tag{5.7}
$$

$$
(q_0, \dots, q_n) \;\; \mapsto \;\; \sum_{i=0}^{n} q_i \, f_i.
$$

La matrice de $\mathcal{S}^{[s]}$ dans les bases monomiales est notée $\mathsf{S}^{[s]}$.

Proposition 5.23. *Pour $s \geq \nu = \sum_{i=0}^n d_i - n$, le déterminant de $\mathsf{S}^{[s]}$ est un polynôme non nul, qui est divisible par $\mathrm{Res}_{\mathbb{P}^n}(f_0, \dots, f_n)$, et son degré en les coefficients de f_0 est $\prod_{i=1}^n d_i$.*

Démonstration. Le lecteur pourra faire la preuve en exercice en s'inspirant du cas $s = \nu$ et en utilisant le théorème 5.14. $\hfill \square$

Corollaire 5.24. *Pour $s \geq \nu = \sum_{i=0}^n d_i - n$,*

$$
\det(\mathsf{S}^{[s]}) = \mathrm{Res}_{\mathbb{P}^n}(f_0, \dots, f_n)\Delta^{[s]}(f_1, \dots, f_n),
$$

où $\Delta^{[s]}(f_1, \dots, f_n)$ est un polynôme en les coefficients de $f_1, \dots, f_n$.

Démonstration. Ce corollaire provient de la proposition 5.23 et du fait que $\det(\mathsf{S}^{[s]})$ et $\mathrm{Res}_{\mathbb{P}^n}(f_0, \dots, f_n)$ ont le même degré en les coefficients de f_0. $\hfill \square$

5.3.2. Multiplicativité du résultant. —

Proposition 5.25. *Supposons que* $f_0 = g_0 h_0$, *où* g_0 *et* h_0 *sont des polynômes. Alors*

$$\mathrm{Res}_{\mathbb{P}^n}(g_0 h_0, f_1, \ldots, f_n) = \mathrm{Res}_{\mathbb{P}^n}(g_0, f_1, \ldots, f_n)\mathrm{Res}_{\mathbb{P}^n}(h_0, f_1, \ldots, f_n).$$

Démonstration. Notons $\mathbf{a}_0$ (resp. $\mathbf{b}_0$) les coefficients de g_0 (resp. h_0), et R le polynôme de $C = \mathbb{K}[\mathbf{a}_0, \mathbf{b}_0, \mathbf{c}_1, \ldots, \mathbf{c}_n]$ obtenu en substituant f_0 par $g_0 h_0$ dans $\mathrm{Res}_{\mathbb{P}^n}(\mathbf{f_c})$. Pour toute spécialisation des coefficients de g_0 (resp. h_0), $f_1, \ldots, f_n$ dans $\mathbb{K}$ pour laquelle ces polynômes aient un racine commune dans $\mathbb{P}^n(\overline{\mathbb{K}})$, $R = 0$. Le polynôme R s'annule donc quand les polynômes irréductibles $R_1 = \mathrm{Res}_{\mathbb{P}^n}(g_0, f_1, \ldots, f_n)$ et $R_2 = \mathrm{Res}_{\mathbb{P}^n}(h_0, f_1, \ldots, f_n)$ s'annulent. D'après le théorème des zéros de Hilbert, R_1 et R_2 divisent R. Comme R_1 et R_2 sont irréductibles, $R = \lambda R_1 R_2$ avec $\lambda \in C$. En comparant les degrés de $R_1 R_2$ et de $\mathrm{Res}_{\mathbb{P}^n}(\mathbf{f_c})$ par rapport aux coefficients des f_i (proposition 5.21), nous déduisons que λ est constant. En spécialisant $g_0 = x_0^{n_0}$, $h_0 = x_0^{m_0}$, $f_1 = x_1^{d_1}, \ldots, f_n = x_n^{d_n}$, on trouve $\lambda = 1$. $\square$

5.3.3. Zéros à l'infini. —

Pour tout $h \in S := \mathbb{K}[x_0, \ldots, x_n]$, notons $h^\top$ le polynôme $h(0, x_1, \ldots, x_n)$.

Proposition 5.26. *Nous avons* $\mathrm{Res}_{\mathbb{P}^n}(x_0, f_1, \ldots, f_n) = \mathrm{Res}_{\mathbb{P}^{n-1}}(f_1^\top, \ldots, f_n^\top)$.

Démonstration. $\mathrm{Res}_{\mathbb{P}^n}(x_0, f_1, \ldots, f_n)$ s'annule si la variété de $\mathbb{P}^{n-1}$ définie par $f_1^\top, \ldots, f_n^\top$ est non vide, donc il est divisible par $\mathrm{Res}_{\mathbb{P}^{n-1}}(f_1^\top, \ldots, f_n^\top)$. Comme les degrés de ces deux résultants par rapport aux coefficients de chaque $f_i, i = 1, \ldots, n$, sont les mêmes $\mathrm{Res}_{\mathbb{P}^n}(x_0, f_1, \ldots, f_n) = c\,\mathrm{Res}_{\mathbb{P}^{n-1}}(f_1^\top, \ldots, f_n^\top)$, avec $c \in \mathbb{K} \setminus \{0\}$. En spécialisant f_i en $x_i^{d_i}, i = 1, \ldots, n$, on déduit que $c = 1$. $\square$

5.3.4. Théorème de Macaulay. —

Pour $m \in \mathbb{N}$, notons S_m l'espace vectoriel engendré par les monômes en $x_0, \ldots, x_n$ de degré m. Pour $i = 0, \ldots, n, d_i = \deg f_i$, et $\nu = \sum_{i=0}^n d_i - n$. Considérons l'application $\mathbb{K}$-linéaire

$$\begin{aligned} \mathcal{S} : S_{\nu - d_0} \times \cdots \times S_{\nu - d_n} &\to S_\nu \\ (q_0, \ldots, q_n) &\mapsto q_0 f_0 + \cdots + q_n f_n \end{aligned}$$

qui est la première application du complexe de Koszul en degré ν.

Théorème 5.27. *L'application* $\mathcal{S}$ *est surjective si, et seulement si, le résultant* $\mathrm{Res}_{\mathbb{P}^n}(\mathbf{f_c})$ *n'est pas nul.*

Démonstration. Si $\mathcal{S}$ est surjective, alors pour tout $i = 0, \ldots, n, x_i^\nu$ appartient à l'idéal engendré par $f_0, \ldots, f_n$. Donc le système $f_0 = \ldots = f_n = 0$ n'a pas de solution dans $\mathbb{P}^n$, et d'après la proposition 5.17, $\mathrm{Res}_{\mathbb{P}^n}(\mathbf{f_c}) \neq 0$.

Réciproquement, supposons que la variété projective définie par $f_0, \ldots, f_n$ soit vide. D'après la proposition 3.57, le complexe de Koszul est exact. Plaçons-nous en degré ν et calculons la dimension de l'image de $\mathcal{S}$. Cette dimension est donnée par une somme alternée de coefficients binomiaux, ne dépendant que des degrés des f_i. Elle peut donc être calculée en considérant la spécialisation $f_0 = x_0^{d_0}, \ldots, f_n = x_n^{d_n}$. Dans ce cas, tout monôme de degré ν est divisible par au moins un $x_i^{d_i}$ et $\mathcal{S}$ est surjective. Comme cette dimension est la même, l'application $\mathcal{S}$ est bien surjective. □

5.3.5. Théorème de Bézout. — Nous montrons ici le théorème classique dit de Bézout, qui a été démontré par ce dernier dans le cas de deux variables [**Béz79**]. Pour cela, nous donnons un premier résultat (également appelé théorème de Macaulay, voir section 3.3). L'anneau $\mathbb{K}[\mathbf{x}]$ est muni de la graduation par le degré (voir section 2.2).

Proposition 5.28. *Soient $f_1, \ldots, f_n \in \mathbb{K}[\mathbf{x}]$, et supposons que le résultant $\mathrm{Res}_{\mathbb{P}^{n-1}}(\mathsf{t}(f_1), \ldots, \mathsf{t}(f_n)) \neq 0$. Alors $\{f_1, \ldots, f_n\}$ est une Γ-base de l'idéal $I = (f_1, \ldots, f_n)$.*

Démonstration. Décomposons f_i en $f_i = \mathsf{t}(f_i) - r_i$. Nous allons montrer que l'idéal $\mathsf{t}(I)$ est engendré par $\mathsf{t}(f_1), \ldots, \mathsf{t}(f_n)$. Sinon, soit $h \in I$ tel que $\mathsf{t}(h) \notin (\mathsf{t}(f_1), \ldots, \mathsf{t}(f_n))$. Il existe alors $h_1, \ldots, h_n \in \mathbb{K}[\mathbf{x}]$ tels que

$$h = \sum_{i=1}^{n} h_i \, f_i = \sum_{i=1}^{n} h_i \, \mathsf{t}(f_i) - \sum_{i=1}^{n} h_i \, r_i.$$

Notons m le plus petit indice tel que $h_m \, \mathsf{t}(f_m)$ soit de degré maximum δ dans la décomposition précédente. Parmi tous les polynômes $h \in I$ tels que $\mathsf{t}(h) \notin (\mathsf{t}(f_1), \ldots, \mathsf{t}(f_n))$, choisissons h tel que δ soit le plus petit possible (et pour ce degré, m soit le plus grand possible).

Comme $\mathsf{t}(h) \notin (\mathsf{t}(f_1), \ldots, \mathsf{t}(f_n))$, nous avons $\sum_{i=m}^{n} \mathsf{t}(h_i) \, \mathsf{t}(f_i) = 0$. Les termes $\mathsf{t}(f_1), \ldots, \mathsf{t}(f_n)$ n'ont pas de zéro dans $\mathbb{P}^{n-1}$, donc le complexe de Koszul associé est exact. Nous en déduisons que $\mathsf{t}(h_m) \in (\mathsf{t}(f_{m+1}), \ldots, \mathsf{t}(f_n))$. Il existe des polynômes homogènes a_i, $i = m+1, \ldots, n$, vérifiant $\mathsf{t}(h_m) = \sum_{i=m+1}^{n} a_i \, \mathsf{t}(f_i)$. Par suite,

$$h = \sum_{i=1}^{n} h_i \, f_i - \sum_{i=m+1}^{n} f_i a_i f_m + \sum_{i=m+1}^{n} f_i a_i f_m$$

$$= \sum_{i=1}^{m-1} h_i \, f_i + (h_m - \sum_{i=m+1}^{n} a_i \, f_i) f_m + \sum_{i=m+1}^{n} (h_i + a_i \, f_m) \, f_i.$$

Nous avons réécrit h sous la forme $h = \sum_{i=1}^{n} \tilde{h}_i \, f_i$, avec

- soit $\max_i \deg(\tilde{h}_i f_i)$ est plus petit que δ,
- soit le premier indice où ce maximum est atteint, est plus grand que m.

Ceci contredit l'hypothèse faite sur h, et donc $\mathsf{t}(I) = (\mathsf{t}(f_1), \ldots, \mathsf{t}(f_n))$. $\square$

Corollaire 5.29. *Si* $\operatorname{Res}_{\mathbb{P}^{n-1}}(\mathsf{t}(f_1), \ldots, \mathsf{t}(f_n)) \neq 0$, *alors les deux* $\mathbb{K}$-*espaces vectoriels* $\mathbb{K}[\mathbf{x}]/(\mathsf{t}(f_1), \ldots, \mathsf{t}(f_n))$ *et* $\mathbb{K}[\mathbf{x}]/(f_1, \ldots, f_n)$ *sont isomorphes.*

Démonstration. Ce corollaire provient de la proposition 2.12. $\square$

Ce résultat peut s'interpréter géométriquement en terme d'une déformation. En effet, posons pour $t \in [0,1], g_i = f_i^h(t, x_1, \ldots, x_n), i = 1, \ldots, n$, où f_i^h désigne le polynôme homogénéisé de f_i, et $\mathcal{A}_t$ l'algèbre $\mathbb{K}[\mathbf{x}]/(g_1, \ldots, g_n)$. Nous avons $\mathcal{A}_0 = \mathbb{K}[\mathbf{x}]/(\mathsf{t}(f_1), \ldots, \mathsf{t}(f_n))$, et $\mathcal{A}_1 = \mathbb{K}[\mathbf{x}]/(f_1, \ldots, f_n)$. En faisant varier t entre 0 et 1, nous passons « continuement » de $\mathcal{A}_0$ à $\mathcal{A}_1$, et $\dim_{\mathbb{K}} \mathcal{A}_0 = \dim_{\mathbb{K}} \mathcal{A}_1$.

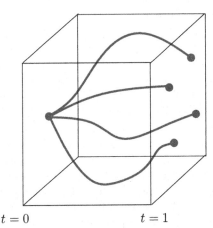

$t = 0$ $t = 1$

FIGURE 5.1. Deformation et suivi de racines.

Exemple 5.30. *Considérons* $f_1 = x_1^2 + x_2^2 - x_1, f_2 = x_1^2 - x_2^2 - x_2$. *Nous avons* $\mathsf{t}(f_1) = x_1^2 + x_2^2, \mathsf{t}(f_2) = x_1^2 - x_2^2$, *et* $\mathsf{t}(I) = (x_1^2, x_2^2)$. *Une base de l'espace vectoriel* $\mathbb{K}[x_1, x_2]/\mathsf{t}(I)$ *(et de* $\mathbb{K}[x_1, x_2]/I$*) est* $\{1, x_1, x_2, x_1 x_2\}$. *Les matrices de multiplication par* x_1 *et par* x_2 *modulo* $g_i = f_i(t, x_1, x_2), i = 1, 2$, *sont*

$$
\mathrm{M}_{x_1} = \begin{pmatrix} 0 & 0 & 0 & 0 \\ 1 & 0 & \frac{1}{2}t & \frac{1}{4}t^2 \\ 0 & 0 & \frac{1}{2}t & -\frac{1}{4}t^2 \\ 0 & 1 & 0 & \frac{1}{2}t \end{pmatrix} \quad , \quad \mathrm{M}_{x_2} = \begin{pmatrix} 0 & 0 & 0 & 0 \\ 0 & 0 & \frac{1}{2}t & \frac{1}{4}t^2 \\ 1 & 0 & -\frac{1}{2}t & \frac{1}{4}t^2 \\ 0 & 1 & 0 & -\frac{1}{2}t \end{pmatrix} .
$$

Leurs coefficients sont des fonctions (polynomiales) continues de t sur $[0,1]$.

Théorème 5.31. *Soient $f_1,\ldots,f_n$ des polynômes de $\mathbb{K}[x_1,\ldots,x_n]$ sans zéro à l'infini. Alors $\dim_{\mathbb{K}}(\mathcal{A}) = \prod_{i=1}^{n} d_i$.*

Démonstration. Comme $\mathrm{Res}_{\mathbb{P}^{n-1}}(\mathsf{t}(f_1),\ldots,\mathsf{t}(f_n)) \neq 0$, d'après la proposition 3.57, le complexe de Koszul est exact et la dimension de l'espace vectoriel $\mathcal{A}_0 = \mathbb{K}[\mathbf{x}]/(\mathsf{t}(f_1),\ldots,\mathsf{t}(f_n))$ ne dépend que des degrés de $\mathsf{t}(f_1),\ldots,\mathsf{t}(f_n)$. En calculant cette dimension pour $\mathsf{t}(f_i) = x_i^{d_i}, i = 1,\ldots,n$, nous obtenons $\dim_{\mathbb{K}}(\mathcal{A}_0) = \prod_{i=1}^{n} d_i$, et nous déduisons du corollaire 5.29, que $\dim_{\mathbb{K}}(\mathcal{A}) = \prod_{i=1}^{n} d_i$. □

Rappelons que d'après le théorème 4.13, $\dim_{\mathbb{K}} \mathcal{A}$ est exactement le nombre de zéros communs à $f_1,\ldots,f_n$.

Corollaire 5.32. *Soient $f_1,\ldots,f_n$ des polynômes homogènes de $\mathbb{K}[x_0,\ldots,x_n]$ ayant un nombre fini de zéros dans $\mathbb{P}^n$. Alors ce nombre de zéros (comptés avec multiplicités) est $\prod_{i=1}^{n} \deg(f_i)$.*

Démonstration. Quitte à faire une changement linéaire de variables, supposons que les f_i n'ont pas de zéro commun à l'infini et appliquons le théorème 5.31. □

5.3.6. Structure des matrices de résultant. — Intéressons-nous à la taille des matrices de résultant. Le tableau suivant donne la taille des matrices de Macaulay pour une forme linéaire f_0 et des polynômes $f_1,\ldots,f_n$ en n variables de degré d, et la borne de Bézout d^n (qui majore le nombre de solutions du système $f_1 = \cdots = f_n = 0$).

$n\backslash d$	2	3	4	5	6	7
2	4	9	16	25	36	49
	10	21	36	55	78	105
3	8	27	64	125	216	343
	35	120	286	560	969	1540
4	16	81	256	625	1296	2401
	126	715	2380	5985	12650	23751
5	32	243	1024	3125	7776	16807
	462	4368	20349	65780	169911	376992
6	64	729	4096	15625	46656	117649
	1716	27132	177100	736281	2324784	6096454
7	128	2187	16384	78125	279936	823543
	6435	170544	1560780	8347680	32224114	99884400
8	256	6561	65536	390625	1679616	5764801
	24310	1081575	13884156	95548245	450978066	1652411475
9	512	19683	262144	1953125	10077696	40353607
	92378	6906900	124403620	1101716330	6358402050	27540584512
10	1024	59049	1048576	9765625	60466176	282475249
	352716	44352165	1121099408	12777711870	90177170226	461738052776

Ce tableau montre que les tailles des matrices de résultant sont très grandes pour des petites valeurs de d et n. Par conséquent, l'application de ces outils est limitée. Cependant, ces matrices sont structurées et creuses (voir [**MPR03**]).

comme le montre la figure 5.2. Le développement actuel de méthodes per-

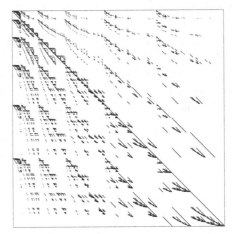

FIGURE 5.2. Matrice de Macaulay pour 6 quadriques dans $\mathbb{P}^5$.

formantes pour les matrices creuses permet de traiter en un temps raison-
nable des matrices de taille 10^5, ceci relance l'intérêt de cette approche (voir
[**BMP98, MP98**]).

Nous décrivons ici une structure par blocs, qui résulte de l'analyse des degrés
des polynômes dans la matrice $\mathsf{S}^{[s]}$ de la construction (5.7) de la sous-section
5.3.1. Cette matrice se décompose sous la forme

$$\mathsf{S}^{[s]} = \left(\begin{array}{c|c} \mathsf{A} & \mathsf{B} \\ \hline \mathsf{C} & \mathsf{D} \end{array} \right), \tag{5.8}$$

où les colonnes de $\left(\begin{array}{c} \mathsf{A} \\ \mathsf{C} \end{array} \right)$ représentent les multiples de f_0 et celles de $\left(\begin{array}{c} \mathsf{B} \\ \mathsf{D} \end{array} \right)$
ceux de $f_1, \ldots, f_n$. Les lignes de $(\ \mathsf{A}\ \ \mathsf{B}\ )$ sont indexées par les monômes
$x_0^{d_0} \mathbf{x}^{E_0^{[s]}}$. Nous reviendrons sur cette structure un peu plus loin.

Intéressons-nous à la structure du bloc $\mathsf{T}^{[s]} = \left(\begin{array}{c} \mathsf{B} \\ \mathsf{D} \end{array} \right)$. Pour $i = 1, \ldots, d_0 - 1$,
notons $\mathbf{x}^{F_i^{[s]}}$ l'ensemble des monômes de $\mathbf{x}^{F^{[s]}}$ de degré i en x_0 et

$$\mathbf{x}^{F_+^{[s]}} = \mathbf{x}^{F^{[s]}} \setminus (\cup_{i=0}^{d_0-1} \mathbf{x}^{F_i^{[s]}} \cup x_0^{d_0} \mathbf{x}^{E_0}).$$

Les monômes de $\mathbf{x}^{F_+^{[s]}}$ sont donc divisibles par $x_0^{d_0}$. Notons $L_i^{[s]}$ le sous-espace
vectoriel de $\langle \mathbf{x}^{E_1^{[s]}} \rangle \times \cdots \times \langle \mathbf{x}^{E_n^{[s]}} \rangle$ des éléments de la forme $x_0^i (\tilde{q}_1, \ldots, \tilde{q}_n)$, où

les $\tilde{q}_i$ ne dépendent que de $x_1, \ldots, x_n$ et $L_+^{[s]}$ une base complémentaire de celle de $L_0^{[s]} + \cdots + L_{d_0-1}^{[s]}$. Nous avons alors la décomposition de $\mathsf{T}^{[s]}$ suivant les puissances *décroissantes* de x_0 :

$$
\mathsf{T}^{[s]} =
\begin{array}{c}
\\
x_0^{d_0}\mathbf{x}^{E_0} \\[4pt]
F_+^{[s]} \\[4pt]
F_{d_0-1}^{[s]} \\
\vdots \\
F_0^{[s]}
\end{array}
\begin{array}{cccc}
L_+^{[s]} & L_{d_0-1}^{[s]} & \cdots & L_0^{[s]} \\
\end{array}
\left(
\begin{array}{c|ccc}
\mathsf{U}_+ & \mathsf{U}_{d_0-1} & \cdots & \mathsf{U}_0 \\
\hline
\mathsf{V}_+ & \mathsf{V}_{d_0-1} & \cdots & \mathsf{V}_0 \\
& \mathsf{S}_{d_0-1,d_0-1}^{[s]} & \cdots & \mathsf{S}_{d_0-1,0}^{[s]} \\
& & \ddots & \vdots \\
& \mathbf{0} & & \mathsf{S}_{0,0}^{[s]}
\end{array}
\right).
\tag{5.9}
$$

Avec ces notations, $\mathsf{B} = (\mathsf{U}_+\ \mathsf{U}_{d_0-1}\ \cdots\ \mathsf{U}_0)$.

Les blocs $\mathsf{S}_{i,i}^{[s]}$ ne font intervenir que les coefficients des $f_i^\top$ (la composante de degré 0 en x_0 dans f_i).

Lemme 5.33. *Pour $i = 0, \ldots, d_0 - 1$, nous avons $\mathsf{S}_{i,i}^{[s]} = \mathsf{S}^{[s-i]}(f_1^\top, \ldots, f_n^\top)$.*

Démonstration. Pour $i = 0, \ldots, d_0 - 1$, les monômes de $F_i^{[s]}$ sont de la forme $x_0^i \mathbf{x}^\beta$ avec $|\beta| = s - i$ et $\mathbf{x}^\beta$ ne dépend que de $x_1, \ldots, x_n$. Comme $s - i \geq \nu = \sum_{j=1}^n d_j - n$, $\mathbf{x}^\beta$ est divisible par au moins un $x_j^{d_j}$, $j = 1 \ldots, n$. Soit j_0 l'indice maximal d'un tel $x_j^{d_j}$. Nous avons une décomposition unique $\mathbf{x}^\beta = x_{j_0}^{d_{j_0}}\mathbf{x}^\alpha$, avec $\alpha_j < d_j$ pour $j > j_0$, et nous en déduisons que $\mathbf{x}^\alpha \in E_{j_0}^{[s-i]}$. Les coefficients de $\mathsf{S}_{i,i}^{[s]}$ ne dépendent que de $f_1^\top, \ldots, f_n^\top$, et cette matrice correspond donc à la matrice de Macaulay de $f_1^\top, \ldots, f_n^\top$ en degré $s - i$. $\qquad\square$

Exemple 5.34. *Soient*

$$
\begin{aligned}
f_1 &= x_1^2 - x_1 x_2 + x_2^2 + x_1 + x_2 + 1, \\
f_2 &= 2x_1^2 + 2x_1 x_2 + 2x_2^2 + 2x_1 - 2x_2 + 2.
\end{aligned}
$$

La matrice S associée à une forme linéaire générique f_0 et f_1, f_2 est

```
S:=mresultant([u[0]+u[1]*x[1]+u[2]*x[2],f1,f2],[x[1],x[2]]):
```

L'ensemble des monômes qui indexent la matrice S est

$$
\mathbf{x}^F = \{1, x_2, x_1, x_1 x_2, x_1 x_2{}^2, x_2{}^3, x_1{}^3, x_1{}^2 x_2, x_2{}^2, x_1{}^2\}.
$$

Comme $d_0 = 1$, *et* $F_0 = \{x_1{}^3, x_1{}^2 x_2, x_1 x_2{}^2, x_2{}^3\}$, *nous obtenons*

$$
S = \left(
\begin{array}{cccc|cc|cccc}
u_0 & 0 & 0 & 0 & 1 & 2 & 0 & 0 & 0 & 0 \\
u_1 & u_0 & 0 & 0 & 1 & 2 & 1 & 0 & 2 & 0 \\
u_2 & 0 & u_0 & 0 & 1 & -2 & 0 & 1 & 0 & 2 \\
0 & u_2 & u_1 & u_0 & -1 & 2 & 1 & 1 & -2 & 2 \\
\hline
0 & u_1 & 0 & 0 & 1 & 2 & 1 & 0 & 2 & 0 \\
0 & 0 & u_2 & 0 & 1 & 2 & 0 & 1 & 0 & -2 \\
\hline
0 & 0 & 0 & 0 & 0 & 0 & 1 & 0 & 2 & 0 \\
0 & 0 & 0 & u_1 & 0 & 0 & -1 & 1 & 2 & 2 \\
0 & 0 & 0 & u_2 & 0 & 0 & 1 & -1 & 2 & 2 \\
0 & 0 & 0 & 0 & 0 & 0 & 0 & 1 & 0 & 2
\end{array}
\right).
$$

Ainsi,

$$
A = \left(
\begin{array}{cccc}
u_0 & 0 & 0 & 0 \\
u_1 & u_0 & 0 & 0 \\
u_2 & 0 & u_0 & 0 \\
0 & u_2 & u_1 & u_0
\end{array}
\right), \quad
B = \left(
\begin{array}{cccccc}
1 & 2 & 0 & 0 & 0 & 0 \\
1 & 2 & 1 & 0 & 2 & 0 \\
1 & -2 & 0 & 1 & 0 & 2 \\
-1 & 2 & 1 & 1 & -2 & 2
\end{array}
\right),
$$

$$
C = \left(
\begin{array}{cccc}
0 & u_1 & 0 & 0 \\
0 & 0 & 0 & 0 \\
0 & 0 & 0 & 0 \\
0 & 0 & 0 & u_1 \\
0 & 0 & 0 & u_2 \\
0 & 0 & 0 & 0
\end{array}
\right), \quad
D = \left(
\begin{array}{cccccc}
1 & 2 & 1 & 0 & 2 & 0 \\
1 & 2 & 0 & 1 & 0 & -2 \\
0 & 0 & 1 & 0 & 2 & 0 \\
0 & 0 & -1 & 1 & 2 & 2 \\
0 & 0 & 1 & -1 & 2 & 2 \\
0 & 0 & 0 & 1 & 0 & 2
\end{array}
\right),
$$

$$
V_0 = \left(
\begin{array}{cccc}
1 & 0 & 2 & 0 \\
0 & 1 & 0 & -2
\end{array}
\right), \quad
V_+ = \left(
\begin{array}{cc}
1 & 2 \\
1 & 2
\end{array}
\right), \quad
S_{0,0}^{[3]} = \left(
\begin{array}{cccc}
1 & 0 & 2 & 0 \\
-1 & 1 & 2 & 2 \\
1 & -1 & 2 & 2 \\
0 & 1 & 0 & 2
\end{array}
\right).
$$

La matrice $S_{0,0}^{[3]}$ *est bien celle associée à* $f_1^\top = x_1{}^2 - x_2 x_1 + x_2{}^2$, $f_2^\top = 2 x_1{}^2 + 2 x_1 x_2 + 2 x_2{}^2$.

5.3.7. Matrice de multiplication. — Reprenons la construction de la matrice S donnée dans la sous-section 5.3.1, pour des polynômes $f_0, \ldots, f_n$ de degrés $d_0, \ldots, d_n$. Notons $I = (f_1, \ldots, f_n)$ et $\mathcal{A} = \mathbb{K}[x_1, \ldots, x_n]/I$. L'ensemble

$E_0 \subset F$ permet de décomposer S en 4 blocs :

$$
\mathsf{S} = \begin{array}{c} \\ E_0 \\ \\ G \end{array}
\begin{array}{c} E_0 \ \ E_1 \ldots E_n \\ \left(\begin{array}{c|c} \mathsf{A} & \mathsf{B} \\ \hline \mathsf{C} & \mathsf{D} \end{array} \right) \end{array}. \tag{5.10}
$$

Les colonnes de $\begin{pmatrix} \mathsf{A} \\ \mathsf{C} \end{pmatrix}$ représentent des multiples de f_0, et celles de $\begin{pmatrix} \mathsf{B} \\ \mathsf{D} \end{pmatrix}$ des multiples de $f_1, \ldots, f_n$.

Proposition 5.35. *Si* $\det(\mathsf{D}) \neq 0$, *alors* $\mathbf{x}^{E_0}$ *est une base de* $\mathcal{A}$.

Démonstration. Construisons la matrice S associée à f_0 qui est un polynôme générique de degré d_0 et $f_1, \ldots, f_n \in \mathbb{K}[x_1, \ldots, x_n]$ fixés de degrés $d_1, \ldots, d_n$.

Comme la matrice D est indépendante des coefficients de f_0, et elle est inversible, tout $\mathbf{x}^\alpha f_0$, avec $\alpha \in E_0$ (représenté par une colonne de $\begin{pmatrix} \mathsf{A} \\ \mathsf{C} \end{pmatrix}$) se réécrit modulo I (en considérant une combinaison de colonnes de $\begin{pmatrix} \mathsf{B} \\ \mathsf{D} \end{pmatrix}$) en une combinaison de monômes de $\mathbf{x}^{E_0}$. En effet,

$$
\begin{pmatrix} \mathsf{A} & \mathsf{B} \\ \mathsf{C} & \mathsf{D} \end{pmatrix} \begin{pmatrix} \mathbb{I} \\ -\mathsf{D}^{-1}\mathsf{C} \end{pmatrix} = \begin{pmatrix} \mathsf{A} - \mathsf{B}\mathsf{D}^{-1}\mathsf{C} \\ \mathbf{0} \end{pmatrix}. \tag{5.11}
$$

Si f_0 est spécialisé en x_i, nous voyons que tout produit d'un élément de $B = \langle \mathbf{x}^{E_0} \rangle$ par une variable x_i se réécrit dans B modulo I. Comme $1 \in B$, nous montrons par récurrence que tout polynôme de $\mathbb{K}[\mathbf{x}]$ se réécrit dans B modulo I, donc $\mathbf{x}^{E_0}$ est une *partie génératrice* de $\mathcal{A}$, et $\dim_{\mathbb{K}}(\mathcal{A}) \leq |E_0| = \prod_{i=1}^n d_i$.

Montrons maintenant que $\mathbf{x}^{E_0}$ est *une base*. D'après (5.9), la matrice D peut s'écrire, par permutation de lignes et de colonnes, sous la forme

$$
\begin{pmatrix} \mathsf{V}_+ & & & \star \\ & \mathsf{S}^{[\nu]}_{d_0-1,d_0-1} & & \\ & & \ddots & \\ \mathbf{0} & & & \mathsf{S}^{[\nu]}_{0,0} \end{pmatrix}.
$$

D'après la proposition 5.19 et le lemme 5.33, pour tout $i = 0, \ldots, d_0 - 1$, $\det(\mathsf{D})$ qui est divisible par $\det(\mathsf{S}^{[\nu]}_{i,i}) = \det(\mathsf{S}^{[\nu-i]}(f_1^\top, \ldots, f_n^\top))$, est un multiple du résultant $\mathrm{Res}_{\mathbb{P}^{n-1}}(f_1^\top, \ldots, f_n^\top)$. Comme $\det(\mathsf{D}) \neq 0$, $f_1^\top, \ldots, f_n^\top$ n'ont pas de racine commune dans $\mathbb{P}^{n-1}$ et d'après le théorème 5.31, $\dim_{\mathbb{K}} \mathcal{A} = \prod_{i=1}^n d_i$ et $\mathbf{x}^{E_0}$ est bien une base de $\mathcal{A}$. $\square$

Proposition 5.36. *Si* $\det(\mathbf{D}) \neq 0$, *alors la matrice de multiplication par* f_0 *dans la base* $\mathbf{x}^{E_0}$ *de* $\mathcal{A}$ *est* $\mathbf{M}_{f_0} = \mathbf{A} - \mathbf{B}\,\mathbf{D}^{-1}\mathbf{C}$.

Démonstration. Comme $\mathbf{x}^{E_0}$ est une base de $\mathcal{A}$, pour calculer $\mathbf{M}_{f_0}$, nous multiplions chaque $\mathbf{x}^\alpha \in \mathbf{x}^{E_0}$ par f_0 et réduisons le produit modulo l'idéal $I = (f_1, \ldots, f_n)$ en une combinaison de monômes de $\mathbf{x}^{E_0}$. Ceci consiste à rajouter à une colonne de $\begin{pmatrix} \mathbf{A} \\ \mathbf{C} \end{pmatrix}$ une combinaison de celles de $\begin{pmatrix} \mathbf{B} \\ \mathbf{D} \end{pmatrix}$. Ce calcul se fait explicitement par la relation (5.11), et donc $\mathbf{M}_{f_0} = \mathbf{A} - \mathbf{B}\,\mathbf{D}^{-1}\mathbf{C}$. $\square$

Exemple 5.37. *Considérons le système*

$$
\begin{aligned}
f_1 &= 13x_1^2 + 8x_1 x_2 + 4x_2^2 - 8x_1 - 8x_2 + 2, \\
f_2 &= x_1^2 + x_1 x_2 - x_1 - \frac{1}{6}
\end{aligned}
$$

de l'exemple 4.27. La matrice de Macaulay associée à $f_0 = u_0 + u_1 x_1 + u_2 x_2$, f_1, f_2 *(les monômes de degrés au plus 3 sont* $1, x_2, x_1, x_1 x_2, x_1 x_2^2, x_1^3, x_1^2 x_2, x_2^3,$ x_1^2, x_2^2*) est*

```
S:=mresultant([u[0]+u[1]*x[1]+u[2]*x[2],f1,f2],[x[1],x[2]])
```

$$
S = \begin{pmatrix}
u_0 & 0 & 0 & 0 & 2 & 0 & 0 & -\frac{1}{6} & 0 & 0 \\
u_2 & u_0 & 0 & 0 & -8 & 2 & 0 & 0 & -\frac{1}{6} & 0 \\
u_1 & 0 & u_0 & 0 & -8 & 0 & 2 & -1 & 0 & -\frac{1}{6} \\
0 & u_1 & u_2 & u_0 & 8 & -8 & -8 & 1 & -1 & 0 \\
0 & 0 & 0 & u_2 & 0 & 8 & 4 & 0 & 1 & 0 \\
0 & 0 & 0 & 0 & 0 & 0 & 13 & 0 & 0 & 1 \\
0 & 0 & 0 & u_1 & 0 & 13 & 8 & 0 & 1 & 1 \\
0 & 0 & 0 & 0 & 0 & 4 & 0 & 0 & 0 & 0 \\
0 & 0 & u_1 & 0 & 13 & 0 & -8 & 1 & 0 & -1 \\
0 & u_2 & 0 & 0 & 4 & -8 & 0 & 0 & 0 & 0
\end{pmatrix}.
$$

Le déterminant de la sous-matrice $\mathbf{D}$ *de* S *est inversible, et d'après la proposition 5.35,* $\{1, x_1, x_2, x_1 x_2\}$ *est une base de* $\mathcal{A} = \mathbb{K}[x_1, x_2]/(f_1, f_2)$. *La matrice de multiplication par* f_0 *dans* $\mathcal{A}$ *dans cette base est*

```
uschur(S,4);
```

$$
\begin{pmatrix}
u_0 & -\frac{25}{24} u_2 & \frac{1}{6} u_1 & -\frac{5}{54} u_2 + \frac{5}{54} u_1 \\
u_2 & u_0 + 2 u_2 & 0 & \frac{5}{54} u_2 + \frac{2}{27} u_1 \\
u_1 & -\frac{5}{4} u_2 & u_0 + u_1 & -\frac{55}{54} u_2 + \frac{55}{54} u_1 \\
0 & u_1 + \frac{5}{4} u_2 & u_2 - u_1 & u_0 + 2 u_2 - u_1
\end{pmatrix}.
$$

Son déterminant est

$$\frac{1}{1296}\left(6\,u_0 + 2\,u_1 + 7\,u_2\right)^2 \left(6\,u_0 - 2\,u_1 + 5\,u_2\right)^2.$$

Les racines de $f_1 = f_2 = 0$ sont $\zeta_1 = (\frac{1}{3}, \frac{7}{6})$ et $\zeta_2 = (-\frac{1}{3}, \frac{5}{6})$, et elles sont doubles.

5.3.8. Formule de Poisson.

— Le résultat suivant est la généralisation à l'espace projectif $\mathbb{P}^n$ de la proposition 5.4.

Théorème 5.38 (Formule de Poisson). *Soient $f_1, \ldots, f_n \in \mathbb{K}[x_1, \ldots, x_n]$ de degrés $d_1, \ldots, d_n$ tels que $\mathrm{Res}_{\mathbb{P}^{n-1}}(f_1^\top, \ldots, f_n^\top) \neq 0$. Alors*

$$\det(\mathsf{M}_{f_0}) = \frac{\mathrm{Res}_{\mathbb{P}^n}(f_0, \ldots, f_n)}{\left(\mathrm{Res}_{\mathbb{P}^{n-1}}(f_1^\top, \ldots, f_n^\top)\right)^{d_0}}.$$

Démonstration. Considérons la matrice de Macaulay S associée à $f_0, \ldots, f_n$ et supposons que $\det(\mathsf{D}) \neq 0$. Dans ce cas, d'après la proposition 5.36,

$$\mathsf{S}\begin{pmatrix} \mathbb{I} & 0 \\ -\mathsf{D}^{-1}\mathsf{C} & \mathbb{I} \end{pmatrix} = \begin{pmatrix} \mathsf{M}_{f_0} & \mathsf{B} \\ 0 & \mathsf{D} \end{pmatrix}.$$

En utilisant les propositions 5.19 et 5.21,

$$\det(\mathsf{M}_{f_0}) = \frac{\det(\mathsf{S})}{\det(\mathsf{D})} = \mathrm{Res}_{\mathbb{P}^n}(f_0, \ldots, f_n)\frac{\Delta}{\det(\mathsf{D})},$$

où Δ ne dépend que des coefficients de $f_1, \ldots, f_n$. Par spécialisation de f_0 en le polynôme constant 1, nous obtenons

$$1 = \frac{\Delta}{\det(\mathsf{D})}\mathrm{Res}_{\mathbb{P}^n}(x_0^{d_0}, f_1, \ldots, f_n) = \frac{\Delta}{\det(\mathsf{D})}\mathrm{Res}(f_1^\top, \ldots, f_n^\top)^{d_0},$$

d'après les propositions 5.25 et 5.26. Ceci montre la formule de Poisson pour tout système pour lequel $\det(\mathsf{D}) \neq 0$. La formule dans le cas général s'obtient par déformation de $f_1, \ldots, f_n$ en des polynômes dépendant d'un paramètre tel que $\det(\mathsf{D}) \neq 0$ et par passage à la limite. $\qquad \square$

5.3.9. Formule de Macaulay.

— En analysant la matrice S, nous allons voir comment obtenir le résultant, comme le rapport de $\det(\mathsf{S})$ par un mineur de S. Cette formule est dûe à Macaulay [**Mac02**].

Pour tout $G \subset F^{[s]}$, notons E_G l'ensemble des monômes $\mathbf{x}^{\alpha_i}$ tels que $\alpha_i \in E_i^{[s]}$ et $x_i^{d_i}\mathbf{x}^{\alpha_i} \in G$ pour un $i \in \{1, \ldots, n\}$. Nous associons alors à G la sous-matrice de $\mathsf{S}^{[s]}$, notée $\mathsf{S}_G^{[s]}$, dont les lignes sont indexées par G et les colonnes par E_G.

L'ensemble $\mathcal{D}$ des monômes de $\mathbf{x}^{F^{[s]}}$ qui sont divisibles par deux monômes de la forme $x_i^{d_i}$ et $x_j^{d_j}$, avec $i \neq j$, sont appelés *dodus* par Jouanolou [**Jou91**].

Théorème 5.39 (Formule de Macaulay). *Pour tout entier* $s \geq \nu = \sum_{i=0}^{n} d_i - n$, *nous avons*

$$\operatorname{Res}_{\mathbb{P}^n}(f_0, \ldots, f_n) = \frac{\det(\mathsf{S}^{[s]})}{\det(\mathsf{S}_{\mathcal{D}}^{[s]})}.$$

Démonstration. D'après le corollaire 5.24,

$$\det(\mathsf{S}^{[s]}(f_0, \ldots, f_n)) = \operatorname{Res}_{\mathbb{P}^n}(f_0, \ldots, f_n) \Delta^{[s]}(f_1, \ldots, f_n).$$

En particulier, et en utilisant les propositions 5.25 et 5.26,

$$
\begin{aligned}
\det(\mathsf{S}^{[s]}(x_0^{d_0}, f_1, \ldots, f_n)) &= \operatorname{Res}_{\mathbb{P}^n}(x_0^{d_0}, f_1, \ldots, f_n)\, \Delta^{[s]}(f_1, \ldots, f_n) \\
&= \operatorname{Res}_{\mathbb{P}^{n-1}}(f_1^\top, \ldots, f_n^\top)^{d_0}\, \Delta^{[s]}(f_1, \ldots, f_n).
\end{aligned}
$$

Par ailleurs, pour $f_0 = x_0^{d_0}$, les blocs $\mathtt{A} = \mathbb{I}$ et $\mathtt{C} = \mathbf{0}$. La décomposition (5.9) et le lemme 5.33 impliquent que

$$\det(\mathsf{S}^{[s]}(x_0^{d_0}, f_1, \ldots, f_n)) = \Delta_+(f_1, \ldots, f_n) \prod_{i=0}^{d_0-1} \det(\mathsf{S}^{[s-i]}(f_1^\top, \ldots, f_n^\top)),$$

où $\Delta_+(f_1, \ldots, f_n)$ est le déterminant du bloc $\mathtt{V}_+$ dans (5.9). Ce déterminant est aussi le mineur de $\mathsf{S}(f_1, \ldots, f_n)$ associé aux monômes divisibles par $x_0^{d_0}$ et l'un des $x_i^{d_i}$ pour $i = 1, \ldots, n$.

Un raisonnement par récurrence permet d'affirmer que pour $i = 0, \ldots, d_0-1$, $s - i \geq \mu = \sum_{i=1}^{n}(d_i - 1) + 1$, et donc

$$\det(\mathsf{S}^{[s-i]}(f_1^\top, \ldots, f_n^\top)) = \operatorname{Res}_{\mathbb{P}^{n-1}}(f_1^\top, \ldots, f_n^\top) \Delta_i(f_1^\top, \ldots, f_n^\top),$$

où $\Delta_i(f_1^\top, \ldots, f_n^\top)$ est le mineur de $\mathsf{S}_{i,i}^{[s]}$ associé aux monômes de $F_i^{[s]}$ divisibles par deux monômes distincts $x_j^{d_j}$ et $x_k^{d_k}$, pour $j, k = 1, \ldots, n$. Nous avons donc

$$\prod_{i=0}^{d_0-1} \det(\mathsf{S}^{[s-i]}(f_1^\top, \ldots, f_n^\top)) = \operatorname{Res}_{\mathbb{P}^{n-1}}(f_1^\top, \ldots, f_n^\top)^{d_0} \prod_{i=0}^{d_0-1} \Delta_i(f_1^\top, \ldots, f_n^\top).$$

Par identification, nous déduisons que

$$\Delta(f_1, \ldots, f_n) = \Delta_+(f_1, \ldots, f_n) \prod_{i=0}^{d_0-1} \Delta_i(f_1^\top, \ldots, f_n^\top)$$

est bien le mineur associé à tous les monômes dodus de $\mathbf{x}^{F^{[s]}}$, d'après la forme (5.9) de la matrice D. $\qquad \square$

Exemple 5.40. *Les monômes qui indexent les lignes de la matrice de Macaulay dans l'exemple 5.20 sont* $x_0^4, x_0^3 x_1, x_0^3 x_2, x_0^2 x_1^2, x_0^2 x_1^2, x_0 x_1^3, x_0 x_1^2 x_2 x_1^3 x_2, x_1^4,$ $x_0^2 x_2^2, x_0 x_1 x_2^2, x_0 x_2^3, x_1^2 x_2^2, x_1 x_2^3, x_2^4.$ *Les monômes dodus sont* $x_0^2 x_1^2, x_0^2 x_2^2, x_1^2 x_2^2,$ *et le mineur dont le déterminant apparaît au dénominateur de la formule de Macaulay est*

$$\begin{pmatrix} c_{1,3} & c_{2,3} & c_{2,0} \\ c_{1,5} & c_{2,5} & 0 \\ 0 & 0 & c_{2,5} \end{pmatrix}.$$

5.3.10. Matrice de Bézout à plusieurs variables.

— Comme dans le cas d'une seule variable, la matrice de Bézout à plusieurs variables peut être utilisée pour construire le résultant sur une variété (voir théorème 5.56).

Si $\mathbf{x} = (x_1, \ldots, x_n)$ et $\mathbf{y} = (y_1, \ldots, y_n)$, notons

$$\mathbf{x}_{(0)} = (x_1, \ldots, x_n), \ldots, \mathbf{x}_{(i)} = (y_1, \ldots, y_i, x_{i+1} \ldots, x_n), \ldots, \mathbf{x}_n = (y_1, \ldots, y_n),$$

et pour tout $f \in \mathbb{K}[\mathbf{x}]$ et tout $j \in \{1, \ldots, n\}$,

$$\theta_j(f)(\mathbf{x}, \mathbf{y}) = \frac{f(\mathbf{x}_{(j)}) - f(\mathbf{x}_{(j-1)})}{y_j - x_j}.$$

Définition 5.41. *Le bézoutien de $n + 1$ éléments $f_0, \ldots, f_n$ de $\mathbb{K}[\mathbf{x}]$ est le polynôme de $\mathbb{K}[\mathbf{x}, \mathbf{y}]$ défini par*

$$\Theta(f_0, \ldots, f_n)(\mathbf{x}, \mathbf{y}) = \frac{\begin{vmatrix} f_0(\mathbf{x}_{(0)}) & \cdots & f_0(\mathbf{x}_{(n)}) \\ f_1(\mathbf{x}_{(0)}) & \cdots & f_1(\mathbf{x}_{(n)}) \\ & \vdots & \\ f_n(\mathbf{x}_{(0)}) & \cdots & f_n(\mathbf{x}_{(n)}) \end{vmatrix}}{\prod_{i=1}^{n}(y_i - x_i)}.$$

Le bézoutien est un polynôme en $\mathbf{x}$ et $\mathbf{y}$ de degré au plus $\sum_{i=0}^{n} \deg(f_i) - n$, qui peut s'écrire sous la forme

$$\Theta(f_0, \ldots, f_n)(\mathbf{x}, \mathbf{y}) = \sum_{i,j} \theta_{i,j} \mathbf{x}^{\alpha_i} \mathbf{y}^{\beta_j},$$

avec $\theta_{i,j} \in \mathbb{K}, \alpha_i \in \mathbb{N}^n, \beta_j \in \mathbb{N}^n$. Après avoir ordonné les monômes (par exemple selon l'ordre lexicographique avec $x_1 > \cdots > x_n$ et $y_1 > \cdots > y_n$), la matrice des coefficients $(\theta_{i,j})_{i,j}$ s'appelle la matrice bézoutienne de $f_0, \ldots, f_n$, et elle est notée $B(f_0, \ldots, f_n)$.

Exemple 5.42. *Si $n = 2, f_0 = u_0 + u_1 x_1 + u_2 x_2$, avec u_0, u_1, u_2 des paramètres, $f_1 = 9x_1^2 + 4x_2^2 - 2$, et $f_2 = 6x_1 x_2 - 1$. Le bézoutien $\Theta(f_0, f_1, f_2)(\mathbf{x}, \mathbf{y}) =$*

$$[(12 u_1 + 9 u_2)y_1 - 4 u_1 y_2 + 54 u_0 y_1^2] + [9 u_2 + 54 u_0 y_1 + 54 u_1 y_1^2] x_1 + [-4 u_1$$
$$+ (-24 u_0 - 12 u_2)y_2 + 54 u_2 y_1^2] x_2 + [-24 u_0 - 24 u_2 y_2 - 24 u_1 y_1] x_2^2.$$

La matrice bézoutienne

$$B(f_0, f_1, f_2) = \begin{pmatrix} 0 & 12\,u_1 + 9\,u_2 & -4\,u_1 & 54\,u_0 \\ 9\,u_2 & 54\,u_0 & 0 & 54\,u_1 \\ -4\,u_1 - 12\,u_2 & 0 & -24\,u_0 & 54\,u_2 \\ -24\,u_0 & -24\,u_1 & -24\,u_2 & 0 \end{pmatrix}.$$

5.3.11. Quelques premières propriétés du bézoutien. — Nous donnons quelques propriétés élémentaires du bézoutien et nous verrons d'autres au chapitre 10.

Proposition 5.43. *Posons* $\tilde{\mathbf{f}} = {}^{\mathbf{t}}(f_0, \ldots, f_n)$ *et* $\theta_i(\tilde{\mathbf{f}}) = {}^{\mathbf{t}}(\theta_i(f_0), \ldots, \theta_i(f_n))$, *pour* $i = 1, \ldots, n$. *Alors*

$$\begin{aligned} \Theta(f_0, \ldots, f_n)(\mathbf{x}, \mathbf{y}) &= |\tilde{\mathbf{f}}(\mathbf{x}), \theta_1(\tilde{\mathbf{f}})(\mathbf{x}, \mathbf{y}), \ldots, \theta_n(\tilde{\mathbf{f}})(\mathbf{x}, \mathbf{y})| \\ &= |\tilde{\mathbf{f}}(\mathbf{y}), \theta_1(\tilde{\mathbf{f}})(\mathbf{x}, \mathbf{y}), \ldots, \theta_n(\tilde{\mathbf{f}})(\mathbf{x}, \mathbf{y})|. \end{aligned}$$

Démonstration. Nous vérifions facilement que pour $f \in \mathbb{K}[\mathbf{x}]$,

$$f(\mathbf{x}_{(i)}) = f(\mathbf{x}_{(0)}) + \theta_1(f)\,(y_1 - x_1) + \cdots + \theta_i(f)\,(y_i - x_i)\,,\ i = 1, \ldots, n.$$

Il en résulte que

$$\Theta(f_0, \ldots, f_n)(\mathbf{x}, \mathbf{y}) = |\tilde{\mathbf{f}}(\mathbf{x}_{(0)}), \theta_1(\tilde{\mathbf{f}})(\mathbf{x}, \mathbf{y}), \ldots, \theta_n(\tilde{\mathbf{f}})(\mathbf{x}, \mathbf{y})|. \tag{5.12}$$

En utilisant

$$f(\mathbf{x}_{(i)}) = \theta_{i+1}(f)(x_{i+1} - y_{i+1}) + \ldots + \theta_n(f)(x_n - y_n) + f(\mathbf{x}_{(n)})\,,\ i = 0, \ldots, n-1\,,$$

nous obtenons

$$\Theta(f_0, \ldots, f_n)(\mathbf{x}, \mathbf{y}) = |\tilde{\mathbf{f}}(\mathbf{x}_{(n)}), \theta_1(\tilde{\mathbf{f}})(\mathbf{x}, \mathbf{y}), \ldots, \theta_n(\tilde{\mathbf{f}})(\mathbf{x}, \mathbf{y})|. \tag{5.13}$$

$\square$

Comme l'application Θ est $\mathbb{K}$-multilinéaire, il suffit de la définir sur les monômes de $\mathbb{K}[\mathbf{x}]$.

Proposition 5.44. *Soit* $\mathbf{x}^\alpha = x_1^{\alpha_1} \ldots x_n^{\alpha_n}$. *Pour* $i = 0, \ldots, n$, *notons* $\mathbf{f}(\mathbf{x}_{(i)}) = {}^{\mathbf{t}}(f_1(\mathbf{x}_{(i)}), \ldots, f_n(\mathbf{x}_{(i)}))$. *Alors*

$$\Theta(\mathbf{x}^\alpha, f_1, \ldots, f_n) = \frac{\left| x_1^{\alpha_1} \mathbf{f}(\mathbf{x}_{(1)}) - y_1^{\alpha_1} \mathbf{f}(\mathbf{x}_{(0)}), \ldots, x_n^{\alpha_n} \mathbf{f}(\mathbf{x}_{(n)}) - y_n^{\alpha_n} \mathbf{f}(\mathbf{x}_{(n-1)}) \right|}{\prod_{i=1}^{n}(y_i - x_i)}.$$

Démonstration. Si $m(\mathbf{x}_{(i)}) = y_1^{\alpha_1} \ldots y_i^{\alpha_i} x_{i+1}^{\alpha_{i+1}} \ldots x_n^{\alpha_n}, i = 0, \ldots, n$, nous avons

$$\begin{vmatrix} m(\mathbf{x}_{(0)}) & \cdots & m(\mathbf{x}_{(n)}) \\ \mathbf{f}(\mathbf{x}_{(0)}) & \cdots & \mathbf{f}(\mathbf{x}_{(n)}) \end{vmatrix} = \prod_{i=0}^{n} m(\mathbf{x}_{(i)}) \begin{vmatrix} 1 & \cdots & 1 \\ \frac{\mathbf{f}(\mathbf{x}_{(0)})}{m(\mathbf{x}_{(0)})} & \cdots & \frac{\mathbf{f}(\mathbf{x}_{(n)})}{m(\mathbf{x}_{(n)})} \end{vmatrix}.$$

En soustrayant la $i^{i\grave{e}me}$ colonne de la $(i+1)^{i\grave{e}me}$, $i = 0, \ldots, n-1$, dans le dernier déterminant, l'identité précédente devient

$$m(\mathbf{x}_{(0)}) \ldots m(\mathbf{x}_{(n)}) \left| \frac{\mathbf{f}(\mathbf{x}_{(1)})}{m(\mathbf{x}_{(1)})} - \frac{\mathbf{f}(\mathbf{x}_{(0)})}{m(\mathbf{x}_{(0)})}, \ldots, \frac{\mathbf{f}(\mathbf{x}_{(n)})}{m(\mathbf{x}_{(n)})} - \frac{\mathbf{f}(\mathbf{x}_{(n-1)})}{m(\mathbf{x}_{(n-1)})} \right|.$$

En réduisant au même dénominateur la première colonne, nous obtenons

$$x_2^{\alpha_2} \cdots x_n^{\alpha_n} \left(\prod_{i=2}^{n} m(\mathbf{x}_{(i)}) \right) \times$$

$$\times \left| x_1^{\alpha_1} \mathbf{f}(\mathbf{x}_{(1)}) - y_1^{\alpha_1} \mathbf{f}(\mathbf{x}_{(0)}), \frac{\mathbf{f}(\mathbf{x}_{(2)})}{m(\mathbf{x}_{(2)})} - \frac{\mathbf{f}(\mathbf{x}_{(1)})}{m(\mathbf{x}_{(1)})}, \ldots, \frac{\mathbf{f}(\mathbf{x}_{(n)})}{m(\mathbf{x}_{(n)})} - \frac{\mathbf{f}(\mathbf{x}_{(n-1)})}{m(\mathbf{x}_{(n-1)})} \right|,$$

et en itérant nous arrivons à

$$\left| x_1^{\alpha_1} \mathbf{f}(\mathbf{x}_{(1)}) - y_1^{\alpha_1} \mathbf{f}(\mathbf{x}_{(0)}), \cdots, x_n^{\alpha_n} \mathbf{f}(\mathbf{x}_{(n)}) - y_n^{\alpha_n} \mathbf{f}(\mathbf{x}_{(n-1)}) \right|.$$

□

Proposition 5.45. *Pour toute application* $\tilde{\mathbf{f}} = (f_0, \ldots, f_n)$, $\Theta(f_0, \ldots, f_n) =$

$$= f_0 \Theta(1, f_1, \ldots, f_n) + f_1 \Theta(f_0, 1, f_2, \ldots, f_n) + \cdots + f_n \Theta(f_0, \ldots, f_{n-1}, 1).$$

Démonstration. En développant le déterminant (5.12) par rapport à la première colonne, nous avons

$$\Theta(f_0, \ldots, f_n)(\mathbf{x}, \mathbf{y}) = f_0(\mathbf{x}) M_0(\mathbf{x}, \mathbf{y}) + \cdots + f_n(\mathbf{x}) M_n(\mathbf{x}, \mathbf{y}),$$

où $M_i(\mathbf{x}, \mathbf{y})$ est le mineur de la matrice $(\theta_1(\tilde{\mathbf{f}})(\mathbf{x}, \mathbf{y}), \ldots, \theta_n(\tilde{\mathbf{f}})(\mathbf{x}, \mathbf{y}))$ sans la $(i+1)^{i\grave{e}me}$ ligne. Ce mineur s'obtient en prenant $f_i = 1$ dans la formule précédente. Ainsi, nous obtenons l'identité de la proposition 5.45.   □

Nous déduisons immédiatement le corollaire suivant :

Corollaire 5.46. *Pour tout* $f_0 \in \mathbb{K}[\mathbf{x}]$, *nous avons*
   i) $\Theta(f_0, \ldots, f_n) \equiv f_0(\mathbf{x})\, \Theta(1, f_1, \ldots, f_n)$ *dans* $\mathbb{K}[\mathbf{x}, \mathbf{y}]/(f_1(\mathbf{x}), \ldots, f_n(\mathbf{x}))$,
   ii) $\Theta(f_0, \ldots, f_n) \equiv f_0(\mathbf{y})\Theta(1, f_1, \ldots, f_n)$ *dans* $\mathbb{K}[\mathbf{x}, \mathbf{y}]/(f_1(\mathbf{y}), \ldots, f_n(\mathbf{y}))$.

Démonstration. *i)* découle directement de la proposition 5.45, et *ii)* provient du calcul de $\Theta(f_0, \ldots, f_n)$ modulo $((f_1(\mathbf{y}), \ldots, f_n(\mathbf{y})))$, après le développement du déterminant (5.13) par rapport à la dernière colonne.   □

5.3.12. Méthodes hybrides. — Nous allons décrire d'autres matrices, qui fournissent également des multiples non triviaux du résultant sur $\mathbb{P}^n$. Ces matrices combinent des blocs de type Macaulay et d'autres de type Bézout.

5.3.12.1. *Jacobien et résultant.* — La construction de Macaulay pour le résultant projectif se fait en degré $\nu = \sum_{i=0}^{n} \deg f_i - n$, assez élevé pour que génériquement tous les monômes de ce degré soit dans l'espace vectoriel des polynômes engendré par $f_0, \ldots, f_n$ et de degré ν, noté $(f_0, \ldots, f_n)_{[\nu]}$.

Pour trouver des matrices de tailles plus petites que celle de Macaulay et qui fournissent le résultant il faut se placer en degré $\mu < \nu$. Dans ce cas, tous les monômes de degré μ ne sont pas dans $(f_0, \ldots, f_n)_{[\mu]}$ et il faut compléter cet espace vectoriel par un ensemble de générateurs qui permette d'engendrer tous les monômes en degré μ, dans le but d'appliquer le théorème 5.14.

Si $\mu = \nu - 1$, par un calcul de la fonction de Hilbert en utilisant le complexe de Koszul, nous déduisons que lorsque $\mathrm{Res}_{\mathbb{P}^n}(f_0, \ldots, f_n) \neq 0$, le quotient $\mathbb{K}[x_0, \ldots, x_n]_{[\mu]} / (f_0, \ldots, f_n)_{[\mu]}$ est de dimension 1, et nous verrons au chapitre 9 que ce quotient est engendré par le Jacobien de l'application $(f_0, \ldots, f_n)$ ou $\Theta(1, f_0, \ldots, f_n)(x_0, \ldots, x_n, \mathbf{0})$.

Soit $\mathbf{w}_0$ un générateur de ce quotient, et considérons l'application

$$\mathcal{S}^{[\nu-1]} : \langle \mathbf{x}^{E_0^{[\nu-1]}} \rangle \times \cdots \times \langle \mathbf{x}^{E_n^{[\nu-1]}} \rangle \times \mathbb{K} \;\rightarrow\; \langle \mathbf{x}^{F^{[\nu-1]}} \rangle$$

$$(q_0, \ldots, q_n, \lambda) \;\mapsto\; \sum_{i=0}^{n} q_i \, f_i + \lambda \, \mathbf{w}_0 \, ,$$

où pour $i = 0, \ldots, n$, $\mathbf{x}^{E_i^{[\nu-1]}} = \{\mathbf{x}^{\alpha} : |\alpha| = \nu - 1 - d_i, \alpha_j < d_j \text{ si } j > i\}$ et $\mathbf{x}^{F^{[\nu-1]}} = \{\mathbf{x}^{\beta} : |\beta| = \nu - 1\}$.

Proposition 5.47. *Le déterminant de l'application $\mathcal{S}^{[\nu-1]}$ est divisible par $\mathrm{Res}_{\mathbb{P}^n}(f_0, \ldots, f_n)$.*

Démonstration. Ce résultat provient du fait que si $f_0, \ldots, f_n$ ont une racine commune dans $\mathbb{P}^n$, le polynôme $\mathbf{w}_0$ s'annule aussi en cette racine. $\square$

Exemple 5.48. *Considérons un système de 3 coniques :*

$$\begin{cases} f_0 = c_{0,0} x_0^2 + c_{0,1} x_0 x_1 + c_{0,2} x_0 x_2 + c_{0,3} x_1^2 + c_{0,4} x_1 x_2 + c_{0,5} x_2^2 \\ f_1 = c_{1,0} x_0^2 + c_{1,1} x_0 x_1 + c_{1,2} x_0 x_2 + c_{1,3} x_1^2 + c_{1,4} x_1 x_2 + c_{1,5} x_2^2 \\ f_2 = c_{2,0} x_0^2 + c_{2,1} x_0 x_1 + c_{2,2} x_0 x_2 + c_{2,3} x_1^2 + c_{2,4} x_1 x_2 + c_{2,5} x_2^2. \end{cases}$$

En degré $\mu = 3$, la matrice de $\mathcal{S}^{[3]}$ est la matrice de

$$(x_0 f_0, x_1 f_0, x_2 f_0, x_0 f_1, x_1 f_1, x_2 f_1, x_0 f_0, x_1 f_0, x_2 f_2, \mathrm{Jac}(f_0, f_1, f_2))$$

dans la base des 10 *monômes de degré* 3 *en* x_0, x_1, x_2 :

$$M = \begin{pmatrix} c_{0,0} & 0 & 0 & c_{1,0} & 0 & 0 & c_{2,0} & 0 & 0 & \Delta_{x_0{}^3} \\ c_{0,1} & c_{0,0} & 0 & c_{1,1} & c_{1,0} & 0 & c_{2,1} & c_{2,0} & 0 & \Delta_{x_0{}^2 x_1} \\ c_{0,2} & 0 & c_{0,0} & c_{1,2} & 0 & c_{1,0} & c_{2,2} & 0 & c_{2,0} & \Delta_{x_0{}^2 x_2} \\ c_{0,3} & c_{0,1} & 0 & c_{1,3} & c_{1,1} & 0 & c_{2,3} & c_{2,1} & 0 & \Delta_{x_0 x_1{}^2} \\ c_{0,4} & c_{0,2} & c_{0,1} & c_{1,4} & c_{1,2} & c_{1,1} & c_{2,4} & c_{2,2} & c_{2,1} & \Delta_{x_0 x_1 x_2} \\ 0 & c_{0,3} & 0 & 0 & c_{1,3} & 0 & 0 & c_{2,3} & 0 & \Delta_{x_1{}^3} \\ 0 & c_{0,4} & c_{0,3} & 0 & c_{1,4} & c_{1,3} & 0 & c_{2,4} & c_{2,3} & \Delta_{x_1{}^2 x_2} \\ 0 & c_{0,5} & c_{0,4} & 0 & c_{1,5} & c_{1,4} & 0 & c_{2,5} & c_{2,4} & \Delta_{x_1 x_2{}^2} \\ 0 & 0 & c_{0,5} & 0 & 0 & c_{1,5} & 0 & 0 & c_{2,5} & \Delta_{x_2{}^3} \\ c_{0,5} & 0 & c_{0,2} & c_{1,5} & 0 & c_{1,2} & c_{2,5} & 0 & c_{2,2} & \Delta_{x_0 x_2{}^2} \end{pmatrix},$$

où $\Delta_{\mathbf{x}^\alpha}$ *est le coefficient de* $\mathbf{x}^\alpha$ *dans* $\mathrm{Jac}(f_0, f_1, f_2)$. *Comme le déterminant de* M *est de degré* 4 *en les coefficients de chaque* f_i, *c'est exactement* $\mathrm{Res}_{\mathbb{P}^2}(f_0, f_1, f_2)$.

5.3.12.2. *Méthode de Dixon.* — Nous allons étendre la construction précédente en diminuant le degré μ et en choisissant des polynômes provenant du bézoutien pour compenser cette diminution du degré. Cette extension est due à A.L. Dixon pour deux variables (voir [**Dix08**]).

Pour simplifier sa description, supposons que $f_0, \ldots, f_n \in \mathbb{K}[\mathbf{x}]$ (en posant $x_0 = 1$) sont de même degré d, et notons

$$\Delta(\mathbf{x}, \mathbf{y}) = \Theta(f_0, \ldots, f_n)(\mathbf{x}, \mathbf{y}) = \sum_\beta \mathbf{y}^\alpha \, \mathbf{w}_\beta(\mathbf{x}).$$

Le degré total (en $\mathbf{x}, \mathbf{y}$) de $\Delta(\mathbf{x}, \mathbf{y})$ est au plus $(n+1)d - n$, et son degré par rapport à $\mathbf{x}$ est $\deg_{\mathbf{x}}(\Delta) \le nd - n$ (de même $\deg_{\mathbf{y}}(\Delta) \le nd - n$).

Si ζ vérifie $f_0(\zeta) = \cdots = f_n(\zeta) = 0$, alors $\Delta(\zeta, \mathbf{y}) \equiv 0$, et donc ζ est aussi une racine de chaque $\mathbf{w}_\beta(\mathbf{x})$.

Soit $(t, u, v) \in \mathbb{N}^3$. Pour construire $\mathrm{Res}_{\mathbb{P}^n}(f_0, \ldots, f_n)$, nous allons utiliser
- u coefficients $\mathbf{w}_1(\mathbf{x}), \ldots, \mathbf{w}_u(\mathbf{x})$ de $\Delta(\mathbf{x}, \mathbf{y})$, avec $\deg(\mathbf{w}_i) \le n(d-1) - t$,
- pour chaque $i = 0, \ldots, n$, v multiples $\mathbf{x}^{\alpha_1} f_i, \ldots, \mathbf{x}^{\alpha_v} f_i$ de f_i, avec $|\alpha_i| \le n(d-1) - t - d$.

Ces polynômes seront exprimés dans la base des monômes de degrés au plus $n(d-1) - t$, ce qui fournit une matrice M ayant $u + (n+1)v$ colonnes.

Nous considérons l'application

$$\mathcal{S}^{[t]} : \langle \mathbf{x}^{E'_0} \rangle \times \cdots \times \langle \mathbf{x}^{E'_n} \rangle \times \mathbb{K}^u \;\to\; \langle \mathbf{x}^{F'} \rangle$$

$$(q_0, \ldots, q_n, \lambda_1, \ldots, \lambda_u) \;\mapsto\; \sum_{i=0}^n q_i f_i + \lambda_1 \mathbf{w}_1 + \cdots + \lambda_u \mathbf{w}_u ,$$

133

où $\langle \mathbf{x}^{E'_i} \rangle$ est l'espace vectoriel engendré par les monômes de degrés au plus $t - \deg f_i$, et $\langle \mathbf{x}^{F'} \rangle$ celui engendré par les monômes de degrés au plus t.

Comme Δ est multilinéaire par rapport aux coefficients $\mathbf{c}_i$ de chaque f_i, si cette matrice est carrée, son déterminant, lorsqu'il n'est pas nul, est de degré $u + v$ par rapport à $\mathbf{c}_i$. Pour que ce déterminant soit le résultant de $f_0, \ldots, f_n$, il faut qu'il soit homogène de degré d^n par rapport à $\mathbf{c}_i$ pour $i = 0, \ldots, n$.

Le nombre de monômes nécessaires pour décomposer un polynôme de degré $n(d-1) - t$ en n variables est $N = \binom{n\,d-t}{n}$, la taille de la matrice M.

Par conséquent, les conditions suivantes doivent être vérifiées :

$$u + (n+1)\,v = \binom{n\,d-t}{n} \quad , \quad u + v = d^n$$

ou encore

$$v = \frac{\binom{n\,d-t}{n} - d^n}{n} \in \mathbb{N} \quad , \quad u = \frac{(n+1)d^n - \binom{n\,d-t}{n}}{n} \in \mathbb{N}.$$

Pour que les monômes $\mathbf{x}^{\alpha_i}$ (choisis pour construire M) soient tous distincts et de degrés au plus $k = n(d-1) - d - t$, il faut aussi que

$$v \le \binom{k+n}{n}.$$

Puisque génériquement la dimension de l'image de la restriction de $\mathcal{S}^{[t]}$ à $\langle \mathbf{x}^{E'_1} \rangle \times \cdots \times \langle \mathbf{x}^{E'_n} \rangle$ ne dépend que de n et d, en spécilisant f_0 en 1 et f_i en x_i^d pour $i = 1, \ldots, n$, nous déduisons que la dimension de l'espace vectoriel $\langle \mathbf{x}^{E_0} \rangle f_0 + \mathbb{K}\,\mathbf{w}_1 + \cdots + \mathbb{K}\,\mathbf{w}_u$ est la même que celle de

$$B_k = \langle \mathbf{x}^{\alpha} : 0 \le \alpha_i \le d-1, |\alpha| \le n\,(d-1) - t \rangle.$$

C'est aussi le degré du déterminant de $\mathcal{S}^{[t]}$ en les coefficients de f_0. Donc le cardinal de $\{\mathbf{x}^{\alpha} : 0 \le \alpha_i \le d-1, |\alpha| \le k\}$ doit être exactement d^n, ce qui implique que $n\,(d-1) - t \ge n\,(d-1)$, c'est-à-dire $t = 0$.

Nous obtenons ainsi les contraintes :

$$0 \le u \quad , \quad k = (n-1)\,(d-1) - 1 \quad , \quad 0 \le v \le \binom{k+n}{n}.$$

Le tableau suivant représente, en fonction de n et d, les valeurs de (v, u, N), et quand les valeurs sont dans $\mathbb{N}$,

- $u = \frac{\binom{n\,d}{n} - d^n}{n}$ est le nombre de polynômes $\mathbf{w}_i$ provenant de $\Delta(\mathbf{x}, \mathbf{y})$,
- $v = d^n - u$ est le nombre de multiples de chaque f_i,
- $N = \binom{n\,d}{n}$ est la taille de la matrice dont le déterminant est le résultant.

$n \backslash d$	2	3	4	5	6	7	8	9
	3	6	10	15	21	28	36	45
2	1	3	6	10	15	21	28	36
	6	15	28	45	66	91	120	153
	4	8	12	15	16	14	8	
3	4	19	52	110	200	329	504	
	20	84	220	455	816	1330	2024	

Pour $n \geq 4$, une telle construction n'est pas possible.

Exemple 5.49. *Considérons* 4 *quadriques dans* $\mathbb{P}^3$ *(en posant* $x_0 = 1$*) :*

$$\begin{cases} f_0 &= x_1{}^2 + x_2{}^2 + x_3{}^2 - x_1 - 1 \\ f_1 &= 10\,x_1 x_2 + 10\,x_1 x_3 - 10\,x_2 - 20 \\ f_2 &= 3\,x_1{}^2 - 3\,x_2{}^2 + 3\,x_3{}^2 + 3\,x_3 \\ f_3 &= 11\,x_1 x_2 - 11\,x_1 x_3 + 11\,x_2 x_3 - 33 \end{cases}$$

La méthode de Dixon conduit à exprimer les polynômes

$$\mathbf{w}_{0,0,0}, \mathbf{w}_{1,0,0}, \mathbf{w}_{0,1,0}, \mathbf{w}_{0,0,1}, f_i, x_1 f_i, x_2 f_i, x_3 f_i \ , \ \text{pour } i = 0, 1, 2, 3,$$

dans la base des 20 *monômes de degrés au plus* 3 *en* x_1, x_2, x_3. *Nous obtenons une matrice* 20×20, *dont le déterminant est de degré* 8 *en les coefficients de chaque* f_i, *qui est bien (au signe près) le résultant* $\text{Res}_{\mathbb{P}^3}(f_0, f_1, f_2, f_3)$.

La méthode de Dixon a aussi ses limites, comme le montre le tableau précédent. Une construction généralisant cette méthode existe, elle est dite de Morley (voir [**MC27, Jou91, DD00**]).

5.4. Résultant torique

Le résultant torique [**GKZ94, CE93, CLO97**] est un cas particulier du résultant, sur une variété paramétrée, étudié dans [**Bus01a**] et [**BEM00**].

Les variétés toriques forment une classe intéressante de variétés projectives qui admettent une paramétrisation rationnelle. Leurs constructions prennent en compte les monômes qui apparaissent effectivement dans les équations, ce qui d'un point de vue pratique peut se révéler très intéressant.

Nous donnons la définition des variétés toriques dites *normales* dans la littérature [**Ful93**]. Considérons $A = \{\alpha_0, \dots, \alpha_N\} \subset \mathbb{Z}^n$ et la paramétrisation

$$\sigma_A : (\mathbb{K}^*)^n \ \rightarrow \ \mathbb{P}^N$$
$$\mathbf{t} = (t_1, \dots, t_n) \ \mapsto \ (\mathbf{t}^{\alpha_0} : \dots : \mathbf{t}^{\alpha_N}).$$

Notons $\mathcal{T}_A^o$ l'image de σ, et $\mathcal{T}_A = \overline{\mathcal{T}_A^o}$ son adhérence dans $\mathbb{P}^N$. La sous-variété projective $\mathcal{T}_A$ de $\mathbb{P}^n$ est appelée la *variété torique* associée à A.

Cette construction de $\mathcal{T}_A$ est invariante si les α_i sont remplacés par $\alpha_i + \beta$ avec $\beta \in \mathbb{Z}^n$, car ceci revient à multiplier toutes les coordonnées par $\mathbf{t}^\beta$ et ne change pas le point projectif $(t^{\alpha_0} : \cdots : t^{\alpha_N})$. La variété torique ne dépend donc que de la géométrie relative des exposants $\alpha_0, \ldots, \alpha_n$.

La paramétrisation σ_A peut être utilisée pour construire un résultant, appelé *résultant torique*, qui permet d'exploiter les monômes qui apparaissent dans $f_0, \ldots, f_n$. Le but est de trouver des conditions sur les coefficients $\mathbf{c} = (c_{i,j})$ pour que le système

$$\mathbf{f_c}(t) \begin{cases} f_0(t) &= \sum_{j=0}^{k_0} c_{0,j}\, t^{\alpha_{0,j}} \\ &\vdots \\ f_n(t) &= \sum_{j=0}^{k_n} c_{n,j}\, t^{\alpha_{n,j}} \end{cases} \tag{5.14}$$

où les $\alpha_{i,j} \in \mathbb{Z}^n$, ait une solution dans une « certaine variété projective ». On pourrait considérer la variété torique associée à tous les exposants $\alpha_{i,j}$ et chercher les conditions sur $\mathbf{c}$ pour que ce système ait une solution dans cette variété. Ceci permettrait de définir une notion de résultant mais ne fournirait pas une équivalence entre l'annulation de ce résultant et l'existence d'une solution dans $\mathcal{T}_A$ (voir exercice 5.3). Pour cela nous construisons la variété torique associée à la *somme de Minkowski* des ensembles d'exposants de chaque équation, i.e. l'ensemble

$$A = \{\alpha_{0,j_0} + \alpha_{1,j_1} + \cdots + \alpha_{n,j_n} : \forall i = 0, \ldots, n, j_i = 0, \ldots, k_i\}.$$

Pour $i = 0, \ldots, n$, rappelons que le support A_i de f_i est l'ensemble des exposants des monômes qui apparaissent effectivement dans f_i.

On peut montrer l'existence du *résultant torique* sous la condition suivante (voir [**CLO97**]).

Proposition 5.50. *Supposons que le $\mathbb{Q}$-espace vectoriel de $\mathbb{Q}^n$ engendré par A soit de dimension n. Alors il existe un polynôme $\mathrm{Res}_{A_0,\ldots,A_n}(\mathbf{f_c})$, appelé résultant torique, tel que $\mathrm{Res}_{A_0,\ldots,A_n}(\mathbf{f_c}) = 0$ si, et seulement si, $\mathbf{f_c}$ a une solution dans la variété torique $\mathcal{T}_A$.*

Exemple 5.51. *Considérons le système*

$$\begin{cases} f_1 = c_{0,0}t_1t_2 + c_{0,1}t_1 + c_{0,2}t_2 + c_{0,3} \\ f_2 = c_{1,0}t_1t_2 + c_{1,1}t_1 + c_{1,2}t_2 + c_{1,3} \\ f_3 = c_{2,0}\,t_1{}^2 + c_{2,1}t_2{}^2 + c_{2,1}t_1 + c_{2,2}t_2 + c_{2,3}. \end{cases}$$

Les enveloppes convexes des supports des f_i sont respectivement et leur somme de Minkowski est La variété torique associée à A est paramétrée par les monômes

$$t_1{}^4t_2{}^2, t_1{}^3t_2{}^3, t_1{}^2t_2{}^4, t_1{}^4t_2, t_1{}^3t_2{}^2, t_1{}^2t_2{}^3, t_1t_2{}^4,$$
$$t_1{}^4, t_1{}^3t_2, t_1{}^2t_2{}^2, t_1t_2{}^3, t_2{}^4, t_1{}^3, t_1{}^2t_2, t_1t_2{}^2, t_2{}^3, t_1{}^2, t_1t_2, t_2{}^2, t_1, t_2, 1.$$

Définition 5.52. *Le volume mixte de n polytopes convexes $A_1, \ldots, A_n$ de $\mathbb{Z}^n$, est noté $VM(A_1, \ldots, A_n)$, c'est le coefficient de $\lambda_1 \ldots \lambda_n$ dans le volume du convexe $\lambda_1 A_1 + \cdots + \lambda_n A_n$, où $\lambda_1, \ldots, \lambda_n$ sont des nombres positifs.*

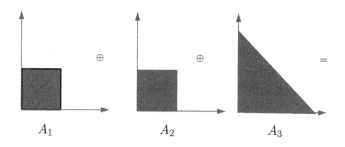

FIGURE 5.3. Supports des polynômes.

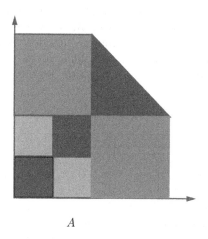

A

FIGURE 5.4. Somme de Minkowski des supports.

Exemple 5.53. *Un calcul simple montre que dans l'exemple précédent*

$$VM(A_1, A_2) = 2 \ , \ VM(A_1, A_3) = VM(A_2, A_3) = 4.$$

Théorème 5.54. *Supposons que chaque A_i engendre $\mathbb{Q}^n$ comme $\mathbb{Q}$-espace vectoriel et que $A = A_0 \oplus \cdots \oplus A_n$ engendre $\mathbb{Z}^n$ (comme $\mathbb{Z}$-module). Alors le degré de $\mathrm{Res}_{\mathcal{T}_A}$ par rapport aux coefficients de chaque f_i est*

$$VM(A_0, \ldots, A_{i-1}, A_{i+1}, \ldots, A_n).$$

Démonstration. D'après l'exercice 5.9, le degré de $\mathrm{Res}_{\mathcal{T}_A}$ par rapport aux co-efficients de f_i est le nombre de racines de $f_j = 0$, $j \neq i$, dans $\mathcal{T}_A$ divisé par le degré d'une fibre générique de π_1. Comme $A\mathbb{Z} = \mathbb{Z}^n$, le degré de cette fibre est 1. D'après le théorème de Bernstein (voir exercice 5.10), le nombre de solutions $f_0 = \cdots = f_{i-1} = f_{i+1} = \cdots = f_n = 0$ est génériquement

$$VM(A_0, \ldots, A_{i-1}, A_{i+1}, \ldots, A_n).$$ □

Le résultant torique peut être construit à partir d'une matrice similaire à celle de Macaulay. Elle est extraite de la matrice de l'application suivante :

$$\mathcal{S} : \langle \mathbf{x}^{E_0} \rangle \times \cdots \times \langle \mathbf{x}^{E_n} \rangle \; \rightarrow \; \langle \mathbf{x}^F \rangle$$

$$(q_0, \ldots, q_n) \; \mapsto \; \sum_{i=0}^{n} q_i \, f_i \, ,$$

où $E_i = A_0 \oplus \cdots \oplus A_{i-1} \oplus A_{i+1} \oplus \cdots \oplus A_n$ et $A = \oplus_{j=0}^{n} A_j$.

Des constructions explicites [CP93], ou implicites [EC95] ont été proposées pour obtenir une matrice carrée extraite de la matrice de $\mathcal{S}$ et dont le déterminant est un multiple non nul de $\mathrm{Res}_{\mathcal{T}_A}$. Comme dans le cas de Macaulay, il est possible de construire une matrice dont le déterminant est du bon degré par rapport à f_0 (à savoir le volume mixte de $A_1, \ldots, A_n$), ce qui permet de déduire le résultant par permutation des indices et par un calcul de pgcd.

Exemple 5.55. *Reprenons les mêmes polynômes que dans l'exemple 5.51.*

```
S:=spresultant([f0,f1,f2],[t[1],t[2]]);
```

$$S := \begin{pmatrix}
c_{0,3} & 0 & 0 & 0 & c_{1,3} & 0 & 0 & 0 & 0 & c_{2,3} & 0 & 0 \\
c_{0,2} & c_{0,3} & 0 & 0 & c_{1,2} & c_{1,3} & 0 & 0 & 0 & c_{2,2} & 0 & 0 \\
0 & 0 & c_{0,3} & 0 & 0 & 0 & c_{1,3} & 0 & 0 & 0 & c_{2,3} & 0 \\
c_{0,1} & 0 & c_{0,2} & c_{0,3} & c_{1,1} & 0 & c_{1,2} & c_{1,3} & 0 & c_{2,1} & c_{2,2} & c_{2,3} \\
0 & 0 & c_{0,1} & 0 & 0 & 0 & c_{1,1} & 0 & c_{1,3} & 0 & c_{2,1} & 0 \\
c_{0,0} & c_{0,1} & 0 & c_{0,2} & c_{1,0} & c_{1,1} & 0 & c_{1,2} & 0 & 0 & c_{2,1} & c_{2,2} \\
0 & c_{0,0} & 0 & 0 & 0 & c_{1,0} & 0 & 0 & 0 & 0 & 0 & c_{2,1} \\
0 & c_{0,2} & 0 & 0 & 0 & c_{1,2} & 0 & 0 & 0 & c_{2,1} & 0 & 0 \\
0 & 0 & c_{0,0} & c_{0,1} & 0 & 0 & c_{1,0} & c_{1,1} & c_{1,2} & c_{2,0} & 0 & c_{2,1} \\
0 & 0 & 0 & c_{0,0} & 0 & 0 & 0 & c_{1,0} & 0 & 0 & 0 & 0 \\
0 & 0 & 0 & 0 & 0 & 0 & 0 & 0 & c_{1,1} & 0 & c_{2,0} & 0 \\
0 & 0 & 0 & 0 & 0 & 0 & 0 & 0 & c_{1,0} & 0 & 0 & c_{2,0}
\end{pmatrix}.$$

La factorisation de $\det(\mathsf{S})$ *fournit :*

```
factor(det(S));
```

$$c_{1,3} c_{2,0} \big(c_{0,0}{}^4 c_{1,1}{}^2 c_{1,3}{}^2 c_{2,3} c_{2,1} - 2 \, c_{0,0}{}^3 c_{0,3} c_{1,1}{}^2 c_{1,3} c_{1,0} c_{2,1} c_{2,3} + \cdots \big).$$

Le dernier facteur contient 325 monômes, et il est de degré $4 = VM(A_2, A_3) = VM(A_1, A_3)$ *en les coefficients de* f_1, *et* f_2 *et de degré* $2 = VM(A_1, A_2)$ *en les coefficients de* f_3. *C'est donc le résultant torique de* f_1, f_2, f_3.

5.5. Résultant et bézoutien

Dans cette section, nous allons voir comment calculer un multiple non trivial du résultant sur une variété projective X en utilisant la matrice bézoutienne.

Théorème 5.56. *Supposons que les conditions 5.12 soient satisfaites. Alors tout mineur maximal non nul de la matrice bézoutienne* $B(f_0, \ldots, f_n)$ *est divisible par le résultant* $\mathrm{Res}_X(f_0, \ldots, f_n)$.

Démonstration. D'apres la proposition 10.19 du chapitre 10, tout mineur maximal Δ non nul de $B(f_0, \ldots, f_n)$ est divisible par $\det(M_{f_0})$ dans $K[\mathbf{c}_0]$, où $K = \mathbb{K}(\mathbf{c}_1, \ldots, \mathbf{c}_n)$ et $\mathbf{c}_i$ désigne les coefficients de f_i. Comme $\det(M_{f_0})$ s'annule si f_0 a une racine commune avec $f_1, \ldots, f_n$ dans $\overline{K}^n$, ce polynôme de $K[\mathbf{c}_0]$ est divisible par le polynôme irréductible $\mathrm{Res}_X(f_0, \ldots, f_n)$. Il existe alors des polynômes D et N tels que l'on ait dans $\mathbb{K}[\mathbf{c}_0, \ldots, \mathbf{c}_n]$,

$$\Delta\, D(\mathbf{c}_1, \ldots, \mathbf{c}_n) = \mathrm{Res}_X(f_0, \ldots, f_n)\, N(\mathbf{c}_0, \ldots, \mathbf{c}_n).$$

Comme $\mathrm{Res}_X(f_0, \ldots, f_n)$ est irréductible et ne divise pas $D(\mathbf{c}_1, \ldots, \mathbf{c}_n)$ qui ne dépend pas de $\mathbf{c}_0$, il divise Δ. □

Exemple 5.57. *Calculons le « résultant » (en un certain sens) du système*

$$\begin{cases} f_0 = c_{0,0} + c_{0,1}t_1 + c_{0,2}t_2 \\ f_1 = c_{1,0} + c_{1,1}t_1 + c_{1,2}t_2 + c_{1,3}(t_1{}^2 + t_2^2) + c_{1,4}(t_1^2 + t_2^2)^2 \\ f_2 = c_{2,0} + c_{2,1}t_1 + c_{2,2}t_2 + c_{2,3}(t_1{}^2 + t_2^2) + c_{2,4}(t_1^2 + t_2^2)^2. \end{cases}$$

La matrice bézoutienne $B(f_0, f_1, f_2)$ *est de taille* 12×12, *et son rang est* 10. *Son (unique) mineur non nul de taille* 10 *se factorise en*

```
melim([f0,f1,f2],[t[1],t[2]]);
```

$$c_{0,1}\left(-c_{1,4}c_{2,3} + c_{1,3}c_{2,4}\right)^3$$
$$\left(c_{0,1}c_{1,4}c_{2,2} - c_{0,1}c_{1,2}c_{2,4} - c_{2,1}c_{0,2}c_{1,4} + c_{1,1}c_{0,2}c_{2,4}\right)\left(c_{0,2}{}^2 + c_{0,1}{}^2\right)^2$$
$$\left(c_{0,1}{}^4 c_{1,0}{}^4 c_{2,4}{}^4 + 2\,c_{0,1}{}^2 c_{0,2}{}^2 c_{1,0}{}^4 c_{2,4}{}^4 + c_{0,2}{}^4 c_{1,0}{}^4 c_{2,4}{}^4 + \cdots\right).$$

Pour décrire un de ces facteurs comme résultant sur une variété X, *nous considérons l'application*

$$\gamma : \mathbb{K}^2 \rightarrow \mathbb{K}^3$$
$$(t_1, t_2) \mapsto (t_1, t_2, t_1^2 + t_2^2).$$

L'adhérence de son image $\gamma(\mathbb{K}^2)$ *dans* $\mathbb{P}^3(\mathbb{K})$ *est une quadrique d'équation* $t_0 t_3 - (t_1^2 + t_2^2) = 0$.

Considérons maintenant la variété torique $\mathcal{T}_A$ *associée à* $A = A_0 \oplus A_1 \oplus A_2$, *où* A_i *désigne le support de* f_i *pour* $i = 0, 1, 2$. *Soit* $U = \gamma^{-1}((\mathbb{K}^*)^3)$ *l'ouvert* *de* $\mathbb{K}^2$, *tel que* $\rho \circ \gamma$ *définit une application de* U *dans* $\mathcal{T}_A$. *Si* Q *est l'adhérence de son image dans* $\mathcal{T}_A$, *les conditions 5.12 sont vérifiées. D'après le théorème 5.56,* $\mathrm{Res}_Q(f_0, f_1, f_2)$ *divise un mineur maximal de* $\mathrm{B}(f_0, f_1, f_2)$.

Comme pour des équations génériques f_0, f_1, f_2, *le nombre de racines dans* $\mathcal{Z}(f_0, f_1), \mathcal{Z}(f_0, f_2), \mathcal{Z}(f_1, f_2)$ *est 4,* $\mathrm{Res}_Q(f_0, f_1, f_2)$ *est bien le dernier facteur, de degré 4 en les coefficients de chaque* f_i. *Il contient 1011 monômes.*

5.6. Exercices

Exercice **5.1.**

1. Soit $f \in \mathbb{R}[\mathbf{x}]$. En utilisant un système de calcul formel, deviner la signature de la forme quadratique associée à la matrice $\mathrm{B}_{f,f'}$ (par rapport aux zéros de f). En suite prouver ce résultat.

2. Si $f \in \mathbb{C}[\mathbf{x}]$ et $\overline{f}$ est son polynômes conjugué, montrer que la matrice $\mathrm{i}\mathrm{B}_{f,\overline{f}}$ est hermitienne. Puis, de la même façon que précédemment, deviner la signature de cette matrice.

Exercice **5.2.** Soient $f_0 = u_0 + u_1 x$, et $f_1 = x^3 - x^2 - 2x - 3$.

1. Calculer le résultant de f_0, f_1.

2. Quelle est la matrice de multiplication par f_0 dans $\mathbb{K}[x]/(f_1)$?

Exercice **5.3.** Soit le système

$$\mathbf{f_c} \begin{cases} f_0 = c_{0,0}z^2 + c_{0,1}\,z\,x + c_{0,2}\,z\,y \\ f_1 = c_{1,0}z + c_{1,1}\,x + c_{1,2}\,y \\ f_2 = c_{2,0}z + c_{2,1}\,x + c_{2,2}\,y. \end{cases}$$

1. Déterminer la variété d'incidence $W_X = \{(\mathbf{c}, \mathbf{x}) \in \mathbb{P}^2 \times \mathbb{P}^2 \times \mathbb{P}^2 \times X : \mathbf{f_c}(\mathbf{x}) = 0\}$, où $X = \mathbb{P}^2$ et $\mathbf{x} = (x : y : z)$.

2. Décomposer W_X en composantes irréductibles.

3. Si $U = \{\mathbf{x} = (x : y : z) \in \mathbb{P}^2 : z \neq 0\}$, montrer que W_X coincïde au dessus de U avec la variété d'incidence W_U associée au système

$$\begin{cases} c_{0,0} + c_{0,1}\,t_1 + c_{0,2}\,t_2 \\ c_{1,0} + c_{1,1}\,t_1 + c_{1,2}\,t_2 \\ c_{2,0} + c_{2,1}\,t_1 + c_{2,2}\,t_2. \end{cases}$$

4. Montrer que W_U est une composante irréductible de W_X.

Exercice **5.4.** Retrouver les matrices de Sylvester et de Bézout de deux polynômes en une variable à partir de la construction faite dans la sous-section 5.2.2.

Exercice **5.5.** Nous allons voir que si la matrice S de l'application (5.5) est de rang $N - 1$, alors il y a une seule solution au système $f_0 = \ldots = f_n = 0$, qui s'exprime de manière *rationnelle* par rapport aux coefficients des polynômes $f_i, i = 0, \ldots, n$.

1. Soit $S' = \{p_1, \ldots, p_r\} \subset \mathbb{K}[\mathbf{x}]$ et S' la matrice des coefficients de ces polynômes dans la base des monômes $\mathbf{x}^F$ avec $|F| = N$. Les lignes de cette matrice sont indexées par les monômes $\mathbf{x}^F$, et les colonnes sont les vecteurs de coefficients des éléments de S' par rapport aux monômes de $\mathbf{x}^F$.

   Pour tout $A \subset F$, on note S'_A la sous-matrice des lignes de S' indexées par les monômes $\mathbf{x}^A$. Montrer que si $A \subset F$ est de taille $r - 1$,

   $$\sum_{\alpha \in F \setminus A} \det(\mathsf{S}'_{A \cup \{\alpha\}}) \, \mathbf{x}^\alpha \tag{5.15}$$

   appartient à l'idéal engendré par les éléments de S'.

2. On se place dans le cas affine d'une seule variable, où $f_0 = x^2 - 1$ et $f_1 = x^3 - 1$.
   - Déterminer $\mathbf{x}^F$, la matrice de Sylvester et son rang.
   - Si $A = \{x^2, x^3, x^4\}$, que devient l'expression (5.15) dans ce cas ?

3. Soit $S \subset \mathbb{K}[\mathbf{x}]$ et S la matrice de leurs coefficients dans une base $\mathbf{x}^F$ de $N = |F|$ monômes. Soit K la matrice $N \times \delta$ des coefficients d'une base de $\ker(\mathsf{S}^t)$. Montrer pour tout $A \subset F$ de taille $\delta + 1$,

   $$\sum_{\alpha \in A} \pm \det(\mathsf{K}_{A \setminus \{\mathbf{x}^\alpha\}}) \, \mathbf{x}^\alpha \tag{5.16}$$

   appartient à l'idéal engendré par les éléments de S.

4. Quel est le noyau de S^t dans l'exemple précédent $f_0 = x^2 - 1, f_1 = x^3 - 1$? Et si on choisi $A = \{1, x\}$, que devient l'expression (5.16) ?

5. Soit S la matrice de l'application linéaire (5.5). Supposons que $\ker(\mathsf{S}^t)$ soit de dimension 1 et que $\{1, x_1, \ldots, x_n\} \subset \mathbf{x}^F$. Soit S' une matrice construite à partir de colonnes de S et de même rang $r = N - 1$ que S. Pour tout $\alpha \in F$, notons $\mathbf{v}_{\mathbf{x}^\alpha} = \det(\mathsf{S}'_{F \setminus \{\alpha\}})$. Montrer
   - $\ker(\mathsf{S}^t)$ est engendré par $\mathbf{v} = (\mathbf{v}_1, \mathbf{v}_{x_1}, \ldots, \mathbf{v}_{x_n}, \ldots)$, avec $\mathbf{v}_1 \neq 0$,
   - $(f_0, \ldots, f_n) = \mathbf{m}_\zeta$ avec $\zeta = (\frac{\mathbf{v}_{x_1}}{\mathbf{v}_1}, \ldots, \frac{\mathbf{v}_{x_n}}{\mathbf{v}_1})$,
   - $\mathbf{v} = \mathbf{v}_1 (\zeta^\alpha)_{\alpha \in F}$.

6. Appliquer le résultat précédent au cas précédent $f_0 = x^2 - 1, f_1 = x^3 - 1$.

Exercice 5.6. Construction algébrique du résultant sur $\mathbb{P}^n$.
Soit

$$\mathbf{f_c}(\mathbf{x}) \begin{cases} f_0 = \sum_{\alpha \in \mathbb{N}^n : |\alpha| = d_0} c_{i,\alpha} \mathbf{x}^\alpha \\ \qquad \vdots \\ f_m = \sum_{\alpha \in \mathbb{N}^n : |\alpha| = d_m} c_{i,\alpha} \mathbf{x}^\alpha \end{cases}$$

un système de $m + 1$ polynômes homogènes en les variables $\mathbf{x} = (x_0, \ldots, x_n)$, à coefficients indéterminés.

Une *forme d'inertie* est un élément de $(\mathbb{K}[\mathbf{c}])[\mathbf{x}]$ qui s'annule sur la variété d'incidence $W_{\mathbb{P}^n}$.

1. Si $m < n$, montrer que toute forme d'inertie de degré 0 en $\mathbf{x}$ est nulle.

2. Dorénavent $m = n$. Pour chaque $i \in \{0, \ldots, n\}$, notons $c_{i,0}$ le coefficient de $x_0^{d_i}$ dans f_i, $\tilde{f}_i = f_i - c_{i,0}x_0^{d_i}$, le vecteur des coefficients des monômes de $\tilde{f}_i$ est $\tilde{\mathbf{c}}_i$, $\mathbf{c}_i = (c_{i,0}, \tilde{\mathbf{c}}_i)$, et $\mathbf{c} = (\mathbf{c}_0, \ldots, \mathbf{c}_n)$. Considérons l'homomorphisme d'anneaux

$$\sigma : \mathbb{K}[\mathbf{c}][x_0, \ldots, x_n] \quad \to \quad \mathbb{K}[\mathbf{c}][x_0, \ldots, x_n][x_0^{-1}]$$

défini par $\sigma(c_{i,0}) = -\dfrac{\tilde{f}_i}{x_0^{d_i}}$, et $\sigma(c_{i,j}) = 0$ si si $j \neq 0$.

3. Montrer que l'idéal $\mathcal{I}$ des formes d'inertie est le noyau de σ.

4. Montrer que $\mathcal{I}$ est un idéal premier.

5. Montrer que $h \in (\mathbb{K}[\mathbf{c}])[\mathbf{x}]$ est une forme d'inertie si, et seulement si, il existe $\nu \in \mathbb{N}$ tel que $x_i^\nu h \in (f_0, \ldots, f_n)$, pour un $i \in \{0, \ldots, n\}$.

6. Montrer que $\cup_{m \in \mathbb{N}}\big((f_0, \ldots, f_n) : x_0^m\big) \cap \mathbb{K}[\mathbf{c}] = \big(\mathrm{Res}_{\mathbb{P}^n}(\mathbf{f_c})\big)$.

7. En déduire un algorithme pour calculer le résultant $\mathrm{Res}_{\mathbb{P}^n}(\mathbf{f_c})$.

Exercice 5.7. Plongement de Segre.

1. Soient $(m, n) \in (\mathbb{N}^*)^2$ et $N = (m+1)(n+1) - 1$. Montrer que

$$\Phi : \mathbb{P}^m \times \mathbb{P}^n \quad \to \quad \mathbb{P}^N$$
$$(x_0, \ldots, x_m; y_0, \ldots, y_n) \quad \mapsto \quad (x_i y_j : i = 0, \ldots, m, j = 0, \ldots, n).$$

ϕ est une application.

2. Montrer que si V est une variété de $\mathbb{P}^m \times \mathbb{P}^n$ (i.e. l'ensemble des points de $\mathbb{P}^m \times \mathbb{P}^n$ qui sont solutions d'une famille finie de polynômes homogènes en $(x_0, \ldots, x_m)$ et homogènes en $(y_0, \ldots, y_n)$), alors $\phi(V)$ est une variété projective de $\mathbb{P}^N$.

3. Généraliser ce résultat à un produit d'espaces projectifs $\mathbb{P}^{m_0} \times \cdots \times \mathbb{P}^{m_n}$.

Exercice 5.8. Théorème des fibres.
Soient V et W des variétés projectives, et $f : V \to W$ une application surjective.

1. Supposons que V et W sont irréductibles. Montrer les propriétés suivantes :
   - $\dim V \geq \dim W$,
   - Soit $w \in W$. Si Z est une composante irréductible de la variété $f^{-1}(w)$, alors $\dim Z \geq \dim V - \dim W$,
   - Il existe un sous-ensemble ouvert non vide U de W tel que pour tout $w \in U, \dim f^{-1}(w) = \dim V - \dim W$.

2. Supposons que la variété W est irréductible. Montrer que si toutes les fibres $f^{-1}(w), w \in W$, de f sont irréductibles, alors la variété V est aussi irréductible.

Exercice 5.9.

1. Considérons dans $\mathbb{P}^1$, le système $f_0 = c_{0,0}x_0^2 + c_{0,1}x_1^2, f_1 = c_{1,0}x_0^2 + c_{1,1}x_1^2$. Pour $i = 0, 1$, notons par $\deg_i\big(\mathrm{Res}_{\mathbb{P}^1}(f_0, f_1)\big)$ le degré du résultant en les coefficients de f_i. Calculer $\mathrm{Res}_{\mathbb{P}^1}(f_0, f_1)$ et déduire $\deg_i\big(\mathrm{Res}_{\mathbb{P}^1}(f_0, f_1)\big)$.

2. Avec les notations de la section 5.2, supposons que pour $i = 0, \ldots, n$, Γ_i est injectif et que génériquement les polynômes

$$\mathrm{Jac}(f_1, \ldots, f_{i-1}, f_{i+1}, \ldots, f_n), f_1, \ldots, f_{i-1}, f_{i+1}, \ldots, f_n$$

n'ont pas de zéro commun. Si δ est le degré d'une fibre de π_1 et D_i le nombre de racines d'un système générique $f_1 = \cdots = f_{i-1} = f_{i+1} = \cdots = f_n = 0$, montrer $\delta \deg_i(\mathrm{Res}_X) = D_i$.

Exercice 5.10. Théorème de Bernstein.

On considère un système d'équations

$$
\mathbf{f} \left\{
\begin{array}{rcl}
f_1 & = & \sum_{\alpha_1 \in A_1} c_{\alpha_1} \, \mathbf{t}^{\alpha_1} \\
& \vdots & \\
f_n & = & \sum_{\alpha_n \in A_n} c_{\alpha_n} \, \mathbf{t}^{\alpha_n}
\end{array}
\right.
\tag{5.17}
$$

où $\mathbf{t} = (t_1, \ldots, t_n)$, et pour $i = 1, \ldots, n$, $A_i \subset \mathbb{Z}^n$ est l'ensemble des points entiers d'un polygone convexe. Le but de cet exercice est de démontrer le théorème suivant :

Le nombre de solutions dans $T^n = (\mathbb{C}^*)^n$ d'un système générique de la forme (5.17) est $VM(A_1, \ldots, A_n)$.

Notons $L(A_1, \ldots, A_n)$ le nombre de solutions dans T^n d'un tel système générique.

Si l'ensemble $A \subset \mathbb{Z}^n$ des points entiers d'un polygone convexe est fini, et $\alpha \in \mathbb{Z}^n$, on note $m_\alpha(A) = \min_{a \in A}(\alpha|a)$, $A^\alpha = \{\alpha \in A | (\alpha, A) = m_\alpha(A)\}$. Pour tout $f \in \mathbb{C}[\mathbf{t}^{\pm}] = \mathbb{C}[t_1, \frac{1}{t_1}, \ldots, t_n, \frac{1}{t_n}]$ et $\alpha = (\alpha_1, \ldots, \alpha_n) \in \mathbb{Z}^n$, f^α désigne le coefficient de la plus petite puissance du paramètre u dans $f(u^{\alpha_1} t_1, \ldots, u^{\alpha_n} t_n)$.

1. Montrer que $\mathrm{support}(f^\alpha) \subset (\mathrm{support}(f))^\alpha$.

2. Montrer que si $\alpha = (\alpha_1, 0, \ldots, 0)$ avec $\alpha_1 \neq 0$, alors f^α est un polynôme en $t_2, \ldots, t_n$, à multiplication par un monôme près. Montrer que ceci permet de définir $L(A_2^\alpha, \ldots, A_n^\alpha)$.

3. Montrer que pour tout $r \in A$ il existe $H_\alpha(r)$ tel que $H_\alpha(r) \, e = (\alpha|r) - m_\alpha(A)$, où $e = \min\{(\alpha|r) - m_\alpha(A) \neq 0 : r \in A\}$.

Soit $r \in A_1$, et considérons le système $\mathbf{f}^s$

$$
\left\{
\begin{array}{rcl}
f_{s,1} & = & s^{-1} \, \mathbf{t}^r + f_1 \\
f_{s,i} & = & f_i \, , \ i = 2, \ldots, n.
\end{array}
\right.
$$

Nous allons étudier les branches solutions de $\mathbf{f}^s$ de la forme

$$
a \, (s^{\lambda \alpha_1}, \ldots, s^{\lambda \alpha_n})(1 + \epsilon(s)),
\tag{5.18}
$$

avec $a = (a_1, \ldots, a_n) \in T^n, \lambda > 0$ et $\lim_{s \to 0} \epsilon(s) = 0$.

4. Montrer que par un changement de variables, on peut supposer $\alpha = (\alpha_1, 0, \ldots, 0)$, $m_\alpha(A_i) = 0$ pour $i = 1, \ldots, n$, et $f_1' = s^{-1} t_1^H + f_1$ avec $H = H_\alpha(r)$, et que $\tilde{a} = (a_2, \ldots, a_n)$ est solution du système $f_2^\alpha = \cdots = f_n^\alpha = 0$.

5. Montrer que si $\mathbf{f}$ générique, $f_1^\alpha(\tilde{a}) \neq 0$. En déduire que $\lambda = \frac{1}{H}$, et $a_1^H + f_1^\alpha(\tilde{a}) = 0$.

6. En déduire que le nombre de branches de la forme (5.18) est majoré par

$$
H_\alpha(r) \, L(A_2^\alpha, \ldots, A_n^\alpha).
$$

7. Montrer que par le changement de variables $t_1 = u_1 s^{\frac{1}{H}}, t_2 = u_2, \ldots, t_n = u_n$, on obtient un système $\tilde{\mathbf{f}}_s$ en u, dont le nombre de solutions pour $s = 0$ est génériquement $H_\alpha(r) \, L(A_2^\alpha, \ldots, A_n^\alpha)$.

8. Montrer que pour un choix générique du système $\mathbf{f}$, $\tilde{\mathbf{f}}_s = 0$ n'a que des solutions simples isolées dans T^n pour $s = 0$ et qu'il existe une branche solution de $\tilde{\mathbf{f}}_s = 0$ passant par ces points.

9. En déduire que $L(A_2^\alpha, \ldots, A_n^\alpha)H_\alpha(r)$ est exactement le nombre de branches solutions de $\mathbf{f}_s(t_1, \ldots, t_n) = 0$ de la forme (5.18).

10. Montrer que pour l'ensemble A des points entiers d'un polygone convexe et $r \in A$, $H_\alpha(r)VM(A^\alpha, \ldots, A^\alpha)$ est $n!$ fois le volume de la pyramide de base A^α et de sommet r.

11. En déduire que
$$\sum_{\alpha \in E} H_\alpha(r)VM(A^\alpha, \ldots, A^\alpha) = VM(A, \ldots, A),$$
où E est l'ensemble des directions $\alpha \in \mathbb{Z}^n$ telles que $\gcd(\alpha_1, \ldots, \alpha_n) = 1$.

12. Montrer, en reprenant la définition du volume mixte, que si $A_1, \ldots, A_n$ sont des convexes de $\mathbb{Z}^n$ et $r \in A_1$, on a
$$\sum_{\alpha \in E} H_\alpha(r)VM(A_2^\alpha, \ldots, A_n^\alpha) = VM(A_1, \ldots, A_n)$$
et conclure par induction sur la dimension.

Ce résultat peut être amélioré, en montrant que *le nombre de solutions isolées du système* (5.17) *dans* T^n *est majoré par le volume mixte* $VM(A_1, \ldots, A_n)$. Pour plus de détails, voir [**Ber75**], [**Kus75**], [**Kho78**]. Ce théorème porte aujourd'hui l'appellation BKK (Bernstein, Kushnirenko, Khovanski).

CHAPITRE 6

APPLICATION DES RÉSULTANTS

Sommaire

Nous allons voir dans ce chapitre, des exemples pratiques d'utilisation des résultants. L'intérêt de ces derniers est de fournir, sous de bonnes conditions de généricité, des formulations matricielles qui permettent de transformer la résolution d'un système non-linéaire en un problème d'algèbre linéaire. Ces formulations sont continues par rapport aux coefficients des équations et donc peuvent s'appliquer avec des coefficients approchés. Elles peuvent être utilisées de la façon suivante : une analyse tenant compte de la géométrie du problème étudié permet de choisir le résultant le mieux adapté. Lors de l'étape de résolution, les paramètres sont instanciés, puis un solveur numérique (par exemple un calcul de valeurs et vecteurs propres) est utilisé. Cette approche est particulièrement intéressante quand le système algébrique obtenu doit être résolu pour un grand nombre de jeux de paramètres. La première étape (choix de la formulation du résultant) est effectuée une fois pour toute, et la deuxième (la résolution numérique) peut souvent s'appliquer avec l'arithmétique sur les nombres flottants implentée dans les processeurs de nos ordinateurs, ce qui la rend très efficace. Les méthodes décrites ci-après s'appliquent pour les différentes matrices des résultants étudiées dans le chapitre précédent.

6.1. Intersection de deux courbes planes

Considérons deux courbes planes $\mathcal{C}_1$ et $\mathcal{C}_2$ données par les équations

$$f_1(x,y) = \sum_{i=0}^{d_1} a_i(x)\, y^i = 0 \quad \text{et} \quad f_2(x,y) = \sum_{i=0}^{d_2} b_i(x)\, y^i = 0 \;,$$

avec $a_i(x) \in \mathbb{K}[x], b_i(x) \in \mathbb{K}[x], a_{d_1}(x) \neq 0, a_{d_2}(x) \neq 0$. Comment peut-on calculer les points d'intersection de $\mathcal{C}_1$ et $\mathcal{C}_2$? On cherche donc les couples (x,y) tels que f_1 et f_2 s'annulent simultanément. Ainsi, le déterminant de la matrice de Sylvester $\mathbf{S}(x)$ des polynômes f_1 et f_2, vus comme éléments de $(\mathbb{K}[x])[y]$,

$$\mathbf{S}(x) = \begin{pmatrix} a_0(x) & & 0 & b_0(x) & & 0 \\ \vdots & \ddots & & \vdots & \ddots & \\ \vdots & & a_0(x) & \vdots & & b_0(x) \\ a_{d_1}(x) & & \vdots & b_{d_2}(x) & & \vdots \\ & \ddots & \vdots & & \ddots & \vdots \\ 0 & & a_{d_1}(x) & 0 & & b_{d_2}(x) \end{pmatrix}$$

est nul pour tout $(x,y) \in \mathcal{C}_1 \cap \mathcal{C}_2$. Nous avons donc

$$(1, y, \ldots, y^{d_1+d_2-1})\, \mathbf{S}(x) = \mathbf{0}.$$

Réciproquement, si $\det(\mathbf{S}(x)) = 0$, d'après la proposition 5.1, soit les polynômes $a_{d_1}(x)$ et $b_{d_2}(x)$ sont identiquement nuls, soit il existe y tel que

$f_1(x,y) = f_2(x,y) = 0$, et ainsi le point (x,y) est commun aux courbes $\mathcal{C}_1$ et $\mathcal{C}_2$. Nous avons donc la proposition suivante :

Proposition 6.1. *Si les polynômes $a_{d_1}(x)$ et $b_{d_2}(x)$ sont premiers entre-eux, alors $\det(\mathsf{S}(x_0)) = 0$ pour $x_0 \in \mathbb{K}$, si et seulement si, il existe $y_0 \in \mathbb{K}$ tel que $f_1(x_0, y_0) = f_2(x_0, y_0) = 0$.*

Démonstration. Les coefficients dominants $a_{d_1}(x)$, $b_{d_2}(x)$ de $f_1, f_2 \in (\mathbb{K}[x])[y]$ ne s'annulent pas simultanément et donc $\det(\mathsf{S}(x_0)) = 0$, si et seulement si, il existe y_0 tel que $f_1(x_0, y_0) = f_2(x_0, y_0) = 0$. □

Remarque 6.2. Si les polynômes f_1 et f_2 sont premiers entre-eux, on peut toujours se ramener au cas où $a_{d_1}(x)$ et $b_{d_2}(x)$ sont aussi premiers entre-eux. En effet, soit $\lambda \in \mathbb{K}$. En remplaçant y par $\dfrac{\lambda\, y + 1}{y}$ dans $f_1(x,y)$ et $f_2(x,y)$, puis en réduisant au même dénominateur, nous obtenons deux polynômes $\tilde{f}_1(x,y)$ et $\tilde{f}_2(x,y)$ de degrés d_1 et d_2 en y tels que leurs coefficients dominants (vus comme éléments de $(\mathbb{K}[x])[y]$) soient $\tilde{a}^{\lambda}_{d_1}(x) = f_1(x,\lambda)$ et $\tilde{b}^{\lambda}_{d_2}(x) = f_2(x,\lambda)$. Donc, si $f_1(x,y)$ et $f_2(x,y)$ n'ont pas de facteur commun dans $\mathbb{K}[x,y]$, alors pour $\lambda \in \mathbb{K}$ générique, $f_1(x,\lambda)$ et $f_2(x,\lambda)$ n'ont pas de racine commune.

Soit ζ une abscisse qui annule $\det(\mathsf{S}(x))$. Les vecteurs propres généralisés associés à la valeur propre ζ, i.e. les vecteurs Λ qui vérifient $\mathsf{S}(\zeta)^{\mathrm{t}}\, \Lambda^{\mathrm{t}} = 0$, correspondent aux formes linéaires qui s'annulent sur les polynômes

$$f_1(\zeta, y), y\, f_1(\zeta, y), \dots, y^{d_2 - 1} f_1(\zeta, y), f_2(\zeta, y), y\, f_1(\zeta, y), \dots, y^{d_1 - 1} f_1(\zeta, y).$$

Plus précisément, les coefficients de Λ sont les coordonnées de ces formes dans la base duale de la base $(1, y, \dots, y^{d_1 + d_2 - 1})$. L'espace vectoriel engendré par ces formes linéaires est donc l'orthogonal de l'idéal $(f_1(\zeta, y), f_2(\zeta, y))$, engendré par $\mathrm{pgcd}(f_1(\zeta, y), f_2(\zeta, y))$, en degré $\leq d_1 + d_2 - 1$.

Si ce pgcd est de degré 1, l'espace propre est engendré par l'évaluation $\mathbf{1}_{y_0}$ correspondant à la racine du $\mathrm{pgcd}(f_1(\zeta, y), f_2(\zeta, y))$. Dans ce cas, l'ordonnée y_0 s'obtient en calculant par exemple le rapport de la première et la deuxième coordonnée du générateur de cet espace propre.

Si $\mathrm{pgcd}(f_1(\zeta, y), f_2(\zeta, y))$ est de degré $d > 1$, le rang de $\mathsf{S}(\zeta)$ est $d_1 + d_2 - d$ et le noyau de $\mathsf{S}(\zeta)^{\mathrm{t}}$ est engendré par d formes $\Lambda_1, \dots, \Lambda_d$. Nous pouvons alors calculer les solutions communes à $f_1(\zeta, y)$ et $f_2(\zeta, y)$ de la façon suivante : si a et b sont deux entiers positifs, notons $\Delta_{a,\dots,b}$ la matrice $(\Lambda_i(y^j))_{1 \leq i \leq d, a \leq j \leq b}$. Comme $(1, \dots, y^{d-1})$ est une base de l'espace vectoriel quotient de $\mathbb{K}[y]$ par $(\mathrm{pgcd}(f_1(\zeta, y), f_2(\zeta, y)))$, la matrice $\Delta_{0,\dots,d-1}$ est inversible. Remarquons que $\Delta_{1,\dots,d}$ se déduit de $\Delta_{0,\dots,d-1}$ par la transposée de la matrice de multiplication par y modulo $\mathrm{pgcd}(f_1(\zeta, y), f_2(\zeta, y))$. Les valeurs propres généralisées de la matrice $\Delta_{1,...,d} - y \Delta_{0,...,d-1}$ correspondent donc aux ordonnées des points de $\mathcal{C}_1 \cap \mathcal{C}_2$. Ceci conduit à l'algorithme d'intersection suivant :

Algorithme 6.3. INTERSECTION DE DEUX COURBES PLANES.

ENTRÉE : Deux polynômes $f_1 = \sum_{i=0}^{d_1} a_i(x) y^i$ et $f_2 = \sum_{i=0}^{d_2} b_i(x) y^i$ de $\mathbb{K}[x, y]$.

1. Tester si $\mathrm{pgcd}(a_{d_1}(x), b_{d_2}(x)) \neq 1$.
   - Si c'est le cas, choisir λ au hasard, et réappliquer (1) aux numérateurs des fractions rationnelles obtenues en remplaçant y par $\frac{\lambda y + 1}{y}$ dans $f_1(x, y)$ et $f_2(x, y)$.

2. Calculer la matrice de Sylvester $S(x)$ de f_1, f_2, vus comme éléments de $(\mathbb{K}[x])[y]$.

3. Calculer les valeurs propres généralisées (correspondant aux abscisses des points d'intersection des courbes $\mathcal{C}_1 = \{f_1(x, y) = 0\}$ et $\mathcal{C}_2 = \{f_2(x, y) = 0\}$) et les vecteurs propres généralisés de $S(x)^{\mathrm{t}} \Lambda = 0$.

4. Pour chaque valeur propre ζ de multiplicité d, déterminer les matrices $\Delta_{0,...,d-1}$ et $\Delta_{1,...,d}$ à partir des vecteurs propres $\Lambda_1, \ldots, \Lambda_d$; puis calculer les valeurs propres généralisées de

$$\Delta_{1,...,d} - y \Delta_{0,...,d-1}$$

correspondant aux ordonnées des points de $\mathcal{C}_1 \cap \mathcal{C}_2$.

SORTIE : $\mathcal{C}_1 \cap \mathcal{C}_2$.

Exemple 6.4. *Considérons les deux courbes $\mathcal{C}_1$ et $\mathcal{C}_2$ définies par chacune des deux équations :*

$$f_1 = 400\, y^4 - 160\, y^2 x^2 + 16\, x^4 + 160\, y^2 x - 32\, x^3 - 50\, y^2 + 6\, x^2 + 10\, x + \tfrac{25}{16},$$
$$f_2 = y^2 - yx + x^2 - \tfrac{6}{5} x - \tfrac{1}{16}.$$

La transposée de la matrice de Sylvester de f_1, $f_2 \in (\mathbb{K}[x])[y]$ est

```
S:=transpose(sylvester(C1,C2,y));
```

$$S(x) = \begin{pmatrix} 400 & 0 & 1 & 0 & 0 & 0 \\ 0 & 400 & -x & 1 & 0 & 0 \\ a_2(x) & 0 & x^2 - \tfrac{6}{5}x - \tfrac{1}{16} & -x & 1 & 0 \\ 0 & a_2(x) & 0 & x^2 - \tfrac{6}{5}x - \tfrac{1}{16} & -x & 1 \\ a_0(x) & 0 & 0 & 0 & x^2 - \tfrac{6}{5}x - \tfrac{1}{16} & -x \\ 0 & a_0(x) & 0 & 0 & 0 & x^2 - \tfrac{6}{5}x - \tfrac{1}{16} \end{pmatrix},$$

où $a_0(x) = 16\, x^4 - 32\, x^3 + 6\, x^2 + 10\, x + \tfrac{25}{16}$, et $a_2(x) = -160\, x^2 + 160\, x - 50$. Le déterminant $R(x)$ de $S(x)$ se factorise sous la forme

```
R:=factor(resultant(f1,f2,y));
```

$$R(x) = \left(124\,x^2 - 121\,x - 4\right)\left(124\,x^2 - 201\,x - 4\right)(4\,x - 5)^2\,x^2.$$

Les racines du premier facteur de $R(x)$ sont

```
x0:=[solve(op(1,R))];
```

$$x_0 = \left\{\frac{121}{248} + \frac{5}{248}\,\sqrt{665}, \frac{121}{248} - \frac{5}{248}\,\sqrt{665}\right\}.$$

L'espace propre associé à $\frac{121}{248} + \frac{5}{248}\sqrt{665}$ est engendré par le vecteur

```
kernel(subs(x=x0[1],sylvester(f1,f2,y)));
```

$$\left(-\frac{80352563}{293162506240} - \frac{39041729}{7329062656000}\,\sqrt{665}, \frac{16352953}{11821068800} + \frac{262683}{11821068800}\,\sqrt{665},\right.$$
$$\left.-\frac{134467}{19066240} - \frac{8317}{95331200}\,\sqrt{665}, \frac{5589}{153760} + \frac{47}{153760}\,\sqrt{665}, -\frac{47}{248} - \frac{1}{1240}\,\sqrt{665}, 1\right).$$

Les monômes sont ordonnés ici par degré décroissant, l'ordonnée du point d'intersection des deux courbes C_1 et C_2 est en avant dernière position. Le premier point d'intersection est donc

$$\left(\frac{121}{248} + \frac{5}{248}\,\sqrt{665}, -\frac{47}{248} - \frac{1}{1240}\,\sqrt{665}\right).$$

Le deuxième point s'obtient par conjugaison, c'est

$$\left(\frac{121}{248} - \frac{5}{248}\,\sqrt{665}, -\frac{47}{248} + \frac{1}{1240}\,\sqrt{665}\right).$$

Nous procédons de même pour le second facteur de $R(x)$ et obtenons les deux points suivants

$$\left(\frac{201}{248} + \frac{7}{248}\,\sqrt{865}, \frac{111}{248} + \frac{11}{1240}\sqrt{865}\right) , \left(\frac{201}{248} - \frac{7}{248}\sqrt{865}, \frac{111}{248} - \frac{11}{1240}\sqrt{865}\right).$$

Considérons maintenant la racine double $\zeta = 0$ de $R(x)$. L'espace propre associé à cette valeur propre est engendré par les deux vecteurs propres

```
K:= kernel(subs(x=0,sylvester(f1,f2,y)));
```

$$(1,0,16,0,256,0) \quad , \quad (0,1,0,16,0,256).$$

La matrice de multiplication par y modulo $\mathrm{pgcd}(f_1(0,y), f_2(0,y))$ est

```
M:= matrix([op(K)]);
evalm(submatrix(M,1..2,4..5)&* inverse(submatrix(M,1..2,5..6)));
```

$$\begin{pmatrix} 0 & \frac{1}{16} \\ 1 & 0 \end{pmatrix}.$$

Ses valeurs propres sont $y = \pm\frac{1}{4}$, ce qui donne les deux points d'intersection $(0, -\frac{1}{4}), (0, \frac{1}{4})$. Au dessus de $\zeta = 0$, nous avons donc deux points distincts de $\mathcal{C}_1 \cap \mathcal{C}_2$.

Considérons maintenant $\zeta = \frac{5}{4}$, l'autre racine double de $R(x)$. L'espace propre associé à cette racine n'est engendré que par un seul vecteur

```
K:= kernel(subs(x=5/4,sylvester(f1,f2,y)));
```

$$(0, 0, 0, 0, 0, 1).$$

Nous déduisons directement l'ordonnée $y = 0$ du seul point d'intersection correspondant à $x = \frac{5}{4}$, à savoir $(\frac{5}{4}, 0)$. Ceci est en accord avec le tracé (heureusement!) : Le point $(\frac{5}{4}, 0)$ est de multiplicité 2 dans $\mathcal{C}_1$. Le facteur x est de

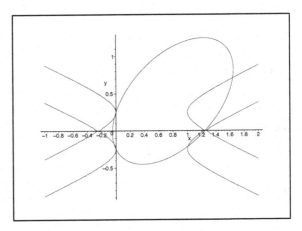

FIGURE 6.1. Intersection de courbes planes par projection.

multiplicité 2 dans $R(x)$ mais le point calculé en $x = \frac{5}{4}$ est de multiplicité 1 dans $\mathcal{C}_1 \cap \mathcal{C}_2$.

6.2. Résolution de systèmes surdéterminés

Considérons un système surdéterminé de m équations $f_1 = \cdots = f_m = 0$ en n variables $\mathbf{x} = (x_1, \ldots, x_n)$ (c'est-à-dire $m > n$). Supposons qu'il ait au moins une solution. Ce type de systèmes est fréquent, par exemple dans des problèmes de calibration (en vision par ordinateur, en robotique), où chaque mesure fournit une ou plusieurs équations sur des paramètres que l'on cherche à calculer. Le nombre d'équations (lié au nombre de mesures) peut être aussi grand que l'on veut mais le système a une solution (ou éventuellement un petit nombre de solutions).

Nous allons voir que les matrices des résultants permettent de résoudre ces systèmes dans les bons cas, correspondant à un petit nombre (à préciser) de solutions. Comme dans la sous-section 5.3.1, considérons l'application linéaire

$$\mathcal{S} : \langle \mathbf{x}^{E_1} \rangle \times \cdots \times \langle \mathbf{x}^{E_m} \rangle \;\to\; \langle \mathbf{x}^F \rangle$$

$$(q_1, \ldots, q_m) \;\mapsto\; \sum_{i=1}^{m} q_i \, f_i \tag{6.1}$$

et sa matrice dans les bases de monômes. Cette matrice (qui généralise celle de Sylvester) se divise en blocs $\mathsf{S}_1, \ldots, \mathsf{S}_m$ (chaque S_i ne dépend que des coefficients du polynôme f_i et il est constitué de $|F|$ lignes et $|E_i|$ colonnes). Nous pouvons également considérer des matrices S combinant $\mathsf{S}_1, \ldots, \mathsf{S}_m$ avec des colonnes des bézoutiens de $n + 1$ polynômes parmi $f_1, \ldots, f_m$.

> *Supposons par la suite que $\mathcal{Z}(f_1, \ldots, f_m) \neq \emptyset$ et que les colonnes de la matrice S représentent des polynômes de l'idéal $(f_1, \ldots, f_m)$.*

Nous allons montrer comment calculer les solutions de $f_1 = \cdots = f_m = 0$ par des outils d'algèbre linéaire.

6.2.1. Cas où $\dim(\ker(\mathcal{S}^t)) = 1$. — Ce cas correspond souvent à une situation générique parmi les systèmes surdéterminés ayant une solution. Ceci implique, d'après l'exercice 5.5, que le système n'a qu'une solution projective.

Algorithme **6.5.** Résolution d'un système surdéterminé ayant une seule solution projective.

Entrée : Un système surdéterminé $f_1 = \cdots = f_m = 0$ ayant une seule solution projective. Supposons $\deg(f_1) \geq \cdots \geq \deg(f_m)$ et posons $\nu = \deg(f_1) + \cdots + \deg(f_{n+1}) - n$.

1. Poser $\mathbf{x}^{E_i} = \{\mathbf{x}^\alpha : |\alpha| \leq \nu - d_i\}, i = 1, \ldots, m$, et $\mathbf{x}^F = \{\mathbf{x}^\alpha : |\alpha| \leq \nu\}$. Calculer la matrice S de l'application linéaire (6.1).

2. Résoudre le système linéaire $\mathsf{S}^t \mathbf{v} = \mathbf{0}$ et vérifier que l'espace vectoriel des solutions est engendré par un seul vecteur $\mathbf{v} = (\mathbf{v}_\alpha)_{\alpha \in F}$.

Sortie : La solution $\left(\dfrac{\mathbf{v}_{x_1}}{\mathbf{v}_1}, \ldots, \dfrac{\mathbf{v}_{x_n}}{\mathbf{v}_1} \right)$ du système $f_1 = \cdots = f_m = 0$.

Exemple 6.6. *Une ville contient un dédale de rues et de maisons, ainsi qu'une grande tour cylindrique bien visible que l'on cherche à localiser de manière précise afin de cartographier la zone. Des visées à partir de points précis d'une rue permettent de calculer les coordonnées d'un certain nombre de droites horizontales tangentes à la tour.*

C'est une adaptation d'un problème, apparaissant dans l'œuvre mathématique chinoise dite des neuf chapitres, datant du premier siècle avant notre ère et dant laquelle la tour est remplacée par les murailles circulaires d'une ville. Ce texte décrit des procédures mathématiques que l'on appellerait aujourd'hui algorithmes.

Comment peut-on déduire la position exacte de cette tour cylindrique? *Un calcul simple montre que la condition pour qu'une droite L d'équation $l_1\,x + l_2\,y + l_0 = 0$ soit tangente à un cercle C d'équation $c_0\,(x^2 + y^2) - 2\,c_1 x - 2\,c_2 y + c_3 = 0$ est*

$$-l_1{}^2 c_2{}^2 - l_2{}^2 c_1{}^2 + 2\,l_1 l_2 c_1 c_2 + 2\,l_0 l_1 c_0 c_1 + 2\,l_0 l_2 c_0 c_2 + l_0{}^2 c_0{}^2 + \left(l_1{}^2 + l_2{}^2\right) c_0 c_3 = 0.$$

Supposons que les visées se font avec des droites

$$L_1 : x + 1,$$
$$L_2 : x + y + \sqrt{2} + 1,$$
$$L_3 : 2 + y,$$
$$L_4 : x - \sqrt{3}y - 2 - \sqrt{3},$$

qui correspondent aux cercles (où nous avons posé $c_0 = 1$)

$$S_1 : c_2{}^2 - 2\,c_1 + c_3 - 1,$$
$$S_2 : c_1{}^2 - 2\,c_1 c_2 + c_2{}^2 + \left(-2\sqrt{2} - 2\right) c_1 + \left(-2\sqrt{2} - 2\right) c_2 + 2\,c_3 - 2\sqrt{2} - 3,$$
$$S_3 : c_1{}^2 - 4\,c_2 + c_3 - 4,$$
$$S_4 : 3\,c_1{}^2 + 2\sqrt{3}c_1 c_2 + c_2{}^2 + \left(4 + 2\sqrt{3}\right) c_1 + \left(-4\sqrt{3} - 6\right) c_2 + 4\,c_3 - 4\sqrt{3} - 7.$$

Un premier essai, en considérant tous les multiples de degrés au plus $2 \times 4 - 3 = 5$, conduit à une matrice de taille 56×80 et de rang 51. Puisque les polynômes S_1, S_2, S_3, S_4 sont de degré 1 en c_3, nous ne multiplions les polynômes que par des monômes en c_1, c_2, le degré critique est donc $\nu = 2 \times 3 - 2 = 4$. Dans ce cas, nous avons une matrice de taille 21×24 dont les lignes sont indexées par les monômes

```
K:=koszul(S,[C[1],C[2]],4);
```

$$\left(c_2{}^4, c_2{}^3 c_1, c_2{}^2 c_1{}^2, c_2 c_1{}^3, c_1{}^4, c_3 c_2{}^2, c_3 c_2 c_1, c_3 c_1{}^2, c_2{}^3, c_2{}^2 c_1, c_2 c_1{}^2,\right.$$
$$\left. c_1{}^3, c_3 c_2, c_3 c_1, c_2{}^2, c_2 c_1, c_1{}^2, c_3, c_2, c_1, 1\right).$$

Le noyau de la transposée est bien de rang 1, et il est engendré par le vecteur

```
kernel(transpose(K));
```

$$(1, 0, 0, 0, 0, 0, 0, 0, -1, 0, 0, 0, 0, 0, 1, 0, 0, 0, -1, 0, 1)$$

qui correspond au vecteur de monômes ci-dessus évalué en $(0, -1, 0)$, *c'est-à-dire au cercle solution*

$$(x^2 + y^2) + 2\,y = 0$$

de centre $(0, -1)$ *et de rayon* 1.

La proposition 5.5 montre de plus que l'idéal engendré par les 4 équations est l'idéal maximal définissant la solution affine $(0, -1, 0)$. Remarquons par ailleurs, que le système a une deuxième solution projective $(0 : 0 : 0 : 1)$ qui est à l'infini et qui ne correspond pas à un « vrai » cercle. Les matrices de résultant projective (telles que celles de Macaulay) auront les deux évaluations correspondantes dans les noyaux de leurs transposées. Elles ne pourront donc pas être utilisées directement comme nous l'avons illustré sur cet exemple.

6.2.2. Cas où $\dim(\ker(\mathsf{S}^{\mathsf{t}})) > 1$. — Dans ce cas aussi nous allons montrer comment résoudre le système surdéterminé $f_1 = \ldots = f_m = 0$ par des techniques d'algèbre linéaire similaires à celles décrites dans la section 4.7.

Pour cela, si $\deg(f_i) = d_i, i = 1, \ldots, m$, supposons $d_1 \geq \cdots \geq d_m > 0$ et notons $\nu = d_1 + \cdots + d_{n+1} - n$. La matrice S de l'application (6.1) est celle des coefficients des multiples monomiaux, de degrés au plus ν, des polynômes $f_1, \ldots, f_m$. Comme la variété $\mathcal{Z}(f_1, \ldots, f_m)$ est finie, d'après [**Laz81**], ces multiples engendrent l'idéal $I = (f_1, \ldots, f_m)$ en degré $\leq \nu$. Nous déduisons que $\ker(\mathsf{S}^{\mathsf{t}})$ représente les éléments I^{T} en degré $\leq \nu$.

Soit M une matrice $s \times r$ de rang r, où $r = \dim(\ker(\mathsf{S}^{\mathsf{t}}))$ et s le nombre de lignes de S, telle que $\mathsf{S}^{\mathsf{t}}\,\mathsf{M} = 0$. Les lignes de M sont indexées par un ensemble de monômes noté $\mathbf{x}^F$. Pour tout sous-ensemble $\mathbf{x}^E$ de $\mathbf{x}^F$, notons M_E la sous-matrice de M indexée par les éléments de $\mathbf{x}^E$.

Proposition **6.7.** *Supposons que la variété* $\mathcal{Z}(f_1, \ldots, f_m)$ *soit finie. Alors tout sous-ensemble* $\mathbf{x}^E$ *de taille* $r = \dim(\ker(\mathsf{S}^{\mathsf{t}}))$ *tel que* $\det(\mathsf{M}_E) \neq 0$ *est une base de l'espace vectoriel* $\mathbb{K}[\mathbf{x}]/(f_1, \ldots, f_m)$.

Démonstration. La matrice M est celle des coefficients (restreints à $\mathbf{x}^F$) d'une base de I^{T}, dans la base duale de la base des monômes. Comme M_E est inversible, nous pouvons construire par des combinaisons linéaires une base $(\Lambda_\alpha)_{\alpha \in E}$ de I^{T} telle que $\Lambda_\alpha(\mathbf{x}^\beta) = 0$ si $\alpha \neq \beta$ et $\Lambda_\alpha(\mathbf{x}^\alpha) = 1$. En d'autres termes, $(\Lambda_\alpha)_{\alpha \in E}$ est la base duale de la base $(\mathbf{x}^\alpha)_{\alpha \in E}$ de $\mathbb{K}[\mathbf{x}]/I$. $\qquad\square$

La matrice des coefficients, de la base duale $(\Lambda_\alpha)_{\alpha \in E}$ de I^{T}, restreints à $\mathbf{x}^F$ est $\mathsf{M}\,\mathsf{M}_E^{-1}$, et M_E est la matrice de passage de la base de I^{T}, représentée par les colonnes de Λ, à la base duale.

Proposition 6.8. *Soit E un sous-ensemble F tel que M_E soit inversible et $x_i \mathbf{x}^E := \mathbf{x}^{E_i} \subset \mathbf{x}^F$ pour $i = 1, \ldots, n$. Alors la transposée de la matrice de multiplication par x_i dans la base $\mathbf{x}^E$ est $M_i^t = M_{E_i} M_E^{-1}$.*

Démonstration. La transposée M_i^t est aussi la matrice de multiplication par x_i dans la base duale de la base $\mathbf{x}^E$ de $\mathbb{K}[\mathbf{x}]/I$. Comme M_E^{-1} est la matrice des coefficients de $(\Lambda_\beta)_{\beta \in E}$, nous avons

$$M_{E_i} M_E^{-1} = \left(\Lambda_\beta(x_i \mathbf{x}^\alpha) \right)_{\alpha, \beta \in E} = \left(M_i^t(\Lambda_\beta)(\mathbf{x}^\alpha) \right)_{\alpha, \beta \in E}.$$

Par ailleurs, $M_i^t(\Lambda_\beta)(\mathbf{x}^\alpha)$ est le coefficient de $\mathbf{x}^\alpha$ dans $M_i^t(\Lambda_\beta)$. Nous déduisons que

$$M_i^t = \left(M_i^t(\Lambda_\beta)(\mathbf{x}^\alpha) \right)_{\alpha, \beta \in E} = M_{E_i} M_E^{-1}.$$

$\square$

Ceci permet de déterminer les solutions de $f_1 = \cdots = f_m = 0$ de la façon suivante :

Algorithme 6.9. Résolution d'un système surdéterminé.

Entrée : Un système surdéterminé $f_1 = \cdots = f_m = 0$ qui définit un nombre fini de points.

1. Calculer la matrice S des multiples de $f_1, \ldots, f_m$ en degré $\leq \nu$ assez grand (par exemple $\nu = \sum_{i=1}^m \deg(f_i) - n$). Notons $\mathbf{x}^F$ l'ensemble des monômes qui indexent les lignes de S.

2. Calculer une base du noyau de S^t et noter M la matrice de ses coefficients.

3. Choisir (si il existe) un sous-ensemble E de F tel que M_E soit inversible et $x_i \mathbf{x}^E \subset \mathbf{x}^F$, pour $i = 1, \ldots, n$.

4. Calculer les vecteurs propres communs aux matrices $M_i^t = M_{E_i} M_E^{-1}, i = 1, \ldots, n$.

Sortie : Les racines de $f_1 = \cdots = f_m = 0$ que l'on déduit des vecteurs propres communs à $M_1^t, \ldots, M_n^t$ (théorème 4.23).

Exemple 6.10. *Intéressons-nous au calcul des points singuliers de la courbe d'équation*

$$f(x, y) = x^4 + x^2 y^2 + 1.828427124\, x^2 - 2.0\, y^4 + 1.171572876\, y^2 - 0.171572876 = 0.$$

C'est-à-dire aux points (x, y) de cette courbe qui vérifient $f_x := \frac{\partial f}{\partial x}(x, y) = 0$ et $f_y := \frac{\partial f}{\partial y}(x, y) = 0$. Le système $f = f_x = f_y = 0$ n'a pas de solution exacte, mais a des solutions pour des valeurs légèrement perturbées des coefficients. Nous allons donc calculer des pseudo-points singuliers (des points

singuliers pour une perturbation des coefficients de la courbe $\{f(x,y) = 0\}$*).*
Pour plus de detail sur les techniques numériques (telles que le rang approché,
noyau approché, SVD, . . .), consulter [**GVL96**]*.*

Calculons la matrice des multiples de degrés au plus 7 de f, f_x, f_y :

```
S:=matrixof([f,x*f,...y^3*f,
  fx,x*fx, ..., y^4*fx, fy,x*fy, ..., y^4*fy],
  [[1,x,y,x^2,x*y,y^2,x^3, ... ,y^7]]);
```

C'est une matrice 36×40 *de rang approché* 34, *et les valeurs singulières sont :*

11.18421173, 11.01360011, 10.87157972, 10.48016693, 9.690300714,
9.057315333, 8.742977272, 8.685704609, 8.661226442, 8.601716952,
8.457298544, 8.375382556, 8.207092070, 7.879082075, 7.770171363,
7.312368269, 7.191386199, 6.806597091, 6.460557009, 6.220509809,
5.406503538, 4.536335156, 4.510944070, 4.243772777, 3.852704145,
3.619811374, 1.912050412, 1.080047522, 1.043128432, 0.5625242171,
0.5587213274, 0.5383043943, 0.4210174726, 0.3395543133,
0.0000000002480291661, 5.690925483 $\times 10^{-16}$.

Le quotient $\mathcal{A} = \mathbb{K}[x,y]/(f, f_x, f_y)$ *est de dimension* 2 *(donc la courbe a deux*
points pseudo-singuliers). Nous calculons un noyau approché de la transposée
de S *(par SVD), et obtenons*

$$K = \begin{pmatrix} 1 & 0 & 0 & 0 & 0 & 0.2928932190 & \cdots \\ 0 & 0 & 1 & 0 & 0 & 0 & \cdots \end{pmatrix}.$$

Les monômes qui indexent les colonnes de ce noyau sont $\{1, x, y, x^2, xy, y^2, \ldots\}$.
Et comme la sous-matrice

$$M_0 = \begin{pmatrix} 1 & 0 \\ 0 & 1 \end{pmatrix}$$

des colonnes indexées par $(1, y)$ *est inversible,* $(1, y)$ *est une base de* $\mathcal{A}$ *(par*
contre $(1, x)$ *ne l'est pas). La matrice de multiplication par* y *est obtenue en*
extrayant de K, *la matrice* M_1 *indexée par les monômes* $\{y, y^2\}$ *(les colonnes*
3 *et* 6 *de* K*) et en calculant*

$$\mathrm{M}_y = M_0^{-1}M_1 = \begin{pmatrix} 0 & 0.2928932190 \\ 1 & 0 \end{pmatrix}.$$

Les valeurs propres de M_y *sont* $(0.5411961003, -0.5411961003)$. *Pour obtenir*
la matrice de multiplication par x, *un calcul similaire en prenant les colonnes*
indexées par $\{x, xy\}$ *donne*

$$\mathrm{M}_x = \begin{pmatrix} 0 & 0 \\ 0 & 0 \end{pmatrix}.$$

Ceci montre que x *est dans l'idéal engendré par* f, f_x, f_y *et que les deux points*
pseudo-singuliers sont $(0, \pm 0.5411961003)$.

6.3. Résoudre en ajoutant une forme linéaire générique

La proposition 5.36 permet de calculer la matrice de multiplication par f_0 modulo $f_1, \ldots, f_n$ (dans le cas où le bloc D est inversible); l'ensemble des monômes $\mathbf{x}^{E_0}$ est alors une base de l'algèbre quotient $\mathbb{K}[\mathbf{x}]/(f_1, \ldots, f_n)$ (proposition 5.35). Ceci est aussi valable pour toute autre matrice de résultant telle que celle du résultant torique. En utilisant cette matrice de multiplication, nous pouvons résoudre le système $f_1 = \cdots = f_n = 0$ par les méthodes présentées au chapitre 4, ce qui conduit à l'algorithme suivant :

Algorithme 6.11. RÉSOUDRE EN AJOUTANT UNE FORME LINÉAIRE.

ENTRÉE : Un système $f_1 = \cdots = f_n = 0$.

1. Choisir une forme linéaire $f_0 = u_0 + u_1 x_1 + \cdots + u_n x_n$ au hasard.

2. Calculer la matrice S du résultant de $f_0, \ldots, f_n$, puis décompose la en 4 blocs comme dans la proposition 5.36 :

$$S = \left(\begin{array}{c|c} A & B \\ \hline C & D \end{array} \right).$$

3. Vérifier que D est inversible. Si ce n'est pas le cas, s'arrêter et annoncer ''système non-générique''.

4. Résoudre le système $f_1 = \cdots = f_n = 0$ à partir de la matrice $M_{f_0} = A - B D^{-1} C$ de multiplication de f_0 modulo $f_1, \ldots, f_n$, en calculant ses valeurs propres et vecteurs propres (voir chapitre 4).

SORTIE : Les solutions de $f_1 = \cdots = f_n = 0$.

La matrice de multiplication par f_0 est une fonction continue en les paramètres des équations $f_1, \ldots, f_n$ sur l'ouvert $\det(D) \neq 0$, donc cette méthode peut être utilisée en pratique avec des coefficients approchés.

Par ailleurs, dans certains problèmes, il n'est pas nécessaire de savoir calculer M_{f_0} mais seulement de pouvoir la multiplier par un vecteur. Voir par exemple [**BMP00**]. Pour calculer $M_{f_0} \mathbf{v}$, il suffit :

1. de calculer $\mathbf{w} = C \mathbf{v}$,

2. de résoudre $D \mathbf{u} = \mathbf{w}$,

3. de calculer $A \mathbf{v} - B \mathbf{u} = M_{f_0} \mathbf{v}$.

Ces opérations peuvent se faire de manière efficace en exploitant la structure (creuse) des différents blocs A, B, C, D, ce qui fournit une multiplication rapide par f_0 modulo $f_1, \ldots, f_n$.

De même, si M_{f_0} est inversible, il est possible de calculer $M_{f_0}^{-1}\mathbf{v}$ efficacement en exploitant la structure de S. En effet,

$$S = \begin{pmatrix} A & B \\ C & D \end{pmatrix} = \begin{pmatrix} A - B\,D^{-1}\,C & B \\ 0 & D \end{pmatrix} \begin{pmatrix} \mathbb{I} & 0 \\ D^{-1}\,C & \mathbb{I} \end{pmatrix},$$

et

$$S^{-1} = \begin{pmatrix} \mathbb{I} & 0 \\ -D^{-1}\,C & \mathbb{I} \end{pmatrix} \begin{pmatrix} (A - B\,D^{-1}\,C)^{-1} & * \\ 0 & D^{-1} \end{pmatrix} = \begin{pmatrix} (A - B\,D^{-1}\,C)^{-1} & * \\ * & * \end{pmatrix}.$$

Pour calculer $M_{f_0}^{-1}\mathbf{v}$, il suffit de résoudre

$$S \begin{pmatrix} \mathbf{u} \\ \tilde{\mathbf{u}} \end{pmatrix} = \begin{pmatrix} \mathbf{v} \\ 0 \end{pmatrix},$$

et déduire $\mathbf{u} = M_{f_0}^{-1}\mathbf{v}$. Ces propriétés, ainsi que le caractère creux de la matrice, sont exploités dans [**BMP00**], pour mettre en place des méthodes itératives (basée sur la méthode de la puissance [**Wil65**]) permettant de sélectionner la (les) racine(s) du système $f_1 = \cdots = f_n = 0$ minimisant $|f_0|$, sans avoir à calculer toutes ces racines.

Exemple 6.12. *Considérons les polynômes*

$$f_1 = {x_1}^2 + {x_2}^2 - 1/5\,x_1 - 1 \quad \text{et} \quad f_2 = {x_1}^2 + 2\,x_1\,x_2 - {x_2}^2 - 1/2$$

de $\mathbb{C}[x_1, x_2]$, *et cherchons la racine* (x_1, x_2) *de* $f_1 = f_2 = 0$ *pour laquelle* $|x_2|$ *est minimale. Nous calculons la matrice* S *du résultant de* x_2, f_1, f_2 *et*

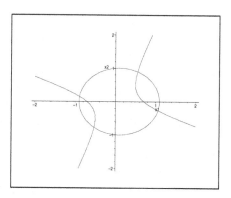

FIGURE 6.2. Intersection de courbes planes et méthode itérative.

appliquons l'itération ci-dessous sur la transposée de S. *Nous obtenons alors le vecteur propre de* $M_{x_2}^t$ *pour lequel* $|x_2|$ *est minimale, c'est-à-dire l'évaluation au point solution correspondant :*

```
iter:= proc(u) local i,v;
    v:= linsolve(transpose(S),[op(u),0$6]);
    [v[i]$i=1..4]/v[1]
end:
[1,3,.5,1];for i to 10 do iter(%): od:
```

```
[1              ,  3            ,  0.5         ,  1           ]
[ 0.9999999999,- 0.6451612901,-0.0741935483,- 0.2225806451]
[ 1.0          ,- 1.274828458 , 0.2145780667,- 0.1384374623]
[ 0.9999999998,- 0.7519886970, 0.1173629411,- 0.1496176172]
[ 0.9999999999,- 0.9895914293, 0.1737396589,- 0.1306502597]
[ 0.9999999997,- 0.8426120371, 0.1424691542,- 0.1409862539]
[ 1.0          ,- 0.9236216483, 0.1600252209,- 0.1348391774]
[ 1.0          ,- 0.8761508124, 0.1498504018,- 0.1384050751]
[ 1.0          ,- 0.9031275086, 0.1556404095,- 0.1363644712]
[ 1.0          ,- 0.8875316212, 0.1522966791,- 0.1375433204]
[ 1.0          ,- 0.8964629541, 0.1542117142,- 0.1368677727]
```

Nous observons une convergence (linéaire) vers le vecteur $\mathbf{1}_\zeta$, *qui fournit* $\zeta = (-0.8964629541, 0.1542117142)$. *La dernière coordonnée* -0.1368677727 *est approximativement le produit des deux précédentes. Cette méthode peut être accélérée en remplaçant dans l'itération,* f_0 *par* $f_0 - \sigma$, *où* σ *est une* bonne approximation *de la valeur propre. Voir* [**Wil65**] *pour ces techniques de décalage dans les méthodes de* puissances inverses.

6.4. Calcul d'une représentation univariée rationnelle

Considérons une forme linéaire $f_0 = u_0 + u_1 x_1 + \cdots + u_n x_n$ dont les coefficients sont des indéterminées. Supposons dans un premier temps que le système $f_1, \ldots, f_n$ est générique pour la formulation de Macaulay. D'après le corollaire 5.11 et la proposition 5.19, le déterminant de la matrice de Macaulay associée à $f_0, \ldots, f_n$ est un multiple de la forme de Chow

$$\mathcal{C}(\mathbf{u}) = \prod_{\zeta \in \mathcal{Z}(f_1, \ldots, f_n)} (u_0 + \zeta_1 u_1 + \cdots + \zeta_n u_n)^{\mu_\zeta},$$

où μ_ζ désigne la multiplicité de la racine ζ. Ceci est également vraie pour le résultant torique ou pour le résultant généralisé [**Bus01a**]. En calculant le déterminant ou un mineur maximal de la matrice correspondante, nous obtenons un multiple de $\mathcal{C}(\mathbf{u})$. Nous pouvons alors déduire une représentation univariée rationnelle des solutions en utilisant les résultats de la section 4.10, ce qui conduit à l'algorithme suivant :

Algorithme 6.13. CALCUL D'UNE REPRÉSENTATION UNIVARIÉE RATIONNELLE.

ENTRÉE : Un système $f_1 = \cdots = f_n = 0$ de n équations en n variables, ayant un nombre fini de solutions.

1. Soit $f_0 = u_0 + u_1 x_1 + \cdots + u_n x_n$ une forme linéaire dont les coefficients sont des indéterminées. Calculer une matrice de résultant adaptée au système $f_0, \ldots, f_n$.

2. Calculer un multiple de la forme de Chow $\mathcal{C}(\mathbf{u})$ en prenant le déterminant (ou un mineur maximal) de cette matrice.

3. Appliquer l'algorithme 4.40 pour déduire une représentation univariée rationnelle.

SORTIE : Une représentation univariée rationnelle des solutions de $f_1 = \ldots = f_n = 0$.

Nous verrons au chapitre 10, que la matrice bézoutienne de $f_0, \ldots, f_n$, permet aussi de calculer une représentation univariée rationnelle des points isolés de la variété $\mathcal{Z}(f_1, \ldots, f_n)$, même dans le cas où celle-ci n'est pas finie.

6.5. Résoudre en « cachant » une variable

Dans cette section, nous allons décrire une méthode de résolution d'un système polynomial basée sur les formulations de résultants. Cette méthode s'applique à un système de n équations en n variables et consiste à « cacher » une variable, par exemple x_n (c'est-à-dire considérer x_n comme un paramètre).

Considérons un système de n équations $f_1, \ldots, f_n$ à n variables $x_1, \ldots, x_n$ que nous écrivons sous la forme

$$\left\{ \begin{array}{l} f_1(\mathbf{x}) = \sum_{\alpha_1 \in A_1} c_{\alpha_1}(x_n)\, \mathbf{y}^{\alpha_1} = 0 \\ \vdots \\ f_n(\mathbf{x}) = \sum_{\alpha_n \in A_n} c_{\alpha_n}(x_n)\, \mathbf{y}^{\alpha_n} = 0 \end{array} \right. \tag{6.2}$$

où $A_1, \ldots, A_n$ sont des sous-ensembles de $\mathbb{N}^{n-1}$, $c_{\alpha_1}(x_n), \ldots, c_{\alpha_n}(x_n)$ sont des polynômes en x_n, et $\mathbf{y} = (x_1, \ldots, x_{n-1})$.

Nous sommes dans une situation où nous pouvons appliquer les constructions de résultants, et obtenons un polynôme $R(x_n)$ en x_n (éventuellement nul, suivant la formulation choisie).

Soit $\zeta = (\zeta_1, \ldots, \zeta_{n-1}, \zeta_n)$ une solution de $f_1 = \cdots = f_n = 0$. En substituant x_n par ζ_n dans (6.2), $(\zeta_1, \ldots, \zeta_{n-1})$ est une solution du système obtenu, donc $R(\zeta_n) = 0$. Ainsi, le polynôme $R(x_n)$ s'annule en les $n^{\text{ièmes}}$ coordonnées du système $f_1 = \cdots = f_n = 0$. Cette propriété est vraie pour tout résultant, sur une variété projective, défini à partir du système (6.2), comme par exemple le résultant torique (associé aux supports A_i) ou pour le calcul par des bézoutiens. Dans un souci de simplification, nous ne considérons ici que le cas du *résultant projectif*.

Le polynôme $R(x_n)$ peut s'annuler pour d'autres valeurs que les dernières coordonnées des solutions du système (6.2). En effet, il se peut que pour certaines valeurs de x_n, ce système ait une solution à l'infini (après homogénéisation par rapport aux variables $\mathbf{y} = (x_1, \ldots, x_{n-1})$) qui ne donne pas une solution du système affine (6.2).

Définition 6.14. *Pour tout élément $f \in \mathbb{K}[\mathbf{x}] := \mathbb{K}[x_1, \ldots, x_n]$, $t(f)$ désigne la composante homogène de plus haut degré de f, vu comme polynôme en $x_1, \ldots, x_{n-1}$ à coefficients dans $\mathbb{K}[x_n]$.*

Nous avons donc la propriété suivante, similaire à celle en une variable (voir proposition 6.1) :

Proposition 6.15. *Si le polynôme $R(x_n)$ n'est pas nul, alors sa partie sans facteur carré $\tilde{R}(x_n)$ est le produit de*

$$R^o(x_n) = \prod_{\zeta \in \mathcal{Z}(f_1, \ldots, f_n)} (x_n - \zeta_n)$$

par la partie sans carré d'un générateur du saturé

$$\mathbb{K}[x_n] \cap \big(t(f_1), \ldots, t(f_n) \big) : (x_1, \ldots, x_{n-1})^* \big).$$

par $(x_1, \ldots, x_{n-1})$.

Démonstration. Nous avons vu que $R(x_n)$ s'annule en les $n^{\text{ièmes}}$ coordonnées des points de la variété $\mathcal{Z}(f_1, \ldots, f_n)$. Par définition du résultant projectif (voir théorème 5.17), les autres racines de $R(x_n)$ correspondent aux valeurs de x_n pour lesquelles le système (6.2) a des racines à l'infini (par rapport aux variables $\mathbf{y} = (x_1, \ldots, x_{n-1})$), c'est-à-dire des racines communes à $t(f_1), \ldots, t(f_n)$. Ces valeurs de x_n sont les racines d'un générateur de l'idéal d'élimination

$$\mathbb{K}[x_n] \cap \big((t(f_1), \ldots, t(f_n)) : (x_1, \ldots, x_{n-1})^* \big),$$

qui correspondent à la projection de $\mathcal{Z}_{\mathbb{P}^{n-2} \times \mathbb{K}}(t(f_1), \ldots, t(f_n))$ sur $\mathbb{K}$. $\qquad\square$

Signalons que les variétés algébriques de $\mathbb{P}^k(\mathbb{K}) \times \mathbb{K}^l$, sont celles de $\mathbb{K}^{k+l+1}$ définies par des polynômes qui sont homogènes en les $k+1$ premières variables.

Exemple 6.16. *Considérons le système*

$$\begin{cases} f_1 = x_1 x_2 x_3 - 1 \\ f_2 = x_1{}^2 x_3 + x_2{}^2 x_3 + x_3{}^2 - 3 \\ f_3 = x_1 x_2 + x_2{}^2 + x_2 x_3 - x_1 x_3 - 2. \end{cases}$$

Le calcul du résultant de $f_1, f_2, , f_3 \in (\mathbb{K}[x_3])[x_1, x_2]$ par la formule de Macaulay fournit

```
factor(det(mresultant([f1,f2,f3],[x1,x2])));
```

$$x_3{}^5 (x_3 - 1)^3 \left(x_3{}^7 + 4\, x_3{}^6 + 11\, x_3{}^5 + 21\, x_3{}^4 + 15\, x_3{}^3 + 20\, x_3{}^2 + 25\, x_3 - 25\right).$$

Le premier terme $x_3{}^5$ a pour racine $x_3 = 0$; il correspond au cas où

$$t(f_1) = x_1\, x_2\, x_3 \quad, \quad t(f_2) = x_1^2 x_3 + x_2^2\, x_3 \quad, \quad t(f_3) = x_1\, x_2 + x_2^2$$

ont les racines projectives communes $(1 : 0)$ et $(1 : -1)$.

Les autres facteurs ont pour racines les troisièmes coordonnées des 10 racines de $f_1 = f_2 = f_3 = 0$.

Nous avons aussi le corollaire suivant :

Corollaire 6.17. *Supposons que $R(x_n)$ ne soit pas identiquement nul et que la variété de $\mathbb{P}^{n-2} \times \mathbb{K}$ définie par $t(f_1), \ldots, t(f_n)$ soit vide. Alors $R(\zeta_n) = 0$, si et seulement si, ζ_n est la $n^{\text{ième}}$ coordonnée d'une solution du système (6.2).*

Démonstration. Ceci découle du fait que dans ce cas, $\tilde{R}(x_n) = R^o(x_n)$. □

La condition $\mathcal{Z}_{\mathbb{P}^{n-2} \times \mathbb{K}}(t(f_1), \ldots, t(f_n)) = \emptyset$ se teste en vérifiant que le pgcd dans $\mathbb{K}[x_n]$ de tous les mineurs maximaux de la matrice de l'application linéaire (6.1) associée à $t(f_1), \ldots, t(f_n)$ est 1. Si la variété $\mathcal{Z}_{\mathbb{P}^{n-2} \times \mathbb{K}}(t(f_1), \ldots, t(f_n))$ est constituée d'un nombre fini de points, il est toujours possible de se ramener à cette condition par changement de variables dans $\mathbb{P}^{n-2} \times \mathbb{K}$. Sinon, il faut essayer une autre formulation de résultant.

Pour utiliser cette approche, le résultant $R(x_n)$ ne doit pas être identiquement nul. Il est donc important de choisir à cet effet la variable « cachée » ou le type de résultant que l'on va utiliser pour résoudre le système polynomial.

Une fois que les dernières coordonnées des solutions de (6.2) trouvées, nous pouvons calculer les autres à partir de la matrice du résultant. Pour cela, il suffit de calculer les vecteurs Λ vérifiant $\Lambda^t \cdot S(\zeta_n) = 0$, où ζ_n est une racine de $R^o(x_n)$.

Si ce noyau est de dimension 1, le vecteur Λ est (à un scalaire près) l'evaluation du vecteur des monômes indexant les lignes de S. Nous pouvons ainsi trouver les coordonnées $\zeta_1, \ldots, \zeta_{n-1}$ en examinant ces monômes.

Si la dimension de ce noyau est plus grande que 1, nous cherchons les autres coordonnées comme dans la section 6.1 par des calculs de valeurs propres sur des sous-matrices des coefficients d'une base de ce noyau (voir algorithme 6.3).

Le calcul des racines ζ_n de $R(x_n)$ et des vecteurs Λ tels que

$$S(\zeta_n)^t\, \Lambda = 0 \tag{6.3}$$

peut se faire en une seule étape. Supposons que

$$S(x_n) = S_d\, x_n^d + S_{d-1} x_n^{d-1} + \cdots + S_0,$$

où les matrices S_i sont à coefficients constants de même taille. Résoudre le système (6.3) revient à résoudre le problème de valeurs propres et de vecteurs propres généralisés

$$\left\{ \begin{pmatrix} 0 & \mathbb{I} & \cdots & 0 \\ \vdots & \ddots & \ddots & \vdots \\ 0 & \cdots & 0 & \mathbb{I} \\ S_0^t & \cdots & S_{d-2}^t & S_{d-1}^t \end{pmatrix} - x_n \begin{pmatrix} S_d^t & 0 & \cdots & 0 \\ 0 & \ddots & \ddots & \vdots \\ \vdots & \ddots & S_d^t & 0 \\ 0 & \cdots & 0 & S_d^t \end{pmatrix} \right\} \mathbf{w} = 0.$$

Ceci conduit à l'algorithme suivant, similaire à celui de la section précédente :

Algorithme 6.18. RÉSOUDRE UN SYSTÈME EN « CACHANT » UNE VARIABLE.

ENTRÉE : Un système polynomial $f_1 = \cdots = f_n = 0$ avec $f_i \in \mathbb{K}[x_1, \ldots, x_n]$.

1. Calculer la matrice $S(x_n)$ du résultant de $f_1, \ldots, f_n$ $\in$ $(\mathbb{K}[x_n])[x_1, \ldots, x_{n-1}]$.

2. Vérifier que $\det(S(x_n)) \neq 0$. Si ce n'est pas le cas, s'arrêter et annoncer ''projecteur en x_n non-satisfaisant''.

3. Calculer les valeurs propres généralisées (correspondant aux coordonnées x_n des solutions) et les vecteurs propres généralisés de la transposée de la matrice $S(x_n)$.

4. Notons Δ la matrice des coefficients d'une base de ces vecteurs propres. Pour chaque valeur propre ζ_n, déterminer un sous-ensemble B des monômes indexant les lignes de Δ tel que Δ_B soit inversible.

5. Puis déterminer les valeurs $\zeta_1, \ldots, \zeta_{n-1}$ telles qu'il existe un vecteur propre commun $\mathbf{w}$ vérifiant

$$(\Delta_{x_i B} - \zeta_i \Delta_B)\,\mathbf{w} = 0, \quad \text{pour } i = 1, \ldots, n-1.$$

Les valeurs propres $(\zeta_1, \ldots, \zeta_{n-1})$ sont les $n - 1$ premières coordonnées des solutions du système considéré.

6. Vérifier que les points $\zeta = (\zeta_1, \ldots, \zeta_n)$ sont solutions de $f_1 = \cdots = f_n = 0$.

SORTIE : Les solutions de $f_1 = \cdots = f_n = 0$.

Exemple 6.19. *Reprenons l'exemple 6.16 pour lequel le déterminant de* $S(x_3)$ *n'est pas nul. Nous allons calculer les valeurs propres et les vecteurs propres généralisés de* $S(x_3)^t \Lambda = 0$.

Pour $x_3 = 1$, *le noyau de* $S(1)^t$ *est engendré par les vecteurs*

$$(0, 1, 1, 0, 0, 0, 0, 0, 1, 1, 0, 0, 0, 1, 1),$$
$$(1, 1, 0, 1, 0, 2, 3, -1, 0, 1, 2, 1, 0, -1, 2),$$
$$(0, -1, 0, 0, 1, -1, -2, 2, 0, -1, -1, 0, 1, 1, -2).$$

Les monômes indexant les colonnes de $S(1)^t$ *sont*

$$(1, x_2, x_1, x_1 x_2, x_2^2, x_1^2, x_1^2 x_2, x_1 x_2^2, x_1^3 x_2, x_1^2 x_2^2, x_1 x_2^3, x_1^3, x_2^3, x_1^4, x_2^4).$$

Prenons $B = \{1, x_1, x_2\}$ *et les sous-matrices* $\Delta_B, \Delta_{x_1 B}, \Delta_{x_2 B}$:

```
Delta0:= submatrix(Delta,1..3,[1,3,2]);
Delta1:= submatrix(Delta,1..3,[3,6,4]);
Delta2:= submatrix(Delta,1..3,[2,4,5]);
```

ainsi que les matrices M_{x_1} *et* M_{x_2} *de multiplication par* x_1 *et* x_2 :

```
M1:= evalm(inverse(Delta0) &* Delta1);
M2:= evalm(inverse(Delta0) &* Delta2);
```

$$M_{x_1} = \begin{pmatrix} 0 & 1 & 1 \\ 1 & -1 & 0 \\ 0 & 1 & 0 \end{pmatrix}, \quad M_{x_2} = \begin{pmatrix} 0 & 1 & 1 \\ 0 & 0 & 1 \\ 1 & 0 & -1 \end{pmatrix}.$$

Les vecteurs propres de $M_{x_1}^t$ *et* $M_{x_2}^t$ *sont*

```
eigenvects(transpose(M1));
eigenvects(transpose(M2));
```

$$\{1, 1, (1, 1, 1)\}, \{-1, 2, (1, -1, -1)\} \quad et \quad \{1, 1, (1, 1, 1)\}, \{-1, 2, (1, -1, -1)\}.$$

Les deux vecteurs propres communs à $M_{x_1}^t$ *et* $M_{x_2}^t$ *sont* $(1, 1, 1)$ *et* $(1, -1, -1)$. *Ils fournissent les coordonnées* x_1 *et* x_2 *(lues en* 2ème *et* 3ème *coordonnées des vecteurs propres normalisés) des deux solutions au dessus de* $x_3 = 1$, *à savoir* $(1, 1)$, *et* $(-1, -1)$. *Le dernier point étant de multiplicité 2, comme on le voit sur la coupe* $x_3 = 1$: *Pour les autres racines du facteur de degré 7 de* $\det(S(x_3))$, *les espaces propres sont de dimension 1 et nous déduisons directement les solutions des coordonnés des vecteurs propres.*

163

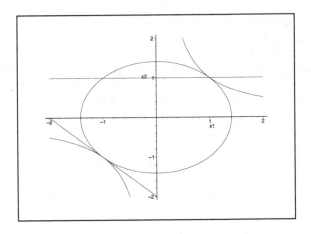

FIGURE 6.3. Intersection de courbes planes en des points multiples.

Pour $x_3 = 0$, une base du noyau est donnée par les lignes de la matrice

$$
\Delta^{\mathrm{t}} := \begin{pmatrix}
0 & 0 & 0 & 0 & 0 & 1 & 0 & 0 & 1 & 0 & -1 & 0 & -1 & 0 & 0 \\
0 & 0 & 0 & 0 & 0 & 0 & 1 & 0 & 0 & 0 & 0 & 0 & 0 & 0 & 0 \\
0 & 0 & 0 & 0 & 0 & 0 & 0 & 0 & 0 & -1 & 0 & -1 & 0 & 1 & 0 \\
0 & 0 & 0 & 0 & 0 & 0 & 0 & 1 & 0 & 0 & 0 & 0 & 0 & 0 & 0
\end{pmatrix}.
$$

La première coordonnée (correspondant au monôme 1) est nulle pour tous les vecteurs propres, donc $x_3 = 0$ n'est pas la projection d'une solution affine du système $f_1 = f_2 = f_3 = 0$. En effet, 1 est toujours dans une base d'un quotient $\mathbb{K}[x_1, x_2]/(f_1(x_1, x_2, \zeta_3), f_2(x_1, x_2, \zeta_3), f_3(x_1, x_2, \zeta_3))$ (où $\zeta = (\zeta_1, \zeta_2, \zeta_3)$ est une solution de (6.2)). On doit donc pouvoir choisir 1 comme élément de B et extraire une matrice inversible Δ_B de Δ contenant la ligne de Δ indexée par le monôme 1, dans le cas où ζ_3 est la projection d'une solution du système (6.2). Ici ce n'est pas le cas, car tous les coefficients sont nuls.

6.6. Problème d'implicitisation

Nous avons vu que certaines variétés algébriques de $\mathbb{K}^n$, peuvent être décrites par une représentation dite paramétrée de la forme

$$
\begin{cases}
x_1 = \dfrac{f_1(t_1, \ldots, t_m)}{f_0(t_1, \ldots, t_m)} \\
\quad \vdots \\
x_n = \dfrac{f_n(t_1, \ldots, t_m)}{f_0(t_1, \ldots, t_m)}
\end{cases}
$$

où $f_0, \ldots, f_n \in \mathbb{K}[t_1, \ldots, t_m]$ (voir exercice 2.16), et par définition que toute variété algébrique a une représentation dite implicite $V = \mathcal{Z}(g_1, \ldots, g_s)$, avec $g_1, \ldots, g_s \in \mathbb{K}[x_1, \ldots, x_n]$. Chacune de ces deux représentations est utile, par exemple la paramétrée permet de générer facilement des points (donc de tracer V), alors que l'implicite est plus pratique pour tester l'appartenance d'un point à V ou de déterminer son lieu singulier. Le procédé de conversion d'une paramétrisation d'une variété algébrique en une représentation implicite est connu sous le nom de l'implicitisation. Cette conversion est utilisée dans certains domaines pratiques, où les objets géométriques sont souvent donnés par leurs paramétrisations, pour effectuer des opérations de base comme l'intersection de deux variétés ou la détermination du lieu singulier d'une variété. Par exemple pour intersecter deux variétés paramétrées V_1 et V_2, on calcule une représentation implicite de V_1 dans laquelle on substitue la paramétrisation de V_2.

Le problème d'implicitisation peut se résoudre en utilisant les bases de Gröbner (voir exercice 2.16), mais une telle solution n'est pas satisfaisante d'un point de vue pratique. Une alternative basée sur des techniques matricielles plus stables numériquement est l'utilisation des résultants.

Algorithme 6.20. EQUATION IMPLICITE D'UNE HYPERSURFACE.

ENTRÉE : Une paramétrisation rationnelle d'une hypersurface (H) de $\mathbb{K}^n$

$$\mathbf{t} = (t_1, \ldots, t_{n-1}) \mapsto \left(\frac{f_1}{f_0}(\mathbf{t}), \ldots, \frac{f_n}{f_0}(\mathbf{t}) \right).$$

1. Construire le système

$$\begin{cases} f_1(\mathbf{t}) - x_1 \, f_0(\mathbf{t}) \\ \vdots \\ f_n(\mathbf{t}) - x_n \, f_0(\mathbf{t}). \end{cases}$$

2. Par un calcul de résultant, éliminer les paramètres $\mathbf{t}$ dans ce système pour obtenir un polynôme résultant $R(x_1, \ldots, x_n)$.

SORTIE : L'équation implicite de l'hypersurface (H).

Il est clair que le résultant du système $f_1(\mathbf{t}) - x_1 \, f_0(\mathbf{t}), \ldots, f_n(\mathbf{t}) - x_n \, f_0(\mathbf{t})$ donne un multiple (ou une puissance) de l'équation implicite de (H). Mais ce résultant peut être identiquement nul, si la paramétrisation admet des points bases (c'est-à-dire des racines communes aux polynômes $f_0, \ldots, f_n$). Dans ce cas d'autres types de résultants peuvent être construits pour contourner cette situation (voir [BEM00], [Bus01b] pour certains types de points bases).

Exemple 6.21. *Soit la surface paramétrée*

$$x = \frac{r^2 - t^2 - 1}{r^2 - 1}, \quad y = \frac{3\,rt + r^3 + t^3 + 2\,t - r}{r\,(r^2 - 1)}, \quad z = \frac{1}{r}$$

Si $d = r^3 - r$, *considérons*

$$p_1 = dx + r(t^2 - r^2 + 1)\,, \quad p_2 = dy - (t^3 + 2t + 3rt + r^3 - r)\,, \quad p_3 = dz + (1 - r^2).$$

Le calcul du bézoutien de p_1, p_2, p_3 *(vus comme polynômes en* r, t *et à coefficients dans* $\mathbb{K}[x, y, z]$*) donne*

```
mbezout([p1,p2,p3],[r,t]):
factor(lasts(ffgausselim("")));
```

$$-5\,z^2(-y^2z^2 + y^2 + 2\,z^2y - 2\,y - z^4x + z^4x^3 + z^4x^2 - z^4 + 6\,z^3x^2 - 6\,z^3 + 2\,z^2x^2 - 2\,z^2x^3 - 12\,z^2 + 11\,z^2x + 12\,zx - 6\,z\,x^2 - 6\,z - 3\,x^2 + 3\,x + x^3).$$

Le facteur z^2 *est un terme parasite, l'équation implicite de la surface paramétrée est le second facteur, qui est un polynôme de degré 7.*

Le résultant projectif de p_1, p_2, p_3 *est identiquement nul, puisque cette surface admet des points bases.*

6.7. Exercices

Exercice 6.1. Soient f_1 et f_2 les deux polynômes suivants

$$\begin{cases} f_1 = 13x_1^2 + 8x_1x_2 + 4x_2^2 - 8x_1 - 8x_2 + 2 \\ f_2 = x_1^2 + x_1x_2 - x_1 - \frac{1}{6} \end{cases}$$

1. Si $f_0 = 1 + x_1 - x_2$, déterminer la matrice de Macaulay de $f_0, f_1, f_2 \in \mathbb{K}[x_1, x_2]$.

2. En déduire une base de l'espace vectoriel $\mathbb{K}[x_1, x_2]/(f_1, f_2)$, ainsi que la matrice de Multiplication par f_0 dans cette base.

3. Quelles sont les racines du système $f_1 = f_2 = 0$?

Exercice 6.2. Calculer le(s) pseudo-point(s) singulier(s) de la courbe d'équation

$$x^2 y + x\,y^2 - 1.08866\,y^2 + 2\,x = 0.$$

Exercice 6.3. Soit

$$\mathcal{C} \begin{cases} x = \dfrac{f(t)}{d(t)} \\ y = \dfrac{g(t)}{d(t)} \end{cases}$$

une courbe algébrique plane telle que $\text{pgcd}(f, g, d) = 1$.

1. Montrer que l'équation implicite de $\mathcal{C}$ est donnée par le résultant de Sylvester de $F(t) := f(t) - xd(t), G(t) := g(t) - yd(t) \in (\mathbb{K}[x, y])[t]$.

2. Notons $\mathcal{Z} = \{\zeta \in \overline{\mathbb{K}(y)} : G(\zeta) = 0\}$ et considérons $P(x,y) = \prod_{\alpha \in \mathcal{Z}} F(\alpha) \in \mathbb{K}(y)[x]$. Montrons qu'il existe u et v dans $\mathbb{K}(y)[t]$ tel que $u\,d + v\,G = 1$ et

$$P(x,y) = \Big(\prod_{\alpha \in \mathcal{Z}} d(\alpha) \Big) \big(x^m + \sigma_1(y)\, x^{m-1} + \cdots + \sigma_m(y) \big),$$

où $m = \max(\deg g, \deg d)$, et pour tout $i = 1, \ldots, m, \sigma_i$ est la $i^{\text{ème}}$ fonction symétrique élémentaire de $\{f(\alpha)u(\alpha) : \alpha \in \mathcal{Z}\}$.

3. Montrer que les coefficients $\sigma_1, \ldots, \sigma_m$ de $P(x,y)$ se calculent à partir des coefficients de $\dfrac{1}{t}$ dans les développements de Laurent des fractions rationnelles $\dfrac{(fu)^i G'}{G}, i = 1, \ldots, m.$

4. Montrer que l'équation implicite de $\mathcal{C}$ est la partie sans facteur carré du numérateur de $x^m + \sigma_1(y)\, x^{m-1} + \cdots + \sigma_m(y) \in \mathbb{K}(y)[x]$.

5. Quel est l'intérêt de cette méthode de calcul de l'équation implicite de $\mathcal{C}$ en la comparant à celle de calcul direct du résultant ?

6. Quelle est l'équation implicite de la courbe suivante

$$x = \frac{t^2 - 2t + 3}{t^3 + t - 2} \quad , \quad y = \frac{t^2 - 1}{t^3 + t - 2} \ ?$$

Exercice 6.4. Soit V une variété algébrique de $\mathbb{K}^n$ donnée par la paramétrisation rationnelle

$$\mathbf{t} = (t_1, \ldots, t_m) \mapsto \Big(\frac{f_1}{f_0}(\mathbf{t}), \ldots, \frac{f_n}{f_0}(\mathbf{t}) \Big).$$

1. Montrer que la variété V est irréductible.

2. Si V est une hypersurface (c'est-à-dire $m = n - 1$), montrer que si cette paramétrisation n'admet pas de points bases dans $\mathbb{P}^n(\mathbb{K})$, alors une puissance de l'équation implicite de V peut être obtenue en calculant le résultant projectif de

$$f_1(\mathbf{t}) - x_0 f_0(\mathbf{t}), \ldots, f_n(\mathbf{t}) - x_n f_0(\mathbf{t}) \in (\mathbb{K}[x_0, \ldots, x_n])[t_1, \ldots, t_{n-1}].$$

3. Déterminer l'équation implicite de la surface paramétrée

$$x = \frac{ts + s}{s^2 + t^2 + ts} \quad , \quad y = \frac{t^2 + s}{s^2 + t^2 + ts} \quad , \quad z = \frac{s^2 + t + 1}{s^2 + t^2 + ts}.$$

4. Peut-on obtenir cette équation implicite en utilisant les bézoutiens ?

Exercice 6.5. Soit S une surface rationnelle dans $\mathbb{K}^3$ donnée par la paramétrisation

$$\sigma : \mathbf{t} = (t_1, t_2) \mapsto \Big(\frac{f_1}{f_0}(\mathbf{t}), \ldots, \frac{f_3}{f_0}(\mathbf{t}) \Big).$$

Nous supposons que les polynômes $f_0, \ldots, f_3$ sont de degré $\leq d$ et qu'aucun polynôme de degré ≥ 1 ne les divise simultanément. Nous notons $B \subset \overline{\mathbb{K}}^2$ l'ensemble des points bases $b \in B$, vérifiant $f_0(b) = 0, \ldots, f_3(b) = 0$. Pour $b \in B$, on note $\mu_b(\mathbf{u}, \mathbf{v})$ la multiplicité locale en b du système

$$\begin{cases} u_0 f_0(t_1, t_2) + \cdots + u_3 f_3(t_1, t_2) = 0 \\ v_0 f_0(t_1, t_2) + \cdots + v_3 f_3(t_1, t_2) = 0 \end{cases}$$

1. Montrer que $\mu_b(\mathbf{u}, \mathbf{v})$ est génériquement constant. On note μ_b cette valeur.

2. Montrer en utilisant la définition 3.48 du degré et le théorème de Bézout 3.48, que la variété algébrique paramétrée par σ est de degré

$$\leq d^2 - \sum_{b \in B} \mu_b.$$

Exercice 6.6. Développée d'une courbe.

Soit $\mathcal{C}$ une courbe plane définie par $f = 0$.

L'équation de la normale en un point lisse (u, v) de $\mathcal{C}$ est notée $L_{(u,v)}(x, y) = 0$.

1. Si t est un paramètre local en (u, v), montrer que la dérivée de l'équation de la normale

$$\frac{\partial L_{(u(t), v(t))}}{\partial t}(x, y) = 0$$

peut s'érire sous la forme $A(u, v)\, x + B(u, v)\, y - C(u, v) = 0$, où A, B, C sont des fonctions polynomiales en u et v.

2. Montrer qu'en éliminant les paramètres (u, v) du système

$$\begin{cases} f(u, v) = 0 \\ L_{(u,v)}(x, y) = 0 \\ A(u, v)\, x + B(u, v)\, y - C(u, v) = 0 \end{cases}$$

on obtient un multiple de l'équation implicite $\Delta_f(x, y) = 0$ de l'enveloppe des normales de $\mathcal{C}$.

3. Déterminer et tracer la courbe $\Delta_f(x, y) = 0$ dans le cas de la conique $f(x, y) = 3y^2 + x^2 - 1$.

Exercice 6.7. Courbes (resp. Surfaces) parallèles à une courbe (resp. surface)

i) On cherche à déterminer l'ensemble $\mathcal{O}_d(\mathcal{C})$ des points (x, y) à distance donnée d d'une courbe $\mathcal{C}$ définie par $f(u, v) = 0$.

1. Montrer qu'un tel le couple (x, y) est caractérisé par l'existence d'un point (u, v) qui satisfait

$$\begin{cases} f(u, v) = 0 \\ (x - u)^2 + (y - v)^2 - d^2 = 0 \\ (x - u)\frac{\partial f}{\partial x}(u, v) + (y - v)\frac{\partial f}{\partial y}(u, v) = 0 \end{cases}$$

2. Comment peut-on trouver $\mathcal{O}_d(\mathcal{C})$?

3. Déterminer et dessiner $\mathcal{O}_1(\mathcal{C})$ dans le cas de la cubique $\mathcal{C}$ définie par $f(u, v) = v^2 - u^3$.

ii) Expliquer comment peut-on construire l'ensemble $\mathcal{O}_d(\mathcal{S})$ des points (x, y, z) à une distance donnée d d'une surface $\mathcal{S}$ définie par $f(u, v, w) = 0$ en utilisant une approche similaire à la précédente dans le cas d'une courbe.

iii) Déterminer $\mathcal{O}_1(\mathcal{S})$ dans le cas de la surface définie par

$$f(u, v, w) = 2u^2 + v^2 + w^2 - 2.$$

Exercice 6.8. Médiatrice de deux courbes (resp. surfaces)

i) Le but de cet exercice est de déterminer la médiatrice $\mathcal{M}(\mathcal{C}_1, \mathcal{C}_2)$ de deux courbes $\mathcal{C}_1$ et $\mathcal{C}_2$ définie par $f_1(u, v) = 0$ et $f_2(u, v) = 0$, c'est-à-dire l'ensemble des points (x, y) équidistants de $\mathcal{C}_1$ et $\mathcal{C}_2$.

   1. Montrer que l'équation de $\mathcal{M}(\mathcal{C}_1, \mathcal{C}_2)$ est obtenue par l'élimination des variables u_1, v_1, u_2, v_2 dans le système suivant :

$$\begin{cases} f_1(u_1, v_1) = 0 \\ f_2(u_2, v_2) = 0 \\ (u_1 - x)^2 + (v_1 - y)^2 - (u_2 - x)^2 - (v_2 - y)^2 = 0 \\ (u_1 - x)\frac{\partial f_1}{\partial x}(u_1, v_1) + (v_1 - y)\frac{\partial f_1}{\partial y}(u_1, v_1) = 0 \\ (u_2 - x)\frac{\partial f_2}{\partial x}(u_2, v_2) + (v_2 - y)\frac{\partial f_2}{\partial y}(u_2, v_2) = 0. \end{cases}$$

   2. Calculer la médiatrice des deux courbes définies par $u^2 - v^3$ et $u^2 + 2v^2 - 1$.

   3. Interpreter chaque facteur de cette médiatrice.

ii) Appliquer la même approche pour construire la médiatrice de deux surfaces données par $f_1(u, v, w) = 2u^2 + v^2 + w^2 - 2$ et $f_2(u, v, w) = u - 2v + 3v + 2$.

CHAPITRE 7

DUALITÉ

Sommaire

Dans ce chapitre, nous allons étudier les formes linéaires sur l'anneau des polynômes, c'est-à-dire les éléments du dual de $\mathbb{K}[\mathbf{x}]$. Un thème de recherche connaissant depuis quelques temps des développements intéressants consiste à représenter les polynômes comme des « algorithmes » calculant une valeur en un point. On considère alors l'évaluation des polynômes en un point. Cette évaluation est une forme linéaire particulière. Nous voulons étendre donc ici ce point de vue en nous intéressant systématiquement aux propriétés des formes linéaires sur les polynômes.

7.1. Dualité et systèmes inverses

Dans cette section, nous allons décrire le dual de l'ensemble $R = \mathbb{K}[\mathbf{x}]$ des polynômes en $\mathbf{x}$, vu comme espace vectoriel sur $\mathbb{K}$.

7.1.1. Dualité et séries formelles. — Nous noterons $\widehat{R}$ l'espace vectoriel dual de R. Une forme linéaire « simple » de $\widehat{R}$ est l'*évaluation en un point* $\zeta \in \mathbb{K}^n$,

$$
\begin{aligned}
\mathbf{1}_\zeta : R &\to \mathbb{K} \\
p &\mapsto \mathbf{1}_\zeta(p) = p(\zeta).
\end{aligned}
$$

Pour tout multi-indice $\alpha = (\alpha_1, \ldots, \alpha_n) \in \mathbb{N}^n$, on peut aussi considérer la forme linéaire

$$
\begin{aligned}
\delta_\zeta^\alpha : R &\to \mathbb{K} \\
p &\mapsto \delta_\zeta^\alpha(p) = \partial_{x_1}^{\alpha_1} \cdots \partial_{x_n}^{\alpha_n}(p)(\zeta),
\end{aligned}
$$

où ∂_{x_i} désigne la dérivation par rapport à la variable x_i. Nous notons, $\delta_{i,\zeta} = \partial_\zeta^\alpha$, avec $\alpha_i = 1$ et $\alpha_j = 0$, $j \neq i$. Avec ces notations, $\delta_\zeta^\alpha = \delta_{1,\zeta}^{\alpha_1} \cdots \delta_{n,\zeta}^{\alpha_n}$.

Exemple 7.1. *Pour* $\zeta = (1,1) \in \mathbb{R}^2$ *et* $p = x^2 + 2xy - 3y^2 + x - y + 1 \in \mathbb{R}[x,y]$, $\mathbf{1}_\zeta(p) = 1, \delta_\zeta^{(0,2)}(p) = -6$.

Pour tout $f \in \mathbb{K}[x_1, \ldots, x_n]$, notons $(\mathbf{d}_\zeta^\alpha(f))_{\alpha \in \mathbb{N}^n}$ les coefficients de f dans la base $((\mathbf{x} - \zeta)^\alpha)_{\alpha \in \mathbb{N}^n}$. On a alors

$$
f(\mathbf{x}) = \sum_{\alpha \in \mathbb{N}^n} \mathbf{d}_\zeta^\alpha(f)(\mathbf{x} - \zeta)^\alpha,
$$

où $(\mathbf{x} - \zeta)^\alpha = \prod_{i=1}^n (x_i - \zeta_i)^{\alpha_i}$. Notons que si la caractéristique de $\mathbb{K}$ est nulle, $\mathbf{d}_\zeta^\alpha = \mathbf{d}_{1,\zeta}^{\alpha_1} \cdots \mathbf{d}_{n,\zeta}^{\alpha_n} = \frac{1}{\prod_{i=1}^n \alpha_i!} \delta_\zeta^\alpha = \frac{1}{\alpha!} \delta_\zeta^\alpha$. Pour toute forme linéaire Λ sur R, on a donc

$$
\Lambda(f) = \sum_{\alpha \in \mathbb{N}^n} \Lambda((\mathbf{x} - \zeta)^\alpha) \, \mathbf{d}_\zeta^\alpha(f).
$$

Par conséquent,

$$\Lambda = \sum_{\alpha \in \mathbb{N}^n} \Lambda((\mathbf{x} - \zeta)^\alpha) \, \mathbf{d}_\zeta^\alpha.$$

Ce qui nous permet d'identifier Λ avec la série formelle $\sum_{\alpha \in \mathbb{N}^n} \Lambda((\mathbf{x}-\zeta)^\alpha)\mathbf{d}_\zeta^\alpha \in \mathbb{K}[[\mathbf{d}_{1,\zeta}, \ldots \mathbf{d}_{n,\zeta}]]$. Si la caractéristique de $\mathbb{K}$ est 0, cette identification est réalisée par le développement de Taylor en ζ.

$$\Lambda = \sum_{\alpha \in \mathbb{N}^n} \Lambda((\mathbf{x} - \zeta)^\alpha) \, \frac{1}{\alpha!} \, \delta_\zeta^\alpha \in \mathbb{K}[[\delta_{1,\zeta}, \ldots \delta_{n,\zeta}]].$$

Lorsque $\zeta = 0, \mathbf{d}_\zeta^\alpha$ sera noté $\mathbf{d}^\alpha$. Par la suite, nous noterons également $\mathbf{d}_\zeta^\alpha(p) = \langle \mathbf{d}^\alpha, p \rangle_\zeta$.

Exemple 7.2. *Considérons l'application linéaire* $\Lambda : p \in \mathbb{R}[x] \mapsto \int_0^2 p(x)dx$. *Comme* $\int_0^2 x^i dx = \frac{2^{i+1}}{i+1} (i \in \mathbb{N})$, *nous pouvons réécrire* Λ *en série formelle sous la forme :*

$$\Lambda = \sum_{i \geq 0} \frac{2^{i+1}}{i + 1} \mathbf{d}^i = \sum_{i \geq 1} \frac{2^i}{i} \mathbf{d}^{i-1},$$

où $\mathbf{d}^i : p \mapsto \frac{1}{i!} \partial^i(p)(0)$ *est la forme linéaire qui donne le coefficient de* x^i *d'un polynôme p.*

Via ce formalisme, *l'algèbre* $\mathbb{K}[[\delta_{1,\zeta}, \ldots, \delta_{n,\zeta}]]$ *des séries formelles (ou opérateurs différentiels « en ζ » à coefficients dans* $\mathbb{K}$*) ou* $\mathbb{K}[[\mathbf{d}_{1,\zeta}, \ldots \mathbf{d}_{n,\zeta}]]$ *s'identifie à* $\widehat{R}$. Cette identification est réalisée par le développement de Taylor en ζ.

On vérifie facilement que

$$\langle \mathbf{d}^\alpha, (\mathbf{x} - \zeta)^\beta \rangle_\zeta = \left\{ \begin{array}{l} 1 \text{ si } \alpha = \beta, \\ 0 \text{ sinon.} \end{array} \right.$$

La base $(\mathbf{d}_\zeta^\alpha)_{\alpha \in \mathbb{N}^n}$ de $\widehat{R}$ est donc la base duale de la base monomiale $((\mathbf{x} - \zeta)^\alpha)_{\alpha \in \mathbb{N}^n}$ de R. Voir [**Ems78**] pour plus de détail.

Remarquons que l'on peut aussi choisir comme base de $\widehat{R}$, $(\mathbf{1}_\zeta)_{\zeta \in \mathcal{P}}$ où $\mathcal{P}$ est un ensemble infini de points convenablement choisis.

A partir de maintenant, nous allons identifier $\widehat{R}$ avec $\mathbb{K}[[\mathbf{d}_{1,\zeta}, \ldots, \mathbf{d}_{n,\zeta}]]$ (resp. $= \mathbb{K}[[\delta_{1,\zeta}, \ldots, \delta_{n,\zeta}]]$ si car$(\mathbb{K}) = 0$). Les formes linéaires seront donc vues comme

- des séries formelles en $\mathbf{d}_{1,\zeta}, \ldots, \mathbf{d}_{n,\zeta}$,
- ou même *comme des opérateurs différentiels au point ζ*, qui sont des séries formelles en $\delta_{1,\zeta}, \ldots, \delta_{n,\zeta}$.

On notera aussi leur espace $\mathbb{K}[[\mathbf{d}_\zeta]]$ (resp. $\mathbb{K}[[\delta_\zeta]]$ si car$(\mathbb{K}) = 0$). Lorsque $\zeta = 0, \mathbb{K}[[\mathbf{d}_\zeta]]$ sera noté $\mathbb{K}[[\mathbf{d}_1, \ldots, \mathbf{d}_n]]$ (resp. $\mathbb{K}[[\delta_1, \ldots, \delta_n]]$) ou $\mathbb{K}[[\mathbf{d}]]$ (resp. $\mathbb{K}[[\delta]]$ si car$(\mathbb{K}) = 0$).

7.1.2. Dualité et dérivation. — L'espace vectoriel $\widehat{R}$ est muni d'une structure de R-module de la façon suivante : $\forall p \in R$, $\forall \Lambda \in \widehat{R}$, on définit $p \cdot \Lambda$ par

$$p \cdot \Lambda : R \ \rightarrow \ \mathbb{K}$$
$$q \ \mapsto \ \Lambda(p\,q).$$

Montrons que cette opération correspond dans $\mathbb{K}[[\delta_\zeta]]$ à des dérivations. En effet, on a par récurrence sur $a \in \mathbb{N}^*$,

$$\partial_{x_i}^a((x_i - \zeta_i)\,p) = a\,\partial_{x_i}^{a-1}(p) + (x_i - \zeta_i)\,\partial_{x_i}^a(p).$$

Ce qui implique que

$$
\begin{aligned}
(x_i - \zeta_i) \cdot \delta_\zeta^\alpha(p) &= \delta_\zeta^\alpha((x_i - \zeta_i)\,p) \\
&= \alpha_i \delta_{1,\zeta}^{\alpha_1} \cdots \delta_{i-1,\zeta}^{\alpha_{i-1}} \delta_{i,\zeta}^{\alpha_i-1} \delta_{i+1,\zeta}^{\alpha_{i+1}} \cdots \delta_{n,\zeta}^{\alpha_n}(p) \\
&= \partial_{\delta_{i,\zeta}}(\delta_\zeta^\alpha)(p).
\end{aligned}
$$

Donc la multiplication par $x_i - \zeta_i$ dans $\widehat{R}$ agit sur les éléments de $\mathbb{K}[[\delta_\zeta]]$ comme une dérivation par rapport à la variable $\delta_{i,\zeta}$.

Nous vérifions également que la multiplication par $x_i - \zeta_i$ dans $\widehat{R}$ agit sur les éléments de $\mathbb{K}[[\mathbf{d}_\zeta]]$ comme la multiplication par « l'inverse de la variable $\delta_{i,\zeta}$ ». En effet, comme $\mathbf{d}_\zeta^\alpha = \frac{1}{\alpha!}\,\delta_\zeta^\alpha$, on a

$$(x_i - \zeta_i) \cdot \mathbf{d}_\zeta^\alpha \ = \ \mathbf{d}_{1,\zeta}^{\alpha_1} \cdots \mathbf{d}_{i-1,\zeta}^{\alpha_{i-1}} \mathbf{d}_{i,\zeta}^{\alpha_i-1} \mathbf{d}_{i+1,\zeta}^{\alpha_{i+1}} \cdots \mathbf{d}_{n,\zeta}^{\alpha_n}$$

et $x_i - \zeta_i$ est « équivalent » à $\mathbf{d}_{i,\zeta}^{-1}$. Ce qui explique l'appellation de système inverse [**Mac16**].

Exemple 7.3. Dans $\mathbb{K}[x_1, x_2]$, $x_1 \cdot \mathbf{d}_1^2 \mathbf{d}_2 : p \in \mathbb{K}[x_1, x_2] \mapsto$ *le coefficient de* $x_1^2 x_2$ *dans* $x_1 p$, *c'est donc le coefficient* $\mathbf{d}_1 \mathbf{d}_2(p)$ *de* $x_1 x_2$ *dans* p. *On a bien* $x_1 \cdot \mathbf{d}_1^2 \mathbf{d}_2 = \mathbf{d}_1^{-1} \mathbf{d}_1^2 \mathbf{d}_2 = \mathbf{d}_1 \mathbf{d}_2$.

7.1.3. Changement de base. — Décrivons ici, comment on peut passer des opérateurs différentiels en ζ aux opérateurs différentiels en un autre point. Pour simplifier la présentation, nous supposons que $\operatorname{car}(\mathbb{K}) = 0$.

Définition 7.4. Notons

$$\Delta(\zeta, \delta) = \sum_{\alpha \in \mathbb{N}^n} \frac{1}{\alpha!} \zeta^\alpha \delta^\alpha.$$

Nous allons définir l'isomorphisme entre $\mathbb{K}[[\delta_\zeta]]$ et $\mathbb{K}[[\delta]]$. Tout autre changement de points induit le même type d'isomorphisme (à translation près).

Théorème 7.5. *L'isomorphisme de passage de* $\mathbb{K}[[\delta_\zeta]]$ *à* $\mathbb{K}[[\delta]]$ *induit par l'isomorphisme entre* $\widehat{R}$ *et* $\mathbb{K}[[\delta_\zeta]]$ *et celui entre* $\widehat{R}$ *et* $\mathbb{K}[[\delta]]$ *est donné par*

$$\mathbb{K}[[\delta_\zeta]] \quad \to \quad \mathbb{K}[[\delta]]$$
$$\delta_\zeta^\alpha \quad \mapsto \quad \delta^\alpha \, \Delta(\zeta, \delta).$$

Démonstration. Pour tout $p = \sum_{\alpha \in \mathbb{N}^n} p_\alpha \mathbf{x}^\alpha \in R$ et tout $\beta = (\beta_1, \ldots, \beta_n) \in \mathbb{N}^n$, notons $p^{(\beta)} = \partial_{x_1}^{\beta_1} \cdots \partial_{x_n}^{\beta_n}(p) = \sum_{\alpha \in \mathbb{N}^n} p_\alpha^{(\beta)} \mathbf{x}^\alpha$. On a donc

$$
\begin{aligned}
\delta_\zeta^\beta(p) = \partial^\beta(p)(\zeta) &= \sum_{\alpha \in \mathbb{N}^n} p_\alpha^{(\beta)} \zeta^\alpha = \Big(\sum_{\alpha \in \mathbb{N}^n} \frac{1}{\alpha!} \zeta^\alpha \, \delta^\alpha \Big) \Big(\sum_{\alpha \in \mathbb{N}^n} p_\alpha^{(\beta)} \mathbf{x}^\alpha \Big) \\
&= \Big(\sum_{\alpha \in \mathbb{N}^n} \frac{1}{\alpha!} \zeta^\alpha \, \partial^\alpha \Big) \partial^\beta(p)(\zeta) = \Big(\delta^\beta \, \Delta(\zeta, \delta) \Big)(p).
\end{aligned}
$$

Ce qui montre que $\delta_\zeta^\beta = \delta^\beta \, \Delta(\zeta, \delta)$ dans $\mathbb{K}[[\delta]]$. $\qquad\square$
Notons que

$$\Delta(\delta, \zeta) = \sum_{\alpha \in \mathbb{N}^n} \zeta^\alpha \mathbf{d}^\alpha$$

mais, comme $\mathbf{d}^\alpha \mathbf{d}^\beta = \binom{\alpha+\beta}{\alpha} \mathbf{d}^{\alpha+\beta}$, on a $\mathbf{d}_\zeta^\alpha \neq \mathbf{d}^\alpha \sum_{\alpha \in \mathbb{N}^n} \zeta^\alpha \mathbf{d}^\alpha$, au sens habituel du produit des séries. De ce point de vue, l'utilisation des séries en δ est donc plus naturelle, et à relier avec les transformées de Fourier.

7.1.4. L'orthogonal d'un idéal. —

Définition 7.6. *Pour tout idéal I de R, on définit le sous-espace vectoriel de $\widehat{R}$ suivant :*

$$I^\perp = \{\Lambda \in \widehat{R}; \ \forall p \in I, \ \Lambda(p) = 0\}.$$

Pour tout sous-espace vectoriel $\mathcal{D}$ de $\widehat{R}$, on définit le sous-espace vectoriel de R suivant :

$$\mathcal{D}^\perp = \{p \in R; \ \forall \Lambda \in \mathcal{D}, \ \Lambda(p) = 0\}.$$

L'espace vectoriel $I^\perp$ est appelé dans la littérature le *système inverse* de I (voir [**Mac16**]).

Remarque 7.7. L'orthogonal d'un idéal I de R n'est pas un idéal de $\mathbb{K}[[\mathbf{d}]]$.

Exemple 7.8. *Dans* $\mathbb{K}[x_1, x_2]$, $\mathcal{D} := \langle 1, \delta_1, \delta_2, \delta_1\delta_2 \rangle$ *est l'orthogonal de l'idéal* $I = (x_1^2, x_2^2)$.

Les éléments de $I^\perp$ peuvent se voir comme des formes linéaires sur $\mathcal{A} = R/I$. La projection $\pi : R \to \mathcal{A}$ induit une application

$$
\begin{aligned}
\pi_* : \widehat{\mathcal{A}} \quad &\to \quad I^\perp \\
\Lambda \quad &\mapsto \quad \Lambda \circ \pi.
\end{aligned}
$$

Proposition 7.9. *L'application π_* est un isomorphisme entre $I^\perp$ et $\widehat{\mathcal{A}}$.*

Exemple 7.10. *Dans l'exemple précédent, $\mathbb{K}[x_1, x_2]/I$ a pour base $\{1, x_1, x_2, x_1 x_2\}$ et la base duale s'identifie à $\{\mathbf{1}, \delta_1, \delta_2, \delta_1 \delta_2\}$.*

Dans la suite, on identifiera de même $I^\perp$ avec $\widehat{\mathcal{A}}$. Le système inverse $I^\perp$ est stable par dérivation. En fait, il y a une correspondance entre les idéaux de R et certains sous-espaces vectoriels de $\mathbb{K}[[\delta_\zeta]]$ stables par dérivation et fermé pour la topologie $(\delta_{1,\zeta}, \ldots, \delta_{n,\zeta})$-adique, que nous rappelons en terme de convergence des suites. Pour cette topologie, une suite $(\Lambda_l)_{l \in \mathbb{N}}$ converge vers Λ ssi pour tout $k \in \mathbb{N}$, il existe $l_0 \in \mathbb{N}$ tel que pour $l \geq l_0$, $\Lambda_l - \Lambda \in (\delta_{1,\zeta}, \ldots, \delta_{n,\zeta})^k$. Voir [**Mal85**].

Théorème 7.11. *Les idéaux de R sont en bijection avec les sous-espaces vectoriels de $\mathbb{K}[[\delta_\zeta]]$ stables par dérivation et fermés pour la topologie $(\delta_{1,\zeta}, \ldots, \delta_{n,\zeta})$-adique.*

Voir [**Ems78**]. Cette bijection consiste à prendre l'orthogonal dans le dual et dans le bidual, c'est-à-dire l'espace lui-même. Pour tout idéal I de R et pour tout sous-espace vectoriel fermé $\mathcal{D}$ de $\widehat{R}$, on a en effet les propriétés

$$I^{\perp\perp} = I, \ \mathcal{D}^{\perp\perp} = \mathcal{D}.$$

Nous donnons quelques propriétés directes des systèmes inverses.

Proposition 7.12. *Soient I et J deux idéaux de R, alors*
- *$I \subset J \Leftrightarrow J^\perp \subset I^\perp$*
- *$(I \cap J)^\perp = I^\perp + J^\perp$*
- *$(I + J)^\perp = I^\perp \cap J^\perp$.*

Définition 7.13. *Nous dirons qu'un sous-espace vectoriel L de $\widehat{R}$ est stable si $\forall \Lambda \in L$,*

$$x_i \cdot \Lambda \in \langle L \rangle, \ \text{pour } i = 1, \ldots, n.$$

Nous avons vu que la multiplication d'une forme linéaire par une variable s'interprète comme une dérivation dans l'espace des séries formelles associé. Cette définition nous permet d'énoncer facilement le résultat suivant :

Lemme 7.14. *$\mathcal{D} = \{\Lambda_1, \ldots, \Lambda_D\}$ est stable, si et seulement si, $\mathcal{D}^\perp$ est un idéal.*

Démonstration. Supposons $\mathcal{D}$ stable. Soit $p \in \mathcal{D}^\perp$. Pour tout $i = 1, \ldots, n$, $j = 1, \ldots, D$, on a $\Lambda_j(x_i\, p) = x_i \cdot \Lambda_j(p) = \sum_{k=1}^D \lambda_{i,j,k} \Lambda_k(p) = 0$ ($\lambda_{i,j,k} \in \mathbb{K}$). Ce qui montre que l'espace vectoriel $\mathcal{D}^\perp$ est stable par multiplication par les variables x_i. C'est donc un idéal de $\mathbb{K}[\mathbf{x}]$.

Inversement, supposons que $\mathcal{D}^\perp$ soit un idéal. Pour tout $p \in \mathcal{D}^\perp$ et $i = 1, \ldots, n$, $x_i\, p \in \mathcal{D}^\perp$ et donc pour tout $j = 1, \ldots, D$, $\Lambda_j(x_i\, p) = x_i \cdot \Lambda(p) = 0$.

Ceci nous montre que $x_i \cdot \Lambda_j \in \mathcal{D}^{\perp \, \perp} = \langle \mathcal{D} \rangle$ (voir théorème 7.11). $\qquad \square$

Par le théorème 7.11, les espaces stables de $\widehat{R}$ sont de la forme $I^\perp$ pour I idéal de R.

Ce qui nous conduit à la définition d'un *système inverse* engendré par des formes linéaires :

Définition 7.15. *Soient* $\Lambda_1, \ldots, \Lambda_s \in \mathbb{K}[[\delta_\zeta]]$, *on note*

$$\langle\langle \Lambda_1, \ldots, \Lambda_s \rangle\rangle,$$

le système inverse engendré par $\Lambda_1, \ldots, \Lambda_s$. *C'est le sous-espace vectoriel de* $\mathbb{K}[[\delta_\zeta]]$ *engendré par les éléments* Λ_i *et toutes leurs dérivées.*

Exemple 7.16. *Dans* $\mathbb{K}[x_1, x_2]$, *le système inverse engendré par* $\mathbf{d}_2^2 \mathbf{d}_1 + \mathbf{d}_2$ *est*

$$\langle \mathbf{d}_1 \mathbf{d}_2^2 + \mathbf{d}_2, \mathbf{d}_2^2, \mathbf{d}_1 \mathbf{d}_2 + 1, \mathbf{d}_1, \mathbf{d}_2, 1 \rangle = \langle \mathbf{d}_1 \mathbf{d}_2^2 + \mathbf{d}_2, \mathbf{d}_2^2, \mathbf{d}_1 \mathbf{d}_2, \mathbf{d}_1, \mathbf{d}_2, 1 \rangle.$$

7.1.5. Division d'idéaux. — Certaines propriétés des idéaux, difficiles à décrire ou à calculer dans R, se traduisent particulièrement bien sur les systèmes inverses. La division en est un exemple.

Proposition 7.17. *Pour tout* $\Lambda_1, \ldots, \Lambda_s \in \mathbb{K}[[\delta_\zeta]]$, *et* $p_1, \ldots, p_t \in R$,

$$\langle\langle \Lambda_1, \ldots, \Lambda_s \rangle\rangle^\perp : (p_1, \ldots, p_t) = \langle\langle p_j \cdot \Lambda_i \rangle\rangle^\perp_{1 \le i \le s, 1 \le j \le t}$$

Démonstration. Comme $\langle\langle \Lambda_1, \ldots, \Lambda_s \rangle\rangle^\perp$ est un idéal de R,

$$
\begin{aligned}
P \in \langle\langle \Lambda_1, \ldots, \Lambda_s \rangle\rangle^\perp : (p_1, \ldots, p_t) &\Leftrightarrow \forall j, \; p_j \, P \in \langle\langle \Lambda_1, \ldots, \Lambda_s \rangle\rangle^\perp \\
&\Leftrightarrow \forall i, j, \forall Q \in R, \; \Lambda_i(p_j \, P \, Q) = 0 \\
&\Leftrightarrow \forall i, j, \forall Q \in R, p_j \cdot \Lambda_i(P\,Q) = 0 \\
&\Leftrightarrow P \in \langle\langle p_j \cdot \Lambda_i \rangle\rangle^\perp.
\end{aligned}
$$

$\qquad \square$

Exemple 7.18. *Dans* $\mathbb{K}[x_1, x_2]$, *si* $\mathcal{D} = \langle\langle \mathbf{d}_2^2 \mathbf{d}_1 + \mathbf{d}_2 \rangle\rangle$ *alors* $\mathcal{D}^\perp : (x_1, x_2) = \langle\langle \mathbf{d}_2^2, \mathbf{d}_1 \mathbf{d}_2 + 1 \rangle\rangle^\perp = \langle\langle \mathbf{d}_2^2, \mathbf{d}_1 \mathbf{d}_2 \rangle\rangle^\perp = (x_1^2, x_1 x_2^2, x_2^3)$.

7.1.6. Élimination de variables. — La projection ou l'élimination de variables est un deuxième exemple de propriétés qui se traduisent bien sur les systèmes inverses. Soit $r \in \{1, \ldots, n\}$; pour tout idéal I de R, $\sigma_r(I^\perp) = \{\sigma_r(\Lambda) = \Lambda(\mathbf{d}_1, \ldots, \mathbf{d}_r, 0, \ldots, 0); \Lambda \in I^\perp\}$. Pour tout idéal $I \subset R_r$, $I^{\perp_r} = I^\perp \cap \mathbb{K}[[\mathbf{d}_1, \ldots, \mathbf{d}_r]]$, où $I^\perp \subset \mathbb{K}[[\mathbf{d}_1, \ldots, \mathbf{d}_n]]$.

Proposition 7.19. *Pour tout idéal* I *de* R, $(I \cap R_r)^{\perp_r} = \sigma_r(I^\perp)$.

Démonstration. Comme $R_r^\perp = \langle\langle \mathbf{d}_{r+1}, \ldots, \mathbf{d}_n \rangle\rangle$,

$$(I \cap R_r)^{\perp_r} = (I \cap R_r)^\perp \cap \widehat{R}_r = (I^\perp + R_r^\perp) \cap \widehat{R}_r$$
$$= (I^\perp + \langle\langle \mathbf{d}_{r+1}, \ldots, \mathbf{d}_n \rangle\rangle) \cap \widehat{R}_r = \sigma_r(I^\perp).$$

$\square$

Exemple 7.20. *Dans* $\mathbb{K}[x_1, x_2]$, *si* $\mathcal{D} = \langle\langle \mathbf{d}_2^2 \mathbf{d}_1 + \mathbf{d}_2 \rangle\rangle$ *alors*
$$\mathcal{D}^\perp \cap \mathbb{K}[x_1] = \langle \mathbf{d}_1, 1 \rangle^\perp \cap \mathbb{K}[x_1] = (x_1^2).$$

7.1.7. Équations différentielles et système inverse. —

Proposition 7.21. *Soit* $I = (p_1, \ldots, p_s)$ *un idéal de* R ; *alors son système inverse*
$$I^\perp = \{\Lambda \in \mathbb{K}[[\delta_\varsigma]]; \ p_i(\varsigma_1 + \partial_{\delta_{1,\varsigma}}, \ldots, \varsigma_n + \partial_{\delta_{n,\varsigma}})(\Lambda) = 0, 1 \leq i \leq s\}.$$

Démonstration. Nous avons vu que si $\Lambda \in \mathbb{K}[[\delta_\varsigma]]$, $(x_i - \varsigma_i) \cdot \Lambda = \partial_{\delta_{i,\varsigma}}(\Lambda)$. Donc, pour tout $P \in R, P \cdot \Lambda = P(\varsigma_1 + \partial_{\delta_{1,\varsigma}}, \ldots, \varsigma_n + \partial_{\delta_{n,\varsigma}})(\Lambda)$. Ceci montre que $\Lambda \in I^\perp$ si et seulement si $\forall q \in R$, $\forall i = 1, \ldots, s$,
$$\Lambda(p_i\, q) = p_i \cdot \Lambda(q) = p_i(\varsigma_1 + \partial_{\delta_{1,\varsigma}}, \ldots, \varsigma_n + \partial_{\delta_{n,\varsigma}})(\Lambda)(q) = 0.$$

$\square$

La proposition permet de voir la résolution de systèmes d'équations différentielles à coefficients constants et la réduction modulo un idéal de R comme le même problème. Voir [**Ped96**] à propos de cette remarque, que nous illustrons par un exemple :

Exemple 7.22. *Considérons le système différentiel*
$$\begin{cases} \frac{\partial^2}{\partial_t^2}\phi - \frac{\partial^2}{\partial_s^2}\phi = 0 \\ \frac{\partial^2}{\partial_t \partial_s}\phi - \phi = 0. \end{cases} \tag{7.1}$$

Nous cherchons les solutions dans l'espace des séries formelles. Dans le contexte précédent, $\phi \in \mathbb{K}[[\delta_1, \delta_2]]$ *est donc un élément du dual de* $R = \mathbb{K}[x_1, x_2]$ *où* $t = \delta_1$ *et* $s = \delta_2$ *sont les variables duales de* x_1, x_2. *Le système précédent se traduit par*
$$\begin{cases} f_1 \cdot \phi = 0 \\ f_2 \cdot \phi = 0 \end{cases}$$
où $f_1 = x_1^2 - x_2^2$ *et* $f_2 = x_1 x_2 - 1$. *La série formelle* ϕ *est dans l'orthogonal de* $I = (f_1, f_2)$, *ou encore dans le dual de* $\mathcal{A} = \mathbb{K}[x_1, x_2]/(f_1, f_2)$. *Ce quotient est de dimension 4 (par le théorème de Bézout, car il n'y a pas de zéro à l'infini), et les zéros sont*
$$\varsigma_1 = (1, 1), \ \varsigma_2 = (-1, -1), \ \varsigma_3 = (\mathbf{i}, -\mathbf{i}), \ \varsigma_4 = (-\mathbf{i}, \mathbf{i}).$$

Le dual est donc l'espace vectoriel engendré par 1_{ζ_1}, 1_{ζ_2}, 1_{ζ_3}, 1_{ζ_4}, *c'est-à-dire par*

$$\exp(\delta_1 + \delta_2), \exp(-\delta_1 - \delta_2), \exp(i\delta_1 - i\delta_2), \exp(-i\delta_1 + i\delta_2).$$

En revenant à notre problème initial (c'est-à-dire en remplaçant δ_1 *par* t *et* δ_2 *par* s), *nous voyons que les solutions de (7.1) sont de la forme*

$$\phi = \lambda_1 \, ch(s + t) + \lambda_2 \, sh(s + t) + \lambda_3 \, cos(s - t) + \lambda_4 \, sin(s - t),$$

7.1.8. Passage du système inverse au quotient. — La construction d'une base de $I^\perp$ peut se faire facilement si on sait réduire tout polynôme en une forme normale modulo I. Les éléments du système inverse de I ont la même valeur sur tous les éléments qui se réduisent à un même terme. Soient I un idéal de R et $(\mathbf{x}^\alpha)_{\alpha \in E}$ une base de $\mathcal{A} = R/I$. Alors pour tout monôme $\mathbf{x}^\beta$, il existe des scalaires uniques $(\lambda_{\alpha,\beta})$, tels que

$$\mathbf{x}^\beta - \sum_{\alpha \in E} \lambda_{\alpha,\beta} \, \mathbf{x}^\alpha \in I. \tag{7.2}$$

Proposition 7.23. *La famille*

$$(\mathbf{d}^\alpha + \sum_{\beta \in \mathbb{N}^n \setminus E} \lambda_{\alpha,\beta} \, \mathbf{d}^\beta)_{\alpha \in E}$$

forme une base du système inverse de I.

Démonstration. Soit $(\Lambda_\alpha) \subset \widehat{\mathcal{A}}$ (que l'on identifie avec $I^\perp$) la base duale de $(\mathbf{x}^\alpha) \subset \mathcal{A}$. Les éléments Λ_α s'écrivent sous la forme

$$\Lambda_\alpha = \sum_{\beta \in \mathbb{N}^n} \mu_{\beta,\alpha} \, \mathbf{d}^\beta, \mu_{\alpha,\beta} \in \mathbb{K}.$$

D'après les relations (7.2), pour $\beta \notin E$ on a

$$\mu_{\alpha,\beta} = \Lambda_\alpha(\mathbf{x}^\beta) = \sum_{\alpha'} \lambda_{\alpha',\beta} \, \Lambda_\alpha(\mathbf{x}^{\alpha'}) = \lambda_{\alpha,\beta}.$$

Par ailleurs, pour $\beta \in E$, on a $\mu_{\alpha,\beta} = \Lambda_\beta(\mathbf{x}^\alpha) = 1$ si $\beta = \alpha$ et 0 sinon. □

Exemple 7.24. *Considérons les polynômes* $f_1 = x_1^2 - 1, f_2 = x_2^2 - 2\,x_1 \in \mathbb{K}[x_1, x_2]$. *Une base de* $\mathcal{A} = \mathbb{K}[x_1, x_2]/(f_1, f_2)$ *est* $\{1, x_1, x_2, x_1 x_2\}$. *Si nous construisons la matrice*

$$\begin{pmatrix} 1 & 0 & 0 & 0 & 1 & 0 & 1 & 0 & 2 & 0 & \cdots \\ 0 & 1 & 0 & 0 & 0 & 2 & 0 & 0 & 0 & 0 & \cdots \\ 0 & 0 & 1 & 0 & 0 & 0 & 0 & 1 & 0 & 0 & \cdots \\ 0 & 0 & 0 & 1 & 0 & 0 & 0 & 0 & 0 & 2 & \cdots \end{pmatrix}$$

correspondant aux coefficients des formes normales de

$$1, x_1, x_2, x_1 \, x_2, x_1^2, x_2^2, x_1^3, x_1^2 x_2, x_1 x_2^2, x_2^3, \ldots$$

Les lignes de cette matrice correspondent respectivement aux coefficients dans $\Lambda_1, \Lambda_{x_1}, \Lambda_{x_2}, \Lambda_{x_1,x_2} \in \mathbb{K}[[\mathbf{d}_1, \mathbf{d}_2]]$ *des termes*

$$1, \mathbf{d}_1, \mathbf{d}_2, \mathbf{d}_1\,\mathbf{d}_2, \mathbf{d}_1^2, \mathbf{d}_2^2, \mathbf{d}_1^3, \mathbf{d}_1^2\mathbf{d}_2, \mathbf{d}_1\mathbf{d}_2^2, \mathbf{d}_2^3, \dots$$

Ceci nous conduit à une méthode effective pour calculer les premiers termes du développement de Λ_α, si nous savons calculer les relations (7.2). Ceci est possible si nous avons une méthode de normalisation sur la base $(\mathbf{x}^\alpha)_{\alpha\in E}$ modulo I. C'est le cas par exemple quand on connaît une base de Gröbner $(g_1, \dots, g_s)$ de l'idéal I, pour un ordre monomial $<$. La base $(\mathbf{x}^\alpha)_{\alpha\in E}$ sera alors l'ensemble des monômes en dehors de l'initial $\mathfrak{m}_<(I)$ de I. Nous appellerons fonction de normalisation N sur $(\mathbf{x}^\alpha)_{\alpha\in E}$ modulo I, la projection de R sur $\langle\mathbf{x}^\alpha\rangle_{\alpha\in E}$ parallèlement à I.

Algorithme 7.25. BASE DUALE DE LA BASE $(\mathbf{x}^\alpha)_{\alpha\in E}$ DE R/I.

ENTRÉE : Une fonction de normalisation N sur $(\mathbf{x}^\alpha)_{\alpha\in E}$ modulo I.
Pour tout $\mathbf{x}^\beta$ de degré $\leq k$ avec $\beta \notin E$,
    Calculer $N(\mathbf{x}^\beta) = \sum_{\alpha\in E} \lambda_{\alpha,\beta}\mathbf{x}^\beta$;
    Pour $\alpha \in E$, $\Lambda_\alpha := \Lambda_\alpha + \lambda_{\alpha,\beta}\,\mathbf{d}^\beta$;
SORTIE : Les termes de la base duale Λ_α jusqu'au degré k.

Nous venons de voir comment passer d'une base du quotient à sa base duale. Cette construction peut se reformuler à l'aide de l'objet suivant :

$$\Delta = \sum_{\alpha\in\mathbb{N}^n} \mathbf{x}^\alpha \otimes \mathbf{d}^\alpha$$

l'élément diagonal de $\mathbb{K}[[\mathbf{x}, \mathbf{d}]]$. Pour $p \in R$, on définit $\Delta(p) = \sum_{\alpha\in\mathbb{N}^n} \mathbf{x}^\alpha\mathbf{d}^\alpha(p)$, et pour $\lambda \in \widehat{R}, \lambda(\Delta) = \sum_{\alpha\in\mathbb{N}^n} \lambda(\mathbf{x}^\alpha)\mathbf{d}^\alpha$. On vérifie que

$$\Delta(p) = p, \quad \lambda(\Delta) = \lambda.$$

Nous nous plaçons dans le cas où $\mathcal{A}$ *est un* $\mathbb{K}$-*espace vectoriel de dimension finie.*

Proposition 7.26. *Les propriétés suivantes sont équivalentes*

1. *Il existe une décomposition de* Δ *sous la forme*

$$\Delta = \sum_{i=1}^\infty a_i \otimes b_i$$

    où les familles (a_i) *et* (b_i) *sont linéairement indépendantes sur* $\mathbb{K}$ *avec*
    - $a_j \in I$ *pour* $j > \mu$,
    - $b_i \in I^\perp$ *pour* $1 \leq i \leq \mu$.

2. $(a_i)_{1\leq i\leq\mu}$ *est une base de* $\mathcal{A}$.

3. $(b_i)_{1\leq i\leq\mu}$ *est une base de* $I^\perp$.

Si ces points sont satisfaits, alors $(a_i)_{1 \leq i \leq \mu}$ et $(b_i)_{1 \leq i \leq \mu}$ sont des bases duales.

Démonstration. Supposons que Δ se décompose suivant *1*. Puisque (a_i) engendre $\mathbb{K}[\mathbf{x}]$ (comme $\mathbb{K}$-espace vectoriel), $(a_i)_{1 \leq i \leq \mu}$ engendre $\mathcal{A}$.

Nous avons de plus $b_i(\Delta) = b_i = \sum_{j=1}^{\mu} b_i(a_j) b_j$; ceci implique

$$b_i(a_j) = \delta_{i,j} \text{ pour } 1 \leq i, j \leq \mu, \tag{7.3}$$

où $\delta_{i,j}$ est le symbole de Kronecker. Par conséquent, $(a_i)_{1 \leq i \leq \mu}$ est libre dans $\mathcal{A}$. En effet, si $\sum_{l=1}^{\mu} \lambda_l a_l \in I$, alors $b_i(\sum_l \lambda_l a_l) = 0$ et $\lambda_l = 0$ pour $1 \leq l \leq \mu$. Ainsi $(a_i)_{1 \leq i \leq \mu}$ est une base de $\mathcal{A}$. La relation (7.3) montre que $(b_i)_{1 \leq i \leq \mu}$ est la base duale de $(a_i)_{1 \leq i \leq \mu}$ et les points 2 et 3 sont vérifiés.

Supposons maintenant que le point 2 soit vérifié. Alors il existe une famille libre $(a_j)_{j > \mu} \subset I$ telle que l'espace vectoriel engendré par $(a_1, \ldots, a_\mu, a_{\mu+1}, \ldots)$ soit une base de $\mathbb{K}[\mathbf{x}]$. Ceci permet de réécrire Δ sous la forme

$$\Delta = \sum_{i=1}^{\mu} a_i \otimes b_i' + \sum_{j > \mu} a_j \otimes b_j',$$

avec les (b_j') linéairement indépendants. Soit $(b_i)_{1 \leq i \leq \mu} \subset I^\perp$ la base duale de $(a_i)_{1 \leq i \leq \mu}$. On a alors

$$b_i(\Delta) = b_i = \sum_{j=1}^{\mu} b_i(a_j) b_j' = b_i' , \quad 1 \leq i \leq \mu$$

ce qui montre le point 1.

Si le point 3 est vérifié, alors on choisit pour (a_i) la base duale de (b_i) et on utilise le 2. $\qquad\square$

Cette propriété peut être utilisée dans les deux sens. Si nous savons réduire tout monôme à une forme normale (par exemple, en utilisant une base de Gröbner) alors nous pouvons calculer une base du système inverse (au moins en tronquant à un certain degré). Inversement, si nous connaissons le système inverse alors nous pouvons construire les générateurs de l'idéal. Nous illustrons ceci sur deux exemples très simples, où les éléments du système inverse sont des polynômes en $\mathbf{d}$.

Exemple 7.27. *Nous considérons l'idéal I engendré par*

$$p_1 := y - x^2, \ p_2 := y^2 - x^3, \ p_3 := x^4.$$

Pour construire $I^\perp$, nous utilisons les relations $x\, y \equiv x^3 \equiv y^2 \equiv x^4 \equiv 0$ modulo I et $x^2 = y - p_1$. On réécrit Δ sous la forme

$$\begin{aligned} \Delta &= \mathbf{d}^0 + x\,\mathbf{d}_1 + y\,\mathbf{d}_2 + x^2\,\mathbf{d}_1^2 + \cdots \\ &= \mathbf{d}^0 + x\,\mathbf{d}_1 + y\,\mathbf{d}_2 + (y - p_1)\,\mathbf{d}_1^2 + \cdots \\ &= \mathbf{d}^0 + x\,\mathbf{d}_1 + y\,(\mathbf{d}_2 + \mathbf{d}_1^2) + \cdots \end{aligned}$$

les points de suspension $\cdots$ désignant des éléments de $I \otimes \hat{R}$. Les produits tensoriels sont implicites dans cette notation. Donc $I^{\perp} = \langle \mathbf{d}_2 + \mathbf{d}_1^2, \mathbf{d}_1, \mathbf{d}^0 \rangle = \langle\langle \mathbf{d}_2 + \mathbf{d}_1^2 \rangle\rangle$.

Exemple 7.28. *Nous considérons le système inverse*

$$\langle\langle \mathbf{d}_1^2 + \mathbf{d}_2^2 + \mathbf{d}_1 \mathbf{d}_2 \rangle\rangle$$

qui est engendré (comme $\mathbb{K}$-espace vectoriel) par les éléments $\Lambda_2 = \mathbf{d}_1^2 + \mathbf{d}_2^2 + \mathbf{d}_1 \mathbf{d}_2, \Lambda_1 = \mathbf{d}_1 + \mathbf{d}_2, \Lambda_0 = \mathbf{d}^0$, et nous voulons construire l'idéal I. On réécrit Δ sous la forme

$$\begin{aligned}
\Delta &= \mathbf{d}^0 + x\,\mathbf{d}_1 + y\,\mathbf{d}_2 + x^2\,\mathbf{d}_1^2 + x\,y\,\mathbf{d}_1\,\mathbf{d}_2 + y^2\,\mathbf{d}_2^2 + \cdots \\
&= \Lambda_0 + x\,(\Lambda_1 - \mathbf{d}_2) + y\,\mathbf{d}_2 + x^2\,(\Lambda_2 - \mathbf{d}_2^2 - \mathbf{d}_1\,\mathbf{d}_2) + x\,y\,\mathbf{d}_1\,\mathbf{d}_2 + y^2\,\mathbf{d}_2^2 + \cdots \\
&= \Lambda_0 + x\,\Lambda_1 + x^2\,\Lambda_2 + (y - x)\,\mathbf{d}_2 + (x\,y - x^2)\,\mathbf{d}_1\,\mathbf{d}_2 + (y^2 - x^2)\,\mathbf{d}_2^2 + \cdots
\end{aligned}$$

On voit donc que

$$\langle\langle \mathbf{d}_1^2 + \mathbf{d}_2^2 + \mathbf{d}_1\mathbf{d}_2 \rangle\rangle^{\perp} = (x - y) + (x, y)^3,$$

et que $(1, x, x^2)$ est une base du quotient $\mathcal{A}$.

Dans le cas où $\mathcal{A}$ est un espace vectoriel de dimension finie, la structure multiplicative du quotient peut se retrouver directement, comme le montre la proposition suivante. Soit $(\hat{b}_1, \ldots, \hat{b}_\mu)$ une base de l'espace vectoriel $I^{\perp}$. Pour tout $k \in \{1, \ldots, n\}$,

$$\partial_{\delta_k}(\hat{b}_i) = \sum_{j=1}^{\mu} \lambda_{i,j}^k \hat{b}_j \quad , \quad \lambda_{i,j}^k \in \mathbb{K}.$$

Notons M_k la matrice $(\lambda_{i,j}^k)_{1 \le i, j \le \mu}$.

Proposition 7.29. *Les matrices $M_k, 1 \le k \le n$, sont les matrices de multiplication par x_k dans $\mathcal{A}$ dans la base duale de $(b_i)_{1 \le i \le \mu}$.*

Démonstration. Soit $(b_1, \ldots, b_\mu)$ la base duale de $(\hat{b}_1, \ldots, \hat{b}_\mu)$ dans $\mathcal{A}$. Le coefficient d'indices i, j de la matrice de multiplication par x_k dans $\mathcal{A}$ dans la base (b_j) est donné par

$$\begin{aligned}
\hat{b}_i(x_k\,b_j) &= (x_k \cdot \hat{b}_i)(b_j) \\
&= \partial_{\delta_k}(\hat{b}_i)(b_j) = \sum_{l=1}^{\mu} \lambda_{i,l}^k \hat{b}_l(b_j) = \lambda_{i,j}^k.
\end{aligned}$$

$\square$

7.2. Système inverse d'un point isolé

Nous nous plaçons dans le cas où l'idéal I définit un point isolé $\zeta \in \mathbb{K}^n$, et nous notons $\mathfrak{m}_\zeta$ l'idéal maximal définissant ζ. Dans cette section, nous allons décrire une méthode permettant de calculer la structure locale de I en ζ.

7.2.1. Points isolés. — Caractérisons dans un premier temps, les systèmes inverses de points multiples.

Proposition 7.30. *Supposons que I soit $\mathfrak{m}_\zeta$-primaire; alors $I^\perp \subset \mathbb{K}[\delta_\zeta]$.*

Démonstration. Puisqu'il existe un entier N tel que $\mathfrak{m}_\zeta^N \subset I \subset \mathfrak{m}_\zeta$, $(\mathbf{x} - \zeta)^\alpha \in I$ dès que $|\alpha| = a_1 + \cdots + a_n \geq N$. Soit $\Lambda \in I^\perp$, alors

$$\Lambda = \sum_{\alpha \in \mathbb{N}^n : |\alpha| < N} \frac{1}{\alpha!} \Lambda((\mathbf{x} - \zeta)^\alpha)\, \delta_\zeta^\alpha.$$

$\square$

Dans ce cas, les éléments du système inverse de I sont des polynômes en δ_ζ. De plus, $\mathcal{A} = R/I$ est de dimension finie μ sur $\mathbb{K}$ (où μ est la multiplicité de la racine ζ), par suite $I^\perp$ est un espace vectoriel de dimension μ.

Ceci établit *une bijection entre les idéaux $\mathfrak{m}_\zeta$-primaires et les sous-espaces vectoriels de $\mathbb{K}[\delta_\zeta]$, stables par dérivation et de dimension finie* (voir [**Ems78**], [**Mac16**][p. 65], [**Grö70**]).

7.2.2. La composante $\mathfrak{m}_\zeta$-primaire. — Dans la pratique, il est rare de traiter directement un idéal $\mathfrak{m}_\zeta$-primaire; on a souvent affaire à des idéaux dont une composante est $\mathfrak{m}_\zeta$-primaire. Nous allons voir comment on peut isoler cette composante, c'est-à-dire oublier le reste de la variété.

Théorème 7.31. *Soit I un idéal de R et Q_ζ sa composante $\mathfrak{m}_\zeta$-primaire que l'on suppose isolée. Alors*

$$(I^\perp \cap \mathbb{K}[\delta_\zeta])^\perp = Q_\zeta.$$

Démonstration. Notons $\mathcal{D}_\zeta = I^\perp \cap \mathbb{K}[\delta_\zeta]$; nous allons montrer que $\mathcal{D}_\zeta = Q_\zeta^\perp$. On a $Q_\zeta^\perp \subset I^\perp$ (car $I \subset Q_\zeta$) et $Q_\zeta^\perp \subset \mathbb{K}[\delta_\zeta]$ (d'après la proposition (7.30)), par suite, $Q_\zeta^\perp \subset I^\perp \cap \mathbb{K}[\delta_\zeta]$. Pour montrer l'inclusion inverse, nous utiliserons les deux propriétés suivantes :

- La composante $\mathfrak{m}_\zeta$-primaire Q_ζ de I est l'ensemble des polynômes f de R tels qu'il existe $g \in R$ avec $f\,g \in I$ et $g(\zeta) \neq 0$ (voir [**AM69**]).
- Pour tout $\Lambda \in \mathbb{K}[\delta_\zeta]$ et tout $g \in R$,

$$
\begin{aligned}
(g \cdot \Lambda)(f) &= g(\zeta_1 + \partial_{\delta_{1,\zeta}}, \ldots, \zeta_n + \partial_{\partial_{n,\zeta}})(\Lambda)(f) \qquad\qquad (7.4) \\
&= g(\zeta)\Lambda(f) + (g - g(\zeta))(\zeta_1 + \partial_{\delta_{1,\zeta}}, \ldots, \zeta_n + \partial_{\partial_{n,\zeta}})(\Lambda)(f).
\end{aligned}
$$

Montrons par récurrence sur le degré de Λ (en $\delta_\zeta = (\delta_{1,\zeta}, \ldots, \delta_{n,\zeta})$) que $\mathcal{D}_\zeta \subset Q_\zeta^\perp$.

Si $\Lambda \in \mathcal{D}_\zeta$, est de degré 0, alors Λ est, à un scalaire près, l'évaluation en ζ. Pour tout $f \in Q_\zeta$, $g \in R$ tels que $g(\zeta) \neq 0$ et $f g \in I$, $\Lambda(f g) = 0 = f(\zeta)g(\zeta)$, donc $\Lambda(f) = f(\zeta) = 0$, et $\Lambda \in Q_\zeta^\perp$.

Supposons maintenant que tous les éléments de $\mathcal{D}_\zeta$ de degré $< d$ sont dans $Q_\zeta^\perp$. Soit $\Lambda \in \mathcal{D}_\zeta$ de degré d; d'après la formule (7.4), pour tout $f \in Q_\zeta$, $g \in R$ tels que $g(\zeta) \neq 0$ et $f g \in I$,

$$\Lambda(f g) = \ 0 = \ g(\zeta)\Lambda(f) + (g - g(\zeta))(\zeta_1 + \partial_{\delta_{1,\zeta}}, \ldots, \zeta_n + \partial_{\delta_{n,\zeta}})(\Lambda)(f)$$
$$= \ g(\zeta)\Lambda(f) + \rho(f),$$

$\rho = (g - g(\zeta))(\zeta_1 + \partial_{\delta_{1,\zeta}}, \ldots, \zeta_n + \partial_{\delta_{n,\zeta}})(\Lambda)$ est de degré $< d$ en δ_ζ et $\rho \in \mathcal{D}_\zeta$ (car $\mathcal{D}_\zeta$ est stable par dérivation). Par hypothèse de récurrence, $\rho(f) = 0$. Il en découle que $\Lambda(f) = 0$, et $\Lambda \in Q_\zeta^\perp$. □

Soit $N \in \mathbb{N}$ tel que $\mathfrak{m}_\zeta^N \subset Q_\zeta$; alors le degré des éléments de $\mathcal{D}_\zeta$ est au plus N.

Définition 7.32. *On appelle l'indice de nilpotence de Q_ζ l'entier N_ζ égal au maximum des degrés des éléments de $\mathcal{D}_\zeta$.*

On vérifie facilement que N_ζ est le plus petit entier N tel que

$$\mathfrak{m}_\zeta^N \not\subset Q_\zeta.$$

En effet, pour tout $\Lambda \in \mathcal{D}_\zeta$ de degré N_ζ, il existe un monôme $m = (\mathbf{x} - \zeta)^\alpha$ de degré N_ζ tel que $\Lambda(m) \neq 0$, donc $\mathfrak{m}_\zeta^{N_\zeta} \not\subset Q_\zeta$. Par contre, pour tout monôme $m = (\mathbf{x} - \zeta)^\alpha$ tel que $|\alpha| > N_\zeta$ et tout $\Lambda \in \mathcal{D}_\zeta$, $\Lambda(m) = 0$, donc $(\mathbf{x} - \zeta)^\alpha \in Q_\zeta$, ce qui implique que $\mathfrak{m}_\zeta^{N_\zeta+1} \subset Q_\zeta$.

Théorème 7.33. *Soient $I = (p_1, \ldots, p_s)$ un idéal de R ayant une composante isolée Q_0 en $\mathbf{0}$, et $q_1, \ldots, q_s$ des polynômes homogènes de degré $> N_0 + 1$. Supposons que*

$$\tilde{I} = (p_1 + q_1, \ldots, p_s + q_s)$$

soit zéro-dimensionnel. Alors $\tilde{I}$ a pour composante $\mathfrak{m}_0$-primaire isolée Q_0.

Démonstration. Notons $\tilde{p}_i = p_i + q_i, 1 \leq i \leq s$. Un élément $\Lambda \in \mathbb{K}[\delta_0]$ est dans $I^\perp$ (resp. $\tilde{I}^\perp$) ssi pour tout $\alpha \in \mathbb{N}^n$, $\Lambda(\mathbf{x}^\alpha p_i) = 0$ (resp. $\Lambda(\mathbf{x}^\alpha \tilde{p}_i) = 0$), $1 \leq i \leq s$. Or si le degré de Λ est $\leq N_0 + 1$,

$$\Lambda(\mathbf{x}^\alpha \tilde{p}_i) = \Lambda(\mathbf{x}^\alpha p_i).$$

Donc $I^\perp$ et $\tilde{I}^\perp$ coïncident jusqu'au degré $N_0 + 1$. Par conséquent, il n'existe pas d'élément de degré exactement $N_0 + 1$ dans $\tilde{I}^\perp$ (car N_0 est l'indice de nilpotence de Q_0), et n'a donc pas d'élément de degré $> N_0$ (car $\tilde{I}^\perp$ est stable par dérivation). Il en résulte que

$$\tilde{I}^\perp \cap \mathbb{K}[\delta_0] = I^\perp \cap \mathbb{K}[\delta_0].$$

Comme les zéros de $\tilde{I}$ sont isolés (car $Z(\tilde{I})$ est de dimension 0), il découle du théorème 7.31 que Q_0 est aussi la composante primaire de $\tilde{I}$ à l'origine. □
La composante primaire Q_0 en $\mathbf{0}$ reste inchangée par déformation en degré suffisamment élevé. Ceci est vrai par translation en tout autre point ζ de $\mathbb{K}^n$.

Théorème 7.34. *Soit I un idéal de R définissant des points isolés $\zeta_1, \ldots, \zeta_s$; alors*

$$I^\perp = Q_1^\perp \oplus \cdots \oplus Q_s^\perp,$$

où Q_i est la composante $\mathfrak{m}_{\zeta_i}$-primaire. De plus, pour tout élément Λ de $I^\perp$, il existe des polynômes en $\delta_1, \ldots, \delta_n$ uniques $\Lambda_1, \ldots, \Lambda_n$, tels que

$$\Lambda = \sum_{i=1}^{s} \Lambda_i(\delta)\, \Delta(\zeta_i, \delta). \tag{7.5}$$

Démonstration. Comme $I = Q_1 \cap \cdots \cap Q_s$, $I^\perp = Q_1^\perp + \cdots + Q_s^\perp$. De plus, pour $j_1, \ldots, j_p \in \{1, \ldots, n\}$ et $i \neq j_1, \ldots, j_p$, $Q_i + (Q_{j_1} \cap \cdots \cap Q_{j_p}) = R$, donc $Q_i^\perp \cap (Q_{j_1}^\perp + \cdots + Q_{j_p}^\perp) = R^\perp = \{0\}$ et la somme ci-dessus est directe. Un élément de $I^\perp$ est donc une somme de polynômes de dérivations aux points $\zeta_i, 1 \leq i \leq s$. En utilisant l'isomorphisme (7.5), on obtient la décomposition (7.5). □

7.2.3. L'anneau local par intégration.

— Soit I un idéal de R et $\mathcal{D} = I^\perp \cap \mathbb{K}[\delta]$ le système inverse de la composante primaire isolée au point $\zeta = 0$. Notons $\mathbb{K}[\delta]_d$ l'ensemble des polynômes en δ de degré au plus d et $\mathcal{D}_d = \mathcal{D} \cap \mathbb{K}[\delta]_d$. Nous allons voir comment on peut construire $\mathcal{D}_d$ à partir de $\mathcal{D}_{d-1}$. Ainsi si les éléments de I s'annulent en 0, $\mathcal{D}_0$ est engendré par δ^0 (δ^0 est la forme linéaire telle que $\delta^0(p) = p(0)$) et il sera alors possible de construire tous les $\mathcal{D}_j$ par récurrence.

Notons pour $p \in \mathbb{K}[\delta], p_{|\delta_i=0} = p(\delta_1, \ldots, \delta_{i-1}, 0, \delta_{i+1}, \ldots, \delta_n)$.

Définition 7.35. *On appelle i-primitive de $p \in \mathbb{K}[\delta]$ (sans terme constant), le polynôme q, noté $\int_i p$, tel que $\partial_{\delta_i} q = p$ et $q_{|\delta_i=0} = 0$.*

Les éléments de $\mathcal{D}_{d-1}$ sont les dérivées des éléments de $\mathcal{D}_d$; donc pour obtenir les éléments de $\mathcal{D}_d$, l'idée est d'intégrer les éléments de $\mathcal{D}_{d-1}$. La construction de $\mathcal{D}_d$ à partir de $\mathcal{D}_{d-1}$ est basée sur le théorème suivant.

Théorème 7.36. *Supposons que l'idéal I soit engendré par $p_1, \ldots, p_m$ et $d > 1$. Soit $(b_1, \ldots, b_s)$ une base de $\mathcal{D}_{d-1}$. Les éléments de $\mathcal{D}_d$ sans terme constant sont les Λ de la forme*

$$\Lambda = \sum_{j=1}^{s} \lambda_j^1 \int_1 b_j|_{\delta_2=0,\ldots,\delta_n=0} \tag{7.6}$$

$$+ \sum_{j=1}^{s} \lambda_j^2 \int_2 b_j|_{\delta_3=0,\ldots,\delta_n=0} + \cdots + \sum_{j=1}^{s} \lambda_j^n \int_n b_j \,, \quad \lambda_j^k \in \mathbb{K} \,,$$

tels que

1. $\sum_{j=1}^{s} \lambda_j^k \partial_{\delta_l} b_j - \sum_{j=1}^{s} \lambda_j^l \partial_{\delta_k} b_j = 0$ *pour* $1 \le k < l \le n$,

2. $\Lambda(p_i) = 0$ *pour* $1 \le i \le m$.

Démonstration. Soit $\Lambda \in \mathcal{D}_d$ sans terme constant. Il se décompose de manière unique en

$$\Lambda = \Lambda_1(\delta_1, \ldots, \delta_n) + \Lambda_2(\delta_2, \ldots, \delta_n) + \cdots + \Lambda_n(\delta_n),$$

avec tous les monômes de $\Lambda_i \in \mathbb{K}[\delta_i, \ldots, \delta_n]\backslash\mathbb{K}[\delta_{i+1}, \ldots, \delta_n]$. Alors $\int_i \partial_{\delta_i}(\Lambda_i) = \Lambda_i, 1 \le i \le n$.

Comme $\partial_{\delta_1}(\Lambda) = \partial_{\delta_1}(\Lambda_1) \in \mathcal{D}_{d-1} = \langle b_1, \ldots, b_s \rangle$, il existe des scalaires $\lambda_j^1 \in \mathbb{K}$ tels que

$$\Lambda_1 = \int_1 \partial_{\delta_1}(\Lambda_1) = \sum_{j=1}^{s} \lambda_j^1 \int_1 b_j.$$

Considérons maintenant $\partial_{\delta_2}(\Lambda) = \partial_{\delta_2}(\Lambda_1) + \partial_{\delta_2}(\Lambda_2)$ qui est dans $\mathcal{D}_{d-1}$. Il existe alors $\lambda_j^2 \in \mathbb{K}, 1 \le j \le s$, tels que

$$\Lambda_2 = \int_2 \partial_{\delta_2}(\Lambda_2) = \sum_{j=1}^{s} \lambda_j^2 \int_2 b_j - \int_2 \partial_{\delta_2}(\Lambda_1)$$

$$= \sum_{j=1}^{s} \lambda_j^2 \int_2 b_j - (\Lambda_1 - \Lambda_1|_{\delta_2=0}),$$

car $\int_2 \partial_{\delta_2}(\Lambda_1)$ est la partie de Λ_1 qui *dépend* de δ_2. Par suite

$$\Lambda_1 + \Lambda_2 = \sum_{j=1}^{s} \lambda_j^1 \int_1 b_j|_{\delta_2=0} + \sum_{j=1}^{s} \lambda_j^2 \int_2 b_j.$$

Posons $\sigma_2 = \Lambda_1 + \Lambda_2$. Le même calcul appliqué à $\partial_{\delta_3}(\Lambda)$ donne

$$\Lambda_3 = \sum_{j=1}^{s} \lambda_j^3 \int_3 b_j - (\sigma_2 - \sigma_2|_{\delta_3=0})$$

186

et

$$\Lambda_1 + \Lambda_2 + \Lambda_3 = \sum_{j=1}^{s} \lambda_j^1 \int_1 b_j|_{\delta_2=0,\delta_3=0}$$

$$+ \sum_{j=1}^{s} \lambda_j^2 \int_2 b_j|_{\delta_3=0} + \sum_{j=1}^{s} \lambda_j^3 \int_3 b_j.$$

Par récurrence, on obtient la formule (7.6) et pour tout $k, l \in \{1, \ldots, n\}$, les relations

$$\sigma_k = \Lambda_1 + \cdots + \Lambda_k = \sum_{j=1}^{s} \lambda_j^1 \int_1 b_j|_{\delta_2=0,\ldots,\delta_k=0}$$

$$+ \sum_{j=1}^{s} \lambda_j^2 \int_2 b_j|_{\delta_3=0,\ldots,\delta_k=0} + \cdots + \sum_{j=1}^{s} \lambda_j^k \int_k b_j \qquad (7.7)$$

et

$$\Lambda_l = \sum_{j=1}^{s} \lambda_j^l \int_l b_j - (\sigma_{l-1} - \sigma_{l-1}|_{\delta_l=0}). \qquad (7.8)$$

Le point 2 est une conséquence directe de $\Lambda \in I^\perp$. Montrons maintenant que le point 1 est vérifié. Nous utilisons, $\partial_{\delta_k}\Lambda_l = 0$ pour $k < l$. D'après (7.8), $\partial_{\delta_k}\Lambda_l = 0$ entraîne

$$\sum_{j=1}^{s} \lambda_j^l \int_l \partial_{\delta_k} b_j = \partial_{\delta_k}(\sigma_{l-1} - \sigma_{l-1}|_{\delta_l=0}).$$

En dérivant l'égalité précédente par rapport à δ_l, et en utilisant $\partial_{\delta_k}(\sigma_{l-1}) = \partial_{\delta_k}(\sigma_k)$ (pour $k < l$), $\partial_{\delta_k}(\sigma_k) = \sum_{j=1}^{s} \lambda_j^k b_j$ (d'après (7.7)), on obtient

$$\sum_{j=1}^{s} \lambda_j^l \partial_{\delta_k} b_j - \sum_{j=1}^{s} \lambda_j^k \partial_{\delta_l} b_j = 0.$$

Réciproquement, supposons que Λ soit de la forme (7.6), que les conditions 1, 2 soient satisfaites et montrons que $\Lambda \in \mathcal{D}_d$. Cet élément se décompose en $\Lambda = \Lambda_1 + \cdots + \Lambda_n$ avec $\Lambda_k = \sum_{j=1}^{s} \lambda_j^k \int_k b_j - (\sigma_{k-1} - \sigma_{k-1}|_{\delta_k=0})$ et $\sigma_k = \Lambda_1 + \cdots + \Lambda_k, 1 \leq k \leq n$ (avec $\sigma_0 = 0$). Nous avons la relation (7.7) par récurrence. Puisque Λ vérifie 1, d'après ce qui précède, $\partial_{\delta_k}(\Lambda_l) = 0$ pour $k < l$ et $\Lambda_l \in \mathbb{K}[\delta_l, \ldots, \delta_n]$. Par construction, Λ_l n'a pas de terme constant et appartient donc à $\mathbb{K}[\delta_l, \ldots, \delta_n] - \mathbb{K}[\delta_{l+1}, \ldots, \delta_n]$.

La formule (7.7) implique

$$\partial_{\delta_k}\Lambda = \sum_{j=1}^{s} \lambda_j^k b_j \in \mathcal{D}_{d-1}, \ 1 \leq k \leq n. \qquad (7.9)$$

Comme $\mathcal{D}_{d-1}$ est stable par dérivation, toutes les dérivées de Λ sont dans $\mathcal{D}_{d-1}$. La dérivation correspond à la multiplication sur les polynômes, donc si $\Lambda(p_i) = 0, 1 \leq i \leq n$, alors $\Lambda(p_i q) = 0$, pour tout $q \in R$, et $\Lambda \in I^\perp$. $\qquad$ $\square$

La condition 1 traduit seulement le fait que les *dérivations* $\partial_{\delta_i}, 1 \leq i \leq n$, *commutent ou de manière équivalente que la multiplication dans* $\mathcal{A}$ *est commutative.*

Exemple 7.37. *On considère le point isolé* $0 \in \mathbb{K}^2$ *du système*

$$p_1 = 2\,x_1\,x_2^2 + 5\,x_1^4, \ p_2 = 2\,x_1{}^2\,x_2 + 5\,x_2^4.$$

Pour tout $i, j \in \mathbb{N}$, *on note* $\delta_i^j = \frac{1}{j!}\partial_i^j$. *On vérifie facilement que* $I^\perp$ *contient* $1, \delta_1, \delta_2, \delta_1^2, \delta_1\delta_2, \delta_2^2, \delta_1^3, \delta_2^3$. *Pour trouver les autres éléments de* $\mathcal{D}$, *on intègre ceux-ci suivant la formule (7.6) en ne gardant que les éléments qui apportent de nouveaux termes*

$$\Lambda = \lambda_1\,\delta_1^4 + \lambda_2\,\delta_1^2\delta_2 + \lambda_3\,\delta_1\delta_2^2 + \lambda_4\,\delta_2^4 + \lambda_5\,\delta_1^3\delta_2 + \lambda_6\,\delta_1\delta_2^3, \ \lambda_i \in \mathbb{K}.$$

Les conditions $\Lambda(p_1) = \Lambda(p_2) = 0$, *entraînent que*

$$\Lambda = \lambda_1(2\,\delta_1^4 - 5\,\delta_1\delta_2^2) + \lambda_2(2\,\delta_2^4 - 5\,\delta_1^2\delta_2)$$

Un nouvel élément de $I^\perp$ *sera (d'après le théorème précédent) de la forme* $\Lambda = \lambda_1\delta_1^5 + \lambda_2(2\,\delta_1^4\delta_2 - 5\,\delta_1\delta_2^3) + \lambda_3(2\,\delta_2^5 - 5\,\delta_1^2\delta_2^2)$ *et ses dérivées doivent être dans l'espace vectoriel engendré par les éléments précédents, ce qui impose que*

$$\Lambda = \lambda\,(5\,\delta_1^2\delta_2^2 - 2\,\delta_1^5 - 2\,\delta_2^5), \ \lambda \in \mathbb{K}.$$

Une nouvelle intégration ne fournit pas d'autre élément dans $\mathcal{D}$ *qui est alors engendré par*

$$1, \delta_1, \delta_2, \delta_1^2, \delta_1\delta_2, \delta_2^2, \delta_1^3, \delta_2^3,$$
$$2\,\delta_1^4 - 5\,\delta_1\delta_2^2, 2\,\delta_2^4 - 5\,\delta_1^2\delta_2, 5\,\delta_1^2\delta_2^2 - 2\,\delta_1^5 - 2\,\delta_2^5.$$

Ceci nous montre que le dual de R/Q_0 *et donc* R/Q_0 *sont de dimension* 11. *Le point* 0 *est donc de multiplicité* 11.

7.2.4. L'algorithme. — Ceci nous conduit naturellement à un algorithme qui construit étape par étape, les générateurs de $\mathcal{D}$. Nous obtiendrons par la même occasion la structure du quotient, c'est-à-dire les matrices de multiplication par les variables x_l ou les matrices de dérivations par $\partial_{\delta_l}, 1 \leq l \leq n$.

Algorithme 7.38. STRUCTURE LOCALE D'UN POINT MULTIPLE.

ENTRÉE :

$(p_1, \ldots, p_m) \in R^m$ et $\zeta \in \mathbb{K}^n$ tels que $I = (p_1, \ldots, p_m)$ a une composante $\mathfrak{m}_\zeta$-primaire isolée Q_ζ.

▷ $\mathcal{D}_0 := 1$; d := 0 ; s_0 := 1 ; test := vrai ;
   Pour k de 1 à n faire $U^k[1]$:= [0] ;
▷ Tant que test faire
   1) S := système d'équations 1,2 en λ_j^k ;
   2) résoudre le système S ;
   3) S'il n'y a pas de nouvelle solution alors test := faux
      sinon
         soit $(\delta_1, \ldots, \delta_s)$ une base des nouvelles solutions
            telle que $\partial_{\delta_k}(\delta_i) = \sum_{j=1}^{s_d} \lambda_{j,s_d+i}\, b_j$;
         $s_{d+1} := s_d + s$;
         $\mathcal{D}_{d+1} := \mathcal{D}_d, \delta_1, \ldots, \delta_s = b_1, \ldots, b_{s_{d+1}}$;
         Pour k de 1 à n faire
            Pour i de $s_d + 1$ à s_{d+1} faire
               $U^k[i] := [\lambda_{1,i}, \ldots, \lambda_{s_d,i}]$;
         d := d + 1 ;
▷ $\mathcal{D}_d$ et U^k pour $1 \leq k \leq n$;

SORTIE :

Une base B de $Q_\zeta^\perp$ dans $\mathbb{K}[\delta_\zeta]$ et les matrices de multiplication par $x_k - \zeta_k$ dans B.

7.2.5. Analyse de la complexité. — Nous détaillons ici l'analyse de complexité de l'algorithme précédent. Une étape importante de cet algorithme est le point (2) que nous allons étudier de plus près. Supposons que nous soiyons au rang d et que nous ayons calculé une base $b_1, \ldots, b_{s_d}$ de $\mathcal{D}_d$. Posons $U_k = (u_{i,j}^k)_{1 \leq i,j \leq s_d}$ tel que

$$\partial_{\delta_k}(b_j) = \sum_{i=1}^{s_d} u_{i,j}^k\, b_i \quad, \quad 1 \leq j \leq s_d.$$

Soient $v_l = (\lambda_1^l, \ldots, \lambda_{s_d}^l), 1 \leq l \leq n$, des vecteurs tels que $V = [v_1, \ldots, v_n]$ soit une solution du système 1, 2 du théorème (7.36). Les équations 1 se réécrivent sous la forme

$$U_k v_l - U_l v_k = 0, \ 1 \leq k < l \leq n.$$

189

Les équations 2 correspondent à

$$[A_1, \ldots, A_n].\,V = 0,$$

où les matrices $A_1, \ldots, A_n$ sont de taille $m \times s_d$ et font intervenir les coefficients des $p_1, \ldots, p_m$. Le système général est donc de la forme

$$
\begin{bmatrix}
U_n & & & & & -U_1 \\
& U_n & & & & -U_2 \\
& & \ddots & & & \vdots \\
& & & U_n & & -U_{n-1} \\
U_{n-1} & & & & -U_1 & \\
& \ddots & & & \vdots & \\
& & U_{n-1} & & -U_{n-2} & \\
\vdots & \vdots & \vdots & & & \\
U_2 & -U_1 & & & & \\
A_1 & \cdots & \cdots & & \cdots & A_n
\end{bmatrix} .\, V = 0 \ ,
$$

où les blancs désignent des 0. C'est un système linéaire de taille $(\frac{1}{2}\, n\,(n-1)\, s_d + m) \times n\, s_d$. Pour résoudre ce système, nous supposons de plus que l'espace vectoriel engendré par les lignes des U_i est inclus dans celui engendré par les lignes de U_n. On peut toujours s'y ramener en prenant pour U_n une combinaison linéaire *générique* des matrices $U_1, \ldots, U_n$ (i.e. on remplace x_n par une combinaison linéaire de $x_1, \ldots, x_n$).

Par élimination de Gauss entre les lignes où intervient U_n et les autres, on remplace les lignes $U_{n-1} v_1 - U_1 v_{n-1} = 0$ par un système de la forme $W_{1,n-1} v_n = 0$, où $W_{1,n-1}$ est une matrice de taille $s_d \times s_d$. Le même type de calcul sur les autres $\frac{1}{2}\,(n-1)\,(n-2) + m$ blocs non-nuls permet de transformer le système en un système de taille $(\frac{1}{2}\, n\,(n-1)\, s_d + m) \times s_d$ de la forme $W.\, v_n = 0$.

Comme cette matrice est élargie de $s_d - s_{d-1}$ à chaque étape de l'algorithme, on peut supposer que la triangulation des matrices U_n et la réduction ci-dessus sont faites jusqu'au rang s_{d-1}. Le nombre d'étapes nécessaires pour les réductions supplémentaires est donc majoré par $k\,(\frac{1}{2}\, n\,(n-1) + m) \times s_d^2 \times (s_d - s_{d-1})$ (k est une constante). Pour obtenir les nouvelles solutions du système $W.\, v_n = 0$, il faut au plus $k'\,(\frac{1}{2}\, n\,(n-1)\, s_d + m) \times s_d\,(s_d - s_{d-1})$ opérations arithmétiques supplémentaires (k' est une constante).

Le nombre total d'opérations pour l'étape 2 est donc majoré par $\mathcal{O}(n^2 \mu^3 + m\,\mu^3)$ où $\mu - 1 = s_\nu - s_0 = (s_1 - s_0) + \cdots + (s_\nu - s_{\nu-1})$.

Voir aussi [**MMM95**] pour une autre approche.

7.3. Interpolation

Les problèmes d'interpolation sont au cœur de beaucoup de méthodes (multiplication rapide de polynômes, approximation par des fonctions polynomiales, splines, ...). Par essence, ce sont des problèmes qui font intervenir la dualité, comme nous allons le détailler dans cette section.

7.3.1. Les polynômes de Lagrange en une variable. — Un problème d'interpolation consiste à reconstruire une fonction à partir de ses valeurs en certains points. Dans le cas classique, étant donnés $d + 1$ points *distincts* $t_0, \ldots, t_d \in \mathbb{K}$, et des valeurs $v_0, \ldots, v_d$, on cherche un polynôme p de degré $\leq d$ tel que $p(t_i) = v_i$ ou encore tel que

$$\mathbf{1}_{t_i}(p) = v_i, \ i = 0, \ldots, d.$$

L'unique solution à ce problème est donnée par

$$p = \sum_{i=0}^{d} v_i \, \mathbf{e}_i(t),$$

où

$$\mathbf{e}_i(t) = \prod_{j \neq i} \frac{t - t_j}{t_i - t_j}$$

est le $i^{\text{ème}}$ polynôme de Lagrange. Il vérifie

$$\mathbf{1}_{t_i}(\mathbf{e}_j) = \left\{ \begin{array}{l} 1 \text{ si } i = j \\ 0 \text{ sinon} \end{array} \right.$$

et les familles $(\mathbf{e}_i)_i$ et $(\mathbf{1}_{t_i})_i$ sont donc duales l'une de l'autre. Résoudre ce problème d'interpolation peut aussi s'interpréter comme la résolution du système linéaire suivant :

$$\begin{bmatrix} 1 & t_0 & \cdots & t_0^{d-1} \\ \vdots & & & \vdots \\ \vdots & & & \vdots \\ 1 & t_d & \cdots & t_d^{d-1} \end{bmatrix} \begin{bmatrix} p_0 \\ \vdots \\ \vdots \\ p_{d-1} \end{bmatrix} = \begin{bmatrix} v_0 \\ \vdots \\ \vdots \\ v_{d-1} \end{bmatrix}.$$

La matrice ci-dessus $V = (\mathbf{1}_{t_i}(t^j))_{0 \leq i,j \leq d-1}$ est la matrice de Vandermonde des points $t_0, \ldots, t_{d-1}$. C'est aussi la matrice de $\mathbf{1}_{t_0}, \ldots, \mathbf{1}_{t_{d-1}}$ dans la base duale $\mathbf{d}^i$ de la base des monômes. Les coefficients des polynômes de Lagrange dans la base des monômes s'obtiennent à partir des colonnes de l'inverse de cette matrice.

Généralisons cette construction. A la place des évaluations, nous pouvons considérer des formes linéaires quelconques Λ_i, supposées indépendantes. La matrice correspondante est notée $V = (\Lambda_i(t^j))_{0 \leq i,j \leq d-1}$. Si V est inversible, nous pouvons construire la base duale de Λ_i en inversant V : notons $\mathbf{e}_i$ le polynôme dont les coefficients dans la base monomiale correspondent à la $i^{ème}$ colonne de V^{-1}. On a alors

$$\Lambda_j(\mathbf{e}_i) = \delta_{i,j}$$

et $(\mathbf{e}_i)_{0 \le i \le d-1}$ est donc la base duale de $(\Lambda_i)_{0 \le i \le d-1}$. Une solution du problème d'interpolation

$$\Lambda_i(p) = v_i, i = 0, \ldots, d-1 \tag{7.10}$$

est alors

$$p(t) = \sum_{i=0}^{d} v_i \, \mathbf{e}_i(t).$$

Supposons ici que $t \cdot \Lambda_i \in \langle \Lambda_j \rangle_{j=0,\ldots,d-1}$. Nous pouvons alors caractériser toutes les solutions du problème (7.10). En effet, de l'hypothèse précédente, nous déduisons (voir lemme 7.14) que $\mathcal{D}^{\perp} = \{p \in \mathbb{K}[t]; \ \Lambda_i(p) = 0, \ i = 0, \ldots, d-1\}$ est un idéal de $\mathbb{K}[t]$, donc principal. Pour calculer son générateur g, nous procédons de la façon suivante :

Remarquons d'abord que g est de degré d car $\mathbb{K}[t]/\mathcal{D}^{\perp} = \mathbb{K}[t]/(g)$ est une algèbre quotient dont le dual $\langle \Lambda_j \rangle_{j=0,\ldots,d-1}$ est de dimension d.

Par ailleurs, le vecteur $[g_0, \ldots, g_{d-1}, 1]$ des coefficients de $g = g_0 + \cdots + g_{d-1}\, t^{d-1} + t^d$ est dans le noyau de

$$\tilde{V} = \begin{bmatrix} \Lambda_0(1) & \cdots & \Lambda_0(t^d) \\ \vdots & & \vdots \\ \Lambda_{d-1}(1) & \cdots & \Lambda_{d-1}(t^d) \end{bmatrix}.$$

En multipliant à gauche cette matrice par $V^{-\mathsf{t}(1)}$, nous ne changeons pas le noyau et nous obtenons donc

$$V^{-\mathsf{t}}\,\tilde{V} = \begin{bmatrix} 1 & & 0 & -g_0 \\ & \ddots & & \vdots \\ 0 & & 1 & -g_{d-1} \end{bmatrix}.$$

Ce qui nous donne les formules :

$$[g_i]_{0 \le i \le d-1} = -V^{-\mathsf{t}}\,[\Lambda_i(t^n)]_{0 \le i \le d-1}$$

Exemple 7.39. *Un exemple d'un tel problème est* le problème d'interpolation d'Hermite :

$$p^{(l)}(t_i) = v_{i,l}, \ l = 0, \ldots, k_i, i = 0, \ldots, e.$$

Les formes linéaires Λ_l sont les

$$\mathbf{d}_{t_i}^l, \ l = 0, \ldots, k_i, i = 0, \ldots, e.$$

---

[1] Pour toute matrice M inversible, $M^{-\mathsf{t}}$ est la transposée de l'inverse de M

Remarquons que

$$t \cdot \mathbf{d}_{t_i}^l = t_i \, \mathbf{d}_{t_i}^l + \mathbf{d}_{t_i}^{l-1},$$

ce qui nous montre que cet espace de formes linéaires est stable par dérivation et que son orthogonal $I(\Lambda)$ est un idéal engendré par le polynôme $g = g_0 + \cdots + g_{d-1} x^{d-1} + x^d$ tel que $[g_i]_{0 \leq i \leq d-1}$ vaut

$$
- \begin{bmatrix}
1 & t_0 & \cdots & & t_0^{d-1} \\
0 & 1 & \cdots & & (d-1) t_0^{d-2} \\
\vdots & \ddots & \ddots & & \vdots \\
0 & \cdots & 0 & (d-1)\cdots(d-k_0)t_0^{d-k_0-1} \\
\hline
\vdots & \vdots & \vdots & & \vdots \\
1 & t_{d-1} & \cdots & & t_{d-1}^{d-1} \\
0 & 1 & \cdots & & (d-1)t_{d-1}^{d-2} \\
\vdots & \ddots & \ddots & & \vdots \\
0 & \cdots & 0 & (d-1)\cdots(d-k_{d-1})t_{d-1}^{d-k_{d-1}-1}
\end{bmatrix}^{-t}
\begin{bmatrix}
t_0^d \\
d\, t_0^{d-1} \\
\vdots \\
\frac{d!}{(d-k_0)!}t_0^{d-k_0} \\
\vdots \\
t_{d-1} \\
d\, t_{d-1}^{d-1} \\
\vdots \\
\frac{d!}{(d-k_{d-1})!}t_{d-1}^{d-k_{d-1}}
\end{bmatrix}
$$

7.3.2. Le cas de plusieurs variables. — Nous pouvons généraliser cette approche au cas de plusieurs variables. Considérons D formes linéaires $\Lambda_1, \ldots, \Lambda_D$ indépendantes de $\widehat{\mathbb{K}[\mathbf{x}]}$. Le problème d'interpolation consiste, étant données D valeurs $v_i, i = 1, \ldots, D$ à calculer les polynômes $p \in \mathbb{K}[\mathbf{x}]$ tels que

$$\Lambda_i(p) = v_i, \quad i = 1, \ldots, D. \tag{7.11}$$

Le cas classique correspondant au cas d'évaluations $\Lambda_i = \mathbf{1}_{\zeta_i}$ en des points $\zeta_i \in \mathbb{K}^n$ $(i = 1, \ldots, D)$ sera détaillé dans les sections suivantes. Le cas général correspond à des conditions tangentielles (sur les dérivées) en des points $\zeta_i, i = 1, \ldots, d$, les Λ_j étant des fonctions de dérivations en ζ_i. Ce problème est également appelé problème *d'interpolation d'Hermite*.

Exemple 7.40. *Un tel problème est défini sur $\mathbb{K}[x_1, x_2]$, par exemple, par*

$$\langle 1, p \rangle_{(0,0)} = v_1, \quad \langle \mathbf{d}_1, p \rangle_{(0,0)} = v_2, \quad \langle \mathbf{d}_2, p \rangle_{(0,0)} = v_3,$$
$$\langle 1, p \rangle_{(1,1)} = v_4, \quad \langle \mathbf{d}_1, p \rangle_{(1,1)} = v_5, \quad \langle \mathbf{d}_1^2, p \rangle_{(1,1)} = v_6,$$

$v_i \in \mathbb{K}, \ p \in \mathbb{K}[x_1, x_2]$.

Pour $\Lambda = \{\Lambda_1, \ldots, \Lambda_D\}$, nous noterons aussi

$$I(\Lambda) = \{p \in \mathbb{K}[\mathbf{x}]; \text{ tel que } \lambda(p) = 0, \ \forall \lambda \in \Lambda\}$$

si Λ est stable. Nous allons décrire la structure du quotient $\mathbb{K}[\mathbf{x}]/I(\Lambda)$.

Pour tout ensemble de monômes $\mathbf{x}^E = \{\mathbf{x}^{\alpha_1}, \ldots, \mathbf{x}^{\alpha_D}\}$, notons

$$\Lambda(\mathbf{x}^E) = [\Lambda_i(\mathbf{x}^{\alpha_j})]_{1 \leq i,j \leq D}.$$

Ces matrices généralisent les matrices de Vandermonde aux cas de plusieurs variables [**MP00**].

Proposition 7.41. *Supposons que les formes linéaires $\Lambda_i, i = 1, \ldots, D$, sont indépendantes et notons $\Lambda = \{\Lambda_1, \ldots, \Lambda_D\}$. Alors, $\mathbf{x}^E$ est une base de $R/I(\Lambda)$ si et seulement si $V = \Lambda(\mathbf{x}^E) = [\Lambda_i(\mathbf{x}^\alpha)]_{i=1,\ldots,D,\ \alpha \in E}$ est inversible.*

Démonstration. Comme $I(\Lambda)^\perp = \langle \Lambda \rangle$ est un espace vectoriel de dimension D (les formes linéaires Λ_i étant supposées indépendantes), $R/I(\Lambda)$ est un espace vectoriel de dimension D. L'ensemble de monômes $\mathbf{x}^E$ est une base de $R/I(\Lambda)$ si et seulement si les vecteurs des valeurs des formes linéaires Λ_j sur ces monômes sont indépendants, c'est-à-dire ssi la matrice $\Lambda(\mathbf{x}^E)$ est inversible. $\square$

Supposons connu un tel ensemble $\mathbf{x}^E$ tel que $\Lambda(\mathbf{x}^E)$ soit inversible. Construisons alors $(\mathbf{e}_j(\mathbf{x})) \in \mathbb{K}[\mathbf{x}], j = 1, \ldots, D$ tels que

$$\Lambda_i(\mathbf{e}_j) = \delta_{i,j}.$$

Le vecteur des coefficients de $\mathbf{e}_i$ dans la base des monômes $(\mathbf{x}^{\alpha_1}, \ldots, \mathbf{x}^{\alpha_D})$ est donné par la $i^{\text{ème}}$ colonne de $V^{-1} = \Lambda(\mathbf{x}^E)^{-1}$.

Proposition 7.42. *L'unique solution à support dans $\langle \mathbf{x}^E \rangle$ du problème d'interpolation (7.11) est*

$$p = \sum_{i=0}^{D} v_i\, \mathbf{e}_i(\mathbf{x}).$$

Démonstration. Le polynôme $p = \sum_{i=0}^{D} v_i\, \mathbf{e}_i(\mathbf{x})$ vérifie $\Lambda_j(p) = v_j$. Comme $\mathbf{x}^E$ est une base de $\mathbb{K}[\mathbf{x}]/I(\Lambda)$, c'est l'unique polynôme à support dans $\langle \mathbf{x}^E \rangle$ vérifiant ces contraintes. $\square$

Les autres solutions du problème (7.11) sont de la forme $p + I(\Lambda)$. Remarquons également que nous avons

$$I(\Lambda) = \langle \mathbf{x}^\beta - \sum_{i=0}^{D} \Lambda_i(\mathbf{x}^\beta)\, \mathbf{e}_i(\mathbf{x}), \beta \in \mathbb{N}^n \rangle.$$

7.3.3. Une base d'interpolation. — Nous considérons toujours ici le cas général d'un ensemble de D formes linéaires indépendantes $\Lambda_1, \ldots, \Lambda_D$, formant un sous-espace stable. Pour résoudre les problèmes d'interpolation, nous avons besoin de connaître un ensemble $\mathbf{x}^E = \{\mathbf{x}^{\alpha_1}, \ldots, \mathbf{x}^{\alpha_D}\}$ formant une base de $I(\Lambda)$. Nous allons voir ici comment le construire algorithmiquement. L'idée simple à la base de cet algorithme est de construire, de manière incrémentale, cette base en partant du monôme 1, en multipliant par les variables $x_1, \ldots, x_n$ et en testant l'indépendance dans $\mathbb{K}[\mathbf{x}]/I(\Lambda)$ des nouveaux monômes, que l'on rajoute, en leur appliquant les formes linéaires Λ.

Pour tout polynôme $p \in \mathbb{K}[\mathbf{x}]$, notons $\Lambda(p) = [\Lambda_1(p), \ldots, \Lambda_D(p)]$ et pour tout ensemble de polynômes $\mathcal{M}$, notons $\mathcal{M}^+ = \mathcal{M} \cup x_1\mathcal{M} \cup \cdots \cup x_n\mathcal{M}$.

Algorithme 7.43. BASE D'INTERPOLATION ET RELATIONS.

ENTRÉE : Le système inverse Λ, $\mathcal{M} := \{1\}$, $L := \{\Lambda(1)\}$, $B := \{1\}$, $G := \{\}$.

1. Calculer $\mathcal{M} := \mathcal{M}^+ \backslash \mathcal{M}$.

2. Tant que $\mathcal{M} \neq \emptyset$, pour tout monôme $t \in \mathcal{M}$,

   (a) calculer $\Lambda(m)$,

   (b) Si $\Lambda(t) \in \langle L \rangle = \langle \Lambda(m_1), \ldots, \Lambda(m_k) \rangle$, c'est-à-dire s'il existe $a_i \in \mathbb{K}$ tels que
   $$\Lambda(t) = \sum_i a_i \, \Lambda(m_i),$$
   rajouter $r = t - \sum_{j=1}^{k} a_j \, m_j$ à G et enlever t de $\mathcal{M}$.

   (c) Sinon rajouter $\Lambda(t)$ à L et t à B.

   (d) Calculer $\mathcal{M} := \mathcal{M}^+ \backslash \mathcal{M}$.

SORTIE : L'ensemble B est une base de $\mathbb{K}[\mathbf{x}]/I(\Lambda)$ et G l'ensemble des relations permettant de réécrire tout polynôme de B^+ dans $\langle B \rangle$.

Cet algorithme s'arrête nécessairement car l'ensemble des monômes B est tel que $\Lambda(B)$ est de rang $|B| \leq D$. Il ne peut donc croître indéfiniment. Par construction, l'ensemble B est connexe à 1 (tout monôme de m est connecté à 1 par un chemin de multiplication par les variables restant dans B). Si B est de taille $D' < D$, tout monôme de B^+ se réécrivant dans B modulo $G \subset I(\Lambda)$, nous obtenons une partie génératrice B de $\mathbb{K}[\mathbf{x}]/I(\Lambda)$ de taille $D' < D = \dim_{\mathbb{K}}(\mathbb{K}[\mathbf{x}]/I(\Lambda))$, ce qui est contradictoire. Quand l'algorithme s'arrête, B est donc un ensemble de D monômes indépendants de $\mathbb{K}[\mathbf{x}]/I(\Lambda)$, c'est-à-dire une base. De plus, les relations G permettent de réécrire tout monôme de B^+ dans $\langle B \rangle$.

Exemple 7.44. *Soient* $\zeta_1 = (0,0), \zeta_2 = (1,0) \in \mathbb{K}^2$, $\Lambda = \{\mathbf{1}_{\zeta_1}, \mathbf{1}_{\zeta_2}, \mathbf{d}_{\zeta_2}^{(1,0)}\}$. *A la première étape, nous calculons*

$$\Lambda(1) = [1, 1, 0].$$

A la deuxième étape, $\mathcal{M} := \{x_1, x_2\}$

$$\Lambda(x_1) = [0, 1, 1], \Lambda(x_2) = [0, 0, 0],$$

et $G := \{x_2\}$, $B := \{1, x_1\}$, $\mathcal{M} := \{x_1\}$. *A l'étape suivante,*

$$\Lambda(x_1^1) = [0, 1, 0], \Lambda(x_1 \, x_2) = [0, 0, 0],$$

et $G := \{x_2, x_1 x_2\}$, $B := \{1, x_1, x_1^2\}$, $\mathcal{M} := \{x_1^2\}$. *Enfin la dernière étape donne*

$$\Lambda(x_1^3) = [0, 1, 0], \Lambda(x_1^2 x_2) = [0, 0, 0],$$

et $G := \{x_2, x_1 x_2, x_1^3 - x_1^2\}$, $B := \{1, x_1, x_1^2\}$ et $\mathcal{M} := \{\}$.

Nous obtenons ainsi la base d'interpolation $B = \{1, x_1, x_1^2\}$ *et l'idéal* $(x_2, x_1^3 - x_1^2)$ *associé aux points* $(0, 0)$ *et* $(0, 1)$ *de multiplicité 2.*

Cet algorithme peut être optimisé de plusieurs façons. Si nous voulons calculer une base de Gröbner pour un ordre donné, nous trions également les monômes de $\mathcal{M}$ suivant cet ordre et nous ne considérons dans $\mathcal{M}^+$ que les monômes en dehors de l'initial de G. Les relations de G ainsi construites formeront alors une base de Gröbner réduite.

Dans le test d'appartenance à $\langle L \rangle$ et le calcul des a_i (étape 2.b), l'utilisation de la triangularisation partielle de L permet de répondre de manière rapide (en $\mathcal{O}(|L|^2)$) à ce problème. Ce qui conduit à une complexité globale en $\mathcal{O}(D^3)$ opérations arithmétiques.

Remarquons aussi que le calcul de $\Lambda(x_i m)$ peut se faire facilement dans certains cas (par exemple, pour des évaluations) à partir de $\Lambda(m)$.

Nous allons maintenant détailler ces constructions dans le cas d'un problème d'interpolation en des points simples.

7.3.4. L'interpolation en des points simples. —

Nous considérons ici les D formes linéaires d'évaluation $\Lambda_i = \mathbf{1}_{\zeta_i}$ en les points $\mathcal{Z} = \{\zeta_1, \ldots, \zeta_D\} \subset \mathbb{K}^n$. Nous cherchons à répondre au problème d'interpolation (7.11).

Pour cela, nous supposons connu un ensemble $\mathbf{x}^E = \{\mathbf{x}^{\alpha_1}, \ldots, \mathbf{x}^{\alpha_D}\}$ tel que $\Lambda(\mathbf{x}^E)$ soit inversible et nous construisons les D polynômes $\mathbf{e}_1(\mathbf{x}), \ldots, \mathbf{e}_D(\mathbf{x}) \in \mathbb{K}[\mathbf{x}]$ tels que

$$\Lambda_i(\mathbf{e}_j) = \delta_{i,j},$$

en inversant la matrice $V = \Lambda(\mathbf{x}^E)$.

Définition 7.45. *Pour tout ensemble* $\mathcal{Z} = \{\zeta_1, \ldots, \zeta_D\} \subset \mathbb{K}^n$, *nous notons* $\mathcal{I}(\mathcal{Z})$ *l'idéal des polynômes s'annulant en ces points.*

Proposition 7.46. *Les* $(\mathbf{e}_i)_{i=1,\ldots,D}$ *forment un système d'idempotents orthogonaux de* $\mathbb{K}[\mathbf{x}]/\mathcal{I}(\mathcal{Z})$.

Démonstration. Comme $\mathbf{1}_{\zeta_i}(\mathbf{e}_j) = \delta_{i,j}$, on a pour tout $i, j, k \in \{1, \ldots, D\}$,
- $\mathbf{1}_{\zeta_i}(\mathbf{e}_j^2 - \mathbf{e}_j) = 0$,
- $\mathbf{1}_{\zeta_i}(\mathbf{e}_j \mathbf{e}_k) = 0$, $j \neq k$,
- $\mathbf{1}_{\zeta_i}(\sum_{j=1}^D \mathbf{e}_j - 1) = 0$.

On en déduit les égalités suivantes dans $\mathcal{A}_{\mathcal{Z}} = \mathbb{K}[\mathbf{x}]/\mathcal{I}(\mathcal{Z})$:
- $\mathbf{e}_j^2 - \mathbf{e}_j \equiv 0$,
- $\mathbf{e}_j \mathbf{e}_k \equiv 0$, $j \neq k$,

$-\sum_{j=1}^{D} \mathbf{e}_j \equiv 1$,

et $(\mathbf{e}_i)_{i=1,\dots,D}$ est bien un système d'idempotents orthogonaux de $\mathbb{K}[\mathbf{x}]/\mathcal{I}(\mathcal{Z})$.
$\square$

Proposition 7.47. *L'idéal $\mathcal{I}(\mathcal{Z})$ est radical.*

Démonstration. En effet,

$$
\begin{aligned}
\mathcal{I}(\mathcal{Z}) &= \{p \in \mathbb{K}[\mathbf{x}]; p(\zeta_i) = 0, \ i = 1, \dots, D\} \\
&= \mathcal{I}(\{\zeta_1, \dots, \zeta_D\}) = \mathcal{I}(\mathcal{V}(\mathcal{I}(\{\zeta_1, \dots, \zeta_D\}))) \\
&= \sqrt{\mathcal{I}(\{\zeta_1, \dots, \zeta_D\})} = \sqrt{\mathcal{I}(\mathcal{Z})},
\end{aligned}
$$

d'après le théorème des zéros de Hilbert. $\square$

Proposition 7.48. *Soient U et $V \subset U$ deux sous-ensembles de $\mathbb{K}^n$.*

$$
\mathcal{I}(U - V) = \mathcal{I}(U) + \left(\sum_{b \in V} \mathbf{e}_b(\mathbf{x})\right) = \mathcal{I}(U) + \sum_{b \in V}(\mathbf{e}_b(\mathbf{x})).
$$

Démonstration. Comme $\mathbf{e}_a \mathbf{e}_{a'} \equiv 0$ si $a \neq a'$ et $\mathbf{e}_a^2 \equiv \mathbf{e}_a$ modulo $\mathcal{I}(U)$, on a bien

$$
\mathbb{K}[\mathbf{x}]/(\mathcal{I}(U) + (\sum_{b \in V} \mathbf{e}_b(\mathbf{x}))) = \mathbb{K}[\mathbf{x}]/(\mathcal{I}(U) + \sum_{b \in V}(\mathbf{e}_b(\mathbf{x}))).
$$

Par ailleurs, remarquons que pour tout U, $\mathbb{K}[\mathbf{x}]/\mathcal{I}(U) = \oplus_{a \in U} \langle \mathbf{e}_a \rangle$ et donc que

$$
\mathbb{K}[\mathbf{x}]/(\mathcal{I}(U) + \sum_{b \in V}(\mathbf{e}_b(\mathbf{x}))) = \oplus_{a \in U-V} \langle \mathbf{e}_a \rangle = \mathbb{K}[\mathbf{x}]/\mathcal{I}(U - V),
$$

d'où l'égalité entre les idéaux. $\square$

Proposition 7.49. *L'idéal $\mathcal{I}(U)$ est engendré par au plus $n + 1$ polynômes.*

Démonstration. Pour $i = 1, \dots, n$, notons $p_i(x_i)$ le polynôme de l'idéal $\mathcal{I}(U)$, de degré minimal et qui s'annule sur toutes les $i^{\text{ème}}$ coordonnées des points de U. Les points de $W = \mathcal{Z}(p_1, \dots, p_n)$ sont sur une grille contenant l'ensemble U. Notons $V = W - U$. D'après ci-dessus, on a donc

$$
\mathcal{I}(U) = \mathcal{I}(W - V) = \mathcal{I}(W) + \left(\sum_{b \in V} \mathbf{e}_b(\mathbf{x})\right) = (p_1(x_1), \dots, p_n(x_n), \sum_{b \in V} \mathbf{e}_b(\mathbf{x}))
$$

qui est bien engendré par au plus $n + 1$ polynômes. $\square$

Cette proposition nous dit que tout ensemble de points dans un espace de dimension n peut être défini par $n + 1$ équations.

Pour plus de détails sur ces idéaux de points, voir aussi [**Rob00**], [**Las01**].

7.3.5. Relations entre coefficients et racines. — Nous considérons ici encore D points distincts $\mathcal{Z} = \{\zeta_1, \ldots, \zeta_D\}$ de $\mathbb{K}^n$. Notons $\mathcal{A}_\mathcal{Z} = R/\mathcal{I}(\mathcal{Z})$ l'anneau quotient de $\mathbb{K}[\mathbf{x}]$ par $\mathcal{I}(\mathcal{Z})$ (l'idéal des polynômes s'annulant en $\mathcal{Z}$). C'est donc un espace vectoriel de dimension D dont une base du dual est la base des évaluations $(\mathbf{1}_{\zeta_i})_{i=1,\ldots,D}$ en les points ζ_i.

Notons $(\mathbf{x}^{\alpha_i})_{i=1,\ldots,D}$ une base du quotient $\mathcal{A}_\mathcal{Z}$. Nous savons alors (proposition 7.41) que le déterminant

$$
V_E(\mathcal{Z}) = \begin{vmatrix} \zeta_1^{\alpha_1} & \cdots & \zeta_1^{\alpha_D} \\ \vdots & \vdots & \vdots \\ \zeta_D^{\alpha_1} & \cdots & \zeta_D^{\alpha_D} \end{vmatrix}
$$

n'est pas nul. Ce déterminant généralise le déterminant de Vandermonde en une variable [**MP00**]. Nous allons nous en servir pour décrire les idempotents de $\mathcal{A}_\mathcal{Z}$. Pour cela notons

$$
V_{i,E}(\mathcal{Z}, \mathbf{x}) = \begin{vmatrix} \zeta_1^{\alpha_1} & \cdots & \zeta_1^{\alpha_D} \\ \vdots & \vdots & \vdots \\ \zeta_{i-1}^{\alpha_1} & \cdots & \zeta_{i-1}^{\alpha_D} \\ \mathbf{x}^{\alpha_1} & \cdots & \mathbf{x}^{\alpha_D} \\ \zeta_{i+1}^{\alpha_1} & \cdots & \zeta_{i+1}^{\alpha_D} \\ \vdots & \vdots & \vdots \\ \zeta_D^{\alpha_1} & \cdots & \zeta_D^{\alpha_D} \end{vmatrix}.
$$

Proposition 7.50. *L'idempotent de $\mathcal{A}_\mathcal{Z}$ associé à la racine ζ_i est*

$$
\mathbf{e}_i(\mathcal{Z}, \mathbf{x}) = \frac{V_{i,E}(\mathcal{Z}, \mathbf{x})}{V_E(\mathcal{Z})}.
$$

Démonstration. Nous vérifions que $\mathbf{e}_i(\mathcal{Z}\,x)$ est une combinaison linéaire des monômes $(\mathbf{x}^{\alpha_i})_{i=1,\ldots,D}$ formant une base de $\mathcal{A}_\mathcal{Z}$ telle que
- $\mathbf{e}_i(\mathcal{Z}, \mathbf{x})(\zeta_j) = 0$ si $i \neq j$, et
- $\mathbf{e}_i(\mathcal{Z}, \mathbf{x})(\zeta_i) = 1$.

Ceci caractérise le polynôme de l'espace vectoriel $\langle \mathbf{x}^{\alpha_i} \rangle_{i=1,\ldots,D}$ définissant l'idempotent de $\mathcal{A}_\mathcal{Z}$ associé à ζ_i. $\qquad\square$

Ces matrices de Vandermonde généralisées vont nous permettre également de calculer explicitement la forme normale d'un polynôme. Notons

$$
R_Q(\mathcal{Z}, \mathbf{x}) = \begin{vmatrix} Q(\mathbf{x}) & \mathbf{x}^{\alpha_1} & \cdots & \mathbf{x}^{\alpha_D} \\ Q(\zeta_1) & \zeta_1^{\alpha_1} & \cdots & \zeta_1^{\alpha_D} \\ \vdots & \vdots & \vdots & \vdots \\ Q(\zeta_D) & \zeta_D^{\alpha_1} & \cdots & \zeta_D^{\alpha_D} \end{vmatrix}.
$$

Proposition 7.51. *La forme normale de Q dans la base $\langle \mathbf{x}^E \rangle$ de $\mathcal{A}_{\mathcal{Z}}$ est*

$$N_Q(\mathbf{x}) = Q - \frac{1}{V_E(\mathcal{Z})} R_Q(\mathcal{Z}, \mathbf{x}). \tag{7.12}$$

Démonstration. Remarquons que $R_Q(\mathcal{Z}, \zeta_i) = 0$ pour $i = 1, \ldots, D$ et donc que $R_Q(\mathcal{Z}, \zeta_i) \equiv 0$ dans $\mathcal{A}_{\mathcal{Z}}$. De plus, en développant le déterminant suivant la première colonne, $\frac{1}{V_E(\mathcal{Z})} R_Q(\mathcal{Z}, \mathbf{x}) = Q(\mathbf{x}) - N_Q(\mathbf{x})$ où $N_Q(\mathbf{x}) \in \langle \mathbf{x}^{\alpha_i} \rangle_{i=1,\ldots,D}$. Nous en déduisons donc que $Q(\mathbf{x}) \equiv N_Q(\mathbf{x})$, c'est-à-dire que $N_Q(\mathbf{x})$ est la forme normale de Q dans la base $\langle \mathbf{x}^E \rangle$ de $\mathcal{A}_{\mathcal{Z}}$. $\qquad\square$

La formule (7.12) est, en un certain sens, une généralisation en plusieurs variables des relations entre les coefficients et racines. En effet, appliquons-la pour une variable, d points de $\mathbb{K}$, $\mathcal{Z} = \{z_1, \ldots, z_d\} \in \mathbb{K}$, et $Q = x^d$. Nous obtenons

$$\frac{1}{V_E(\mathcal{Z})} R_Q(\mathcal{Z}, \mathbf{x}) = \prod_i (x - z_i) = x^d + \sum_{i=1}^{d} (-1)^i S_i(\mathcal{Z}) x^i$$

où

$$S_i(z_1, \ldots, z_d) = \frac{\begin{vmatrix} 1 & z_1 \cdots z_1^{i-1} & z_1^{i+1} \cdots z_1^{d-1} & z_1^d \\ \vdots & \vdots & \vdots & \vdots \\ 1 & z_d \cdots z_d^{i-1} & z_d^{i+1} \cdots z_d^{d-1} & z_d^d \end{vmatrix}}{\begin{vmatrix} 1 & z_1 & \cdots & z_1^{d-1} \\ \vdots & \vdots & \vdots & \\ 1 & z_d & \cdots & z_d^{d-1} \end{vmatrix}}$$

est la $i^{\text{ème}}$ fonction symétrique des racines. En effet, c'est une fonction symétrique en $z_1, \ldots, z_d$, de degré 1 en chaque z_i et de degré total $d - i$. C'est donc $\sigma_i(z_1, \ldots, z_d) = \sum_{j_1 < \cdots < j_{d-i}} z_{j_1} \cdots z_{j_{d-i}}$.

7.3.6. La méthode de Weierstrass.

— Nous venons de voir comment, étant donnés D points $\mathcal{Z} = \{\zeta_1, \ldots, \zeta_D\}$, calculer la forme normale d'un polynôme et les idempotents associés à ces racines. Cependant en pratique, c'est généralement le problème **inverse** qui nous intéresse, à savoir, déterminer les racines à partir de la forme normale d'un certain nombre de polynômes. Nous cherchons donc D points $\mathcal{Z} = \{\zeta_1, \ldots, \zeta_D\} \subset \overline{\mathbb{K}}^n$ tels que pour tout Q,

$$Q(\mathbf{x}) - \frac{1}{V_E(\mathcal{Z})} R_Q(\mathcal{Z}, \mathbf{x}) = N_Q(\mathbf{x}). \tag{7.13}$$

Supposons que nous cherchons à calculer les points distincts et simples $\mathcal{Z} = \{\zeta_1, \ldots, \zeta_D\}$ définis par les n équations $f_1(\mathbf{x}) = 0, \ldots, f_n(\mathbf{x}) = 0$. Supposons également connue une base $\mathbf{x}^E = \{\mathbf{x}^{\alpha_1}, \ldots, \mathbf{x}^{\alpha_D}\}$ de $\mathcal{A} = \mathbb{K}[\mathbf{x}]/(f_1, \ldots, f_n) = \mathcal{A}_{\mathcal{Z}}$. Pour chaque $i = 1, \ldots, n$, nous avons $N_{f_i}(\mathbf{x}) = 0$ et chaque relation

$$f_i(\mathbf{x}) - \frac{1}{V_E(\mathbf{u})} R_{f_i}(\mathbf{u}, \mathbf{x}) = 0$$

impose D relations en $\mathbf{u}$, vérifiées pour $\mathbf{u} = \zeta$. Comme $\mathbf{u}$ dépend de $n \times D$ coordonnées, nous obtenons donc un système $F_{\mathbf{f}}(\mathbf{u}) = 0$ (avec $\mathbf{f} = (f_1, \ldots, f_n)$) à $n \times D$ contraintes en les $n \times D$ inconnues $\mathbf{u}$. Nous allons, dans un premier temps, lui appliquer la méthode de Newton pour calculer localement les racines à partir d'une approximation. Le nouveau point après une itération de la méthode de Newton en $\mathbf{u}$ est donc :

$$\mathbf{u}' := \mathbf{u} - J_{F_{\mathbf{f}}}(\mathbf{u})^{-1} F_{\mathbf{f}}(\mathbf{u}),$$

sous réserve que la matrice jacobienne $J_{F_{\mathbf{f}}}$ de $F_{\mathbf{f}}$ par rapport à $\mathbf{u}$ soit inversible. Dans le cas d'une variable ($\mathbf{u} = \{u_1, \ldots, u_d\}$ avec $u_i \in \overline{\mathbb{K}}$), ceci nous conduit à la méthode de Weierstrass [**Wei03**] (énoncée sous la forme qui suit par Durand-Kerner [**Ker66, Dur68**]). L'inverse du Jacobien peut être calculé explicitement et l'itération s'écrit, composante par composante,

$$u_i' := u_i - \frac{f(u_i)}{\prod_{j \neq i}(u_i - u_j)}, \quad i = 1, \ldots, D. \tag{7.14}$$

Cette méthode et ses généralisations (Aberth [**Abe73**]) sont à la base d'une méthode de résolution de polynômes en une variable très performante [**Bin96**]. Nous allons voir comment généraliser cette méthode en plusieurs variables.

Notons $F_Q(\mathbf{u}, \mathbf{x}) = Q(\mathbf{x}) - \frac{1}{V_E(\mathbf{u})} R_Q(\mathbf{u}, \mathbf{x})$. Nous cherchons donc à vérifier l'ensemble des $n \times D$ contraintes en $\mathbf{u}$, induites par les polynômes R_{f_i}, $i = 1, \ldots, n$.

Proposition 7.52. *Pour* $k = 1, \ldots, n$,

$$\partial_{u_{i,j}}(F_{f_k})(\mathbf{u}, \mathbf{x}) = \frac{1}{V_E(\mathbf{u})} \partial_{x_i}(R_{f_k})(\mathbf{u}, \mathbf{u}_j) \mathbf{e}_{\mathbf{u}_j}(\mathbf{u}, \mathbf{x}).$$

Démonstration. Pour tout polynôme $Q \in \mathbb{K}[\mathbf{x}]$, nous avons

$$\partial_{u_{i,j}}(F_Q)(\mathbf{u}, \mathbf{x}) = -\frac{1}{V_E(\mathbf{u})} \partial_{u_{i,j}}(R_Q)(\mathbf{u}, \mathbf{x}) + \frac{\partial_{u_{i,j}}(R_Q)(\mathbf{u}, \mathbf{x})}{V_E(\mathbf{u})^2} R_Q(\mathbf{u}, \mathbf{x}). \tag{7.15}$$

Considérons en particulier

$$
\partial_{u_{i,j}}(R_Q)(\mathbf{u}, \mathbf{x}) = \begin{vmatrix}
Q(\mathbf{x}) & \mathbf{x}^{\alpha_1} & \cdots & \mathbf{x}^{\alpha_D} \\
Q(\mathbf{u}_1) & \mathbf{u}_1^{\alpha_1} & \cdots & \mathbf{u}_1^{\alpha_D} \\
\vdots & \vdots & \vdots & \vdots \\
Q(\mathbf{u}_{i-1}) & \mathbf{u}_{i-1}^{\alpha_1} & \cdots & \mathbf{u}_{i-1}^{\alpha_D} \\
\partial_{u_{i,j}}(Q)(\mathbf{u}_i) & \alpha_{1,j}\,\mathbf{u}_i^{\alpha_1-\eta_j} & \cdots & \alpha_{D,j}\,\mathbf{u}_i^{\alpha_D-\eta_j} \\
Q(\mathbf{u}_{i+1}) & \mathbf{u}_{i+1}^{\alpha_1} & \cdots & \mathbf{u}_{i+1}^{\alpha_D} \\
\vdots & \vdots & \vdots & \vdots \\
Q(\mathbf{u}_D) & \mathbf{u}_D^{\alpha_1} & \cdots & \mathbf{u}_D^{\alpha_D}
\end{vmatrix}.
$$

Nous avons alors $\partial_{u_{i,j}}(R_Q)(\mathbf{u}, \mathbf{u}_k) = 0$ pour tout $k \neq i$. D'après la formule (7.15), nous avons de même $\partial_{u_{i,j}}(F_Q)(\mathbf{u}, \mathbf{u}_k) = 0$ pour tout $k \neq i$. De plus

$$
\partial_{u_{i,j}}(R_Q)(\mathbf{u}, \mathbf{u}_i) = -\begin{vmatrix}
\partial_{x_j}(Q)(\mathbf{u}_i) & \alpha_{1,j}\,\mathbf{u}_i^{\alpha_1-\eta_j} & \cdots & \alpha_{D,j}\,\mathbf{u}_i^{\alpha_D-\eta_j} \\
Q(\mathbf{u}_1) & \mathbf{u}_1^{\alpha_1} & \cdots & \mathbf{u}_1^{\alpha_D} \\
\vdots & \vdots & \vdots & \vdots \\
Q(\mathbf{u}_{i-1}) & \mathbf{u}_{i-1}^{\alpha_1} & \cdots & \mathbf{u}_{i-1}^{\alpha_D} \\
Q(\mathbf{u}_i) & \mathbf{u}_i^{\alpha_1} & \cdots & \mathbf{u}_i^{\alpha_D} \\
Q(\mathbf{u}_{i+1}) & \mathbf{u}_{i+1}^{\alpha_1} & \cdots & \mathbf{u}_{i+1}^{\alpha_D} \\
\vdots & \vdots & \vdots & \vdots \\
Q(\mathbf{u}_D) & \mathbf{u}_D^{\alpha_1} & \cdots & \mathbf{u}_D^{\alpha_D}
\end{vmatrix}
$$

$$
= -\partial_{x_j}(R_Q)(\mathbf{u}, \mathbf{u}_i),
$$

où η_j est le $j^{\text{ème}}$ vecteur de la base canonique de $\mathbb{K}^n$. D'après (7.15), nous avons aussi

$$
\partial_{u_{i,j}}(F_Q)(\mathbf{u}, \mathbf{u}_i) = \frac{\partial_{x_j}(R_Q)(\mathbf{u}, \mathbf{u}_i)}{V_E(\mathbf{u})}.
$$

Remarquons de plus que

$$
\partial_{u_{i,j}}F_Q)(\mathbf{u}, \mathbf{x}) = \partial_{u_{i,j}}(Q(\mathbf{x}) - N_Q(\mathbf{u}, \mathbf{x}))
$$

$$
= -\partial_{u_{i,j}}(N_Q)(\mathbf{u}, \mathbf{x})
$$

et que $\partial_{u_{i,j}}(F_Q)(\mathbf{u}, \mathbf{x})$ est une combinaison linéaire des monômes $\mathbf{x}^{\alpha_1}, \ldots, \mathbf{x}^{\alpha_D}$. Le polynôme $\partial_{u_{i,j}}(F_Q)(\mathbf{u}, \mathbf{x})$ s'annule en tous les points $\mathbf{u}_k$, $k \neq i$, vaut $-\dfrac{\partial_{x_j}(R_Q)(\mathbf{u}, \mathbf{u}_i)}{V_E(\mathbf{u})}$ en $\mathbf{u}_i$ et a le même support que $\mathbf{e}_i(\mathbf{u}, x)$. On en déduit donc que

$$
\partial_{u_{i,j}}(F_Q)(\mathbf{u}, \mathbf{x}) = \frac{\partial_{x_j}(R_Q)(\mathbf{u}, \mathbf{u}_i)}{V_E(\mathbf{u})}\,\mathbf{e}_i(\mathbf{u}, \mathbf{x}).
$$

□

Nous allons maintenant pouvoir calculer explicitement l'itération de Newton appliquée à $F_{\mathbf{f}}$. Pour cela, notons

$$\Delta_i\left(F_{\mathbf{f}}\right)(\mathbf{u}) = \frac{1}{V_E(\mathbf{u})} \begin{pmatrix} \partial_{x_1}(R_{f_1})(\mathbf{u},\mathbf{u}_i) & \cdots & \partial_{x_n}(R_{f_1})(\mathbf{u},\mathbf{u}_i) \\ \vdots & & \vdots \\ \partial_{x_1}(R_{f_n})(\mathbf{u},\mathbf{u}_i) & \cdots & \partial_{x_n}(R_{f_n})(\mathbf{u},\mathbf{u}_i) \end{pmatrix}.$$

Théorème 7.53. *L'itération de Newton, appliquée au système $F_{\mathbf{f}}(\mathbf{u},\mathbf{x}) = 0$ est donnée, composante par composante, par*

$$\mathbf{u}'_i := \mathbf{u}_i - \Delta_i\left(F_{\mathbf{f}}\right)(\mathbf{u})^{-1} \begin{pmatrix} f_1(\mathbf{u}_i) \\ \vdots \\ f_n(\mathbf{u}_i) \end{pmatrix}, \quad i = 1,\dots,D.$$

Démonstration. Calculons le vecteur $\mathbf{t} = (t_{i,j})_{1 \le i \le n, 1 \le j \le D}$ vérifiant

$$J_{F_{\mathbf{f}}}(\mathbf{u})\,\mathbf{t} = F_{\mathbf{f}},$$

et correspondant à la correction appliquée à $\mathbf{u}$ dans l'itération de Newton : $\mathbf{u}' = \mathbf{u} - \mathbf{t}$.

L'équation ci-dessus se traduit en terme de polynômes en $\mathbf{x}$ (obtenus en regroupant les coefficients par « paquets » de taille D) par

$$\sum_{i=1}^{n}\sum_{j=1}^{D} \partial_{u_{i,j}}(F_{f_k})(\mathbf{u},\mathbf{x})t_{i,j} = F_{f_k}(\mathbf{u},\mathbf{x}), \quad k = 1,\dots,n.$$

D'après la proposition 7.52, nous déduisons pour tous $k = 1,\dots,n, l = 1,\dots,D$ que

$$\sum_{i=1}^{n}\sum_{j=1}^{D} \partial_{u_{i,j}}(F_{f_k})(\mathbf{u},\mathbf{u}_l)\,t_{i,j} - F_{f_k}(\mathbf{u},\mathbf{u}_l) = 0$$

$$= \sum_{i=1}^{n}\sum_{j=1}^{D} \frac{1}{V_E(\mathbf{u})}\partial_{x_i}(R_{f_k})(\mathbf{u},\mathbf{u}_l)\,\mathbf{e}_j(\mathbf{u},\mathbf{u}_l)\,t_{i,j} - f_k(\mathbf{u}_l)$$

$$= \sum_{i=1}^{n} \frac{1}{V_E(\mathbf{u})}\partial_{x_i}(R_{f_k})(\mathbf{u},\mathbf{u}_l)\,t_{i,l} - f_k(\mathbf{u}_l).$$

On a donc

$$\Delta_l(F_{\mathbf{f}}) \begin{bmatrix} t_{1,l} \\ \vdots \\ t_{n,l} \end{bmatrix} = \begin{bmatrix} f_1 \\ \vdots \\ f_n \end{bmatrix},$$

ou encore que

$$\mathbf{t}_l = (t_{1,l}, \ldots, t_{n,l}) = \Delta_l \, (F_{\mathbf{f}}) \, (\mathbf{u})^{-1} \begin{pmatrix} f_1(\mathbf{u}_l) \\ \vdots \\ f_n(\mathbf{u}_l) \end{pmatrix},$$

pour $l = 1, \ldots, D$. Ce qui achève la démonstration du théorème. $\qquad\square$

Dans le cas d'une variable x et d'un polynôme f de degré d, nous avons

$$R_f(\mathbf{u}, \mathbf{x}) = \prod_{i<j}(u_i - u_j) \prod_{j=1}^{d}(x - u_j) = V_{1,\ldots,x^d}(\mathbf{u}) \prod_{j=1}^{d}(x - u_j)$$

et

$$\begin{aligned}
\Delta_i(F_{\mathbf{f}})(\mathbf{u}) &= \frac{1}{V_{1,\ldots,x^d}(\mathbf{u})} \left[\partial_x(R_f)(u_i) \right] \\
&= \left[\partial_x \left(\prod_{j=1}^{d}(x - u_j) \right)(u_i) \right] = \left[\prod_{j \neq i}(u_i - u_j) \right].
\end{aligned}$$

Nous retrouvons donc bien l'itération de Weierstrass (7.14). Pour plus de détails, voir [**Rua01**] ou [**MR02**].

7.4. Exercices

Exercice 7.1. Calculer une base de l'orthogonal de l'idéal $(x_1, \ldots, x_n)^2$.

Exercice 7.2. Calculer la composante primaire à l'origine de

$$I = (x_1^2 - x_1 \, x_2^2, \; x_1 + x_2^2).$$

Exercice 7.3. Soit S la surface de $\mathbb{C}^3$ définie par $f(x,y,z) = x^2 - y^3 - y^2 \, z^2$.

1. Calculer le système inverse $(0,0,0)$ de l'idéal I engendré par

$$f(x,y,z), \partial_x f(x,y,z), \partial_y f(x,y,z), \partial_z f(x,y,z).$$

2. Montrer que I contient une composante immergée en $(0,0,0)$.

3. Montrer que le système inverse en $(0,0,0)$ est engendré par un élément.

Exercice 7.4. Passage de l'homogène à l'affine.

Soit $R_0 = \mathbb{K}[x_0, \ldots, x_n]$ l'anneau des polynômes en $n+1$ variables, à coefficients dans un corps $\mathbb{K}$ de caractéristique 0, et σ l'application

$$\sigma : R_0 \; \rightarrow \; R$$

$$p(x_0, \ldots, x_n) \; \mapsto \; p(1, x_1, \ldots, x_n).$$

Rappelons les notations suivantes : $e^{\mathbf{d}_0} = \sum_{a \in \mathbb{N}} \mathbf{d}_0^a$, avec $\mathbf{d}_0^a(p) = \frac{\partial_{x_0}^a}{a!}(p)(0)$. Pour tout $\Lambda \in \widehat{R}_0$, nous notons $[\Lambda]_d$ la composante homogène de degré d de la série Λ.

1. Montrer que σ induit une application injective σ^* de $\widehat{R}$ dans $\widehat{R}_0$.

2. Soit J un idéal homogène de R_0 et $I = \sigma(J)$. Montrer que
$$\sigma_*(I^\perp) \subset J^\perp.$$

3. Montrer que l'image par l'application σ_* d'un élément $\mathbf{d}^m, m \in \mathbb{N}^n$, de la base duale des monômes est
$$\sigma_*(\mathbf{d}^m) = \mathbf{d}^m e^{\mathbf{d}_0}.$$

4. Notons $[\sigma_*(I^\perp)]_*$ le sous-espace vectoriel de $\widehat{R}_0$ engendré par toutes les composantes homogènes $[\Lambda]_d$ pour $\Lambda \in \sigma_*(I^\perp)$. Montrer que $[\sigma_*(I^\perp)]_*$ est stable par dérivation.

5. En déduire qu'il existe un unique idéal homogène $\tilde{J}$ dans R_0 tel que $\tilde{J}^\perp = [\sigma_*(I^\perp)]_*$.

6. En utilisant le fait que $\tilde{J}$ est homogène, montrer que $\tilde{J}^\perp \subset \sigma_*(I^\perp) \subset J^\perp$. En déduire que $J \subset \tilde{J}$.

7. Montrer que $\sigma(\tilde{J}) = I$.

8. Montrer que $(\tilde{J} : x_0) = \tilde{J}$.

9. Montrer que $\tilde{J}$ est le plus petit idéal de R_0 stable par division par x_0 et tel que $\sigma(\tilde{J}) = I$.

10. En déduire que pour tout idéal homogène J de R_0, on a
$$(J : x_0^*)^\perp = [e^{\mathbf{d}_0} \sigma(J)^\perp]_*$$
avec $(J : x_0^*) = \{p \in R; \exists N \in \mathbb{N}, x_0^N p \in J\}$.

***Exercice* 7.5. Produit scalaire apolaire.** Soit $\mathbb{K}$ un corps de caractéristique 0 et $R = \mathbb{K}[x_1, \ldots, x_n]$. Dans cet exercice, pour $\alpha \in \mathbb{N}^n$ nous notons $\delta^\alpha = \delta^\alpha_{(0,\ldots,0)}$. Soit $R_{[d]}$ l'ensemble des polynômes de degré d de R, pour $d > 0$. Pour tout polynôme de la forme $p = \sum_\alpha p_\alpha \mathbf{x}^\alpha$, $(\alpha \in \mathbb{N}^n, p_\alpha \in \mathbb{K})$, on note $p(\delta) = \sum_\alpha p_\alpha \delta^\alpha$. Pour $p, q \in R_{[d]}$, notons $\langle p, q \rangle := p(\delta) \cdot q$.

1. Pour $\alpha, \beta \in \mathbb{N}^n$ avec $|\alpha| = |\beta| = d$, calculer $\langle \mathbf{x}^\alpha, \mathbf{x}^\beta \rangle$.

2. Montrer que l'application
$$(p, q) \mapsto \langle p, q \rangle := p(\delta) \cdot q$$
définit une forme bilinéaire symétrique non-dégénérée sur $R_{[d]}$. Ce produit scalaire est appelé *produit scalaire apolaire*. Nous notons $p^\perp = \{q \in R_{[d]}; \langle p, q \rangle = 0\}$. Si $q \in p^\perp$, on dira que p et q sont *apolaires*.

3. Pour $a = (a_1, \ldots, a_n) \in \mathbb{K}^n$, notons $l_a(\mathbf{x}) = a_1 x_1 + \cdots + a_n x_n$. Montrer que
$$\langle p, l_a^d \rangle = d! \, p(a)$$

4. Montrer que pour toute matrice $g \in \mathrm{Sl}_n(\mathbb{K})$, de déterminant 1, et pour tout $p, q \in R_{[d]}$ on a
$$\langle g \cdot p, g \cdot q \rangle = \langle p, q \rangle$$
où $g \cdot p(x_1, \ldots, x_n) = p(g \cdot (x_1, \ldots, x_n))$.

Exercice 7.6. Problème de Waring. Nous reprenons les notations de l'exercice précédent. Nous allons nous intéresser au problème suivant :

Décomposer un polynôme de $R_{[d]}$ sous la forme

$$p = \lambda_1 l_{a_1}^d + \cdots + \lambda_r l_{a_r}^d,$$

avec $\lambda_1, \ldots, \lambda_r \in \mathbb{K}$, $a_1, \ldots, a_r \in \mathbb{K}^n$ et r minimal.

1. Montrer que $p^\perp \supset \{q \in R_{[d]}; q(a_i) = 0,\ \text{pour } i = 1, \ldots, r\}$.

2. Considérons l'application

$$\phi_r : \mathbb{K}^n \times \cdots \times \mathbb{K}^n \rightarrow R_{[d]}$$
$$(a_1, \ldots, a_r) \mapsto l_{a_1}^d + \cdots + l_{a_r}^d.$$

Nous notons $\bar{r}$ le plus petit r pour lequel $\overline{\mathrm{im}(\phi_r)} = R_{[d]}$. Montrer que $\bar{r}$ est le plus petit r tel que l'image de l'application différentielle $d\phi_r(a_1, \ldots, a_k)$ est $R_{[d]}$, pour $(a_1, \ldots, a_r)$ générique dans $\mathbb{K}^n \times \cdots \times \mathbb{K}^n$.

3. En déduire que $\bar{r}$ est le plus petit r pour lequel

$$x_1 l_{a_1}^{d-1}, \ldots, x_n l_{a_1}^{d-1}, \ldots, x_1 l_{a_r}^{d-1}, \ldots, x_n l_{a_r}^{d-1},$$

engendrent $R_{[d]}$, pour $(a_1, \ldots, a_r)$ générique dans $\mathbb{K}^n \times \cdots \times \mathbb{K}^n$.

4. En déduire un algorithme probabiliste pour calculer $\bar{r}$.

5. Calculer $\bar{r}$ pour $n = 2, d = 2, 3, 4$, $n = 3, d = 2, 3, 4$, $n = 4, d = 2, 3, 4$, en utilisant cet algorithme.

6. Montrer que $p \in R_{[d]}$ vérifie

$$\langle p, x_1 l_a^{d-1} \rangle = \cdots = \langle p, x_n l_a^{d-1} \rangle = 0$$

si et seulement si $p(a) = \partial_1 p(a) = \cdots = \partial_n p(a) = 0$ (pour $a \in \mathbb{K}^n$).

7. En déduire que $\bar{r}$ est le plus petit r pour lequel il n'existe pas de polynôme $p \in R_{[d]}$ non-nul tel que p et ses dérivées $\partial_i p$ s'annulent en r points génériques $a_1, \ldots, a_r$ de $\mathbb{P}^{n-1}$.

Exercice 7.7. Sécantes de la variété de Veronese. Nous reprenons les notations des deux exercices précédents et supposons de plus que $\mathbb{K}$ est algébriquement clos. Nous notons V_1 l'ensemble des polynômes non-nuls de $R_{[d]}$ de la forme l_a^d pour $a \in \mathbb{K}^n - \{0\}$. Soit

$$V_r := S_r(V_1) := \{p \in R_{[d]};\ p = \mathbf{v}_1 + \cdots + \mathbf{v}_r,\ \text{avec } \mathbf{v}_i \in V_1, i = 1, \ldots, r\}$$

et $\overline{V}_r$ son adhérence.

1. Montrer que V_1 est une variété algébrique projective (fermée) de $\mathbb{P}(R_{[d]})$.

2. Quelle est la dimension de V_1 ?

3. Calculer les équations de V_1 pour $n = 2, d = 2$.

4. Montrer que pour $d = 2$ et $n > 0$, V_1 est l'ensemble des formes quadratiques de rang 1.

5. Montrer que pour $d = 2$ et $n > 0$, V_r est l'ensemble des formes quadratiques de rang r.

6. Montrer que V_r est l'ensemble des points de $R_{[d]}$ sur des espaces linéaires engendrés par r points de V_1.

7. Calculer l'espace tangent en un point de V_r dans $R_{[d]}$.

8. Montrer que

$$\operatorname{codim}(V_r) = \dim\{p \in R_{[d]}; p(a_i) = \partial_1 p(a_i) = \cdots = \partial_n p(a_i), i = 1, \ldots, n\},$$

pour des points génériques $a_1, \ldots, a_r$ de $\mathbb{P}^{n-1}$.

9. Trouver un exemple de valeur de n et d pour lequel

$$\dim(V_r) \neq \min\{n, r \times (n-1) + (r-1)\}.$$

10. Montrer que $V_{\overline{r}} = R_{[d]}$.

CHAPITRE 8

ALGÈBRES DE GORENSTEIN

Sommaire

Le but de ce chapitre est d'introduire les algèbres de Gorenstein. Puis de montrer que si I est un idéal de $\mathbb{K}[\mathbf{x}] = \mathbb{K}[x_1, \ldots, x_n]$ engendré par n équations ayant un nombre fini de solutions, alors l'algèbre $\mathbb{K}[\mathbf{x}]/I$ est de Gorenstein. Ces algèbres apparaissent dans beaucoup de problèmes pratiques.

8.1. Algèbres de Gorenstein

Dans un premier temps, nous rappellerons quelques propriétés de structure pour l'étude des algèbres de Gorenstein. Tout au long de cette section, A désigne une $\mathbb{K}$-algèbre commutative, unitaire, de dimension finie D, $\widehat{A}$ son dual (i.e. l'ensemble des formes linéaires sur A) et $\mathrm{Hom}_{\mathbb{K}}(\widehat{A}, A)$ l'ensemble des applications $\mathbb{K}$-linéaires de $\widehat{A}$ dans A. On munit $\widehat{A}$ d'une structure de A-module : si $(a, \Lambda) \in A \times \widehat{A}$,

$$a \cdot \Lambda \ : \ b \in A \ \mapsto \ (a \cdot \Lambda)(b) = \Lambda(ab) \in \mathbb{K}.$$

$A \otimes_{\mathbb{K}} A$ a aussi une structure de A-module : pour tout $(a, x) \in A \times A \otimes_{\mathbb{K}} A$, $a \cdot x = (a \otimes 1)x$.

Le noyau de l'application

$$\sum_i a_i \otimes b_i \in A \otimes_{\mathbb{K}} A \ \mapsto \ \sum_i a_i b_i \in A \qquad (8.1)$$

est noté $\mathcal{D}$. Il est engendré, comme A-module, par les éléments de la forme $a \otimes 1 - 1 \otimes a$, avec $a \in A$.

De plus, l'addition et la multiplication confèrent une structure d'anneau à $A \otimes_{\mathbb{K}} A$.

8.1.1. Isomorphisme entre $\mathrm{Ann}_{A \otimes A}(\mathcal{D})$ **et** $\mathrm{Hom}_A(\widehat{A}, A)$. — L'application $\mathbb{K}$-linéaire

$$\begin{aligned} \triangleright \ : A \otimes_{\mathbb{K}} A \ &\to \ \mathrm{Hom}_{\mathbb{K}}(\widehat{A}, A) \\ x \ &\mapsto \ x^{\triangleright} : \Lambda \in \widehat{A} \ \mapsto \ (1 \otimes \Lambda)(x) \in A \end{aligned}$$

est un isomorphisme d'espaces vectoriels. En effet, supposons que $\triangleright$ ne soit pas injectif, et soit x un élément non nul de $\ker(\triangleright)$. Cet élément peut s'écrire sous la forme $x = \sum_{i,j=1}^{s} a_i \otimes b_j$, avec (a_i) et (b_i) deux familles de A linéairement indépendantes sur $\mathbb{K}$. Ces familles de vecteurs étant libres, on peut trouver $\Lambda \in \widehat{A}$ tel que $\Lambda(b_1) = 1$ et $\Lambda(b_j) = 0$ pour tout $j \neq 1$. Cela contredit la définition de la famille libre (a_i), puisque $x^{\triangleright}(\Lambda) = \sum_{i=1}^{s} a_i = 0$. Donc $\triangleright$ est injectif. Et comme A est un $\mathbb{K}$-espace vectoriel de dimension finie, $\triangleright$ est un $\mathbb{K}$-isomorphisme.

On peut considérer, de la même façon, l'action de la forme linéaire à gauche, c'est-à-dire $x^{\triangleleft}(\Lambda) := (\Lambda \otimes 1)(x)$.

Maintenant, on va se limiter aux éléments de l'ensemble $\operatorname{Hom}_A(\widehat{A}, A)$ des applications A-linéaires de $\widehat{A}$ dans A. Cet ensemble est muni d'une structure naturelle de A-module : pour tout $(a, f) \in A \times \operatorname{Hom}_A(\widehat{A}, A)$,

$$a.f \ : \ \Lambda \in \widehat{A} \ \mapsto \ (a \cdot f)(\Lambda) = a(f(\Lambda)) \in A.$$

Par ailleurs, $\operatorname{Ann}_{A \otimes A}(\mathcal{D}) = \{x \in A \otimes_{\mathbb{K}} A : x\delta = 0, \forall \delta \in \mathcal{D}\}$ hérite d'une structure de A-module induite par celle de $A \otimes_{\mathbb{K}} A$.

Théorème 8.1. *L'application* $\triangleright$ *induit un isomorphisme de A-modules entre* $\operatorname{Ann}_{A \otimes A}(\mathcal{D})$ *et* $\operatorname{Hom}_A(\widehat{A}, A)$.

Démonstration. Soit $x = \sum_{i,j=1}^s a_i \otimes b_j \in A \otimes A$. On a

$$
\begin{aligned}
x \in \operatorname{Ann}_{A \otimes A}(\mathcal{D}) \ &\Longleftrightarrow \ \forall a \in A \ , \ x(a \otimes 1 - 1 \otimes a) = 0 \\
&\Longleftrightarrow \ \forall a \in A \ , \ \sum_{i,j} a\, a_i \otimes b_j = \sum_{i,j} a_i \otimes a\, b_j \\
&\Longleftrightarrow \ \forall a \in A, \forall \Lambda \in \widehat{A}, \ \sum_{i,j} \Lambda(b_j) a\, a_i = \sum_{i,j} ((a \cdot \Lambda)(b_j)) a_i \\
&\Longleftrightarrow \ \forall a \in A \ , \ \forall \Lambda \in \widehat{A} \ , \ a(x^{\triangleright}(\Lambda)) = x^{\triangleright}(a \cdot \Lambda) \\
&\Longleftrightarrow \ x^{\triangleright} \in \operatorname{Hom}_A(\widehat{A}, A).
\end{aligned}
$$

Ainsi, $\operatorname{Hom}_A(\widehat{A}, A)$ et $\operatorname{Ann}_{A \otimes A}(\mathcal{D})$ sont A-isomorphes. $\qquad\square$

Exemple 8.2. *Si $A = \mathbb{K}[x]/(x^2)$, l'espace vectoriel $A \otimes A = \mathbb{K}[x, y]/(x^2, y^2)$ a pour base $(1, x, y, xy)$, et le noyau $\mathcal{D}$ de l'application (8.1) est le A-module engendré par $x - y$.*

Soit $u \in \operatorname{Ann}_{A \otimes A}(\mathcal{D})$. Il existe alors $(c_1, c_x, c_y, c_{xy}) \in \mathbb{K}^4$ tel que $u = c_1 + c_x\, x + c_y\, y + c_{xy}\, xy$ et $(x - y)u \equiv 0$. Par conséquent, $c_1 = 0$, $c_x = c_y$, et $u = c_x\, x + c_x\, y + c_{xy}\, xy = (c_x + c_{x,y}\, x)(x + y)$. Donc $\operatorname{Ann}_{A \otimes A}(\mathcal{D})$ est le A-module engendré par $x + y$. La matrice de la forme linéaire $u^{\triangleright}$, dans les bases $(\widehat{1}, \widehat{x})$ de $\widehat{A}$ et $(1, x)$ de A, est

$$
\mathtt{U} = \begin{pmatrix} 0 & c_x \\ c_x & c_{xy} \end{pmatrix}.
$$

Tout élément $\Delta \in \operatorname{Hom}_A(\widehat{A}, A)$ est de cette forme. En effet, soit

$$
\mathtt{M} = \begin{pmatrix} c_{1,\widehat{1}} & c_{1,\widehat{x}} \\ c_{x,\widehat{1}} & c_{x,\widehat{x}} \end{pmatrix}
$$

la matrice de Δ dans les bases $(\widehat{1}, \widehat{x})$ et $(1, x)$. Comme $x\Delta(\widehat{x}) = \Delta(x \cdot \widehat{x})$,

$$x(c_{1,\widehat{x}} + c_{x,\widehat{x}}\, x) = c_{1,\widehat{x}} x = \Delta(\widehat{1}) = (c_{1,\widehat{1}} + c_{x,\widehat{1}}\, x),$$

c'est-à-dire $c_{1,\widehat{1}} = 0$ et $c_{1,\widehat{x}} = c_{x,\widehat{1}}$. Ainsi, $\mathtt{M}$ est du même type que $\mathtt{U}$.

8.1.2. Caractérisation des algèbres de Gorenstein. — Le théorème suivant donne une caractérisation des algèbres de Gorenstein, que l'on peut trouver dans [**Kun86**] et [**SS75**] pour des structures plus générales. Dans le cas d'une $\mathbb{K}$-algèbre A de dimension finie D, sa preuve est plus simple.

Théorème 8.3. Les assertions suivantes sont équivalentes :

1. $\mathrm{Hom}_A(\widehat{A}, A)$ *(et* $\mathrm{Ann}_{A \otimes A}(\mathcal{D})$*) est un A-module libre de rang 1.*

2. A *et* $\widehat{A}$ *sont A-isomorphes.*

3. $\widehat{A}$ *est un A-module libre de rang 1.*

4. *Il existe une forme linéaire τ sur A telle que la forme bilinéaire*

$$(a, b) \in A \times A \;\mapsto\; \tau(a\,b) \in \mathbb{K}$$

   soit non-dégénérée (i.e. si pour tout $a \in A$, $\tau(ab) = 0$, alors $b = 0$).

5. *Il existe un élément $\Delta = \sum_{i=1}^{D} a_i \otimes b_i \in \mathrm{Ann}_{A \otimes A}(\mathcal{D})$, avec (a_i) et (b_i) des bases de A.*

Démonstration.

$1 \Rightarrow 2.$ *Si (Δ) est une base du A-module $\mathrm{Hom}_A(\widehat{A}, A)$ libre de rang 1, alors Δ est un A-isomorphisme entre $\widehat{A}$ et A.*

Supposons que Δ ne soit pas surjective. L'image de Δ est donc un idéal I strictement inclus dans A. L'algèbre A se décompose en une somme directe de sous-algèbres locales A_i et la trace de I dans l'une de ces sous-algèbres locales (disons A_{i_0}) n'est pas cette algèbre locale entière. Nous avons donc $I \subset \mathfrak{m}_{i_0}$, où $\mathfrak{m}_{i_0}$ est l'idéal maximal de A_{i_0}. Comme $\mathfrak{m}_{i_0}^N \equiv 0$ pour N assez grand, il existe $a \neq 0 \in A$ tel que $a \cdot I = 0$. Ceci implique que $a \cdot \Delta = 0$, et contredit le fait que (Δ) est une base de $\mathrm{Hom}_A(\widehat{A}, A)$. Ainsi, Δ est un isomorphisme (compatible avec les structures de A-modules) entre les deux espaces vectoriels (de même dimension) $\widehat{A}$ et A.

$2 \Rightarrow 3.$ *Si Δ est un A-isomorphisme entre $\widehat{A}$ et A, alors $\widehat{A}$ est un A-module libre de base $\tau = \Delta^{-1}(1)$.*

Pour tout $\Lambda \in \widehat{A}$, on pose $b_\Lambda = \Delta(\Lambda)$. Puisque $\Delta(\Lambda - b_\Lambda \cdot \tau) = 0$, $\Lambda = b_\Lambda \cdot \tau$. Donc (τ) engendre le A-module $\widehat{A}$.

Soit $a \in A$ tel que $a \cdot \tau = 0$. Comme $a = \Delta(a \cdot \tau) = 0$, $\widehat{A}$ est un A-module libre de base (τ).

$3 \Rightarrow 4.$ *Si (τ) est une base du A-module $\widehat{A}$, alors la forme bilinéaire définie par $\langle a, b \rangle = \tau(a\,b)$ est non-dégénérée.*

Soit $b \in A$ tel que $\langle a, b \rangle = \tau(a\,b) = 0, \forall a \in A$. Alors la forme linéaire $b \cdot \tau = 0$, et par suite $b = 0$.

4 ⇒ 5. Étant données deux bases (a_i) et (b_i) de A, duales pour la forme bilinéaire non-dégénérée associée à τ. Alors $\Delta = \sum_{i=1}^{D} a_i \otimes b_i \in \mathrm{Ann}_{A \otimes A}(\mathcal{D})$. Pour tout $i, j \in \{1, \ldots, D\}$, $\langle a_i, b_j \rangle = \tau(a_i b_j) = \delta_{i,j}$ ($\delta_{i,j}$ est le symbole de Kronecker). Donc

$$\forall\, a \in A\,, \quad a = \sum_{i=1}^{D} \tau(a_i a)\, b_i = \sum_{i=1}^{D} \tau(b_i\, a)\, a_i.$$

D'après la formule précédente, pour tout $a \in A$,

$$(a \otimes 1)\,\Delta = \sum_{i=1}^{D} a\, a_i \otimes b_i = \sum_{i=1}^{D} \left(\sum_{j=1}^{D} \tau(a\, a_i\, b_j)\, a_j \right) \otimes b_i$$

$$= \sum_{j=1}^{D} a_j \otimes \sum_{i=1}^{D} \tau(a\, a_i b_j)\, b_i = \sum_{j=1}^{D} a_j \otimes a\, b_j = \Delta\,(1 \otimes a).$$

Comme le A-module $\mathcal{D}$ est engendré par les éléments de la forme $a \otimes 1 - 1 \otimes a$, avec $a \in A$, $\Delta \in \mathrm{Ann}_{A \otimes A}(\mathcal{D})$.

5 ⇒ 2. Si $\Delta = \sum_{i=1}^{D} a_i \otimes b_i \in \mathrm{Ann}_{A \otimes A}(\mathcal{D})$, avec (a_i) et (b_i) des bases de A, alors $\Delta^{\flat}$ définit un A-isomorphisme entre $\widehat{A}$ et A.

D'après le théorème 8.1, $\Delta^{\flat} \in \mathrm{Hom}_A(\widehat{A}, A)$. Comme (a_i) et (b_i) sont des bases de A, l'image $\mathrm{im}(\Delta^{\flat}) = A$, et l'application $\mathbb{K}$-linéaire $\Delta^{\flat}$ est bijective.

2 ⇒ 1. Si Δ est un A-isomorphisme entre $\widehat{A}$ et A, alors (Δ) est une base du A-module $\mathrm{Hom}_A(\widehat{A}, A)$.

Soit $\tau = \Delta^{-1}(1) \in \widehat{A}$. Pour tout $H \in \mathrm{Hom}_A(\widehat{A}, A)$, on pose $h = H(\tau) \in A$. D'après la preuve *2 ⇒ 3* ci-dessus, $\widehat{A} = A \cdot \tau$. Comme

$$\forall a \in A,\; H(a \cdot \tau) = a\, H(\tau) = a\, h = (h \Delta)(a \cdot \tau),$$

$H = h\,\Delta$. Donc (Δ) engendre le A-module $\mathrm{Hom}_A(\widehat{A}, A)$. De plus, si $a \in A$ satisfait $a\Delta = 0$, $(a\Delta)(\tau) = \Delta(a \cdot \tau) = a(\Delta(\tau)) = a = 0$. Ainsi, $\mathrm{Hom}_A(\widehat{A}, A)$ est un A-module libre de base (Δ).   □

Définition 8.4. *Une $\mathbb{K}$-algèbre A de dimension finie qui vérifie une des assertions du théorème 8.3 est dite de Gorenstein. La forme linéaire τ est appelée résidu de A.*

Exemple 8.5. *On désigne par $\mathbf{1}$ la forme linéaire*

$$p \in \mathbb{K}[x_1, x_2, x_3] \;\longmapsto\; p(0) \in \mathbb{K}\,,$$

et pour tout $(i, m) \in \{1, 2, 3\} \times \mathbb{N}$ par δ_i^m la forme linéaire

$$p \in \mathbb{K}[x_1, x_2, x_3] \;\longmapsto\; \frac{\partial^m p}{\partial x_i{}^m}(0) \in \mathbb{K}.$$

Si $\tau = \delta_1^2 + \delta_2^2 + \delta_3^2$, *alors*

$$x_1 \cdot \tau = 2\delta_1 \ , \ x_2 \cdot \tau = 2\delta_2 \ , \ x_3 \cdot \tau = 2\delta_3 \ , \ x_1^2 \cdot \tau = x_2^2 \cdot \tau = x_3^2 \cdot \tau = 21.$$

Pour tout autre monôme m *non constant,* $m \cdot \tau = 0$. *Donc les polynômes ortho-gonaux aux formes linéaires ci-dessus (c'est-à-dire les éléments* $f \in \mathbb{K}[x_1, x_2, x_3]$ *tels que* $(m \cdot \tau)(f) = 0$, *pour tout monôme* $m \in \mathbb{K}[x_1, x_2, x_3]$) *sont de la forme* $a(x_1^2 - x_2^2) + b(x_1^2 - x_3^2) + c\,x_1 x_2 + d\,x_1 x_3 + e\,x_2 x_3 +$ *des termes de degrés au moins* 3, *où* a, b, c, d, e *sont des constantes. Cet ensemble est l'idéal*

$$I = (x_1^2 - x_2^2, \ x_1^2 - x_3^2, \ x_1 x_2, \ x_1 x_3, \ x_2 x_3).$$

L'algèbre $A = \mathbb{K}[x_1, x_2, x_3]/I$ *est de Gorenstein. En effet, une base de* A *est* $\{1, x_1, x_2, x_3, x_1^2\}$. *Les formes linéaires* τ, $x_1 \cdot \tau$, $x_2 \cdot \tau$, $x_3 \cdot \tau, x_1^2 \cdot \tau$ *sont* $\mathbb{K}$-*linéairement, donc elles forment une base du* $\mathbb{K}$-*espace vectoriel* $\widehat{A}$. *Ainsi, tout* $\Lambda \in \widehat{A}$ *s'écrit* $\Lambda = \alpha\tau + \beta\,x_1 \cdot \tau + \gamma\,x_2 \cdot \tau + \delta\,x_3 \cdot \tau + \eta\,x_1^2 \cdot \tau$, *avec* $(\alpha, \beta, \gamma, \delta, \eta) \in \mathbb{K}^5$. *Par conséquent, le* A-*module* $\widehat{A}$ *est engendré par* τ. *De plus, si* $a \in A$ *vérifie* $a \cdot \tau = 0$, *alors* $(x \cdot \tau)(a) = 0$ *pour tout* $x \in A$, *et par suite* $a \equiv 0$. *Donc* $\widehat{A}$ *est un* A-*module libre de rang* 1 *et de base* (τ).

Cet exemple d'algèbre de Gorenstein est non intersection complète (i.e. le nombre de générateurs de I *n'est pas égal au nombre de variables de l'an-neau* $\mathbb{K}[x_1, x_2, x_3]$). *On verra que toute algèbre intersection complète est de Gorenstein.*

Le procédé décrit dans cet exemple permet de construire des algèbres de Go-renstein : étant donné un polynôme τ *en* $\delta_1 = \frac{\partial}{\partial x_1}, \ldots, \delta_n = \frac{\partial}{\partial x_n}$, *on construit l'idéal* I *de* $\mathbb{K}[x_1, \ldots, x_n]$ *orthogonal à* τ *et à toutes ses « dérivées ». L'algèbre quotient* $\mathbb{K}[x_1, \ldots, x_n]/I$ *ainsi obtenue est de Gorenstein.*

Exemple 8.6. *Soit* $A = \mathbb{K}[x_1, x_2]/(x_1^2, x_1 x_2, x_2^2)$. *Une base de* A *est* $\{1, x_1, x_2\}$. *Sa base duale est* $\{1, \delta_1, \delta_2\}$. *Pour tout* $\tau \in \widehat{A}$, *les formes linéaires* $x_1 \cdot \tau$ *et* $x_2 \cdot \tau$ *appartiennent au sous-espace vectoriel de* $\widehat{A}$ *engendré par* $\mathbf{1}$, *car* $x_i \cdot \delta_i = \mathbf{1}$ *et* $x_i \cdot \delta_j = 0$ *pour* $i \neq j$. *L'espace vectoriel* $A \cdot \tau$ *est engendré par* $\{\tau, \mathbf{1}\}$. *Donc* $A \cdot \tau \neq \widehat{A}$ *pour tout* $\tau \in \widehat{A}$, *et par suite* A *n'est pas de Gorenstein.*

8.1.3. Formules de représentation dans A. — La forme bilinéaire non-dégénérée, définie dans le théorème 8.3 par $\langle a|b \rangle = \tau(a\,b)$, vérifie

$$\forall (a, b) \in A^2, \langle a|b \rangle = \tau(a\,b) = (a \cdot \tau)(b) = \left((\Delta^{\triangleright})^{-1}(a)\right)(b).$$

Proposition 8.7. *Soit* $\sum_{i=1}^{D'} a_i \otimes b_i$ *une décomposition de* $\Delta \in Ann_{A \otimes A}(\mathcal{D})$, *où la famille* (a_i) *est libre sur* $\mathbb{K}$. *Alors* $D' = D = \dim_{\mathbb{K}} A$, (a_i) *et* (b_i) *sont des bases de* A *duales pour la forme bilinéaire non-dégénérée* $\langle \,| \,\rangle$.

Démonstration. Soit $(b_i)_{1 \leq i \leq D''}$ la plus grande famille libre extraite de $(b_i)_{1 \leq i \leq D'}$ (après avoir réordonné les b_i). Pour tout $i \in \{D'' + 1, \ldots, D'\}$, il existe des scalaires $\alpha_{i,j}$ non tous nuls tels que $b_i = \sum_{j=1}^{D''} \alpha_{ij} b_j$. Ainsi,

$$\Delta = \sum_{j=1}^{D''} \left(a_j + \sum_{i=D''+1}^{D'} \alpha_{ij} a_i \right) \otimes b_j = \sum_{j=1}^{D''} a_j' \otimes b_j.$$

La famille $(a_j')_{1 \leq j \leq D''}$ est libre et engendre l'espace vectoriel A (car $\Delta^\triangleright$ est un isomorphisme de $\widehat{A}$ sur A), donc c'est une base de A. Ainsi, $D'' = D = D'$ et $(b_j)_{1 \leq j \leq D}$ est aussi une base de A.

Soit $(\widehat{b}_i)$ la base de $\widehat{A}$ duale de (b_i). Alors $\Delta^\triangleright(\widehat{b}_j) = \sum_{i=1}^{D} \widehat{b}_j(b_i) a_i = a_j$, et

$$\langle a_j | b_i \rangle = ((\Delta^\triangleright)^{-1}(a_j))(b_i) = \widehat{b}_j(b_i) = \delta_{i,j}.$$

Donc les bases (a_i) et (b_i) sont bien duales pour $\langle \, | \, \rangle$. $\square$

Ceci conduit à des *formules d'interpolation* ou *formules de traces* ou encore à la *formule de Cauchy* pour le résidu τ (voir [**GH78**]) :

$$\forall a \in A, \, a = \sum_{i=1}^{D} \langle a | b_i \rangle \, a_i = \sum_{i=1}^{D} \langle a | a_i \rangle \, b_i. \qquad (8.2)$$

On déduit de la non-dégénérescence de la forme bilinéaire associée au résidu τ de A, la *formule de dualité* : si $a \in A$,

$$a.\tau = 0 \iff a = 0. \qquad (8.3)$$

On peut également associer à τ la *forme quadratique* Q,

$$a \in A \mapsto Q(a) = \tau(a \, a) = \langle a | a \rangle \in \mathbb{K}.$$

La matrice de Q dans la base $(b_i)_i$ est $(\langle b_i | b_j \rangle)_{i,j}$. En utilisant la formule de représentation (8.2),

$$\Delta = \sum_{1 \leq i,j \leq D} \langle b_i | b_j \rangle \, a_i \otimes a_j.$$

Si le corps $\mathbb{K}$ est ordonné, la signature de la forme quadratique Q est un invariant de A utile pour la résolution polynomiale (voir section 4.11).

La forme bilinéaire symétrique $\langle \, | \, \rangle$ permet également de relier *l'annulateur* et *l'orthogonal d'un idéal* :

Proposition 8.8. *Soit J un idéal de A. Alors l'orthogonal de J pour la forme bilinéaire non-dégénérée définie par τ coïncide avec* $\mathrm{Ann}_A(J)$.

Démonstration. Soit $a \in A$. D'après la formule de dualité (8.3),

$$\begin{aligned}
a \in \mathrm{Ann}_A(J) &\iff \forall g \in J, \, a \, g = 0 \\
&\iff \forall g \in J, \, \forall b \in A, \, \langle a \, g | b \rangle = \langle a | g \, b \rangle = 0 \\
&\iff \forall h \in J, \, \langle a | h \rangle = 0.
\end{aligned}$$

□

8.2. Passage du local au global

Toute $\mathbb{K}$-algèbre finie A est isomorphe à un anneau quotient $\mathbb{K}[\mathbf{x}]/I$, où I est un idéal 0-dimensionnel (exercice 8.1). Si $\mathbf{e}_1, \ldots, \mathbf{e}_d$ désignent les idempotents de A (voir section 4.5), alors d'après théorème 4.9,

$$A = A_1 \oplus \cdots \oplus A_d. \tag{8.4}$$

La partie A_i est la sous-algèbre de A engendré par $\mathbf{e}_i$ (théorème 4.15). Il en résulte de (8.4), la décomposition suivante du dual $\widehat{A} = \widehat{A_1} \oplus \cdots \oplus \widehat{A_d}$.

La restriction d'une forme linéaire $\Lambda \in \widehat{A}$ à A_i s'identifie à $\Lambda_i = \mathbf{e}_i \cdot \Lambda \in \widehat{A}$. Par conséquent, tout $\Lambda \in \widehat{A}$ s'écrit sous la forme $\Lambda = \sum_{i=1}^d \mathbf{e}_i \cdot \Lambda = \sum_{i=1}^d \Lambda_i$.

Proposition 8.9. *Soit $\Delta \in A \otimes A$. Alors $\Delta \in \mathrm{Ann}_{A \otimes A}(\mathcal{D})$ si, et seulement si,*

$$\Delta = \Delta_1 + \cdots + \Delta_d,$$

où $\Delta_i = (\mathbf{e}_i \otimes \mathbf{e}_i)\Delta \in \mathrm{Ann}_{A_i \otimes A_i}(\mathcal{D}_i)$, et $\mathcal{D}_i$ désigne le A_i-sous-module de $A_i \otimes A_i$ engendré par $\{a_i \otimes 1 - 1 \otimes a_i, \ a_i \in A_i\}$.

Démonstration. D'après (8.4), tout $\Delta \in A \otimes A = \oplus_{i,j=1}^d A_i \otimes A_j$ se décompose de manière unique sous la forme $\Delta = \sum_{i,j=1}^d \Delta_{i,j}$, avec $\Delta_{i,j} \in A_i \otimes A_j$.

Si $\Delta \in \mathrm{Ann}_{A \otimes A}(\mathcal{D})$, alors

$$(\mathbf{e}_k \otimes 1)\Delta = \sum_{j=1}^d \Delta_{k,j} = \Delta(1 \otimes \mathbf{e}_k) = \sum_{i=1}^d \Delta_{i,k},$$

car $A_i \cdot A_j = 0$ si $i \neq j$. Il s'en suit que $\Delta_{i,j} = 0$ si $i \neq j$, et $\Delta = \Delta_{1,1} + \cdots + \Delta_{d,d}$, avec $\Delta_{i,i} = (\mathbf{e}_i \otimes \mathbf{e}_i) \Delta \in A_i \otimes A_i$. De plus, comme $\Delta \in \mathrm{Ann}_{A \otimes A}(\mathcal{D})$,

$$\forall i \in \{1, \ldots, d\} \ , \ \forall a_i \in A_i \ , \ (a_i \otimes 1 - 1 \otimes a_i) \Delta = 0 = (a_i \otimes 1 - 1 \otimes a_i) \Delta_{i,i}.$$

Donc $\Delta_{i,i} \in \mathrm{Ann}_{A_i \otimes A_i}(\mathcal{D}_i)$.

Réciproquement, soit $\Delta = \sum_{i=1}^d \Delta_i \in A \otimes A$, avec $\Delta_i \in \mathrm{Ann}_{A_i \otimes A_i}(\mathcal{D}_i)$, $i = 1, \ldots, d$. Montrons que $\Delta \in \mathrm{Ann}_{A \otimes A}(\mathcal{D})$. Pour cela, il suffit de vérifier que

$$\forall i = 1, \ldots, d \ , \ \forall a_i \in A_i \ , \ (a_i \otimes 1 - 1 \otimes a_i)\Delta = 0.$$

Comme pour tout $i \neq j$, $A_i \cdot A_j = 0$, nous avons bien

$$(a_i \otimes 1 - 1 \otimes a_i) \Delta = (a_i \otimes 1 - 1 \otimes a_i) \Delta_i = 0.$$

□

Corollaire 8.10. *Un élément* $\Delta = \sum_{k=1}^{D} a_k \otimes b_k \in \mathrm{Ann}_{A \otimes A}(\mathcal{D})$, *où* $(a_k)_{1 \le k \le D}$
(resp. $(b_k)_{1 \le k \le D}$*) est une base de* A, *si et seulement si, pour tout* $i = 1, \ldots, d$,

$$\Delta_i = (\mathbf{e}_i \otimes \mathbf{e}_i)\Delta = \sum_{k=1}^{\mu_i} a_{i,k} \otimes b_{i,k} \in \mathrm{Ann}_{A_i \otimes A_i}(\mathcal{D}_i),$$

avec $(a_{i,k})_{1 \le k \le \mu_i}$ *(resp.* $(b_{i,k})_{1 \le k \le \mu_i}$*) est une base de* A_i.

Proposition 8.11. *L'algèbre* A *est de Gorenstein, si et seulement si, ses
sous-algèbres locales* $A_1 \ldots, A_d$ *sont de Gorenstein.*

Démonstration. D'après la proposition 8.9,

$$\mathrm{Ann}_{A \otimes A}(\mathcal{D}) = \oplus_{i=1}^{d} \mathrm{Ann}_{A_i \otimes A_i}(\mathcal{D}_i).$$

Soit $\Delta \in \mathrm{Ann}_{A \otimes A}(\mathcal{D})$. Alors $\Delta = \sum_{i=1}^{d} \Delta_i$, avec $\Delta_i \in \mathrm{Ann}_{A_i \otimes A_i}(\mathcal{D}_i)$. Il est
facile de vérifier que (Δ) est une A-base de $\mathrm{Ann}_{A \otimes A}(\mathcal{D})$, si et seulement si,
(Δ_i) est une A_i-base de $\mathrm{Ann}_{A_i \otimes A_i}(\mathcal{D}_i)$, pour tout $i = 1, \ldots, d$. $\square$

En résumé, si l'algèbre A est de Gorenstein et τ est un résidu de A, alors
$\tau_i = \mathbf{e}_i \cdot \tau$ est un résidu pour la sous-algèbre locale A_i de A, appelé « résidu
local » de A. Et $\tau = \sum_{i=1}^{d} \tau_i$ est dit « résidu global » de A. Pour une approche
analytique de ces deux notions consulter [**GH78**], [**AVGZ86**].

Exemple 8.12. *Exemple d'algèbre locale de Gorenstein : considérons l'algèbre
locale* $\mathcal{A}_0$ *associée à l'idéal engendré par*

$$p_1 = 2\,x_1\,x_2^2 + 5\,x_1^4 \quad , \quad p_2 = 2\,x_1^2\,x_2 + 5\,x_2^4$$

(voir sous-section 7.37). Le dual de $\mathcal{A}_0$ *a pour base*

$$\{1, \mathbf{d}_1, \mathbf{d}_2, \mathbf{d}_1^2, \mathbf{d}_1\mathbf{d}_2, \mathbf{d}_2^2, \mathbf{d}_1^3, \mathbf{d}_2^3, 2\,\mathbf{d}_1^4 - 5\,\mathbf{d}_1\mathbf{d}_2^2, 2\,\mathbf{d}_2^4 - 5\,\mathbf{d}_1^2\mathbf{d}_2, 5\,\mathbf{d}_1^2\mathbf{d}_2^2 - 2\,\mathbf{d}_1^5 - 2\,\mathbf{d}_2^5\}.$$

$\mathcal{A}_0$ *est une algèbre de Gorenstein, car* $\widehat{\mathcal{A}_0}$ *est engendré par la forme linéaire*
$5\,\mathbf{d}_1^2\mathbf{d}_2^2 - 2\,\mathbf{d}_1^5 - 2\,\mathbf{d}_2^5$ *et ses dérivées. Calculons un générateur de* $\mathrm{Ann}_{\mathcal{A}_0 \otimes \mathcal{A}_0}(\mathcal{D}_0)$.
Le bézoutien de p_1, p_2 *est (voir définition 5.41)*

$$
\begin{aligned}
\Delta \;=\; & 10\,x_2^5 + 25\,x_1^3\,x_2^3 + (10\,x_2^3 + 25\,x_1^3\,x_2)\,y_2^2 + (10\,x_2^4 + 25\,x_1^3\,x_2^2)\,y_2 \\
& + (25\,x_1^2\,x_2^3 - 4\,x_1\,x_2^2)\,y_1 + (-4\,x_2 + 25\,x_1\,x_2^2)\,y_1^2\,y_2 + (25\,x_1^2\,x_2^2 - 4\,x_1\,x_2)\,y_1\,y_2 \\
& + (10\,x_1^3 + 25\,x_1\,x_2^3)\,y_1^2 + (10\,x_2^2 + 25\,x_1^3)\,y_2^3 + (25\,x_2^3 + 10\,x_1^2)\,y_1^3 \\
& + 25\,x_1^2\,y_1\,y_2^3 + 25\,x_1\,y_1^2\,y_2^3 + 25\,x_1^2\,x_2\,y_1\,y_2^2 + 25\,x_2^2\,y_1^3\,y_2 + 25\,y_2^2\,x_2\,y_1^3 \\
& + 25\,x_1\,x_2\,y_2^2\,y_1^2 + 10\,x_1\,y_1^4 + 25\,y_1^3\,y_2^3 + 10\,y_1^5.
\end{aligned}
$$

Il existe des scalaires α_i *tels que la forme linéaire*

$$
\begin{aligned}
\tau \;=\; & (\Delta^\flat)^{-1}(1) = \alpha_1\,1 + \alpha_2\,\mathbf{d}_1 + \alpha_3\,\mathbf{d}_2 + \alpha_4\,\mathbf{d}_1^2 + \alpha_5\,\mathbf{d}_2^2 + \alpha_6\,\mathbf{d}_1\,\mathbf{d}_2 + \alpha_7\,\mathbf{d}_2^3 + \alpha_8\,\mathbf{d}_1^3 \\
& + \alpha_9\left(5\,\mathbf{d}_1\,\mathbf{d}_2^2 - 2\,\mathbf{d}_1^4\right) + \alpha_{10}\left(5\,\mathbf{d}_1^2\,\mathbf{d}_2 - 2\,\mathbf{d}_2^4\right) + \alpha_{11}\left(5\,\mathbf{d}_1^2\,\mathbf{d}_2^2 - 2\,\mathbf{d}_1^5 - 2\,\mathbf{d}_2^5\right).
\end{aligned}
$$

Comme pour tout $\Lambda \in \widehat{\mathcal{A}_0}$, $\Lambda(\Delta^{\triangleright}(\tau) - 1) = 0$, *nous obtenons*

$$-20\,\alpha_{11} - 1 = -20\,\alpha_9 = -20\,\alpha_{10} = 10\,\alpha_8 = 10\,\alpha_7 = 125\,\alpha_{11} - 4\,\alpha_6 = 10\,\alpha_5 + 25\,\alpha_8$$
$$= 10\,\alpha_4 + 25\,\alpha_7 = -20\,\alpha_2 + 625\,\alpha_{10} = 625\,\alpha_9 - 20\,\alpha_3 = -20\,\alpha_1 + 125\,\alpha_6 = 0.$$

Ainsi,

$$\tau = -\frac{625}{64} - \frac{25}{16}\,\mathbf{d}_1\,\mathbf{d}_2 - \frac{1}{4}\,\mathbf{d}_1{}^2\,\mathbf{d}_2{}^2 + \frac{1}{10}\,\mathbf{d}_1{}^5 + \frac{1}{10}\,\mathbf{d}_2{}^5.$$

La valeur de τ *en le Jacobien*

$$\mathrm{Jac}(p_1, p_2) = -12\,x_1{}^2\,x_2{}^2 + 40\,x_2{}^5 + 40\,x_1{}^5 + 400\,x_1{}^3\,x_2{}^3$$

de (p_1, p_2) *est* 11. *C'est la multiplicité de* $0 \in \mathcal{Z}(p_1, p_2)$ *(i.e. la dimension du* $\mathbb{K}$*-espace vectoriel* $\mathcal{A}_0$*). Une base de* $\mathcal{A}_0$ *est donnée par des monômes (en nombre minimal) qui permettent (par multiplication) d'obtenir, à partir de* τ, *les autres éléments de la base duale, c'est-à-dire*

$$\{1, x_2, x_1, x_1^2, x_1\,x_2, x_2^2, x_2^3, x_1^3, x_2^4, x_1^4, x_1^5\}.$$

8.3. Suites régulières et suites quasi-régulières

Nous rappellerons ici les notions de suites régulières (voir sous-section 3.3.1), suites quasi-régulières, et quelques unes de leurs propriétés dont nous aurons besoin dans la suite. Pour plus de détails, consulter les chapitres 6 et 7 de [Mat80]. Dans cette section, A désigne un anneau commutatif et unitaire.

Définition 8.13. *Une suite* $\{a_1, \ldots, a_n\}$ *d'éléments de* A *est régulière si*
i) l'idéal $(a_1, \ldots, a_n) \neq A$,
ii) a_1 *n'est pas un diviseur de zéro dans* A, *et pour tout* $i \in \{2, \ldots, n\}, a_i$ *n'est pas un diviseur de zéro dans l'anneau* $A/(a_1, \ldots, a_{i-1})$.

L'exemple le plus simple d'une suite régulière dans l'anneau $\mathbb{K}[x_1, \ldots, x_n]$ est $\{x_1, \ldots, x_n\}$.

La manipulation de ces suites n'est pas facile, car elles ne sont pas stables par permutation, comme le montre l'exemple simple suivant : $\{x, y(1-x), z(1-x)\}$ est régulière dans $\mathbb{K}[x, y, z]$, tandis que $\{y(1-x), z(1-x), x\}$ ne l'est pas, puisque $z(1-x)$ est un diviseur de zéro dans $\mathbb{K}[x, y, z]/(y(1-x))$.

Nous avons vu le lien très étroit entre les notions de suite régulière et de complexe de Koszul (voir la sous-section 3.3.1).

Remarque 8.14. Le radical de Jacobson $RJ(A)$ de A est l'intersection de tous les idéaux maximaux de A.

Si a est un élément de $RJ(A)$, alors $1 + a$ est inversible dans A. Sinon, $1 + a$ appartient à un idéal maximal $\mathfrak{m}$ de A, ce qui n'est pas possible puisque $a \in \mathfrak{m}$.

Lemme 8.15. *(Lemme de Nakayama) Si* M *un* A*-module de type fini tel que* $RJ(A)M = M$, *alors* $M = \{0\}$.

Démonstration. Soit $\{x_1, \ldots, x_r\}$ un ensemble minimal de générateurs de M (i.e. aucun sous-ensemble strict de $\{x_1, \ldots, x_r\}$ n'engendre le A-module M). Si $r \geq 1$, $x_1 = a_1 x_1 + \cdots + a_r x_r$, avec $a_i \in RJ(A)$. Donc $(1 - a_1) x_1 = a_2 x_2 + \cdots + a_r x_r$. D'après la remarque 8.14, $1 - a_1$ est inversible et M peut être engendré par les $r - 1$ éléments $x_2, \ldots, x_r$, ce qui contredit l'hypothèse faite sur $\{x_1, \ldots, x_r\}$. Ainsi, $r = 0$ et $M = \{0\}$.   □

Lemme 8.16. *Soit $\{a_1, \ldots, a_n\}$ une suite régulière de A. La suite obtenue en permutant deux éléments consécutifs a_i, a_{i+1} est régulière, si et seulement si, a_{i+1} n'est pas un diviseur de zéro dans $A/(a_1, \ldots, a_{i-1})$.*

Démonstration. Il faut montrer que l'élément a_i n'est pas un diviseur de zéro dans $A/(a_1, \ldots, a_{i-1}, a_{i+1})$. Soit $a \in A$ tel que $a a_i = b_1 a_1 + \cdots + b_{i-1} a_{i-1} + b_{i+1} a_{i+1}$, avec $b_j \in A$. Comme a_{i+1} n'est pas un diviseur de zéro dans l'anneau $A/(a_1, \ldots, a_i)$, il existe des c_j dans A qui vérifient $b_{i+1} = c_1 a_1 + \cdots + c_i a_i$. Par suite, $a_i(a - c_i a_{i+1}) \in (a_1, \ldots, a_{i-1})$ et $a \in (a_1, \ldots, a_{i-1}, a_{i+1})$.   □

Proposition 8.17. *Soit $\{a_1, \ldots, a_n\}$ une suite régulière d'éléments de A contenue dans $RJ(A)$. Alors toute permutation de $\{a_1, \ldots, a_n\}$ est régulière.*

Démonstration. Il suffit de montrer qu'une transposition qui permute deux éléments consécutifs a_i, a_{i+1} est régulière. C'est-à-dire d'après le lemme 8.16, a_{i+1} n'est pas un diviseur de zéro dans $A/(a_1, \ldots, a_{i-1})$.

Notons $M = \mathrm{Ann}_{A/(a_1, \ldots, a_{i-1})}(a_{i+1})$, et montrons que $M = \{0\}$. Soit $a \in M$. Comme a_{i+1} n'est pas un diviseur de zéro dans $A/(a_1, \ldots, a_i)$, $a = b_1 a_1 + \cdots + b_i a_i$, avec $b_j \in A$. Par suite, $a a_{i+1} = b_1 a_1 a_{i+1} + \cdots + b_i a_i a_{i+1} \in (a_1, \ldots, a_{i-1})$ et $b_i a_{i+1} \in (a_1, \ldots, a_{i-1})$. Donc $b_i \in M$, $M \subset (a_1, \ldots, a_i)M \subset RJ(A)M$, et d'après le lemme de Nakayama, $M = \{0\}$.   □

Corollaire 8.18. *Dans un anneau local, toute suite obtenue en permutant les éléments d'une suite régulière est régulière.*

Nous allons introduire une notion plus faible que celle d'une suite régulière, qui ne dépend pas de l'ordre des éléments.

Définition 8.19. *Une suite $\{a_1, \ldots, a_n\}$ de A est dite quasi-régulière si*
  i) L'idéal $(a_1, \ldots, a_n) \neq A$,
  ii) Pour tout idéal maximal $\mathfrak{m}$ contenant $(a_1, \ldots, a_n)$, la suite $\{a_1, \ldots, a_n\}$ est régulière dans le localisé $A_{\mathfrak{m}}$ de A par $\mathfrak{m}$.

Une suite régulière est en particulier quasi-régulière, mais la réciproque n'est pas toujours vraie, comme le montre la suite quasi-régulière (mais non régulière) $\{y(1-x), z(1-x), x\}$ de $\mathbb{K}[x, y, z]$. En effet, le seul idéal maximal contenant $\{y(1-x), z(1-x), x\}$ est $\mathfrak{m} = (x, y, z)$, et dans $\mathbb{K}[x, y, z]_\mathfrak{m}$, $\{y(1-x) = y, z(1-x) = z, x\}$ est régulière.

Proposition 8.20. *Les polynômes $f_1, \ldots, f_n$ de $\mathbb{K}[x_1, \ldots, x_n]$ forment une suite quasi-régulière, si et seulement si, la variété qu'ils définissent est discrète.*

Démonstration. Cette proposition découle des exercices 1.17, 3.4 et 3.5. $\square$

Proposition 8.21. *Si $\{a_1, \ldots, a_s\}$ est une suite régulière de A, alors le premier module des syzygies de $(a_1, \ldots, a_s)$ (voir définition 2.13) est engendré par les relations élémentaires :*

$$\sigma_{i,j} = (0, \ldots, 0, -a_j, 0, \ldots, 0, a_i, 0, \ldots, 0), 1 \leq i < j \leq s.$$

Démonstration. Montrons la proposition par récurrence sur l'entier s (voir aussi le théorème 3.54). Pour $s = 1$, la proposition est vraie. Soit $\sigma = (b_1, \ldots, b_s)$ un élément du premier module des syzygies de $(a_1, \ldots, a_s) \in A^s : \sum_{i=1}^s a_i\, b_i = 0$. Comme $\{a_1, \ldots, a_s\}$ est une suite régulière, $b_s = \sum_{j=1}^{s-1} c_j\, a_j$ avec $c_j \in A$. On en déduit une relation

$$\sigma - \sum_{j=1}^{s-1} c_j \sigma_{j,s} = (d_1, \ldots, d_{s-1}, 0).$$

entre $(a_1, \ldots, a_{s-1})$. Nous concluons donc la preuve, en utilisant l'hypothèse de récurrence. $\square$

8.4. Théorème de Wiebe

Le théorème de Wiebe établit le lien entre deux suites quasi-régulières liées par une transformation matricielle.

Soient $p_1, \ldots, p_n, q_1, \ldots, q_n$ des éléments d'un anneau B tels que

$$\forall i \in \{1, \ldots, n\} \ , \ q_i = \sum_{j=1}^n a_{i,j} p_j \ , \ a_{i,j} \in B.$$

Supposons que $\{p_1, \ldots, p_n\}$ et $\{q_1, \ldots, q_n\}$ soient deux suites quasi-régulières. Notons Δ le déterminant de la matrice $(a_{i,j})_{1 \leq i,j \leq n}$, $\mathfrak{q}$ (resp. $\mathfrak{p}$) l'idéal de B engendré par $q_1, \ldots, q_n$ (resp. $p_1, \ldots, p_n$) et A l'anneau quotient $B/\mathfrak{q}$.

Théorème 8.22. (Théorème de Wiebe)

1. *La classe de Δ dans A est indépendante du choix des $a_{i,j}$.*

2. $\operatorname{Ann}_A(\Delta\, A) = \mathfrak{p}\, A.$

3. $\operatorname{Ann}_A(\mathfrak{p}\, A) = \Delta\, A.$

Démonstration. On peut supposer que l'anneau B est local, sinon on localise B par un idéal maximal contenant $\mathfrak{q}$ et l'égalité dans les localisés impliquera l'égalité dans B.

1. Soit $q_i = \sum_{j=1}^{n} b_{i,j} p_j, 1 \leq i \leq n$, avec $b_{i,j} \in B$, une autre décomposition. On va montrer que $\det(a_{i,j}) = \det(b_{i,j})$ dans A. Pour cela, soit $i_0 \in \{1, \ldots, n\}$. On va le faire pour la représentation intermédiaire

$$\forall i \neq i_0 \ , \ q_i = \sum_{j=1}^{n} a_{i,j} p_j \ \text{ et } \ q_{i_0} = \sum_{j=1}^{n} b_{i_0,j} p_j \ .$$

Le cas général suivra de proche en proche, en changeant à chaque fois la forme d'un q_i. La matrice $(b_{i,j})$ a donc les mêmes lignes que $(a_{i,j})$ sauf celle d'indice i_0. La règle de Cramer appliquée au système

$$\forall \, i \neq i_0 \ , \ \sum_{j=1}^{n} a_{i,j} p_j = q_i \ , \ \text{ et } \sum_{j=1}^{n} (a_{i_0,j} - b_{i_0,j}) p_j = 0 \ ,$$

fournit $p_j(\det(a_{i,j}) - \det(b_{i,j})) \in (q_1, \ldots, q_{i_0-1}, q_{i_0+1}, \ldots, q_n), 1 \leq j \leq n$. En particulier,

$$q_{i_0}(\det(a_{i,j}) - \det(b_{i,j})) \in (q_1, \ldots, q_{i_0-1}, q_{i_0+1}, \ldots, q_n).$$

D'après le corollaire 8.18, q_{i_0} est un non-diviseur de zéro dans l'anneau quotient $B/(q_1, \ldots, q_{i_0-1}, q_{i_0+1}, \ldots, q_n)$, donc on a

$$\det(a_{i,j}) - \det(b_{i,j}) \in (q_1, \ldots, q_{i_0-1}, q_{i_0+1}, \ldots, q_n) \subset \mathfrak{q}.$$

Pour les points 2 et 3, les inclusions $\mathfrak{p}\,A \subset \mathrm{Ann}_A(\Delta\,A)$ et $\Delta\,A \subset \mathrm{Ann}_A(\mathfrak{p}\,A)$ proviennent de $p_i \Delta \in \mathfrak{q}, 1 \leq i \leq n$ (règle de Cramer). La preuve des deux inclusions inverses se fera par récurrence sur n.

Si $n = 1$, les deux inclusions sont immédiates. Soit $n \geq 2$. Et posons $B_1 = B/(p_1)$, $\mathfrak{p}' = (p_2, \ldots, p_n)$, $\mathfrak{q}' = (q_2, \ldots, q_n)$, $B' = B/\mathfrak{q}'$ et $A' = B_1/\mathfrak{q}' = B/(p_1, q_2, \ldots, q_n) = B'/(p_1)$. Dans B_1, nous avons $q_i = \sum_{j=2}^{n} a_{i,j} p_j$. Si $\Delta' = \det(a_{i,j})_{2 \leq i,j \leq n}$, alors pour tout $j \in \{2, \ldots, n\}, p_j \Delta' \in (q_2, \ldots, q_n)$. Il existe un élément de la forme $p_1 + \sum_{i=2}^{n} \alpha_i p_i$ qui est non-diviseur de zéro dans B'. Sinon, tous les p_i sont des diviseurs de zéro dans B' et q_1 aussi, ce qui contredit l'hypothèse. Quitte à remplacer p_1 par $p_1 + \sum_{i=2}^{n} \alpha_i p_i$, on peut supposer que p_1 est non-diviseur de zéro dans $B' = B/(q_2, \ldots, q_n)$. Donc $\{q_2, \ldots, q_n, p_1\}$ est une suite régulière de B.

D'après la règle de Cramer, $\Delta p_1 = \Delta_{1,1} q_1 + \cdots + \Delta_{n,1} q_n$, où $\Delta_{i,1}$ est le cofacteur de $a_{i,1}$. Dans B', $\Delta p_1 = \Delta' q_1$ (car $\Delta' = \Delta_{1,1}$). Par conséquent, si

μ_a désigne la multiplication par a, le diagramme suivant est commutatif :

$$
\begin{array}{ccccc}
& & & 0 & \\
& & & \downarrow & \\
0 \to & B/\mathfrak{p} = B_1/\mathfrak{p}' & \xrightarrow{\mu_{\Delta'}} & A_1 = B/(p_1, q_2, \ldots, q_n) & \supset \operatorname{Ann}_{B'/(p_1)}(\mathfrak{p}) \\
& \downarrow \mu_\Delta & & \downarrow \mu_{q_1} & \\
0 \to & B/\mathfrak{q} & \xrightarrow{\mu_{p_1}} & B/(p_1 q_1, q_2, \ldots, q_n) & \\
& \cup & & & \\
& \operatorname{Ann}_{B'/(q_1)}(\mathfrak{p}) & & &
\end{array}
$$

2. D'après l'hypothèse de récurrence $\operatorname{Ann}_{A'}(\Delta' A') = \mathfrak{p}' A'$, donc $\mu_{\Delta'}$ est injectif. Les morphismes μ_{p_1} et μ_{q_1} sont aussi injectifs car p_1 et q_1 sont non-diviseurs de zéro dans B'. Soit $m \in B/\mathfrak{p}$ tel que $\mu_\Delta(m) = 0$. Comme le diagramme précédent est commutatif et $\mu_{q_1} \circ \mu_{\Delta'}$ est injectif, $m = 0$. Ainsi l'application μ_Δ est injective, et par suite $\operatorname{Ann}_A(\Delta A) \subset \mathfrak{p} A$.

3. Montrons maintenant que

$$\mu_{p_1}\left(\operatorname{Ann}_{B'/(q_1)}(\mathfrak{p})\right) = \mu_{q_1}\left(\operatorname{Ann}_{B'/(p_1)}(\mathfrak{p})\right). \tag{8.5}$$

Soit $m \in \operatorname{Ann}_{B'/(q_1)}(\mathfrak{p})$. Pour tout $p \in \mathfrak{p}$, il existe $m_1 \in B'$ tel que $mp = q_1 m_1$. En particulier, $m \, p_1 = q_1 m_2$, avec $m_2 \in B'$. Donc $q_1 p_1 m_1 = m \, p_1 \, p = q_1 m_2 p$. Comme q_1 est un non-diviseur de zéro dans B', $m_2 p = p_1 m_1$. Par suite, $m_2 \in \operatorname{Ann}_{B'/(p_1)}(\mathfrak{p})$ et $m \, p_1 = q_1 m_2 \in \mu_{q_1}\left(\operatorname{Ann}_{B'/(p_1)}(\mathfrak{p})\right)$.

Réciproquement, soit $s \in \operatorname{Ann}_{B'/(p_1)}(\mathfrak{p})$. Pour tout $p \in \mathfrak{p}$, il existe $s_1 \in B'$ tel que $sp = p_1 s_1$. En particulier, $s \, q_1 = p_1 s_2, s_2 \in B'$. De la même façon que ci-dessus, comme p_1 n'est pas un diviseur de zéro dans B', $s_2 \in \operatorname{Ann}_{B'/(q_1)}(\mathfrak{p})$. Donc $s \, q_1 = p_1 s_2 \in \mu_{p_1}\left(\operatorname{Ann}_{B'/(q_1)}(\mathfrak{p})\right)$.

D'après l'hypothèse de récurrence,

$$\operatorname{im}(\mu_{\Delta'}) = \Delta' A_1 = \operatorname{Ann}_{A'}(\mathfrak{p}') = \operatorname{Ann}_{B'/(p_1)}(\mathfrak{p}).$$

On déduit alors de (8.5) que $\operatorname{im}(\mu_\Delta) = \Delta A = \operatorname{Ann}_{B'/(q_1)}(\mathfrak{p}) = \operatorname{Ann}_A(\mathfrak{p})$. $\qquad\square$

8.5. Intersection complète

Définition 8.23. *Les éléments $f_1, \ldots, f_n$ de $\mathbb{K}[\mathbf{x}] = \mathbb{K}[x_1, \ldots, x_n]$ forment une intersection complète si la variété algébrique $\mathcal{Z}_{\overline{\mathbb{K}}}(f_1, \ldots, f_n)$ est discrète (ou encore 0-dimensionnelle).*

D'après le théorème 4.3, la $\mathbb{K}$-algèbre $\mathcal{A} = \mathbb{K}[\mathbf{x}]/(f_1, \ldots, f_n)$ est de dimension finie.

Pour tout $f_0 \in \mathbb{K}[\mathbf{x}]$, rappelons (voir sous-section 5.3.10) que

$$\Theta_{f_0,\ldots,f_n}(\mathbf{x},\mathbf{y}) = \begin{vmatrix} f_0(\mathbf{x}) & \theta_1(f_0)(\mathbf{x},\mathbf{y}) & \cdots & \theta_n(f_0)(\mathbf{x},\mathbf{y}) \\ f_1(\mathbf{x}) & \theta_1(f_1)(\mathbf{x},\mathbf{y}) & \cdots & \theta_n(f_1)(\mathbf{x},\mathbf{y}) \\ \vdots & \vdots & & \vdots \\ f_n(\mathbf{x}) & \theta_1(f_n)(\mathbf{x},\mathbf{y}) & \cdots & \theta_n(f_n)(\mathbf{x},\mathbf{y}) \end{vmatrix} \tag{8.6}$$

où

$$\theta_j(f_i)(\mathbf{x},\mathbf{y}) = \frac{f_i(y_1,\ldots,y_{j-1},x_j,\ldots,x_n) - f_i(y_1,\ldots,y_j,x_{j+1},\ldots,x_n)}{x_j - y_j}.$$

On pose $\Delta_{f_1,\ldots,f_n} = \Theta_{1,f_1,\ldots,f_n} = \det(\theta_j(f_i))_{1\le i,j\le n}$ (ou encore Δ si $f_1,\ldots,f_n$ sont fixés et qu'il n'y a pas de risque de confusion). On rappelle que le $\mathcal{A}$-module $\mathcal{D}$, noyau de l'application

$$\sum_i a_i \otimes b_i \in \mathcal{A} \otimes \mathcal{A} \quad \mapsto \quad \sum_i a_i b_i \in \mathcal{A}$$

est engendré par les éléments de la forme $a \otimes 1 - 1 \otimes a, a \in \mathcal{A}$.

Proposition 8.24. $\operatorname{Ann}_{\mathcal{A}\otimes\mathcal{A}}(\mathcal{D})$ contient Δ.

Démonstration. Si on remplace les $f_i(\mathbf{x})$ par les $f_i(\mathbf{y})$ dans la première colonne de (8.6), $\Theta_{f_0,\ldots,f_n}(\mathbf{x},\mathbf{y})$ ne change pas. En développant ce déterminant suivant la première colonne, on obtient

$$\begin{aligned} \Theta_{f_0,\ldots,f_n}(\mathbf{x},\mathbf{y}) &= f_0(\mathbf{x})\,\Delta(\mathbf{x},\mathbf{y}) + f_1(\mathbf{x})\,\Delta_1(\mathbf{x},\mathbf{y}) + \cdots + f_n(\mathbf{x})\,\Delta_n(\mathbf{x},\mathbf{y}) \\ &= f_0(\mathbf{y})\,\Delta(\mathbf{x},\mathbf{y}) + f_1(\mathbf{y})\,\Delta_1(\mathbf{x},\mathbf{y}) + \cdots + f_n(\mathbf{y})\,\Delta_n(\mathbf{x},\mathbf{y}), \end{aligned}$$

avec $\Delta_i(\mathbf{x},\mathbf{y}) \in \mathbb{K}[\mathbf{x},\mathbf{y}]$. On déduit que $f_0(\mathbf{x})\,\Delta(\mathbf{x},\mathbf{y}) = f_0(\mathbf{y})\Delta(\mathbf{x},\mathbf{y})$ dans $\mathcal{A} \otimes \mathcal{A}$. C'est-à-dire que $(f_0 \otimes 1 - 1 \otimes f_0)\,\Delta = 0$, pour tout $f_0 \in \mathbb{K}[\mathbf{x}]$. Donc $\Delta \in \operatorname{Ann}_{\mathcal{A}\otimes\mathcal{A}}(\mathcal{D})$. $\square$

Proposition 8.25. *Si les polynômes $f_1,\ldots,f_n \in \mathbb{K}[\mathbf{x}] = \mathbb{K}[x_1,\ldots,x_n]$ forment une intersection complète, alors $\mathcal{A} = \mathbb{K}[\mathbf{x}]/(f_1,\ldots,f_n)$ est une $\mathbb{K}$-algèbre de Gorenstein, et $\Delta^{\triangleright}$ réalise un $\mathcal{A}$-isomorphisme entre $\widehat{\mathcal{A}}$ et $\mathcal{A}$.*

Démonstration. Notons $B = \mathbb{K}[\mathbf{x}] \otimes \mathcal{A}$, $\mathfrak{p}$ (resp. $\mathfrak{q}$) l'idéal de B engendré par $dx_i = x_i - y_i$ (resp. $df_i = f_i(\mathbf{x}) - f_i(\mathbf{y})$), $i = 1,\ldots,n$. L'anneau $B/\mathfrak{q} = \mathcal{A}\otimes_{\mathbb{K}}\mathcal{A}$, et l'idéal de $\mathcal{A}\otimes_{\mathbb{K}}\mathcal{A}$ engendré par les éléments de $\mathfrak{q}$ est exactement $\mathcal{D}$.

La suite $\{dx_1,\ldots,dx_n\}$ est régulière dans $\mathbb{K}[\mathbf{x},\mathbf{y}]$. Et comme $\{f_1,\ldots,f_n\}$ est quasi-régulière dans $\mathbb{K}[\mathbf{x}]$ (proposition 8.20), $\{df_1,\ldots,df_n\}$ l'est aussi dans B (voir exercice 8.7). Ces deux suites sont liées par

$$\begin{cases} df_1 &= \theta_1(f_1)\,dx_1 + \cdots + \theta_n(f_1)\,dx_n \\ &\vdots \\ df_n &= \theta_1(f_n)\,dx_1 + \cdots + \theta_n(f_n)\,dx_n. \end{cases}$$

D'après le théorème de Wiebe, on a

(1) $\mathrm{Ann}_{\mathcal{A}\otimes\mathcal{A}}(\mathcal{D}) = \Delta(\mathcal{A}\otimes\mathcal{A})$,

(2) $\mathrm{Ann}_{\mathcal{A}\otimes\mathcal{A}}(\Delta) = \mathcal{D}$.

Le point (1) montre que Δ est un générateur de $\mathrm{Ann}_{\mathcal{A}\otimes\mathcal{A}}(\mathcal{D})$. Et d'après (2), si $a \in \mathcal{A}$ vérifie $a \cdot \Delta \equiv 0$, alors $a \otimes 1 \in \mathcal{D}$. Donc $a = 0$ (en remplaçant $\mathbf{y}$ par $\mathbf{x}$). Ainsi, (Δ) est une $\mathcal{A}$-base de $\mathrm{Ann}_{\mathcal{A}\otimes\mathcal{A}}(\mathcal{D})$, qui est bien un $\mathcal{A}$-module libre de rang 1. Par ailleurs, comme $\Delta \in \mathrm{Ann}_{\mathcal{A}\otimes\mathcal{A}}(\mathcal{D})$, la preuve de $5 \Rightarrow 2$ du théorème 8.3 et la proposition 8.7 impliquent que $\Delta^\flat$ est un $\mathcal{A}$-isomorphisme entre $\widehat{\mathcal{A}}$ et $\mathcal{A}$.   □

Pour une autre preuve de la proposition 8.25, voir [**BCRS96**] ou exercice 8.10.

8.6. Exercices

Exercice 8.1. Montrer que toute $\mathbb{K}$-algèbre de dimension finie est isomorphe à une algèbre quotient $\mathbb{K}[\mathbf{x}]/I$, où I est un idéal 0-dimensionnel.

Exercice 8.2. Soient $a_1, \ldots, a_n$ des éléments d'un anneau A.

1. Supposons que $a_i = b_i c_i$, avec $(a_i, b_i) \in A^2$.

   i) Montrer que si les deux suites

   $$\{a_1, \ldots, a_{i-1}, b_i, a_{i+1}, \ldots, a_n\} \quad \text{et} \quad \{a_1, \ldots, a_{i-1}, c_i, a_{i+1}, \ldots, a_n\}$$

   sont régulières, alors $\{a_1, \ldots, a_{i-1}, a_i = b_i c_i, a_{i+1}, \ldots, a_n\}$ l'est aussi.

   ii) Montrer que si $\{a_1, \ldots, a_n\}$ est une suite régulière et

   $$(a_1, \ldots, a_{i-1}, b_i, a_{i+1}, \ldots, a_n) \neq A,$$

   alors $\{a_1, \ldots, a_{i-1}, b_i, a_{i+1}, \ldots, a_n\}$ est régulière.

2. En déduire que si la suite $\{a_1, \ldots, a_n\}$ est régulière et $(m_1, \ldots, m_n) \in (\mathbb{N}^*)^n$, alors $\{a_1^{m_1}, \ldots, a_n^{m_n}\}$ est aussi régulière.

Exercice 8.3. Soit $\{a_1, \ldots, a_n\}$ une suite régulière d'un anneau A. Si I désigne l'idéal de A engendré par $a_1, \ldots, a_n$, montrer que I/I^2 est un A/I-module libre de rang n.

Exercice 8.4. Soient $a_1, \ldots, a_n$ des éléments d'un anneau A et I l'idéal qu'ils engendrent. On définit le A/I-homomorphisme d'algèbres

$$f : (A/I)[x_1, \ldots, x_n] \rightarrow Gr_I(A) = \oplus_{n\in\mathbb{N}}(I^n/I^{n+1})$$
$$x_i \mapsto \overline{a_i} \in I/I^2.$$

1. Établir par récurrence sur n, que si $\{a_1, \ldots, a_n\}$ est suite régulière, alors f est un isomorphisme.

2. Montrer que f est un isomorphisme, si et seulement si, $\{a_1, \ldots, a_n\}$ est une suite quasi-régulière.

Exercice 8.5. Soit A un anneau noethérien. Étant donnés des éléments $a_1, \ldots, a_n$ de A, et notons I l'idéal qu'ils engendrent. Supposons que pour tout $i \in \{1, \ldots, n-1\}$, l'anneau $A_i = A/(a_1, \ldots, a_i)$ est séparé pour la topologie I-adique (i.e. $\cap_{k \in \mathbb{N}} (I^k A_i) = \{0\}$).

Prouver que la suite $\{a_1, \ldots, a_n\}$ est régulière, si et seulement si, elle est quasi-régulière.

Exercice 8.6. Soient $a_1, \ldots, a_m$ des éléments d'une $\mathbb{K}$-algèbre locale A tels que $A/(a_1, \ldots, a_m)$ soit de codimension c. Montrer que pour des valeurs génériques $(\lambda_{ij}) \in \mathbb{K}^{cm}$, $\{\sum_{j=1}^m \lambda_{ij} a_j, i = 1, \ldots, c\}$ est une suite régulière de A.

Exercice 8.7. Montrer :

1. $\{x_1 - y_1, \ldots, x_n - y_n\}$ est une suite régulière de $\mathbb{K}[\mathbf{x}, \mathbf{y}]$.

2. Si $\{f_1, \ldots, f_n\}$ est une suite quasi-régulière de $\mathbb{K}[\mathbf{x}]$, alors

$$\{f_1(\mathbf{x}) - f_1(\mathbf{y}), \ldots, f_n(\mathbf{x}) - f_n(\mathbf{y})\}$$

est quasi-régulière dans $\mathbb{K}[\mathbf{x}, \mathbf{y}]/(f_1(\mathbf{y}), \ldots, f_n(\mathbf{y}))$.

Exercice 8.8. Soient $f_1, \ldots, f_n$ des polynômes de $\mathbb{K}[\mathbf{x}]$ qui définissent une variété discrète $\mathcal{Z}$. Supposons que $0 \in \mathcal{Z}$ et notons $\mathcal{A}_0$ l'algèbre locale associée à 0. Montrer que si d est convenablement choisi, et $\tilde{f}_i = x_i^d + f_i$, pour $i = 1, \ldots, n$, alors $\Delta_{\tilde{f}_1, \ldots, \tilde{f}_n} \equiv a \Delta_{f_1, \ldots, f_n}$ dans $\mathcal{A}_0 \otimes \mathcal{A}_0$, où a est un élément inversible dans $\mathcal{A}_0$.

Exercice 8.9. Soit $\mathcal{A} = \mathbb{K}[x_1, \ldots, x_n]/Q$ une algèbre locale de Gorenstein, d'indice de nilpotence N.

1. Montrer que $\dim_{\mathbb{K}}(\mathcal{A}) \le n(N-1)$.

2. Est-ce que cette inégalité est vérifiée si $\mathcal{A}$ n'est pas de Gorenstein ?

Exercice 8.10. Soient $f_1, \ldots, f_n$ des éléments de $\mathbb{K}[\mathbf{x}]$ qui définissent une variété discrète $\mathcal{Z}$.

1. Si $f_i = x_i^{d_i} - r_i(\mathbf{x})$, avec $\deg(r_i) < d_i$, $i = 1, \ldots, n$, déterminer la matrice de $\Delta_{f_1, \ldots, f_n}^{\triangleright}$ dans les bases $\widehat{\mathbf{x}^E}$ de $\widehat{\mathcal{A}}$ et $\mathbf{x}^E$ de $\mathcal{A}$. Puis en déduire que l'algèbre $\mathcal{A} = \mathbb{K}[\mathbf{x}]/(f_1, \ldots, f_n)$ est de Gorenstein.

2. Supposons que $0 \in \mathcal{Z}$, et posons $\tilde{f}_i = x_i^d + f_i$, avec d convenablement choisi. Montrer que dans $\mathcal{A}_0 \otimes \mathcal{A}_0$, $\theta_i(\tilde{f}_i) \equiv \theta_i(f_i)$ et $\theta_j(\tilde{f}_i) = \theta_j(f_i)$ si $i \ne j$.

3. Prouver que $\mathcal{A}_0$ est une algèbre de Gorenstein. Puis en déduire qu'il en est de même pour $\mathcal{A}$.

Exercice 8.11. Algèbre Gorenstein homogène de dimension 0. Soit I un idéal homogène de $R = \mathbb{K}[x_1, \ldots, x_n]$.

– Montrer que si R/I est de dimension 0 et Gorenstein, alors il existe $\Lambda \in \mathbb{K}[\partial]$ homogène tel que

$$\langle\langle \Lambda \rangle\rangle^{\perp} = I.$$

– Montrer que le degré de Λ est le maximum des degrés des éléments d'une base de R/I.

– Montrer inversement que si $\Lambda \in \mathbb{K}[\partial]$ est homogène de degré d, alors $\Lambda \in \mathbb{K}[\partial]$ homogène pour $I = \langle\langle \Lambda \rangle\rangle^{\perp}$.

Exercice 8.12. Réduction des variables. Soit $\mathbb{K}$ un corps, $R = \mathbb{K}[x_1, \ldots, x_n]$ et $R_{[d]}$ le sous-espace vectoriel des polynômes de degré d. Soit $S = \mathbb{K}[\partial] = \mathbb{K}[\partial_1, \ldots, \partial_n]$. Nous nous intéressons au problème suivant :

> Pour $f \in R_{[d]}$, trouver un nombre minimal de formes linéaires $l_1, \ldots, l_r$
> et un polynôme $g \in \mathbb{K}[y_1, \ldots, y_r]_{[d]}$ tel que
> $$f(x_1, \ldots, x_r) = g(l_1, \ldots, l_r).$$

Nous noterons $N_e(f)$ ce nombre minimal. Les formes linéaires $l_1, \ldots, l_r$ sont appelés les *variables essentielles*.

Soit $f \in R_{[d]}$. Notons $C_f = \langle \partial_1 f, \ldots, \partial_n f \rangle \subset R_{[d-1]}$ et $r_f = \dim C_f$. La matrice des coeffcients de $\partial_1 f, \ldots, \partial_n f$ dans la base des monômes de degré $d-1$ est appelée, la première matrice catalecticant de f.

1. Montrer que si $l_1, \ldots, l_r$ sont des variables essentielles de f, il existe $n-r$ formes linéaires $L_1 = a_{1,1}\partial_1 + \cdots + a_{1,n}\partial_n, \ldots, L_{n-r} = a_{n-r,1}\partial_1 + \cdots + a_{n-r,n}\partial_n \in S_{[1]} = \mathbb{K}[\delta]_{[1]}$ telles que $L_i \cdot l_j = 0$ pour $i = 1, \ldots, r, j = 1, \ldots, n-r$.

2. En déduire que
   $$a_{i,1}\partial_1(f) + \cdots + a_{i,n}\partial_n(f) = 0,$$
   et que $r_f \leq N_e(f)$. Par la suite, pour $L = a_1\partial_1 + \cdots + a_n\partial_n$, nous noterons $L \cdot f = a_1\partial_1(f) + \cdots + a_n\partial_n(f) \in R_{[d-1]}$.

3. Montrer $L = a_1\partial_1 + \cdots + a_n\partial_n \in S$ vérifie
   $$a_1\partial_1 f + \cdots + a_n\partial_n f = 0$$
   si et seulement si pour tout multiple $\Lambda \in \mathbb{K}[\partial]$ de L de degré d, $L \cdot f = 0$.

4. Soit $(L_1, \ldots, L_{n-r_f})$ une base des éléments L de S de degré 1 tels que $L \cdot f = 0$.
   Montrer qu'il existe un changement de variables linéaire transformant $x_1, \ldots$ $, x_n$ en $l_1, \ldots, l_n$ tel que $L_i \cdot l_j = 1$ si $i = j$ et 0 sinon, pour $1 \leq i \leq n - r_f$, $1 \leq j \leq n$.

5. Montrer pour toute combinaison linéaire Λ de multiples de degré d de $L_1, \ldots,$ L_{n-r_f}, on a $\Lambda \cdot f = 0$.

6. En déduire $f \in \mathbb{K}[l_{n-r_f+1}, \ldots, l_n]$ et que $r_f = N_e(f)$.

Exercice 8.13. Nous reprenons les notations de l'exercice précédent. Soit $f \in R_{[d]}$.

1. Notons $\langle\langle f \rangle\rangle$ le système inverse de f engendré par f et ses dérivées itérées, dans R. Soit $J = \{\Lambda \in S; \Lambda \cdot \langle\langle f \rangle\rangle = 0\} = \langle\langle f \rangle\rangle^{\perp}$. Montrer que $\mathcal{A} = S/J$ est une algèbre de Gorenstein homogène de dimension 0.

2. Montrer que $L_1, \ldots, L_{n-r_f} \in J$ et que $\mathcal{A} = \mathbb{K}[V_1, \ldots, V_{r_f}]/\tilde{J}$ pour r formes linéaires indépendantes $V_1, \ldots, V_r \in S_{[1]}$ et pour un certain idéal homogène $\tilde{J}$ de $\mathbb{K}[V_1, \ldots, V_{r_f}]$ engendré par des polynômes de degré > 1.

3. Montrer que $\langle L_1, \ldots, L_{n-r_f}, V_1, \ldots, V_{r_f} \rangle = S_{[1]}$ et que $\mathcal{A}_{[1]} = \langle V_1, \ldots, V_{r_f} \rangle$.

4. Notons $f^{((d-1))}$ l'espace vectoriel engendré par les dérivée d'ordre $d-1$ de f. En déduire que $\dim((f^{((d-1))})^{\perp}) = n - r_f$ et que $f^{((d-1))}$ est engendré par les variables essentielles $l_1, \ldots, l_r$.

CHAPITRE 9

RÉSIDU ALGÉBRIQUE

Sommaire

Dans ce chapitre, nous allons définir le résidu d'une application polynomiale $\mathbf{f} = (f_1, \ldots, f_n)$ de $\mathbb{K}[\mathbf{x}]$, dont la variété $\mathcal{Z}(f_1, \ldots, f_n)$ est discrète. Puis, nous donnerons quelques exemples et propriétés de ce résidu.

Tout au long de ce chapitre, F désigne l'idéal de $\mathbb{K}[\mathbf{x}]$ engendré par $f_1, \ldots, f_n$, et $\mathcal{A}$ la $\mathbb{K}$-algèbre finie $\mathbb{K}[\mathbf{x}]/F$.

9.1. Définition du résidu et premiers exemples

Posons $\mathbf{dx} = (x_1 - y_1, \ldots, x_n - y_n)$ et $\mathbf{df} = (f_1(\mathbf{x}) - f_1(\mathbf{y}), \ldots, f_n(\mathbf{x}) - f_n(\mathbf{y}))$. Soit $\Theta_{\mathbf{f}}$ une matrice à coefficients dans $\mathbb{K}[\mathbf{x}, \mathbf{y}]$ qui vérifie $\mathbf{df} = \Theta_{\mathbf{f}} \, \mathbf{dx}$, et $\Delta_{\mathbf{f}}$ son déterminant. D'après le chapitre précédent, $\mathcal{A}$ est de Gorenstein (i.e. $\widehat{\mathcal{A}}$ et $\mathcal{A}$ sont $\mathcal{A}$-isomorphes via $\Delta_{\mathbf{f}}^{\triangleright}$). Ceci permet de définir le résidu associé à $\mathbf{f}$:

Définition 9.1. *Le résidu de l'application polynomiale $\mathbf{f}$ est l'unique forme linéaire $\tau_{\mathbf{f}}$ sur $\mathbb{K}[\mathbf{x}]$ qui vérifie*
  i) $\forall h \in F, \ \tau_{\mathbf{f}}(h) = 0$,
  ii) $\Delta_{\mathbf{f}}^{\triangleright}(\tau_{\mathbf{f}}) - 1 \in F$.

La forme linéaire $\tau_{\mathbf{f}}$ est donc l'image réciproque de 1 par l'application linéaire $\Delta_{\mathbf{f}}^{\triangleright} : \widehat{\mathcal{A}} \to \mathcal{A}$. Il dépend des listes de polynômes $(f_1, \ldots, f_n)$ (et pas seulement de l'idéal F) et de variables $(x_1, \ldots, x_n)$.

Pour calculer explicitement $\tau_{\mathbf{f}}$, on peut utiliser le bézoutien défini dans la sous-section 5.3.10. Et si on dispose d'une forme normale N dans $\mathcal{A}$ (i.e. une projection de $\mathbb{K}[\mathbf{x}]$ sur une base $(b_i)_{i=1,\ldots,D}$ de $\mathcal{A}$), on déduit l'algorithme suivant :

Algorithme 9.2. CALCUL DU RÉSIDU VIA UNE FORME NORMALE.

ENTRÉE : $\mathbf{f} \quad = \quad (f_1, \ldots, f_n)$ une application polynomiale telle que le $\mathbb{K}$-espace vectoriel $\mathcal{A} \quad = \quad \mathbb{K}[\mathbf{x}]/F$ soit de dimension finie D, et un algorithme de forme normale N dans $\mathcal{A}$.

1. Calculer le bézoutien $\Theta_{\mathbf{f}}(\mathbf{x}, \mathbf{y})$.

2. Normaliser $\Theta_{\mathbf{f}}(\mathbf{x}, \mathbf{y})$ en $\mathbf{x}$ et $\mathbf{y}$:

$$\Theta_{\mathbf{f}}(\mathbf{x}, \mathbf{y}) \equiv \sum_{i=1}^{D} \sum_{j=1}^{D} \theta_{i,j} \, b_i(\mathbf{x}) \, b_j(\mathbf{y}) \ , \quad \theta_{i,j} \in \mathbb{K}.$$

3. Soit u le vecteur des coordonnées de 1 dans la base $(b_i)_{i=1,\ldots,D}$ de $\mathcal{A}$. Résoudre le système linéaire en t : $(\theta_{i,j})\mathbf{t} = \mathbf{u}$.

SORTIE : Pour tout $h \in \mathbb{K}[\mathbf{x}]$, dont les coordonnées de la forme normale sont $(h_1, \ldots, h_D)$, on a

$$\tau_{\mathbf{f}}(h) = \sum_{i=1}^{D} t_i \, h_i \, .$$

9.1.1. Résidu d'une application en une variable. — Soit $f = f_0 x^d + \cdots + f_d \in \mathbb{K}[x]$ de degré d. L'espace vectoriel $\mathcal{A} = \mathbb{K}[x]/(f)$ a pour base $(1, x, \ldots, x^{d-1})$. Le bézoutien de f est

$$\Delta_f(x,y) = \frac{f(x) - f(y)}{x - y} = \sum_{i=0}^{d-1} x^i H_{d-1-i}(y) = \sum_{i=0}^{d-1} H_i(x)\, y^{d-1-i}, \qquad (9.1)$$

où les $H_j(y) = f_0\, y^j + f_1\, y^{j-1} + \cdots + f_j$ sont les *polynômes de Hörner* associés à f. La matrice de Δ_f dans la base monomiale de $\mathcal{A}$ est

$$\begin{pmatrix} f_{d-1} & \cdots & f_0 \\ \vdots & \cdot^{\cdot^{\cdot}} & \\ f_0 & & 0 \end{pmatrix}.$$

Cette matrice a une structure particulière (les coefficients qui se trouvent sur les différentes « diagonales » sont égaux). Une telle structure est dite de *Hankel*.

La famille $(H_{d-1}, \ldots, H_0)$ forme une base de $\mathcal{A}$ duale de $(1, x, \ldots, x^{d-1})$ pour la forme bilinéaire non-dégénérée définie par le résidu τ_f (voir proposition 8.7). Comme $\Delta_f^{\triangleright}(\tau_f) - 1 \in (f)$, et $\deg(\Delta_f^{\triangleright}(\tau_f)) \le d - 1$, nous avons

$$\Delta_f^{\triangleright}(\tau_f) - 1 = \sum_{i=0}^{d-1} \tau_f(H_{d-1-i})\, x^i - 1 = \sum_{i=0}^{d-1} \tau_f(y^{d-1-i})\, H_i(x) - 1 = 0.$$

Donc $\tau_f(H_{d-1}) = f_0\, \tau_f(x^{d-1}) = 1$, et $\tau_f(x^i) = \tau_f(H_i) = 0$ pour $0 \le i \le d - 2$. D'après la définition de τ_f, si $h \in \mathbb{K}[x]$ et $r = r_{d-1} x^{d-1} + \cdots + r_0$ désigne le reste de la division euclidienne de h par f, alors

$$\tau_f(h) = \tau_f(r) = r_{d-1}\, \tau_f(x^{d-1}) = \frac{r_{d-1}}{f_0}. \qquad (9.2)$$

$\tau_f(h)$ est aussi le coefficient de H_{d-1} dans la décomposition de r dans la base de Hörner de $\mathcal{A}$.

Remarque 9.3. En analyse complexe d'une variable, on définit

$$\mathrm{res}_f : \mathbb{C}[z] \;\to\; \mathbb{C}$$

$$g \;\mapsto\; \mathrm{res}_f(g) := \sum_{\zeta \in \mathcal{Z}(f)} \mathrm{res}_\zeta\left(\frac{g}{f}\right) = \sum_{\zeta \in \mathcal{Z}(f)} \frac{1}{2i\pi} \int_{\mathcal{C}(\zeta)} \frac{g(z)}{f(z)}\, dz,$$

où $\mathcal{C}(\zeta)$ est un petit cercle autour de ζ.

Et si $\mathcal{C}$ est un cercle entourant toutes les racines de f et r le reste de la division de g par f, en utilisant la formule de Stokes et en développant $\dfrac{r}{f}$ au voisinage de l'infini, on obtient

$$\operatorname{res}_f(g) = \frac{1}{2i\pi} \int_C \frac{g(z)}{f(z)} dz = \frac{1}{2i\pi} \int_C \frac{r(z)}{f(z)} dz = \tau_f(g).$$

9.1.2. Résidu d'une application à variables séparées. — Pour chaque $i \in \{1, \ldots, n\}$, soit $f_i = f_{i,0}\, x_i^{d_i} + \cdots + f_{i,d_i} \in \mathbb{K}[x_i]$ avec $f_{i,0} \neq 0$. Le bézoutien de $\mathbf{f} = (f_1, \ldots, f_n)$ est

$$\Delta_{\mathbf{f}} = \Delta_{f_1} \ldots \Delta_{f_n} \,, \quad \Delta_{f_i} = \sum_{j=0}^{d_i-1} x_i^{\,j}\, H_{i,d_i-1-j}(y_i) = \sum_{j=0}^{d_i-1} H_{i,j}(x_i)\, y_i^{\,d_i-1-j}.$$

Les $H_{i,j}, j = 0, \ldots, d_i - 1$, sont les polynômes de Hörner correspondant à $f_i \in \mathbb{K}[x_i]$. Par conséquent,

$$
\begin{aligned}
\Delta_{\mathbf{f}} &= \sum_{i=1}^{n} \sum_{j_i=0}^{d_i-1} x_1^{\,j_1} \ldots x_n^{\,j_n}\, H_{1,d_1-1-j_1}(y_1) \ldots H_{n,d_n-1-j_n}(y_n) \\
&= \sum_{i=1}^{n} \sum_{j_i=0}^{d_i-1} H_{1,j_1}(x_1) \ldots H_{n,j_n}(x_n)\, y_1^{\,d_1-1-j_1} \ldots y_n^{\,d_n-1-j_n}.
\end{aligned}
$$

Une base B de l'espace vectoriel $\mathcal{A} = \mathbb{K}[\mathbf{x}]/F$ est

$$B = \{x_1^{\,\alpha_1} \ldots x_n^{\,\alpha_n} : 0 \le \alpha_1 < d_1, \ldots, 0 \le \alpha_n < d_n\}.$$

Une autre base de $\mathcal{A}$ est $H = \{H_{1,\beta_1} \ldots H_{n,\beta_n} : 0 \le \beta_1 < d_1, \ldots, 0 \le \beta_n < d_n\}$. D'après la proposition 8.7, ces deux bases sont duales pour le produit scalaire $(a, b) \mapsto \tau_{\mathbf{f}}(a\,b)$ défini sur $\mathcal{A}$.

Comme $\Delta_{\mathbf{f}}^{\triangleright}(\tau_{\mathbf{f}}) - 1 \in F$, nous déduisons que $\Delta_{\mathbf{f}}^{\triangleright}(\tau_{\mathbf{f}}) = 1$ et par suite

$$
\left\{
\begin{array}{l}
\tau_{\mathbf{f}}(\mathbf{x}^\alpha) = 0 \quad \text{si} \quad \mathbf{x}^\alpha \in B \setminus \{x_1^{\,d_1-1} \ldots x_n^{\,d_n-1}\}, \\[2mm]
\tau_{\mathbf{f}}(x_1^{\,d_1-1} \ldots x_n^{\,d_n-1}) = \dfrac{1}{f_{1,0} \cdots f_{n,0}}.
\end{array}
\right.
\tag{9.3}
$$

De même

$$
\left\{
\begin{array}{l}
\tau_{\mathbf{f}}(H_{1,\alpha_1} \ldots H_{n,\alpha_n}) = 0 \quad \text{si} \quad \mathbf{x}^\alpha \in B \setminus \{x_1^{\,d_1-1} \ldots x_n^{\,d_n-1}\}, \\[2mm]
\tau_{\mathbf{f}}(H_{1,d_1-1} \ldots H_{n,d_n-1}) = 1.
\end{array}
\right.
$$

Par conséquent, le résidu $\tau_{\mathbf{f}}$ se calcule de manière séparée, c'est-à-dire

$$\forall\,(\alpha_1, \ldots, \alpha_n) \in \mathbb{N}^n, \ \tau_{\mathbf{f}}(x_1^{\,\alpha_1} \ldots x_n^{\,\alpha_n}) = \tau_{f_1}(x_1^{\,\alpha_1}) \ldots \tau_{f_n}(x_n^{\,\alpha_n}).
\tag{9.4}$$

Remarque 9.4. Soit $h \in \mathbb{K}[\mathbf{x}]$. Le résidu $\tau_{(x_1^{d_1}, \ldots, x_n^{d_n})}(h)$ est le coefficient de $x_1^{\,d_1-1} \ldots x_n^{\,d_n-1}$ dans h : c'est la formule habituelle de Cauchy (voir [**GH78**]).

Dans la pratique, pour calculer des résidus multivariables, on se ramène, comme nous le verrons plus tard, via la loi de transformation (voir section

9.2), au cas des applications à variables séparées (donc à des calculs de résidus en une variable).

9.1.3. Déformation du cas monomial. — On se place dans le cas d'une application $\mathbf{f} = (f_1, \ldots, f_n)$ de la forme

$$\forall i \in \{1, \ldots, n\} \,, \ f_i = x_i^{d_i} - g_i \,, \ \text{avec} \ \deg g_i < d_i \,. \tag{9.5}$$

Ce cas généralise le précédent. Une base du $\mathbb{K}$-espace vectoriel quotient $\mathcal{A}$ est

$$B = \{x_1^{\alpha_1} \ldots x_n^{\alpha_n} : 0 \leq \alpha_i < d_i\}.$$

C'est la même que dans le cas de l'application $(x_1^{d_1}, \ldots, x_n^{d_n})$. Pour calculer la forme normale d'un polynôme dans cette base, il suffit de remplacer, tant que l'on peut, $x_i^{d_i}$ par g_i. Notons $\langle B \rangle$ le sous-espace vectoriel de $\mathbb{K}[\mathbf{x}]$ engendré par B. Cette réduction modulo $f_1, \ldots, f_n$ fournit une projection de $\mathbb{K}[\mathbf{x}]$ sur $\langle B \rangle$ suivant l'idéal F.

Soit t une nouvelle variable et ${}^t f_i \in \mathbb{K}[t][x_1, \ldots, x_n]$ l'homogénéisé de f_i par rapport à t. Le polynôme ${}^t f_i = x_i^{d_i} - t \tilde{g}_i$, avec $\tilde{g}_i \in \mathbb{K}[t][x_1, \ldots, x_n]$. Nous avons ${}^0 f_i = x_i^{d_i}$ et ${}^1 f_i = f_i$. Si ${}^t \mathbf{f}$ désigne l'application $({}^t f_1, \ldots, {}^t f_n)$, alors

$$\Delta_{{}^t \mathbf{f}} = \Delta_{\mathbf{x}^{\mathbf{d}}} + t R_1 + \cdots + t^s R_s \,,$$

où les R_i sont des éléments de $\mathbb{K}[\mathbf{x}, \mathbf{y}]$ de degrés au plus $\sum_{i=1}^{n}(d_i - 1) - 1 = \nu - 1$.

Proposition 9.5. *Le résidu de l'application (9.5) est donné par*
i) $\tau_{\mathbf{f}} = 0$ sur F,
ii) $\tau_{\mathbf{f}} = \tau_{\mathbf{x}^{\mathbf{d}}}$ sur $\langle B \rangle$.

Cette proposition définit bien $\tau_{\mathbf{f}}$, car $\mathbb{K}[\mathbf{x}] = \langle B \rangle \oplus F$.
Démonstration. D'après la définition 9.1, il suffit de vérifier que la forme linéaire τ ainsi définie vérifie $\Delta_{\mathbf{f}}^{\triangleright}(\tau) - 1 \in F$. En effet,

$$\Delta_{\mathbf{f}}^{\triangleright}(\tau) = \Delta_{\mathbf{x}^{\mathbf{d}}}^{\triangleright}(\tau) + R_1^{\triangleright}(\tau) + \cdots + R_s^{\triangleright}(\tau).$$

Comme $\mathbb{K}[\mathbf{x}] = \langle B \rangle \oplus F$, $R_i(\mathbf{x}, \mathbf{y}) = b_i(\mathbf{x}, \mathbf{y}) + q_i(\mathbf{x}, \mathbf{y})$, avec $\deg_{\mathbf{y}}(q_i) < \nu$, $b_i(\mathbf{x}, \mathbf{y}) = \sum_\alpha a_{i\alpha}(\mathbf{x}) \, b_{i\alpha}(\mathbf{y})$, $b_{i\alpha} \in \langle B \rangle$, $\deg(b_{i\alpha}) < \nu$, $q_i \in (f_1(\mathbf{y}), \ldots, f_n(\mathbf{y}))$. D'après la définition de τ,

$$\begin{aligned}
\Delta_{\mathbf{f}}^{\triangleright}(\tau) &= \Delta_{\mathbf{x}^{\mathbf{d}}}^{\triangleright}(\tau) + b_1^{\triangleright}(\tau) + \cdots + b_s^{\triangleright}(\tau) \\
&= \Delta_{\mathbf{x}^{\mathbf{d}}}^{\triangleright}(\tau_{\mathbf{x}^{\mathbf{d}}}) + b_1^{\triangleright}(\tau_{\mathbf{x}^{\mathbf{d}}}) + \cdots + b_s^{\triangleright}(\tau_{\mathbf{x}^{\mathbf{d}}}) = 1.
\end{aligned}$$

$\square$

9.1.4. Résidu dans le cas de racines simples. — On se place dans le cas où toutes les racines du système polynomial $f_1 = \cdots = f_n = 0$ sont simples (i.e. $\forall \zeta \in \mathcal{Z} = \mathcal{Z}(f_1, \ldots, f_n)$, $\mathrm{Jac}_{\mathbf{f}}(\zeta) \neq 0$).

Si $\zeta \in \mathbb{K}^n$, $\mathbf{1}_\zeta$ désigne l'évaluation au point ζ (i.e. l'application $a \mapsto a(\zeta)$).

Proposition 9.6. *Si les racines communes à $f_1, \ldots, f_n$ sont simples, alors*

$$\tau_{\mathbf{f}} = \sum_{\zeta \in \mathcal{Z}} \frac{\mathbf{1}_\zeta}{\mathrm{Jac}_{\mathbf{f}}(\zeta)}.$$

Démonstration. Soit $(\zeta, \xi) \in \mathcal{Z}^2$, avec $\zeta \neq \xi$. Comme $\mathbf{f}(\mathbf{x}) - \mathbf{f}(\mathbf{y}) = \Theta_{\mathbf{f}}(\mathbf{x}, \mathbf{y})d\mathbf{x}$,

$$\Theta_{\mathbf{f}}(\zeta, \xi) \begin{pmatrix} \zeta_1 - \xi_1 \\ \vdots \\ \zeta_n - \xi_n \end{pmatrix} = 0,$$

et $\Delta_{\mathbf{f}}(\zeta, \xi) = \det(\Theta_{\mathbf{f}}(\zeta, \xi)) = 0$. De plus si $\zeta \in \mathcal{Z}$, $\Delta_{\mathbf{f}}(\zeta, \zeta) = \mathrm{Jac}_{\mathbf{f}}(\zeta) \neq 0$.

Puisque la famille $(\mathbf{1}_\zeta)_{\zeta \in \mathcal{Z}}$ forme une base de $\widehat{\mathcal{A}}$, il existe des scalaires $(c_\zeta)_{\zeta \in \mathcal{Z}}$ tels que $\tau_{\mathbf{f}} = \sum_{\zeta \in \mathcal{Z}} c_\zeta \mathbf{1}_\zeta$, et $\Delta_{\mathbf{f}}^\triangleright(\tau_{\mathbf{f}}) - 1 = \sum_{\zeta \in \mathcal{Z}} c_\zeta \Delta_{\mathbf{f}}(\mathbf{x}, \zeta) - 1 \in F$. Ainsi, pour tout $\zeta \in \mathcal{Z}$, $(\Delta_{\mathbf{f}}^\triangleright(\tau_{\mathbf{f}}) - 1)(\zeta) = c_\zeta \mathrm{Jac}_{\mathbf{f}}(\zeta) - 1 = 0$, et $c_\zeta = \dfrac{1}{\mathrm{Jac}_{\mathbf{f}}(\zeta)}$. □

Corollaire 9.7. *Si $f_i = a_{i,1}x_1 + \cdots + a_{i,n}x_n + a_{i,n+1}, i = 1, \ldots, n$, alors*

$$\tau_{\mathbf{f}} = \frac{1}{\det(a_{i,j})_{1 \leq i,j \leq n}} \mathbf{1}_\zeta,$$

où ζ est l'unique racine commune à $f_1, \ldots, f_n$.

Remarque 9.8. Les polynômes $\dfrac{\Delta_{\mathbf{f}}(\mathbf{x}, \zeta)}{\mathrm{Jac}_{\mathbf{f}}(\zeta)}$, $\zeta \in \mathcal{Z}$, sont des polynômes d'interpolation aux points $\zeta \in \mathcal{Z}$: si $(c_\zeta)_{\zeta \in \mathcal{Z}}$ est une famille de scalaires, un polynôme de "petit degré" (i.e. au plus $\sum_{i=1}^{n} \deg f_i - n$), qui vaut c_ζ en ζ, pour tout $\zeta \in \mathcal{Z}$, est

$$\sum_{\zeta \in \mathcal{Z}} c_\zeta \frac{\Delta_{\mathbf{f}}(\mathbf{x}, \zeta)}{\mathrm{Jac}_{\mathbf{f}}(\zeta)}.$$

Cette expression généralise, à plusieurs variables, la formule *d'interpolation de Lagrange*. En fait, ceci permet de retrouver explicitement les idempotents (voir section 4.5) associés aux racines simples d'une application polynomiale.

Proposition 9.9. *Soit $\mathbf{f} = (f_1, \ldots, f_n)$ une application polynomiale qui définit une variété discrète $\mathcal{Z}$. Si $\zeta \in \mathcal{Z}$ est une racine simple, alors l'idempotent associé à ζ est $\mathbf{e}_\zeta = \dfrac{\Delta_{\mathbf{f}}(\mathbf{x}, \zeta)}{\mathrm{Jac}_{\mathbf{f}}(\zeta)}$.*

Démonstration. D'après la proposition 8.24, pour $h \in \mathbb{K}[\mathbf{x}]$, nous avons dans $\mathcal{A}$, $\Delta_{\mathbf{f}}(\mathbf{x}, \zeta) h(\mathbf{x}) \equiv \Delta_{\mathbf{f}}(\mathbf{x}, \zeta) h(\zeta)$. Donc

$$\Delta_{\mathbf{f}}(\mathbf{x}, \zeta) \Delta_{\mathbf{f}}(\mathbf{x}, \zeta) \equiv \Delta_{\mathbf{f}}(\mathbf{x}, \zeta) \Delta_{\mathbf{f}}(\zeta, \zeta) \equiv \Delta_{\mathbf{f}}(\mathbf{x}, \zeta) \operatorname{Jac}_{\mathbf{f}}(\zeta),$$

c'est-à-dire $\mathbf{e}_\zeta^2 = \mathbf{e}_\zeta$. De plus, si $\mathfrak{m}_\zeta$ est l'idéal maximal définissant ζ, $\mathfrak{m}_\zeta \mathbf{e}_\zeta \equiv 0$. Il en résulte que $\mathbf{e}_\zeta$ est bien l'idempotent associé à ζ. $\qquad\square$

9.2. Lois de transformation

Les lois de transformation donnent le lien entre les résidus associés à deux applications polynomiales liées par une transformation matricielle. Ces lois sont cruciales pour les calculs des résidus.

9.2.1. Loi de transformation usuelle. — Soient $\mathbf{f} = (f_1, \ldots, f_n)$ et $\mathbf{g} = (g_1, \ldots, g_n)$ deux applications polynomiales qui définissent des suites quasi-régulières de $\mathbb{K}[\mathbf{x}]$. Supposons

$$\forall i \in \{1, \ldots, n\} \ , \ g_i = \sum_{j=1}^n a_{ij} f_j \ , \ a_{ij} \in \mathbb{K}[\mathbf{x}].$$

Notons A la matrice (a_{ij}), $\tau_{\mathbf{f}}$ (resp. $\tau_{\mathbf{g}}$) le résidu de $\mathbf{f}$ (resp. $\mathbf{g}$).

Théorème 9.10 (Loi de transformation usuelle).

$$\forall h \in \mathbb{K}[\mathbf{x}] \ , \ \tau_{\mathbf{f}}(h) = \tau_{\mathbf{g}}(h \det A).$$

Démonstration. Notons F (resp. G) l'idéal de $\mathbb{K}[\mathbf{x}]$ engendré par $f_1, \ldots, f_n$ (resp. $g_1, \ldots, g_n$). D'après la définition 9.1, il suffit de vérifier

$$\forall h \in F \ , \ \tau_{\mathbf{g}}(h \det A) = 0 \ , \ \text{ et } \ \Delta_{\mathbf{f}}^{\triangleright}(\det A \cdot \tau_{\mathbf{g}}) - 1 \in F \ .$$

L'identité de Cramer fournit $f_i \det A \in G, i = 1, \ldots, n$. Si $h \in F$, alors $h \det A \in G$, et $\tau_{\mathbf{g}}(h \det A) = 0$.

Par construction $\mathbf{f}(\mathbf{x}) - \mathbf{f}(\mathbf{y}) = \Theta_{\mathbf{f}} \, \mathbf{dx}$, et $\det(\Theta_{\mathbf{f}}) = \Delta_{\mathbf{f}}$. Il en résulte

$$
\begin{aligned}
\Theta_{\mathbf{g}} \, \mathbf{dx} &= \mathbf{g}(\mathbf{x}) - \mathbf{g}(\mathbf{y}) = A(\mathbf{x}) \, \mathbf{f}(\mathbf{x}) - A(\mathbf{y}) \, \mathbf{f}(\mathbf{y}) \\
&= A(\mathbf{y}) \, (\mathbf{f}(\mathbf{x}) - \mathbf{f}(\mathbf{y})) + (A(\mathbf{x}) - A(\mathbf{y})) \, \mathbf{f}(\mathbf{x}) \\
&= (A(\mathbf{y}) \, \Theta_{\mathbf{f}} + B) \mathbf{dx} = \tilde{\Theta} \, \mathbf{dx}
\end{aligned}
$$

avec $B = (b_{ij})_{1 \le i, j \le n}$, et b_{ij} est un élément de l'idéal $\tilde{F}$ de $\mathbb{K}[\mathbf{x}, \mathbf{y}]$ engendré par $f_1, \ldots, f_n$. Posons $\tilde{\Delta} = \det \tilde{\Theta}$. Nous avons

$$\tilde{\Delta} - \det(A(\mathbf{y}) \, \Theta_{\mathbf{f}}) \equiv \tilde{\Delta} - \Delta_{\mathbf{f}} \det A(\mathbf{y}) \in \tilde{F}.$$

D'après le théorème de Wiebe, $\tilde{\Delta} - \Delta_{\mathbf{g}} \in (g_1(\mathbf{x}) - g_1(\mathbf{y}), \ldots, g_n(\mathbf{x}) - g_n(\mathbf{y}))$. Donc $\tilde{\Delta}^{\triangleright} \tau_{\mathbf{g}} - \Delta_{\mathbf{g}}{}^{\triangleright} \tau_{\mathbf{g}} \in G$. Par conséquent, $\tilde{\Delta}^{\triangleright} \tau_{\mathbf{g}} - 1 \in G$. Ainsi,

$$
\begin{aligned}
\Delta_{\mathbf{f}}{}^{\triangleright} (\det A \cdot \tau_{\mathbf{g}}) - 1 &= (\Delta_{\mathbf{f}} \det A(\mathbf{y}))^{\triangleright} \tau_{\mathbf{g}} - 1 \\
&= (\Delta_{\mathbf{f}} \det A(\mathbf{y}) - \tilde{\Delta})^{\triangleright} \tau_{\mathbf{g}} + \tilde{\Delta}^{\triangleright} \tau_{\mathbf{g}} - 1 \in F.
\end{aligned}
$$

$\square$

On peut trouver une autre preuve de la loi de transformation basée sur un argument de perturbation dans [GH78], [AVGZ86], [BGVY93]. L'intérêt de cette loi réside dans le fait que l'on peut ramener le calcul des résidus multivariables à un calcul de résidus en une variable. En effet, comme la variété définie par $f_1, \ldots, f_n$ est discrète, il est possible de trouver, dans l'idéal engendré par les f_i, des polynômes $g_1, \ldots, g_n$ tels que $g_i \in \mathbb{K}[x_i]$. D'après le théorème 9.10 et la formule (9.4), les calculs des résidus se ramènent à une seule variable.

Les corollaires suivants sont des conséquences immédiates du théorème 9.10.

Corollaire 9.11. *Le résidu $\tau_{\mathbf{f}}$ est une fonction alternée des composantes $f_1, \ldots, f_n$ de $\mathbf{f}$.*

Corollaire 9.12. *Soient $\mathbf{f} = (f_1, \ldots, f_n)$ et $\mathbf{g} = (g_1, \ldots, g_n)$ deux applications polynomiales. Si $\mathbf{f}$ et $\mathbf{f} \star \mathbf{g} := (f_1 g_1, \ldots, f_n g_n)$ définissent des suites quasi-régulières, alors $\tau_{\mathbf{f}} = g_1 \cdots g_n \tau_{\mathbf{f} \star \mathbf{g}}$.*

9.2.2. Loi de transformation pour les résidus itérés. — Cette loi permet de calculer les résidus itérés d'une application polynomiale en fonction de ceux d'une autre, liées toutes les deux par une transformation polynomiale.

Théorème 9.13 (Loi de transformation pour les résidus itérés). *Soient $\mathbf{f} = (f_1, \ldots, f_n)$ et $\mathbf{g} = (g_1, \ldots, g_n)$ deux suites quasi-régulières telles que*

$$
\forall i \in \{1, \ldots, n\} , \quad g_i = \sum_{j=1}^{n} a_{ij} f_j , \quad a_{ij} \in \mathbb{K}[\mathbf{x}].
$$

Alors pour $h \in \mathbb{K}[\mathbf{x}]$ et $m = (m_1, \ldots, m_n) \in \mathbb{N}^n$, nous avons

$$
\tau_{\mathbf{f}^{m+1}}(h) = \sum_{\substack{k_{11} + \cdots + k_{n1} = m_1 \\ \vdots \\ k_{1n} + \cdots + k_{nn} = m_n}} \prod_{i=1}^{n} \frac{(k_{i1} + \cdots + k_{in})!}{k_{i1}! \ldots k_{in}!}
$$

$$
\tau_{(g_1^{k_{11} + \cdots + k_{1n} + 1}, \ldots, g_n^{k_{n1} + \cdots + k_{nn} + 1})} \left(h \det(a_{ij}) \prod_{1 \le i, j \le n} a_{ij}^{k_{ij}} \right).
$$

Cette règle de transformation est due à Kytmanov [**Kyt88**]. Sa preuve originale est fausse. Elle a été corrigée dans [**BY99**], [**BH98**]. Pour la démonstration de ce résultat, nous avons besoin du lemme suivant :

Lemme 9.14. *Si* $m = (m_1, \ldots, m_n) \in \mathbb{N}^n$, *alors* $\tau_{\mathbf{f}^{m+1}} = \tau_{\mathbf{y}^{m+1}, \mathbf{f} - \mathbf{y}}$.

Démonstration. Soit $h \in \mathbb{K}[\mathbf{x}]$. En utilisant les identités

$$f_i^{m_i+1}(\mathbf{x}) = y_i^{m_i+1} + (f_i(\mathbf{x}) - y_i) \sum_{j_i=0}^{m_i} f_i^{m_i - j_i}(\mathbf{x})\, y_i^{j_i} \ , \ 1 \leq i \leq n,$$

la loi de transformation usuelle, le corollaire 9.11 et l'exercice 9.4, on obtient

$$
\begin{aligned}
\tau_{\mathbf{y}^{m+1}, \mathbf{f} - \mathbf{y}}(h) &= \tau_{\mathbf{y}^{m+1}, \mathbf{f}^{m+1}} \left(h \prod_{i=1}^{n} \Big(\sum_{j_i=0}^{m_i} f_i^{m_i - j_i}(\mathbf{x})\, y_i^{j_i} \Big) \right) \\
&= \sum_{\substack{j=(j_1,\ldots,j_n)\in\mathbb{N}^n \\ 0 \leq j_i \leq m_i}} \tau_{\mathbf{y}^{m+1}}(\mathbf{y}^j) \tau_{\mathbf{f}^{j+1}}(h) = \tau_{\mathbf{f}^{m+1}}(h).
\end{aligned}
$$

$\square$

La preuve de la loi de transformation pour les résidus itérés est basée sur l'application de la loi de transformation usuelle.

Démonstration. Posons $A = (a_{ij})$. En utilisant le lemme précédent et la loi de transformation, nous obtenons

$$\tau_{\mathbf{f}^{m+1}}(h) = \tau_{\mathbf{y}^{m+1}, \mathbf{f} - \mathbf{y}}(h) = \tau_{\mathbf{y}^{m+1}, \mathbf{g} - A\mathbf{y}}(h \det A).$$

Si $(A\mathbf{y})_{[i]}$ désigne la $i^{\text{ème}}$ composante du vecteur $A\mathbf{y}$, la loi de transformation appliquée aux identités

$$g_i^{|m|+1} = ((A\mathbf{y})_{[i]})^{|m|+1} + (g_i - (A\mathbf{y})_{[i]}) \sum_{k_i=0}^{|m|} g_i^{|m|-k_i} ((A\mathbf{y})_{[i]})^{k_i} \ , \ 1 \leq i \leq n,$$

fournit

$$\tau_{\mathbf{y}^{m+1}, \mathbf{g} - A\mathbf{y}}(h \det A) = \sum_{\substack{k=(k_1,\ldots,k_n)\in\mathbb{N}^n \\ 0 \leq k_1,\ldots,k_n \leq |m|}} \tau_{\mathbf{y}^{m+1}, \mathbf{g}^{|m|+1}} \left(h (\det A) \big(\prod_{i=1}^{n} g_i^{|m|-k_i} \big) (A\mathbf{y})^k \right).$$

La formule cherchée découle directement de l'égalité précédente, des identités

$$(a_{i1}y_1 + \cdots + a_{in}y_n)^{k_i} = \sum_{\substack{(k_{i1}, \cdots, k_{in})\in\mathbb{N}^n \\ k_{i1}+\cdots+k_{in}=k_i}} \frac{(k_{i1} + \cdots + k_{in})!}{k_{i1}! \ldots k_{in}!} (a_{i1}y_1)^{k_{i1}} \ldots (a_{in}y_n)^{k_{in}},$$

de la loi de transformation usuelle et du calcul des résidus d'une application à variables séparées.

$\square$

9.2.3. Loi de transformation généralisée. — Le but de cette sous-section est de présenter la loi de transformation généralisée pour les résidus, due à C.A. Berenstein et A. Yger [BY99]. Celle-ci généralise la loi usuelle (théorème 9.10). Nous verrons plus tard comment l'utiliser pour construire un algorithme de calcul des résidus multivariables d'une application quelconque.

Théorème 9.15. [BY99] *Soient* $f = (f_0, \ldots, f_n)$ *et* $g = (g_0, \ldots, g_n)$, *avec* $f_0 = g_0$, *deux applications de* $\mathbb{K}[x_0, \ldots, x_n]$ *qui définissent des variétés algébriques affines discrètes. Supposons qu'il existe des entiers positifs* m_i *et des polynômes* a_{ij} *tels que*

$$\forall i \in \{1, \ldots, n\} \ , \ f_0^{m_i} g_i = \sum_{j=1}^{n} a_{ij} f_j \, . \tag{9.6}$$

Alors $\tau_f = \det(a_{ij}).\tau_{(f_0^{m_1 + \cdots + m_n + 1}, g_1, \ldots, g_n)}$.

Démonstration. Soit un entier $N > |m| = m_1 + \cdots + m_n$. En multipliant l'identité (9.6) par $f_0^{N-m_i}$ et en utilisant la quasi-régularité de la suite $f_0^N, f_1, \ldots, f_n$ (proposition 8.20, exercice 8.4), on déduit qu'il existe des $b_{ij} \in \mathbb{K}[x_0, \ldots, x_n]$ tels que

$$g_i = b_{i0} f_0^{N-1} f_0 + b_{i1} f_1 + \cdots + b_{in} f_n \ , \ 1 \leq i \leq n. \tag{9.7}$$

La loi de transformation usuelle implique que $\tau_f = (\det C).\tau_{f_0^{|m|+1}, g_1, \ldots, g_n}$, où

$$C = \begin{pmatrix} f_0^{m_1} b_{11} & \cdots & f_0^{m_1} b_{1n} \\ \vdots & & \vdots \\ f_0^{m_n} b_{n1} & \cdots & f_0^{m_n} b_{nn} \end{pmatrix} .$$

Quitte à prendre des combinaisons linéaires convenables de $f_0^N, f_1, \ldots, f_n$ à coefficients constants, on peut supposer que cette suite est régulière (exercice 8.6). Si on multiplie l'égalité (9.7) par $f_0^{m_i}$ et on soustrait l'identité (9.6) du résultat, on obtient

$$b_{i0} f_0^{N+m_i} + (f_0^{m_i} b_{i1} - a_{i1}) f_1 + \cdots + (f_0^{m_i} b_{in} - a_{in}) f_n = 0.$$

Ainsi, l'élément $(b_{i0} f_0^{m_i}, f_0^{m_i} b_{i1} - a_{i1}, \ldots, f_0^{m_i} b_{in} - a_{in})$ de $(\mathbb{K}[x_0, \ldots, x_n])^{n+1}$ appartient au premier module des relations de $(f_0^N, f_1, \ldots, f_n)$ (voir définition 2.13). D'après la proposition 8.21, cet élément est une combinaison linéaire à coefficients polynomiaux des relations élémentaires de $\mathrm{Rel}(f_0^N, f_1, \ldots, f_n)$

$$\sigma_i = (f_i, 0, \ldots, 0, -f_0^N, 0, \ldots, 0) \ , \ 1 \leq i \leq n \ , \quad \text{et}$$

$$\sigma_{jl} = (0, \ldots, 0, f_l, 0, \ldots, 0, -f_j, 0, \ldots, 0) \ , \ 1 \leq j < l \leq n \, .$$

Donc si L_i est la ième ligne de la matrice $C - (a_{ij})_{1 \leq i,j \leq n}$, on peut trouver q_{ij} et $q_{ijl} \in \mathbb{K}[x_0, \ldots, x_n]$ tels que

$$L_i = (f_0^{m_i} b_{i1} - a_{i1}, \ldots, f_0^{m_i} b_{in} - a_{in}) = \sum_{j=1}^n q_{ij} \tilde{\sigma}_j + \sum_{1 \leq j < l \leq n} q_{ijl} \tilde{\sigma}_{jl} ,$$

où $\tilde{\sigma}_j$ et $\tilde{\sigma}_{jl}$ sont les projections respectives de σ_j et σ_{jl} sur les n dernières coordonnées. Par conséquent $\det C - \det(a_{ij})$ est une combinaison linéaire, à coefficients dans $\mathbb{K}[x_0, \ldots, x_n]$, de déterminants dont les l $(1 \leq l \leq n)$ premières lignes sont de la forme $\tilde{\sigma}_i$ ou $\tilde{\sigma}_{jl}$ et les $n - l$ dernières sont de la forme $(f_0^{m_i} b_{i1}, \ldots, f_0^{m_i} b_{in})$. Pour finir la preuve du théorème, montrons que $\det C - \det(a_{ij})$ appartient à l'idéal engendré par $f_0^{|m|+1}, g_1, \ldots, g_n$. Pour cela, il suffit de le faire pour les déterminants de la forme

$$\mathbf{D}_l = \begin{vmatrix} \cdots & f_{j_1} & \cdots & -f_{i_1} & \cdots & & \cdots \\ & \vdots & & & & & \\ \cdots & & \cdots & f_{j_l} & \cdots & -f_{i_l} & \cdots \\ f_0^{m_{i_1}} b_{i_1,1} & \cdots & \cdots & \cdots & \cdots & f_0^{m_{i_1}} b_{i_1,n} \\ & \vdots & & & & \\ f_0^{m_{i_{n-l}}} b_{i_{n-l},1} & \cdots & \cdots & \cdots & \cdots & f_0^{m_{i_{n-l}}} b_{i_{n-l},n} \end{vmatrix} .$$

Si C_i désigne la ième colonne de $\mathbf{D}_l$, en remplaçant formellement C_1 par

$$C_1 + \frac{f_2}{f_1} C_2 + \cdots + \frac{f_n}{f_1} C_n = \frac{1}{f_1} \begin{pmatrix} 0 \\ \vdots \\ 0 \\ f_0^{m_{i_1}} (g_{i_1} - b_{i_1,0} f_0^N) \\ \vdots \\ f_0^{m_{i_{n-l}}} (g_{i_{n-l}} - b_{i_{n-l},0} f_0^N) \end{pmatrix} ,$$

on a bien $\mathbf{D}_l \in (f_0^{|m|+1}, g_1, \ldots, g_n)$.

$\square$

Dans le cas où $m_1 = \cdots = m_n = 0$ et $f_0 = x_0$, la loi de transformation généralisée n'est autre que la loi de transformation usuelle.

9.3. D'autres exemples de résidus

Tout au long de cette section, $\nu = \sum_{i=1}^n (\deg f_i - 1)$.

9.3.1. Résidu d'une application homogène. — On suppose ici que $f_1, \ldots,$ f_n sont homogènes et définissent seulement l'origine dans $\overline{\mathbb{K}}^n$.

Théorème 9.16 (Macaulay). *Tout monôme de degré au moins $\nu + 1$ est dans l'idéal F de $\mathbb{K}[\mathbf{x}]$ engendré par $f_1, \ldots, f_n$.*

Démonstration. Le bézoutien $\Delta_{\mathbf{f}}(\mathbf{x}, \mathbf{y})$ de $\mathbf{f} = (f_1, \ldots, f_n)$ est homogène de degré ν en $\mathbf{x}, \mathbf{y}$. Il se décompose sous la forme

$$\Delta_{\mathbf{f}}(\mathbf{x}, \mathbf{y}) \equiv \sum_{\alpha \in E} \mathbf{x}^{\alpha} \, \mathbf{w}_{\alpha}(\mathbf{y}), \tag{9.8}$$

où $(\mathbf{x}^{\alpha})_{\alpha \in E}$ est une partie libre de $\mathcal{A}$ et $\deg(\mathbf{w}_{\alpha}) = \nu - |\alpha|$.

D'après la proposition 8.7, la famille $(\mathbf{x}^{\alpha})_{\alpha \in E}$ est une base de $\mathcal{A} = \mathbb{K}[\mathbf{x}]/F$, formée de monômes de degrés au plus ν. Donc tout monôme $\mathbf{x}^{\beta}$ de degré au moins $\nu + 1$, se réécrit dans cette base (modulo l'idéal F) en un reste r. Comme l'idéal F est homogène, $r \equiv 0$, et $\mathbf{x}^{\beta} \in F$.   □

Voici une autre façon d'énoncer ce résultat : la fonction de Hilbert de $\mathcal{A}$ est nulle à partir du degré $\nu + 1$.

Le théorème de Macaulay permet, en utilisant la loi de transformation usuelle, de ramener le calcul du résidu de $\mathbf{f}$ à un calcul plus « simple ».

Algorithme 9.17. RÉSIDU D'UNE APPLICATION HOMOGÈNE.

ENTRÉE : $\mathbf{f} = (f_1, \ldots, f_n)$ une application polynomiale dont les composantes f_i sont homogènes et telle que la variété $\mathcal{Z}(f_1, \ldots, f_n) = \{\mathbf{0}\}$.

1. Calculer $\nu := \sum_{i=1}^{n} \deg f_i - n$.

2. Déterminer les polynômes homogènes a_{ij} de degrés $\nu + 1 - \deg f_j$ tels que

$$\forall i \in \{1, \ldots, n\}, \; x_i^{\nu+1} = \sum_{j=1}^{n} a_{ij} \, f_j$$

   (théorème de Macaulay). Cette identité peut s'écrire sous la forme d'un système linéaire dans lequel les inconnues sont les coefficients des a_{ij}.

SORTIE : Pour tout $h \in \mathbb{K}[\mathbf{x}]$,

$$\tau_{\mathbf{f}}(h) = \tau_{\mathbf{x}^{\nu+1}}(h \det(a_{ij})) = \text{coefficient de } x_1^{\nu} \ldots x_n^{\nu} \text{ dans } h \det(a_{ij}).$$

Proposition 9.18. *Pour tout monôme m de degré $\neq \nu$, $\tau_{\mathbf{f}}(m) = 0$.*

Démonstration. Puisque les f_i sont homogènes, $\Delta_{\mathbf{f}^{\triangleright}}(\tau_{\mathbf{f}}) = 1$. En utilisant la décomposition (9.8), on déduit que $\tau_{\mathbf{f}}(\mathbf{w}_{\alpha}) = 0$ pour tout $|\alpha| \neq 0$.

D'après la proposition 8.7, $(\mathbf{w}_\alpha)_{\alpha \in E}$ est une base de $\mathcal{A}$. Donc tout monôme m de degré au plus $\nu - 1$ se réécrit dans cette base en une combinaison des $\mathbf{w}_\alpha$ tels que $\deg \mathbf{w}_\alpha \leq \nu - 1$, c'est-à-dire des $\mathbf{w}_\alpha$ avec $\alpha \neq 0$. Ainsi, $\tau_{\mathbf{f}}(m) = 0$.

Par ailleurs, on a vu que si m est un monôme de degré au moins $\nu + 1$, alors $m \in F$, et par suite $\tau_{\mathbf{f}}(m) = 0$. □

Comme conséquence du théorème 9.16, on obtient la solution du problème de Bézout effectif en l'absence des zéros à l'infini, avec de "bonnes bornes" pour les degrés des quotients (voir la remarque 2.30).

Corollaire 9.19 (Nullstellensatz homogène). *Soient* $f_1, \ldots, f_{n+1} \in \mathbb{K}[\mathbf{x}]$ *sans racine commune dans* $\overline{\mathbb{K}}^n$. *Supposons, de plus, qu'ils n'ont pas de zéro commun à l'infini. Alors il existe* $g_1, \ldots, g_{n+1} \in \mathbb{K}[\mathbf{x}]$ *tels que*

$$\left\{ \begin{array}{l} 1 = g_1 f_1 + \cdots + g_{n+1} f_{n+1}, \\ \deg(g_i f_i) \leq \sum_{i=1}^{n+1} \deg f_i - n. \end{array} \right.$$

Démonstration. Notons $^h f_i$ le polynôme homogénéisé en x_0. D'après le théorème 9.16, il existe des polynômes homogènes A_i de degrés $\sum_{j=1}^{n+1} \deg f_j - n - \deg f_i$ tels que

$$x_0^{\sum_{i=1}^{n+1} \deg f_i - n} = A_1 \, ^h f_1 + \cdots + A_{n+1} \, ^h f_{n+1}.$$

Le corollaire s'en suit par substitution de x_0 par 1 dans cette identité. □

9.3.2. Résidu d'une application sans zéro à l'infini.

— On considère maintenant une application polynomiale $\mathbf{f}$ de composantes $f_1, \ldots, f_n$ sans zéro à l'infini. Ce cas est important, car la situation d'une application quelconque qui définit une variété discrète s'y ramène par des calculs de résultants (voir [**Yuz84**]).

Dans ce cas, il existe des polynômes homogènes p_i de degrés $d_i = \deg f_i$ et des g_i de degrés au plus $d_i - 1$ tels que $f_i = p_i - g_i$ et la variété $\mathcal{Z}(p_1, \ldots, p_n) = \{0\}$. Notons $\mathbf{p} = (p_1, \ldots, p_n)$, P l'idéal de $\mathbb{K}[\mathbf{x}]$ engendré par $p_1, \ldots, p_n$, et $\mathbf{g} = (g_1, \ldots, g_n)$. Nous allons établir le lien entre $\tau_{\mathbf{f}}$ et $\tau_{\mathbf{p}}$.

D'après la proposition 5.29, les $\mathbb{K}$-espaces vectoriels $\mathbb{K}[\mathbf{x}]/F$ et $\mathbb{K}[\mathbf{x}]/P$ sont isomorphes. Soit B une base de $\mathbb{K}[\mathbf{x}]/F$ formée d'éléments de degrés au plus ν (théorème de Macaulay). Si $\langle B \rangle$ est le sous-espace vectoriel de $\mathbb{K}[\mathbf{x}]$ engendré par B, alors $\mathbb{K}[\mathbf{x}] = \langle B \rangle \oplus F$. On peut donc réduire modulo F, tout $h \in \mathbb{K}[\mathbf{x}]$ en un élément de $\langle B \rangle$ (en substituant p_i par g_i).

De la même façon que dans la sous-section 9.1.3, on a le résultat suivant :

Proposition 9.20. *Si l'application* $\mathbf{f}$ *est sans zéro à l'infini, alors*
i) $\tau_{\mathbf{f}} = 0$ *sur* F,
ii) $\tau_{\mathbf{f}} = \tau_{\mathbf{p}}$ *sur* $\langle B \rangle$.

Démonstration. Voir exercice 9.12.   □

Théorème 9.21 (Euler-Jacobi). *Soit* **f** *une application polynomiale sans zéro à l'infini. Si* h *est un polynôme de degré au plus* $\nu - 1$, *alors* $\tau_{\mathbf{f}}(h) = 0$.

Démonstration. Le polynôme h se réduit modulo F en $r \in \langle B \rangle$ de degré au plus $\nu - 1$. D'après les propositions 9.20 et 9.18, $\tau_{\mathbf{f}}(h) = \tau_{\mathbf{f}}(r) = \tau_{\mathbf{p}}(r) = 0$. □

Nous allons donner une formule explicite pour $\tau_{\mathbf{f}}$ en fonction des résidus itérés de **p**.

Théorème 9.22. *Le résidu de l'application* **f***, sans zéro à l'infini, est*

$$\tau_{\mathbf{f}} = \sum_{\beta \in \mathbb{N}^n} \mathbf{g}^{\beta} . \tau_{\mathbf{p}^{\beta+1}}. \tag{9.9}$$

Démonstration. Tout élément l de $\mathbb{K}[\mathbf{x}]$ s'écrit sous la forme $l = a\,\mathbf{p}^{\alpha}$, avec $a \in \mathbb{K}[\mathbf{x}]$ et $\alpha \in \mathbb{N}^n$. Donc

$$\sum_{\beta \in \mathbb{N}^n} \tau_{\mathbf{p}^{\beta+1}}(l\,\mathbf{g}^{\beta}) = \sum_{\beta - \alpha \in \mathbb{N}^n} \tau_{\mathbf{p}^{\beta-\alpha+1}}(a\,\mathbf{g}^{\beta}) = \sum_{\beta \in \mathbb{N}^n} \tau_{\mathbf{p}^{\beta+1}}(a\,\mathbf{g}^{\alpha+\beta}).$$

Si $l = rf_i = r\,(p_i - g_i)$, alors

$$\sum_{\beta \in \mathbb{N}^n} \tau_{\mathbf{p}^{\beta+1}}(l\,\mathbf{g}^{\beta}) = \sum_{\beta \in \mathbb{N}^n} \left(\tau_{\mathbf{p}^{\beta+1}}(r\,p_i\,\mathbf{q}^{\beta}) - \tau_{\mathbf{p}^{\beta+1}}(r\,g_i\,\mathbf{q}^{\beta}) \right)$$

$$= \sum_{\beta \in \mathbb{N}^n} \tau_{\mathbf{p}^{\beta+1}}(r\,g_i\,\mathbf{q}^{\beta}) - \sum_{\beta \in \mathbb{N}^n} \tau_{\mathbf{p}^{\beta+1}}(r\,g_i\,\mathbf{q}^{\beta}) = 0.$$

Par linéarité,

$$\sum_{\beta \in \mathbb{N}^n} \mathbf{g}^{\beta} . \tau_{\mathbf{p}^{\beta+1}} = 0 \ \text{ sur } \ F.$$

Soit $h \in \mathbb{K}[\mathbf{x}]$. En utilisant la décomposition $\mathbb{K}[\mathbf{x}] = \langle B \rangle \oplus F$, $h = b + e$, avec $b \in \langle B \rangle$ et $e \in F$. Par suite,

$$\sum_{\beta \in \mathbb{N}^n} \tau_{\mathbf{p}^{\beta+1}}(h\,\mathbf{g}^{\beta}) = \sum_{\beta \in \mathbb{N}^n} \tau_{\mathbf{p}^{\beta+1}}(b\,\mathbf{g}^{\beta}) = \tau_{\mathbf{p}}(b) + \sum_{\beta \in \mathbb{N}^n \setminus \{0\}} \tau_{\mathbf{p}^{\beta+1}}(b\,\mathbf{g}^{\beta}).$$

Comme $\deg b \le \nu$ et $\deg g_i \le d_i - 1$, si $\beta \ne \mathbf{0}$, alors $\deg(b\,\mathbf{g}^{\beta})$ est inférieur à $(\beta_1 + 1)\,d_1 + \cdots + (\beta_n + 1)\,d_n - n - 1$. Et d'après la proposition 9.18,

$$\sum_{\beta \in \mathbb{N}^n \setminus \{0\}} \tau_{\mathbf{p}^{\beta+1}}(b\,\mathbf{g}^{\beta}) = 0.$$

D'après la proposition 9.20, $\sum_{\beta \in \mathbb{N}^n} \tau_{\mathbf{p}^{\beta+1}}(h\,\mathbf{g}^{\beta}) = \tau_{\mathbf{p}}(b) = \tau_{\mathbf{f}}(b) = \tau_{\mathbf{f}}(h)$.   □

Remarque 9.23. La formule d'Euler-Jacobi (théorème 9.21 ou proposition 9.18) implique que la sommation dans l'égalité (9.9) est finie :

$$\forall\, h \in \mathbb{K}[\mathbf{x}]\ ,\ \tau_{\mathbf{f}}(h) = \sum_{\beta \in \mathbb{N}^n:\ \sum_{i=1}^{n} \beta_i(\deg f_i - \deg g_i) \leq \deg h - \nu} \tau_{\mathbf{p}^{\beta+1}}(h\, \mathbf{g}^{\beta}).$$

En analyse complexe, l'identité (9.9) consiste à développer en série « sous l'intégrale » le noyau qui apparaît dans la définition du résidu (voir [**BGVY93**]). Des connections ont été établies dans [**CDS96**], entre ce développement et la mise sous forme normale d'un polynôme via une base de Gröbner. Ici, nous les explicitons en montrant simplement que ce développement n'est qu'une « réécriture » dans un procédé de réduction par les polynômes initiaux.

Si $p_i = x_i^{d_i}, i = 1, \ldots, n$, la formule (9.9) n'est d'autre que le développement en série de l'exercice 9.2.

9.4. Résidu et résolution algébrique

Soient $f_1, \ldots, f_n$ des polynômes de $\mathbb{K}[\mathbf{x}]$ qui définissent une variété discrète $\mathcal{Z} = \{\zeta_1, \ldots, \zeta_d\}$. Nous allons voir comment le résidu $\tau_{\mathbf{f}}$ permet de trouver $\mathcal{Z}$.

9.4.1. Trace et résidu. — A chaque élément a de $\mathcal{A}$, on associe l'opérateur de multiplication

$$\begin{aligned} M_a : \mathcal{A} &\to \mathcal{A} \\ b &\mapsto M_a(b) := ab. \end{aligned}$$

On définit l'application Tr sur $\mathcal{A}$ par $Tr(a) := tr(M_a)$, où tr désigne la trace d'un endomorphisme. Tr est donc une forme linéaire sur $\mathcal{A}$, et comme $\mathcal{A}$ est de Gorenstein, il existe un unique $a \in \mathcal{A}$ tel que $Tr = a \cdot \tau_{\mathbf{f}}$.

Proposition 9.24. *On a* $Tr = \mathrm{Jac}_{\mathbf{f}} \cdot \tau_{\mathbf{f}}$.

Démonstration. On sait que le bézoutien $\Delta_{\mathbf{f}} \equiv \sum_{i=1}^{d} a_i \otimes b_i \in \mathcal{A} \otimes \mathcal{A}$, avec (a_i) et (b_i) des bases duales pour $\tau_{\mathbf{f}}$ (théorème 8.3 et proposition 8.25). Il est clair que $\Delta_{\mathbf{f}}(\mathbf{x}, \mathbf{x}) \equiv \mathrm{Jac}_{\mathbf{f}}(\mathbf{x}) \equiv \sum_{i=1}^{d} a_i b_i$.

Soit $a \in \mathcal{A}$. D'après la formule de projection (8.2), $a\, b_j = \sum_{i=1}^{d} \langle a | a_i b_j \rangle b_i$. Il en résulte que la trace de M_a (calculée dans la base (b_i)) est

$$Tr(a) = \sum_{i=1}^{d} \langle a | a_i b_i \rangle = \tau_{\mathbf{f}}(a \sum_{i=1}^{d} a_i b_i) = \tau_{\mathbf{f}}(a\, \mathrm{Jac}_{\mathbf{f}}) = (\mathrm{Jac}_{\mathbf{f}} \cdot \tau_{\mathbf{f}})(a).$$

$\square$

Corollaire 9.25. *Si le corps $\mathbb{K}$ est de caractéristique nulle, alors*

$$\dim_{\mathbb{K}} \mathcal{A} = \tau_{\mathbf{f}}(\mathrm{Jac}_{\mathbf{f}}).$$

Démonstration. En effet, $\dim_{\mathbb{K}} \mathcal{A} = Tr(1) = (\mathrm{Jac_f} \cdot \tau_f)(1) = \tau_f(\mathrm{Jac_f})$.   □

9.4.2. Bases de $\mathcal{A}$ et $\widehat{\mathcal{A}}$. — D'après le théorème 4.13 et le corollaire 9.25, le nombre de racines communes à $f_1, \ldots, f_n$ (en comptant les multiplicités) est $D = \dim_{\mathbb{K}} \mathcal{A} = \tau_f(\mathrm{Jac_f})$.

Comme τ_f définit un produit scalaire non-dégénéré sur $\mathcal{A}$, nous pouvons tester si un ensemble $\{\mathbf{x}^{\alpha_i}\}_{i=1,\ldots,D}$ de monômes forme une base de $\mathcal{A}$.

Algorithme 9.26. DÉCIDER SI $\{\mathbf{x}^{\alpha_i}\}_{i=1,\ldots,D}$ EST UNE BASE DE $\mathcal{A}$.

ENTRÉE : Les valeurs du résidu τ sur $\mathbf{x}^{\alpha_i + \alpha_j}$ pour $i = 1, \ldots, D$.

1. Calculer la matrice $Q = \left(\tau_f(\mathbf{x}^{\alpha_i + \alpha_j}) \right)_{1 \le i,j \le D}$.

2. Tester si Q est inversible.

SORTIE : La matrice Q est inversible ssi $\{\mathbf{x}^{\alpha_i}\}_{i=1,\ldots,D}$ est une base de $\mathcal{A}$.

Ceci permet également de construire une base de $\widehat{\mathcal{A}}$. En effet, si $\{\mathbf{x}^{\alpha_i}\}_{i=1,\ldots,D}$ est une base de $\mathcal{A}$, alors $\{\mathbf{x}^{\alpha_i} \cdot \tau_f\}_{i=1,\ldots,D}$ est une base de $\widehat{\mathcal{A}}$ (car la matrice Q définit ci-dessus est inversible).

La base $\{\mathbf{w}_{\alpha_i}\}_{i=1,\ldots,D}$ de $\mathcal{A}$, duale de $\{\mathbf{x}^{\alpha_i}\}_{i=1,\ldots,D}$ pour le produit scalaire associé à τ_f, peut se calculer en inversant Q : $\mathbf{w}_{\alpha_i} = \sum_{j=1}^{D} p_{i,j} \mathbf{x}^{\alpha_j}$, où $p_{i,j}$ est le coefficient de la matrice Q^{-1} d'indice (i,j).

En pratique, on peut construire une base de $\mathcal{A}$ par « inspection », en commençant par 1, et rajoutant les monômes un après l'autre, jusqu'à l'obtention d'une matrice Q inversible.

9.4.3. Opérateurs de multiplication. — Soit $\{\mathbf{x}^{\alpha_i}\}_{i=1,\ldots,D}$ une base de $\mathcal{A}$ et $\{\mathbf{w}_{\alpha_i}\}_{i=1,\ldots,D}$ sa base duale pour τ_f. D'après la formule (8.2) p. 213, pour tout $a \in \mathbb{K}[\mathbf{x}]$,

$$a \equiv \sum_{i=1}^{D} \tau_f(a\,\mathbf{x}^{\alpha_i})\,\mathbf{w}_{\alpha_i} \equiv \sum_{i=1}^{D} \tau_f(a\,\mathbf{w}_{\alpha_i})\,\mathbf{x}^{\alpha_i}.$$

La matrice de multiplication par a, dans $\{\mathbf{x}^{\alpha_i}\}_{i=1,\ldots,D}$ est

$$M_a = \left(\tau_f(a\,\mathbf{x}^{\alpha_i}\,\mathbf{w}_{\alpha_j}) \right)_{1 \le i,j \le D}.$$

Il est donc possible de résoudre le système $f_1 = \cdots = f_n = 0$ (voir section 4.11).

9.4.4. Trace et fonctions symétriques des racines. — On fixe un indice $i \in \{1, \ldots, n\}$, et on suppose que la caractéristique de $\mathbb{K}$ est nulle. D'après la proposition 9.24,

$$S_j = \tau_{\mathbf{f}}(x_i{}^j \mathrm{Jac}_{\mathbf{f}}) = Tr(x_i{}^j) = \zeta_{1,i}{}^j + \cdots + \zeta_{D,i}{}^j \ ,$$

où $\zeta_{1,i}, \ldots, \zeta_{D,i}$ sont les ièmes coordonnées des racines $\zeta_1, \ldots, \zeta_D$. Désignons par $\sigma_1, \ldots, \sigma_D$ les fonctions symétriques élémentaires de $\zeta_{1,i}, \ldots, \zeta_{D,i}$ (i.e. $\sigma_j = \sum_{1 \leq i_1 < \cdots < i_j \leq D} \zeta_{1,i_1} \cdots \zeta_{D,i_j}$), le polynôme d'une variable

$$A_i(T) = (T - \zeta_{1,i}) \ldots (T - \zeta_{D,i}) = T^D - \sigma_1 T^{D-1} + \cdots + (-1)^D \sigma_D$$

s'obtient en utilisant les formules de Newton :

$$\sigma_k = \frac{(-1)^{k-1}}{k} (S_k - \sigma_1 S_{k-1} + \cdots + (-1)^{k-1} \sigma_{k-1} S_1) \ , \ 1 \leq k \leq D.$$

Le résidu $\tau_{\mathbf{f}}$ permet donc de déterminer les $A_i(T), 1 \leq i \leq n$, et de déduire les ièmes coordonnées des solutions de $f_1 = \cdots = f_n = 0$.

Il est également possible de donner une représentation rationnelle des zéros communs à $f_1, \ldots, f_n$.

9.4.5. Résidu, résultant et jacobien. — Soient $f_1, \ldots, f_n$ des polynômes à coefficients indéterminés $\mathbf{c} = (c_{ij})_{1 \leq i \leq n, 1 \leq j \leq N_i}$, homogènes en $\mathbf{x} = (x_1, \ldots, x_n)$ de degrés respectifs $d_1, \ldots, d_n$:

$$f_i \in \mathbb{K}[c_{i,j}, 1 \leq j \leq N_i][x_1, \ldots, x_n] \ , \ \text{avec } N_i = \binom{n + d_i - 1}{n - 1}.$$

Nous allons établir le lien entre le résultant $\mathrm{Res}_{\mathbb{P}^{n-1}}(\mathbf{f}) \in \mathbb{K}[\mathbf{c}]$, le jacobien de l'application $\mathbf{f} = (f_1, \ldots, f_n)$, et le résidu $\tau_{\mathbf{f}} \in \widehat{\mathbb{K}[\mathbf{x}]}$. Notons K le corps des coefficients $\mathbb{K}(\mathbf{c})$.

Rappelons que $\tau_{\mathbf{f}}(\mathbf{x}^\alpha) = 0$ si $|\alpha| \neq \nu = d_1 + \cdots + d_n - n$ (proposition 9.18).

Proposition 9.27. *Si $\alpha \in \mathbb{N}^n$ vérifie $|\alpha| = \nu$, alors*

$$\tau_{\mathbf{f}}(\mathbf{x}^\alpha) = \frac{h_\alpha(\mathbf{c})}{\mathrm{Res}_{\mathbb{P}^{n-1}}(\mathbf{f})} \ , \ \text{avec } h_\alpha(\mathbf{c}) \in \mathbb{K}[\mathbf{c}].$$

Démonstration. Comme $\mathrm{Res}_{\mathbb{P}^{n-1}}(\mathbf{f})$ est une forme d'inertie de l'idéal $F = (f_1, \ldots, f_n)$, d'après le théorème de Macaulay 9.16,

$$\mathrm{Res}_{\mathbb{P}^{n-1}}(\mathbf{f}) \, \mathbf{x}^\alpha \in \mathrm{Ann}_{\mathbb{K}[\mathbf{c},\mathbf{x}]/F}((x_1, \ldots, x_n)).$$

Le bézoutien $\Delta_{\mathbf{f}}$ est homogène en $(\mathbf{x}, \mathbf{y})$ de degré ν. Il se décompose sous la forme

$$\Delta_{\mathbf{f}}(\mathbf{x}, \mathbf{y}) = \sum_\alpha \mathbf{w}_\alpha(\mathbf{x}) \, \mathbf{y}^\alpha \ , \ \text{avec } \deg \mathbf{w}_\alpha = \nu - |\alpha|.$$

Puisque $\mathbf{f}$ est homogène, $\Delta_{\mathbf{f}}^{\lhd}(\tau_{\mathbf{f}}) = 1 = \tau_{\mathbf{f}}(\mathbf{w}_0)$. Le théorème de Wiebe appliqué au système $f_i(\mathbf{x}) = \sum_{j=1}^{n} \theta_{ij}(\mathbf{x}, 0) x_j, i = 1, \ldots, n$, implique que

$$\mathrm{Ann}_{\mathbb{K}[\mathbf{c},\mathbf{x}]/F}((x_1, \ldots, x_n)) = (\det(\theta_{ij}(\mathbf{x}, 0)) = (\mathbf{w}_0(\mathbf{x})). \qquad (9.10)$$

Il existe alors $h_\alpha \in \mathbb{K}[\mathbf{c}]$ tel que $\mathrm{Res}_{\mathbb{P}^{n-1}}(\mathbf{f}) \mathbf{x}^\alpha - h_\alpha(\mathbf{c}) \mathbf{w}_0(\mathbf{x}) \in F$. Ainsi,

$$\mathrm{Res}_{\mathbb{P}^{n-1}}(\mathbf{f}) \tau_{\mathbf{f}}(\mathbf{x}^\alpha) = h_\alpha(\mathbf{c}) \tau_{\mathbf{f}}(\mathbf{w}_0) = h_\alpha(\mathbf{c}).$$

$\square$

Nous avons

$$\dim_K(K[\mathbf{x}]/F) = \prod_{i=1}^{n} \deg f_i = \tau_{\mathbf{f}}(\mathrm{Jac}_{\mathbf{f}}). \qquad (9.11)$$

Ceci montre, en particulier, que $\mathrm{Jac}_{\mathbf{f}} \neq 0$ modulo l'idéal F.

Proposition 9.28. *Soient $f_1, \ldots, f_n$ des polynômes homogènes à coefficients indéterminés $\mathbf{c}$. Alors*

$$\mathrm{Jac}_{\mathbf{f}} - \left(\prod_{i=1}^{n} \deg f_i \right) \mathbf{w}_0 \in F.$$

Démonstration. Nous déduisons des identités d'Euler

$$\deg(f_i) f_i = \sum_{j=1}^{n} x_j \frac{\partial f_i}{\partial x_j} , \ i = 1, \ldots, n ,$$

et la formule de Cramer que $\mathrm{Jac}_{\mathbf{f}} \in \mathrm{Ann}_{\mathbb{K}[\mathbf{c},\mathbf{x}]/F}((x_1, \ldots, x_n))$. D'après (9.10), il existe $h \in \mathbb{K}[\mathbf{c}]$ tel que $\mathrm{Jac}_{\mathbf{f}}(\mathbf{x}) - h(\mathbf{c}) \mathbf{w}_0(\mathbf{x}) \in F$. En utilisant (9.11), $\tau_{\mathbf{f}}(\mathrm{Jac}_{\mathbf{f}}) = h(\mathbf{c}) \tau_{\mathbf{f}}(\mathbf{w}_0) = h(\mathbf{c}) = \prod_{i=1}^{n} \deg f_i$. $\square$

Nous allons donner une application de ces outils à une question, démontrée partiellement dans [**Net00**], et sous forme technique dans [**Spo89**]. Nous savons que si $\mathrm{Res}_{\mathbb{P}^{n-1}}(\mathbf{f}) \neq 0$ (c'est-à-dire si $\mathbf{f} = (f_1, \ldots, f_n)$ ne définit que l'origine), alors le résidu de $\mathbf{f}$ est bien défini et son Jacobien n'est pas nul dans $\mathbb{K}[\mathbf{x}]/F$. Nous allons montrer la réciproque de ce résultat dans le cadre homogène. Pour le cas affine ou local, voir [**Vas98**] et [**Hic00**].

Proposition 9.29. *Soit $\mathbf{f} = (f_1, \ldots, f_n)$ une application homogène de l'anneau $\mathbb{K}[x_1, \ldots, x_n]$. Si $\mathrm{Res}_{\mathbb{P}^{n-1}}(\mathbf{f}) = 0$, alors $\mathrm{Jac}_{\mathbf{f}}$ appartient à l'idéal F engendré par $f_1, \ldots, f_n$.*

Démonstration. Comme $\mathrm{Res}_{\mathbb{P}^{n-1}}(\mathbf{f}) = 0$, les f_i ont une solution commune dans $\mathbb{P}^{n-1}$. Quitte à faire un changement de variables, nous pouvons supposer que cette racine est $(0 : \ldots : 0 : 1)$.

D'après la proposition 9.28, en spécialisant les coefficients $\mathbf{c}$ en ceux de $f_1, \ldots, f_n$, $\mathrm{Jac}_{\mathbf{f}} - (\prod_{i=1}^{n} \deg f_i) \mathbf{w}_0 \in F$. Puisque $f_i(0, \ldots, 0, 1) = 0$, pour tout $i = 1, \ldots, n$,

$$\mathbf{w}_0(\mathbf{x}) = \Delta_{\mathbf{f}}(\mathbf{x}, 0) = \begin{vmatrix} \theta_1 f_1(\mathbf{x}, 0) & \ldots & \theta_{n-1} f_1(\mathbf{x}, 0) & \dfrac{f_1(0, \ldots, 0, x_n)}{x_n} \\ \vdots & & \vdots & \vdots \\ \theta_1 f_n(\mathbf{x}, 0) & \ldots & \theta_{n-1} f_n(\mathbf{x}, 0) & \dfrac{f_n(0, \ldots, 0, x_n)}{x_n} \end{vmatrix} = 0$$

et il en résulte que $\mathrm{Jac}_{\mathbf{f}} \in F$. $\qquad\qquad\qquad\qquad\qquad\qquad\qquad\qquad\qquad\square$

9.5. Résidu local et socle

Notons $\mathfrak{m}$ l'idéal maximal définissant 0, $\mathbb{K}[\mathbf{x}]_0 = \{\frac{g}{h} : g, h \in \mathbb{K}[\mathbf{x}], h(0) \neq 0\}$ le localisé de $\mathbb{K}[\mathbf{x}]$ par $\mathfrak{m}$, et $\mathcal{A}_0 = \mathbb{K}[\mathbf{x}]_0/F_0$, F_0 étant l'idéal de $\mathbb{K}[\mathbf{x}]_0$ engendré par F.

En appliquant les résultats des sections 8.1, 8.2, 8.4, 8.5, nous obtenons le résultat suivant :

Théorème 9.30. *Soit $\mathbf{f} = (f_1, \ldots, f_n)$ une application qui définit une suite quasi-régulière dans l'anneau local $\mathbb{K}[\mathbf{x}]_0$. Alors $\Delta_{\mathbf{f}}{}^{\triangleright}$ est un $\mathcal{A}_0$-isomorphisme entre $\widehat{\mathcal{A}_0}$ et $\mathcal{A}_0$.*

Si $\mathbf{f} = (f_1, \ldots, f_n)$ est une suite quasi-régulière de $\mathbb{K}[\mathbf{x}]$, et Q_0 la composante primaire isolée de F associée à 0, $\mathcal{A}_0 = \mathbb{K}[\mathbf{x}]_0/F_0$ s'identifie à $\mathbb{K}[\mathbf{x}]/Q_0$ et $\widehat{\mathcal{A}_0}$ à un sous-espace vectoriel de $\mathbb{K}[\partial]$ (l'ensemble des polynômes en les dérivations $\partial_1, \ldots, \partial_n$ (corollaire 4.19 et proposition 7.30).

Définition 9.31. *Le résidu local de $\mathbf{f} = (f_1, \ldots, f_n)$ au point 0 est l'unique forme linéaire $\tau_{\mathbf{f},0}$ sur $\mathcal{A}_0$ qui satisfait*
 i) $\tau_{\mathbf{f},0}(F_0) = 0$,
 ii) $\Delta_{\mathbf{f}}{}^{\triangleright}(\tau_{\mathbf{f},0}) - 1 \in F_0$.

Dans le cas où $\mathbb{K} = \mathbb{C}$, ce résidu coïncide avec le résidu analytique défini par l'intégrale d'une n-forme méromorphe sur un cycle autour de $\mathbf{0}$ (voir [**GH78**], [**BGVY93**]).

Puisque $\widehat{\mathcal{A}_0} = Q_0^{\perp}$ est un $\mathcal{A}_0$-module libre engendré par $\tau_{\mathbf{f},0}$, le système inverse de Q_0 est engendré par le résidu local et ses dérivées : $Q_0^{\perp} = \langle\langle \tau_{\mathbf{f},0} \rangle\rangle$.

Connaissant le système inverse donné par la méthode proposée dans la sous-section 7.2.4, il est facile de construire le résidu local.

Algorithme 9.32. Résidu local.

ENTRÉE : $\mathbf{f} = (f_1, \ldots, f_n)$ une suite quasi-régulière de $\mathbb{K}[\mathbf{x}]_0$.

1. Construire une base $\{\beta_1, \ldots, \beta_\mu\}$ de l'espace vectoriel $F^\perp \cap \mathbb{K}[\partial]$ comme dans la sous-section 7.2.4.

2. Résoudre le système linéaire suivant dont les inconnues sont les scalaires λ_l :

$$\beta_j \left(\sum_{l=1}^{\mu} \lambda_l \, \Delta_{\mathbf{f}}^{\triangleright}(\beta_l) - 1 \right) = 0 \ , \ 1 \leq j \leq \mu.$$

SORTIE : $\tau_{\mathbf{f},0} = \sum_{l=1}^{\mu} \lambda_l \beta_l$.

Définition 9.33. *On appelle* socle *de* $\mathcal{A}_0$ *l'idéal*

$$\mathrm{Ann}_{\mathcal{A}_0}(\mathbf{m}) = \{ f \in \mathcal{A}_0 : x_i f = 0, \forall \, i = 1, \ldots, n \}.$$

Le socle de $\mathcal{A}_0$ est aussi $(Q_0 : \mathbf{m})/Q_0$. Comme $Q_0^\perp$ est engendré par le résidu local, d'après la proposition 8.8,

$$\mathrm{Ann}_{\mathcal{A}_0}(\mathbf{m}) = \{ g \in \mathcal{A}_0 : \tau_{\mathbf{f},0}(g\,m) = 0, \forall \, m \in \mathbf{m} \}.$$

Or $(Q_0 : \mathbf{m})^\perp = \langle \langle x_1 \cdot \tau, \ldots, x_n \cdot \tau \rangle \rangle$ est un espace vectoriel de dimension $\mu - 1$, avec $\mu = \dim_{\mathbb{K}}(Q_0^\perp)$. Par suite, $\mathbb{K}[\mathbf{x}]/(Q_0 : \mathbf{m})$ est un $\mathbb{K}$-espace vectoriel de dimension $\mu - 1$. Nous déduisons de la suite exacte

$$0 \to (Q_0 : \mathbf{m})/Q_0 \to \mathbb{K}[\mathbf{x}]/Q_0 \to \mathbb{K}[\mathbf{x}]/(Q_0 : \mathbf{m}) \to 0$$

que $\mathrm{Ann}_{\mathcal{A}_0}(\mathbf{m}) = (Q_0 : \mathbf{m})/Q_0$ est une droite vectorielle.

Proposition 9.34. *Si* $\mathbb{K}$ *est un corps de caractéristique nulle, alors le socle de* $\mathcal{A}_0$ *est engendré par le jacobien de* $\mathbf{f}$.

Démonstration. Il suffit de vérifier que $\mathrm{Jac}_{\mathbf{f}}$ est un élément non nul de $\mathrm{Ann}_{\mathcal{A}_0}(\mathbf{m})$. D'après la proposition 9.24, pour tout $p \in \mathbb{K}[\mathbf{x}]$, $\tau_{\mathbf{f},0}(p\,\mathrm{Jac}_{\mathbf{f}}) = Tr(p)$. Si p est de la forme $x_i q$, les valeurs propres et la trace de l'opérateur de multiplication par p dans $\mathcal{A}_0$ sont nulles. Donc

$$\forall q \in \mathbb{K}[\mathbf{x}] \ , \ \forall \, i = 1 \ldots n \ , \ \tau_{\mathbf{f},0}(x_i\,q\,\mathrm{Jac}_{\mathbf{f}}) = 0.$$

Comme la forme bilinéaire définie par le résidu est non-dégénérée, $x_i \, \mathrm{Jac}_{\mathbf{f}} \in Q_0$, et $\mathrm{Jac}_{\mathbf{f}} \in Ann_{\mathcal{A}_0}(\mathbf{m})$. Par ailleurs, $\tau_{\mathbf{f}}(\mathrm{Jac}_{\mathbf{f}}) = \dim_{\mathbb{K}}(\mathcal{A}) \neq 0$, donc $\mathrm{Jac}_{\mathbf{f}} \not\equiv 0$ dans $\mathcal{A}_0$ (corollaire 9.25). $\qquad\square$

9.6. Quelques applications du résidu

9.6.1. Théorème de Bézout.
— On va établir le théorème de Bézout, lorsque la caractéristique de $\mathbb{K}$ est nulle, en utilisant la loi de transformation pour le calcul du résidu.

Théorème 9.35. *Si les polynômes $f_1, \ldots, f_n$ n'ont pas de zéro à l'infini, alors*

$$\dim_{\mathbb{K}}(\mathbb{K}[\mathbf{x}]/F) = \deg f_1 \ldots \deg f_n.$$

Démonstration. Si p_i désigne la partie homogène de plus haut degré de f_i, d'après l'identité d'Euler,

$$\begin{cases} (\deg f_1)\, p_1 = \dfrac{\partial p_1}{\partial x_1}\, x_1 + \cdots + \dfrac{\partial p_1}{\partial x_n}\, x_n \\ \vdots \\ (\deg f_n)\, p_n = \dfrac{\partial p_n}{\partial x_1}\, x_1 + \cdots + \dfrac{\partial p_n}{\partial x_n}\, x_n. \end{cases}$$

La loi de transformation usuelle, le corollaire 9.25 et la proposition 5.29 impliquent que

$$\begin{aligned} \prod_{i=1}^{n} \deg f_i &= \left(\prod_{i=1}^{n} \deg f_i\right) \tau_{\mathbf{x}}(1) = \tau_{\mathbf{p}}(\mathrm{Jac}_{\mathbf{p}}) \\ &= \dim_{\mathbb{K}}(\mathbb{K}[\mathbf{x}]/P) = \dim_{\mathbb{K}}(\mathbb{K}[\mathbf{x}]/F)\,, \end{aligned}$$

où P est l'idéal de $\mathbb{K}[\mathbf{x}]$ engendré par $p_1, \ldots, p_n$. $\qquad\square$

Théorème 9.36. *Soient $f_1, \ldots, f_n$ des polynômes homogènes de $\mathbb{K}[x_0, \ldots, x_n]$, qui définissent une variété discrète de $\mathbb{P}^n$. Alors le nombre de racines communes à $f_1, \ldots, f_n$ dans $\mathbb{P}^n$ (en comptant les multiplicités) est : $\deg f_1 \ldots \deg f_n$.*

Démonstration. Choisissons les coordonnées homogènes $(x_0, \ldots, x_n)$ pour que l'hyperplan à l'infini $\{x_0 = 0\}$ ne contienne pas de racine commune à $f_1, \ldots, f_n$, et posons $g_i(\mathbf{x}) = f_i(1, x_1, \ldots, x_n)$. Comme $g_1, \ldots, g_n$ n'ont pas de zéro à l'infini et $\deg g_i = \deg f_i$, d'après le théorème 9.35,

$$\begin{aligned} &\mathrm{card}\{a \in \mathbb{P}^n(\mathbb{K}) : f_i(a) = 0, i = 1, \ldots, n\} \\ =\ &\mathrm{card}\{b \in \mathbb{K}^n : g_i(b) = 0, i = 1, \ldots, n\} \\ =\ &\dim_{\mathbb{K}}(\mathbb{K}[\mathbf{x}]/(g_1, \ldots, g_n)) = \deg f_1 \ldots \deg f_n. \end{aligned}$$

$\qquad\square$

Théorème 9.37. *Soient $f_1, \ldots, f_n$ des éléments de $\mathbb{K}[\mathbf{x}]$ qui définissent une variété discrète $\mathcal{Z}$. Alors le cardinal de $\mathcal{Z}$ (en comptant les multiplicités) est au plus $\deg f_1 \ldots \deg f_n$.*

Démonstration. Soient $c \in \mathbb{K}$ et $m \in \mathbb{N}$. Posons

$$f_{c,i} = c\, x_i^{m \deg f_i + 1} + f_i^m \quad , \quad i = 1, \ldots, n.$$

D'après le théorème 9.35, pour $c \neq 0$,

$$\dim \mathbb{K}[\mathbf{x}]/(f_{c,1}, \ldots, f_{c,n}) = (m \deg f_1 + 1) \ldots (m \deg f_n + 1).$$

Les solutions du système $f_{c,1} = \cdots = f_{c,n} = 0$, paramétrées par c, définissent $(m \deg f_1 + 1) \ldots (m \deg f_n + 1)$ branches de courbes pour $c \neq 0$.

Considérons maintenant dans ce dernier système, c comme une nouvelle variable et plaçons nous en projectif. Comme c'est un système à n équations dans $\mathbb{P}^{n+1}$, chaque composante de l'ensemble des solutions est au moins de dimension 1. Comme pour $c \neq 0$, l'ensemble des solutions est de dimension 1, chaque solution isolée p_0 du système $f_{0,1} = 0, \ldots, f_{0,n} = 0$ est sur une courbe du système de $\mathbb{P}^{n+1}$ (p_0 ne peut pas être sur une composante de dimension plus grande de l'hyperplan $c = 0$).

Or si $c = 0$, $f_{0,i} = f_i^m$, et le nombre de branches passant par p_0 est m^n.

Par ailleurs, nous avons vu que pour $c \neq 0$, le nombre total de branches $(m \deg f_1 + 1) \ldots (m \deg f_n + 1)$. Si $\mathcal{Z}$ est l'ensemble des points isolés p_0 pour $c = 0$, $m^n \operatorname{card} \mathcal{Z} \leq (m \deg f_1 + 1) \ldots (m \deg f_n + 1)$. En choisissant l'entier m suffisamment grand, on obtient $\operatorname{card} \mathcal{Z} \leq \deg f_1 \ldots \deg f_n$. $\qquad \square$

9.6.2. Formule de Weil. — La formule de Weil est une généralisation de la formule de Cauchy (voir remarque 9.4). C'est une formule de représentation avec un reste, de tout polynôme dans un idéal donné. Elle peut se substituer à l'algorithme de division multivariable. C'est aussi la clé de la division effective, avec un « bon contrôle » des degrés et des coefficients des quotients (pour plus de détails, consulter [**BGVY93**], [**Elk93**], [**Elk94**]).

Proposition 9.38. *Pour tout $h \in \mathbb{K}[\mathbf{x}]$, on a*

$$h(\mathbf{x}) - \left(h(\mathbf{y}) \Delta_{\mathbf{f}}(\mathbf{x}, \mathbf{y}) \right)^{\triangleright} \tau_{\mathbf{f}} \in F.$$

Démonstration. D'après le corollaire 5.46,

$$\Theta_{h,f_1,\ldots,f_n}(\mathbf{x}, \mathbf{y}) \equiv h(\mathbf{x})\, \Delta_{\mathbf{f}}(\mathbf{x}, \mathbf{y}) \equiv h(\mathbf{y})\, \Delta_{\mathbf{f}}(\mathbf{x}, \mathbf{y}),$$

modulo l'idéal de $\mathbb{K}[\mathbf{x}, \mathbf{y}]$ engendré par les $f_i(\mathbf{x})$ et $f_i(\mathbf{y})$. Dans $\mathcal{A}$, nous avons

$$\left(h(\mathbf{y}) \Delta_{\mathbf{f}}(\mathbf{x}, \mathbf{y}) \right)^{\triangleright} (\tau_{\mathbf{f}}) \equiv h(\mathbf{x}) (\Delta_{\mathbf{f}}(\mathbf{x}, \mathbf{y})^{\triangleright} (\tau_{\mathbf{f}})) \equiv h(\mathbf{x}).$$

$\square$

Théorème 9.39 (Formule de Weil). *Pour tout* $h \in \mathbb{K}[\mathbf{x}]$ *et tout multi-indice* $\beta = (\beta_1, \ldots, \beta_n) \in \mathbb{N}^n$, *nous avons*

$$h(\mathbf{x}) \equiv \sum_{\alpha = (\alpha_1, \ldots, \alpha_n) \in \mathbb{N}^n : \, 0 \leq \alpha_i \leq \beta_i - 1} (h(\mathbf{y}) \Delta_{\mathbf{f}}(\mathbf{x}, \mathbf{y}))^{\triangleright} \tau_{\mathbf{f}^{\alpha+1}} \, \mathbf{f}^{\alpha}(\mathbf{x})$$

modulo l'idéal $(f_1^{\beta_1}, \ldots, f_n^{\beta_n})$.

Démonstration. Pour tout $i = 1, \ldots, n$,

$$f_i^{\beta_i}(\mathbf{x}) - f_i^{\beta_i}(\mathbf{y}) = (f_i(\mathbf{x}) - f_i(\mathbf{y})) \sum_{0 \leq \alpha_i \leq \beta_i - 1} f_i^{\alpha_i}(\mathbf{x}) f_i^{\beta_i - 1 - \alpha_i}(\mathbf{y}).$$

Si $\Theta(\mathbf{f}, \beta)$ désigne la matrice diagonale dont l'élément diagonal d'indice i est $\sum_{0 \leq \alpha_i \leq \beta_i - 1} f_i^{\alpha_i}(\mathbf{x}) f_i^{\beta_i - 1 - \alpha_i}(\mathbf{y})$, alors

$$\det(\Theta(\mathbf{f}, \beta)) = \Delta_{\mathbf{f}}(\mathbf{x}, \mathbf{y}) \prod_{i=1}^{n} \left(\sum_{0 \leq \alpha_i \leq \beta_i - 1} f_i^{\alpha_i}(\mathbf{x}) f_i^{\beta_i - 1 - \alpha_i}(\mathbf{y}) \right).$$

D'après la proposition 9.38, le théorème 8.22 et le corollaire 9.12, modulo $(f_1^{\beta_1}, \ldots, f_n^{\beta_n})$,

$$
\begin{aligned}
h(\mathbf{x}) &\equiv (h(\mathbf{y}) \Delta_{\mathbf{f}^{\beta}}(\mathbf{x}, \mathbf{y}))^{\triangleright} \tau_{\mathbf{f}^{\beta}} \\
&\equiv \left(h(\mathbf{y}) \Delta_{\mathbf{f}}(\mathbf{x}, \mathbf{y}) \prod_{i=1}^{n} \left(\sum_{0 \leq \alpha_i \leq \beta_i - 1} f_i^{\alpha_i}(\mathbf{x}) f_i^{\beta_i - 1 - \alpha_i}(\mathbf{y}) \right) \right)^{\triangleright} \tau_{\mathbf{f}^{\beta}} \\
&\equiv \sum_{\alpha \in \mathbb{N}^n : \, 0 \leq \alpha_i \leq \beta_i - 1} \left(h(\mathbf{y}) \, \Delta_{\mathbf{f}}(\mathbf{x}, \mathbf{y}) \mathbf{f}^{\beta - 1 - \alpha}(\mathbf{y}) \right)^{\triangleright} \tau_{\mathbf{f}^{\beta}} \, \mathbf{f}^{\alpha}(\mathbf{x}) \\
&\equiv \sum_{\alpha \in \mathbb{N}^n : \, 0 \leq \alpha_i \leq \beta_i - 1} (h(\mathbf{y}) \Delta_{\mathbf{f}}(\mathbf{x}, \mathbf{y}))^{\triangleright} \tau_{\mathbf{f}^{\alpha+1}} \, \mathbf{f}^{\alpha}(\mathbf{x}).
\end{aligned}
$$

$\square$

La formule de représentation suivante :

$$h(\mathbf{x}) = \sum_{\alpha \in \mathbb{N}^n} (h(\mathbf{y}) \, \Delta_{\mathbf{f}}(\mathbf{x}, \mathbf{y}))^{\triangleright} \tau_{\mathbf{f}^{\alpha+1}} \, \mathbf{f}^{\alpha}(\mathbf{x})$$

peut être obtenue dans le *complété F-adique* de $\mathbb{K}[\mathbf{x}]$. Pour plus de détails, consulter [**Lip87**], [**BGVY93**], [**BH99**].

9.7. Exercices

Exercice 9.1. Soient m et n deux entiers positifs.

i) Supposons que $m > n$. Calculer $\sum_{i=0}^{n} (-1)^i \binom{m}{i}$.

ii) Supposons que $m - n$ est un multiple de 2. Montrer l'identité

$$\sum_{i=0}^{m-n} \frac{(-1)^i}{2^i} \binom{m}{n+i} \binom{n+m+i}{i} = \frac{(-1)^{(m-n)/2}}{2^{m-n}} \binom{m}{(m-n)/2}.$$

Exercice 9.2.

1. Soit $f(x) = f_0 x^m + \cdots + f_m$ un élément de l'anneau des polynômes en une variable $\mathbb{K}[x]$. Notons $(d^i)_{i \in \mathbb{N}}$ la base de $\widehat{\mathbb{K}[x]}$, duale de la base $(x^i)_{i \in \mathbb{N}}$ de $\mathbb{K}[x]$. Montrer que le résidu τ_f s'identifie à l'élément de $\mathbb{K}[[d]]$ (l'espace des *séries formelles* en d) donné par le développement en série de

$$\frac{d^{-1}}{f(d^{-1})} = \frac{d^{m-1}}{f_0 + f_1 d + \cdots + f_m d^m} = \frac{1}{f_0} d^{m-1} + \cdots$$

2. Soient $f_i(\mathbf{x}) = x_i^{m_i} - g_i(\mathbf{x}), \deg g_i < m_i, i = 1, \ldots, n$, des éléments de $\mathbb{K}[\mathbf{x}]$. Montrer que le résidu $\tau_{\mathbf{f}}$ s'identifie à la série formelle de $\mathbb{K}[[d_1, \ldots, d_n]]$ obtenue par développement de

$$\frac{d_1^{-1} \ldots d_n^{-1}}{\prod_{i=1}^n f_i(d^{-1})} = \frac{d_1^{m_1-1} \ldots d_n^{m_n-1}}{\prod_{i=1}^n (1 - d_i^{m_i} g_i(d^{-1}))} = d_1^{m_1-1} \ldots d_n^{m_n-1} + \cdots$$

3. Etablir que pour $h \in \mathbb{K}[\mathbf{x}]$, $\tau_{\mathbf{f}}(h)$ est le coefficient de $x_1^{m_1-1} \ldots x_n^{m_n-1}$ dans la fraction rationnelle

$$\sum_{\alpha \in \mathbb{N}^n : |\alpha| \leq \deg h - m_1 \cdots - m_n - n} \frac{h \, g_1^{\alpha_1} \ldots g_n^{\alpha_n}}{x_1^{m_1 \alpha_1} \ldots x_n^{m_n \alpha_n}}.$$

4. En déduire que la fraction rationnelle $\dfrac{x_1 \ldots x_n}{f_1 \ldots f_n}$ admet un développement en série de la forme

$$\sum_{\alpha \in \mathbb{N}^n} \frac{\tau_{\mathbf{f}}(\mathbf{x}^\alpha)}{\mathbf{x}^\alpha} + r , \text{ avec } r \notin \mathbb{K}[x_1^{-1}, \ldots, x_n^{-1}].$$

Exercice 9.3. Désignons par π_+ la projection de l'espace des polynômes de Laurent (i.e. $\mathbb{K}[x_1, x_1^{-1}, \ldots, x_n, x_n^{-1}]$) sur $\mathbb{K}[x_1, \ldots, x_n]$.

1. Vérifier, dans le cas d'une seule variable x, que les polynômes de Hörner

$$H_i(x) = \pi_+\big(x^{-d+i} f(x)\big) , \; i = 0, \ldots, d-1.$$

2. Soient $f_i(\mathbf{x}) = x_i^{d_i} - g_i(\mathbf{x}), \deg g_i < d_i, i = 1, \ldots, n$, des éléments de $\mathbb{K}[\mathbf{x}]$. Si $(\mathbf{w}_\alpha)_\alpha$ est la base duale de la base

$$\{x_1^{\alpha_1} \ldots x_n^{\alpha_n} : 0 \leq \alpha_i \leq d_i - 1, i = 1, \ldots, n\}$$

de $\mathbb{K}[\mathbf{x}]/(f_1, \ldots, f_n)$ pour le produit scalaire défini par $\tau_{\mathbf{f}}$, montrer que

$$\mathbf{w}_\alpha = \pi_+\left(\mathbf{x}^{-\alpha-1} \prod_{i=1}^n f_i(\mathbf{x})\right).$$

Exercice 9.4. Soient $\mathbf{f}$ et $\mathbf{g}$ deux applications polynomiales de $\mathbb{K}[\mathbf{x}]$ qui définissent des variétés discrètes. Montrer que pour tout $(\alpha, \beta) \in (\mathbb{N}^n)^2$,

$$\tau_{(\mathbf{f},\mathbf{g})}(\mathbf{x}^\alpha \mathbf{y}^\beta) = \tau_{\mathbf{f}}(\mathbf{x}^\alpha)\tau_{\mathbf{g}}(\mathbf{y}^\beta).$$

Exercice 9.5. Soient $f_1, \ldots, f_{n-1}, F, G$ des éléments de $\mathbb{K}[\mathbf{x}]$ tels que les suites $\{f_1, \ldots, f_{n-1}, F\}$ et $\{f_1, \ldots, f_{n-1}, G\}$ soient quasi-régulières. Supposons que le corps $\mathbb{K}$ est algébriquement clos et que les polynômes $f_1, \ldots, f_{n-1}, F, G$ n'ont pas de racine commune.

1. Montrer qu'il existe $U, V \in \mathbb{K}[\mathbf{x}]$ tels que $VF + UG - 1$ appartient à l'idéal de $\mathbb{K}[\mathbf{x}]$ engendré par $f_1, \ldots, f_{n-1}$.

2. Établir la formule suivante :

$$\tau_{(f_1,\ldots,f_{n-1},FG)} = U \cdot \tau_{(f_1,\ldots,f_{n-1},F)} + V \cdot \tau_{(f_1,\ldots,f_{n-1},G)}.$$

Exercice 9.6. Soit $\mathbf{f}$ une application polynomiale qui définit une suite quasi-régulière. Si $m \in \mathbb{N}^n$, prouver que $\tau_{\mathbf{f}^{m+1}} = \tau_{\mathbf{y},(\mathbf{f}-\mathbf{y})^{m+1}}$.

Exercice 9.7. Soit

$$\sigma : \mathbb{K}^n \rightarrow \mathbb{K}^n$$
$$\mathbf{x} \mapsto \sigma(\mathbf{x})$$

une application polynomiale bijective. Supposons qu'il existe une matrice $U(\mathbf{x}, \mathbf{y})$ telle que $\sigma(\mathbf{x}) - \sigma(\mathbf{y}) = U(\mathbf{x}, \mathbf{y})(\mathbf{x} - \mathbf{y})$, avec $\det(U(\mathbf{x}, \mathbf{y})) \in \mathbb{K} \setminus \{0\}$.

1. Donner des exemples d'une telle application.

2. Si $\mathbf{f}$ définit une variété discrète, montrer que pour tout $h \in \mathbb{K}[\mathbf{x}]$,

$$\tau_{\mathbf{f} \circ \sigma}(h) = \frac{1}{\det(U)}\tau_{\mathbf{f}}(h \circ \sigma^{-1}).$$

Exercice 9.8. Soit $\mathbf{f} = (f_1, \ldots, f_n)$ une application de $\mathbb{K}[\mathbf{x}] = \mathbb{K}[x_1, \ldots, x_n]$ sans zéro à l'infini.

1. Si $^h f_i$ désigne l'homogénéisé de f_i par rapport à x_0, montrer que

$$\begin{pmatrix} ^h f_1 \\ \vdots \\ ^h f_n \\ x_0 - 1 \end{pmatrix} = \begin{pmatrix} 1 & 0 & \cdots & g_1 \\ \vdots & \ddots & & \vdots \\ 0 & \cdots & 1 & g_n \\ 0 & \cdots & 0 & 1 \end{pmatrix} \cdot \begin{pmatrix} f_1 \\ \vdots \\ f_n \\ x_0 - 1 \end{pmatrix},$$

où les g_i appartiennent à $\mathbb{K}[x_0, x_1, \ldots, x_n]$.

2. Établir que pour tout $\alpha \in \mathbb{N}^n$ tel que $|\alpha| \geq \nu = \sum_{i=1}^n \deg f_i - n$,

$$\tau_{\mathbf{f}}(\mathbf{x}^\alpha) = \tau_{(^h f_1, \ldots, ^h f_n, x_0^{|\alpha|-\nu+1})}(\mathbf{x}^\alpha).$$

3. Que peut-on conclure ?

Exercice 9.9. Soient $f_1, \ldots, f_{n-1}, g \in \mathbb{K}[x_1, \ldots, x_{n-1}]$. Supposons que la suite $\{f_1, \ldots, f_{n-1}, f_n = x_n - g\}$ est quasi-régulière dans $\mathbb{K}[\mathbf{x}] = \mathbb{K}[x_1, \ldots, x_n]$.

1. Prouver que pour $h \in \mathbb{K}[\mathbf{x}]$,

$$\tau_{\mathbf{f}}(h) = \tau_{(f_1,\ldots,f_{n-1})}\Big(h\big(x_1,\ldots,x_{n-1},g(x_1,\ldots,x_{n-1})\big)\Big).$$

2. Soient $f_1,\ldots,f_{n-1}$ des éléments de $\mathbb{K}[\mathbf{x}] = \mathbb{K}[x_1,\ldots,x_n]$, et $f_n = x_n - g$, avec $g \in \mathbb{K}[x_1,\ldots,x_{n-1}]$. Si $\mathbf{f} = (f_1,\ldots,f_n)$ définit une suite quasi-régulière dans $\mathbb{K}[\mathbf{x}]$, montrer que pour tout $h \in \mathbb{K}[\mathbf{x}]$,

$$\tau_{\mathbf{f}}(h) = \tau_{\tilde{\mathbf{f}}}\Big(h\big(x_1,\ldots,x_{n-1},g(x_1,\ldots,x_{n-1})\big)\Big).$$

où $\tilde{\mathbf{f}} = \big(f_1(x_1,\ldots,x_{n-1},g),\ldots,f_{n-1}(x_1,\ldots,x_{n-1},g)\big)$.

Exercice 9.10. Soit $\mathbf{f} = (f_1,\ldots,f_n)$ une application polynomiale qui définit une suite quasi-régulière de $\mathbb{K}[\mathbf{x}]$. Notons $\mathbf{K}$ le corps des fractions rationnelles $\mathbb{K}(y_1,\ldots,y_n)$, et $\mathbf{df}$ l'application $\big(f_1(\mathbf{x}) - f_1(\mathbf{y}),\ldots,f_n(\mathbf{x}) - f_n(\mathbf{y})\big)$ de $\mathbf{K}[\mathbf{x}]$. Montrer que si $h \in \mathbb{K}[\mathbf{x}]$, alors $h(\mathbf{y}) = \big(h(\mathbf{x})\Delta_{\mathbf{f}}(\mathbf{x},\mathbf{y})\big)^{\lhd}\tau_{\mathbf{df}}$.

Exercice 9.11. Soit $\mathbb{K}$ un corps de caractéristique zéro. Si $\mathbf{f}$ définit une variété affine discrète, montrer que son résidu est un opérateur différentiel de degré $\nu = \sum_{i=1}^{n}\deg f_i - n$ et à coefficients constants $(c_\alpha)_\alpha$, c'est-à-dire

$$\tau_{\mathbf{f}} = \sum_{\alpha \in \mathbb{N}^n : |\alpha| = \nu} c_\alpha \delta^\alpha \quad , \quad c_\alpha \in \mathbb{K}.$$

Exercice 9.12. Prouver la proposition 9.20.

Exercice 9.13. Soit $\mathbf{f} = (f_1,\ldots,f_n)$ une application sans zéro à l'infini. Notons $\nu = \sum_{i=1}^{n}\deg f_i - n$.

1. En utilisant le théorème de Macaulay, montrer qu'il existe $g_1,\ldots,g_n$ dans l'idéal engendré par $f_1,\ldots,f_n$, de la forme $g_i = x_i^{\nu+1} + r_i$, avec $r_i \in \mathbb{K}[\mathbf{x}]$ de degré au plus ν.

2. Donner un algorithme, basé sur l'algèbre linéaire, pour calculer $\tau_{\mathbf{f}}$.

Exercice 9.14. Considérons les trois surfaces réelles suivantes

$$\begin{cases} x^3 + \sum_{i+j+k\leq 2} a_{ijk}x^i y^j z^k = 0, \\ y^3 + \sum_{i+j+k\leq 2} b_{ijk}x^i y^j z^k = 0, \\ z^3 + \sum_{i+j+k\leq 2} c_{ijk}x^i y^j z^k = 0. \end{cases}$$

Supposons qu'elles se coupent en 27 points de $\mathbb{R}^3$, et soit $(A,B,C) \in \mathbb{R}^3$.

1. Calculer la somme des carrés des distances de (A,B,C) aux 27 points communs à ces trois surfaces.

2. Est-ce que le résultat dépend de tous les coefficients $a_{ijk}, b_{ijk}, c_{ijk}$?

Exercice 9.15. Soit $\mathbf{f} = (f_1,\ldots,f_n)$ une application de $\mathbb{K}[\mathbf{x}]$ qui admet 0 comme racine isolée.

1. Prouver que l'indice de nilpotence de la composante isolée Q_0, de l'idéal engendré par $f_1,\ldots,f_n$, associée à 0 est égal au degré de $\tau_{\mathbf{f},0}$ en les dérivations.

2. Soit $(m_i)_i$ une famille de monômes de $\mathbb{K}[\mathbf{x}]$ telle que $(m_i . \tau_{\mathbf{f},0})_i$ forme une base de $Q_0^\perp$. Montrer que $(m_i)_i$ est une base de $\mathcal{A}_0$.

3. Donner une procédure qui permet de construire une base monomiale de $\mathcal{A}_0$ à partir du résidu local.

Exercice 9.16. Soit $\mathbf{f}$ une application de $\mathbb{K}[\mathbf{x}]$ qui admet 0 comme racine isolée. Montrer que le socle de $\mathcal{A}_0$ est engendré par tout monôme de $\mathbb{K}[\mathbf{x}]$, obtenu en substituant dans un monôme du résidu de degré maximal les dérivations ∂_i par les x_i.

Exercice 9.17. Relations entre coefficients et racines (pour plus de détails, consulter [**GLGV98**]).

Le but de cet exercice est d'étudier le lien entre les coefficients et les puissances des racines des polynômes P_i de la forme

$$P_i(\mathbf{x}) = x_i^{e_i} + R_i(\mathbf{x}) \ , \ 1 \leq i \leq n \ , \ \text{avec} \quad \deg R_i < e_i.$$

Les éléments P_i peuvent s'écrire sous la forme

$$P_i(\mathbf{x}) = \sum_{|m_i| \leq e_i} c_{i,m_i} \mathbf{x}^{m_i} \ , \ c_{i,m_i} \in \mathbb{C} \ ,$$

où $c_{i,(0,\dots,e_i,\dots,0)} = 1$, $c_{i,m_i} = 0$ si $|m_i| = e_i$ et $m_i \neq (0,\dots,e_i,\dots,0)$.

Pour $\alpha \in \mathbb{N}^n$,

$$S_\alpha = \sum_{\zeta \in \mathcal{Z}(P_1,\dots,P_n)} \zeta^\alpha,$$

la somme de Newton d'indice α. Dans la sommation ci-dessus chaque racine est répétée autant de fois que sa multiplicité. Si $\alpha \in \mathbb{Z}^n$, on définit

$$S_\alpha = \tau_{x_1^{\alpha_1^-} P_1, \dots, x_n^{\alpha_n^-} P_n} (\mathrm{Jac_P} \ \mathbf{x}^{\alpha^+}) \ ,$$

$\alpha_i^- = \max(0, -\alpha_i), \alpha_i^+ = \max(0, \alpha_i), \alpha^+ = (\alpha_1^+, \dots, \alpha_n^+), \alpha^- = (\alpha_1^-, \dots, \alpha_n^-)$ et $\alpha = \alpha_+ - \alpha_-$.

1. Vérifier que les deux définitions coïncident pour $\alpha \in \mathbb{N}^n$.

2. Déterminer $S_{(0,\dots,0)}$ en fonction des degrés $e_1, \dots, e_n$ de $P_1, \dots, P_n$. Monter que si $\alpha \in \mathbb{Z}^n \setminus \{0\}, |\alpha| = 0$, alors $S_\alpha = 0$ (on pourra utiliser la formule d'Euler-Jacobi).

3. Soit $\alpha \in \mathbb{Z}^n : |\alpha| < |e|, e = (e_1, \dots, e_n)$, montrer que pour $\beta = -\alpha$

$$\tau_{x_1^{\beta_1^-} P_1, \dots, x_n^{\beta_n^-} P_n} (\mathbf{x}^{\beta^+} P_1 \dots P_n \ \mathrm{Jac_P}) = S_{e-\alpha} +$$

$$\sum_{|\alpha| < |m_1 + \dots + m_n| < |d|} c_{1,m_1} \dots c_{n,m_n} S_{m_1 + \dots + m_n - \alpha} + e_1 \dots e_n \sum_{m_1 + \dots + m_n = \alpha} c_{1,m_1} \dots c_{n,m_n}.$$

4. (a) Montrer que

$$x_1 \dots x_n \mathrm{Jac_P} = \sum_{m_1, \dots, m_n} \det(m_{i,j}) c_{1,m_1} \dots c_{n,m_n} \mathbf{x}^{m_1 + \dots + m_n},$$

$m_i = (m_{i,1}, \dots, m_{i,n})$, pour $i = 1, \dots, n$.

(b) En déduire les relations suivantes entre les coefficients des polynômes P_i et les puissances de leurs racines

$$S_{d-\alpha} + \sum_{|\alpha| < |m_1 + \cdots + m_n| < |e|} c_{1,m_1} \ldots c_{n,m_n} S_{m_1 + \cdots + m_n - \alpha}$$

$$= \sum_{m_1 + \cdots + m_n = \alpha} (\det(m_{i,j}) - e_1 \ldots e_n) c_{1,m_1} \ldots c_{n,m_n}.$$

5. Donner un algorithme pour calculer S_α pour tout $\alpha \in \mathbb{N}^n$.

CHAPITRE 10

CALCUL DU RÉSIDU ET APPLICATIONS

Sommaire

Le but de ce chapitre est de présenter des algorithmes de calcul des résidus multivariables dans le cas d'une application polynomiale quelconque, et de donner quelques unes de leurs applications à certains problèmes d'effectivité. Nous étudierons aussi certaines propriétés des applications polynomiales.

10.1. Applications dominantes

L'algorithme naïf, pour calculer le résidu de $\mathbf{f} = (f_1, \ldots, f_n)$, consiste à trouver (par exemple en utilisant la théorie de l'élimination) des polynômes $g_1 \in \mathbb{K}[x_1], \ldots, g_n \in \mathbb{K}[x_n]$ appartenant à l'idéal F de $\mathbb{K}[\mathbf{x}]$ engendré par $f_1, \ldots, f_n$. Puis, la loi de transformation usuelle ramène le calcul du résidu au cas d'une variable. Du point de vue pratique, il n'est pas toujours facile de trouver de tels $g_1, \ldots, g_n$. Nous allons expliquer comment peut-on calculer les résidus de $\mathbf{f}$ à l'aide de la loi de transformation dans les bons cas. Et en général, nous utilserons la version généralisée de cette loi pour retrouver les résidus d'une application polynomiale quelconque.

Définition 10.1. *Une application* $\mathbf{f} = (f_1, \ldots, f_n) : \mathbb{K}^n \to \mathbb{K}^n$ *polynomiale est dite* dominante *si l'extension* $\mathbb{K}(\mathbf{x}) = \mathbb{K}(x_1, \ldots, x_n)$ *de* $\mathbb{K}(\mathbf{f}) = \mathbb{K}(f_1, \ldots, f_n)$ *est finie. Le degré de cette extension (i.e. la dimension du* $\mathbb{K}(\mathbf{f})$-*espace vectoriel* $\mathbb{K}(\mathbf{x})$*) est appelé le* degré géométrique *de* $\mathbf{f}$.

Proposition 10.2. *Les conditions suivantes sont équivalentes :*
i) L'application $\mathbf{f}$ *est dominante.*
ii) Les polynômes $f_1, \ldots, f_n$ *sont algébriquement indépendants sur* $\mathbb{K}$.
iii) Le Jacobien $\mathrm{Jac}_{\mathbf{f}}$ *n'est pas identiquement nul.*
Si $\mathbf{u} = (u_1, \ldots, u_n)$, *le degré géométrique de* $\mathbf{f}$ *est aussi égal à la dimension du* $\mathbb{K}(\mathbf{u})$-*espace vectoriel* $\mathbb{K}(\mathbf{u})[\mathbf{x}]/(\mathbf{f} - \mathbf{u})$. *Donc ce degré est génériquement le cardinal des fibres de* $\mathbf{f}$.

Démonstration. $i) \Rightarrow ii)$ Le degré de transcendance de l'extension de corps $\mathbb{K}(\mathbf{f}) - \mathbb{K}(\mathbf{x})$ est nul (voir [**Lan80**]). Donc les deux extensions $\mathbb{K}(\mathbf{f})$ et $\mathbb{K}(\mathbf{x})$ de $\mathbb{K}$ ont le même degré de transcendance. Par conséquent, $f_1, \ldots, f_n$ sont algébriquement indépendants sur $\mathbb{K}$.

$ii) \Rightarrow iii)$ Fixons $i \in \{1, \ldots, n\}$. Il existe un polynôme A_i en $n + 1$ variables non nul et à coefficients dans $\mathbb{K}$ qui satisfait $A_i(x_i, f_1, \ldots, f_n) = 0$. En différentiant cette équation, nous obtenons

$$\forall k \in \{1, \ldots, n\}, \quad \sum_{j=1}^{n} \frac{\frac{\partial A_i}{\partial x_j}}{\frac{\partial A_i}{\partial x_0}} \frac{\partial f_j}{\partial x_k} = -\delta_{ik},$$

δ_{ik} désigne le symbole de Kronecker. Donc $\mathrm{Jac}_{\mathbf{f}}$ n'est pas identiquement nul.

$iii) \Rightarrow ii)$ Supposons que $f_1, \ldots, f_n$ soient algébriquement dépendants. Il existe alors un polynôme non constant $A(u_1, \ldots, u_n)$ en n variables tel que

$A(f_1, \ldots, f_n) = 0$. En dérivant cette identité, nous avons

$$\forall k \in \{1, \ldots, n\}, \ \sum_{i=1}^{n} \frac{\partial A}{\partial x_i} \frac{\partial f_i}{\partial x_k} = 0 \,.$$

Et nous en déduisons que $\mathrm{Jac}_{\mathbf{f}} \equiv 0$.

$ii) \Rightarrow i)$ Si $i \in \{1, \ldots, n\}$, les polynômes $x_i, f_1, \ldots, f_n$ sont algébriquement dépendants (car le degré de transcendance de l'extension $\mathbb{K} - \mathbb{K}(\mathbf{x})$ est égal à n). L'extension $\mathbb{K}(\mathbf{x})$ de $\mathbb{K}(\mathbf{f})$ est de type finie et algébrique, donc elle est finie. Soit $(e_1, \ldots, e_d)$ une $\mathbb{K}(\mathbf{f})$-base de $\mathbb{K}(\mathbf{x})$, avec $e_i \in \mathbb{K}[\mathbf{x}], 1 \leq i \leq d$. Il est facile de vérifier que $(e_1, \ldots, e_d)$ est aussi une $\mathbb{K}(\mathbf{u})$-base de $\mathbb{K}(\mathbf{u})[\mathbf{x}]/(\mathbf{f} - \mathbf{u})$. $\square$

La sous-algèbre de $\mathbb{K}[\mathbf{x}]$ engendrée par les polynômes $f_1, \ldots, f_n$, est notée $\mathbb{K}[\mathbf{f}] = \mathbb{K}[f_1, \ldots, f_n]$.

Soit $f_0 \in \mathbb{K}[\mathbf{x}]$. Puisque les $n+1$ polynômes $f_0, \ldots, f_n$ sont algébriquement dépendants, il existe $m \in \mathbb{N}^*$ et $a_0, \ldots, a_m \in \mathbb{K}[\mathbf{u}] = \mathbb{K}[u_1, \ldots, u_n]$ tels que

$$a_0(f_1, \ldots, f_n) f_0^m + \cdots + a_m(f_1, \ldots, f_n) = 0 \,.$$

Cette équation est appelée une *relation de dépendance algébrique* entre les éléments $f_0, \ldots, f_n$. Elle sera dite de *dépendance intégrale*, si le polynôme a_0 est constant et non nul.

Définition 10.3. *L'application $\mathbf{f}$ est dite* entière *si l'extension d'anneaux $\mathbb{K}[\mathbf{x}]$ de $\mathbb{K}[\mathbf{f}]$ est entière (i.e. tout polynôme de $\mathbb{K}[\mathbf{x}]$ vérifie une relation de dépendance intégrale à coefficients dans $\mathbb{K}[\mathbf{f}]$).*

Ceci revient à dire que les coordonnées $x_1, \ldots, x_n$ vérifient des relations de dépendance intégrale sur $\mathbb{K}[\mathbf{f}]$.

Toute application polynomiale entière est en particulier dominante.

Une application entière $\mathbf{f} = (f_1, \ldots, f_n)$ définit une suite quasi-régulière. En effet, si $\alpha = (\alpha_1, \ldots, \alpha_n)$ est une racine du système $f_1 = \cdots = f_n = 0$, toute coordonnée α_i de α est solution d'une équation d'une variable, donc la variété $\mathcal{Z}(F)$ est finie, et d'après la proposition 8.20, $\{f_1, \ldots, f_n\}$ est quasi-régulière.

Proposition 10.4. *Une application dominante $\mathbf{f}$ est entière si, et seulement si, pour tout $g \in \mathbb{K}[\mathbf{x}]$, $\tau_{\mathbf{f}-\mathbf{u}}(g) \in \mathbb{K}[\mathbf{u}]$.*

Démonstration. Supposons que pour tout $g \in \mathbb{K}[\mathbf{x}]$, $\tau_{\mathbf{f}-\mathbf{u}}(g) \in \mathbb{K}[\mathbf{u}]$, et soit $b = (b_1, \ldots, b_d)$ une base du $\mathbb{K}(\mathbf{f})$-espace vectoriel $\mathbb{K}(\mathbf{x})$, avec $b_i \in \mathbb{K}[\mathbf{x}]$. La famille b est aussi une $\mathbb{K}(\mathbf{u})$-base de $\mathcal{A}_{\mathbf{u}} = \mathbb{K}(\mathbf{u})[\mathbf{x}]/(\mathbf{f} - \mathbf{u})$.

Fixons $l \in \{1, \ldots, n\}$. La formule de représentation (8.2) appliquée dans $\mathcal{A}_{\mathbf{u}}$ fournit

$$x_l \, b_j = \sum_{i=1}^{d} \tau_{\mathbf{f}-\mathbf{u}}(x_l \, b_j \, a_i) \, b_i = \sum_{i=1}^{d} m_{ij}^{(l)}(\mathbf{u}) \, b_i.$$

La matrice $M_l(\mathbf{u}) = (m_{ij}^{(l)}(\mathbf{u}))_{1 \le i,j \le d}$ de multiplication par x_l dans $\mathcal{A}_{\mathbf{u}}$ dans la base b est alors à coefficients dans $\mathbb{K}[\mathbf{u}]$. Si $C(\mathbf{u};T)$ désigne son polynôme caractéristique, d'après le théorème de Cayley-Hamilton,

$$C(\mathbf{u};x_l) = x_l^d + c_1(\mathbf{u}) x_l^{d-1} + \cdots + c_d(\mathbf{u}) \in (f_1 - u_1, \ldots, f_n - u_n),$$

avec $c_i \in \mathbb{K}[\mathbf{u}]$ pour $i = 1, \ldots, d$. Nous avons donc une relation de dépendance intégrale $C(\mathbf{f};x_l) = 0$ de x_l à coefficients dans $\mathbb{K}[\mathbf{f}]$, et ainsi l'application $\mathbf{f}$ est bien entière.

Réciproquement, soit $g \in \mathbb{K}[\mathbf{x}]$. Comme pour tout $i \in \{1, \ldots, n\}$, il existe des entiers positifs m_i et des polynômes $a_{ij} \in \mathbb{K}[\mathbf{u}]$ tels que

$$x_i^{m_i} + a_{i1}(\mathbf{f}) x_i^{m_i-1} + \cdots + a_{im_i}(\mathbf{f}) = 0.$$

Il s'en suit que

$$Q_i(\mathbf{u};x_i) := x_i^{m_i} + a_{i1}(\mathbf{u}) x_i^{m_i-1} + \cdots + a_{im_i}(\mathbf{u}) = \sum_{i=1}^{n} A_{ij}(\mathbf{u},\mathbf{x})(f_i - u_i),$$

avec $A_{ij} \in \mathbb{K}[\mathbf{u},\mathbf{x}]$. Posons $\mathbf{Q}(\mathbf{u};\mathbf{x}) = (Q_1(\mathbf{u};x_1), \ldots, Q_n(\mathbf{u};x_n))$. D'après la loi de transformation, (9.4) et (9.2), nous avons

$$\tau_{\mathbf{f}-\mathbf{u}}(g) = \tau_{\mathbf{Q}}(\det(A_{ij})\, g) = \sum_{\alpha=(\alpha_1,\ldots,\alpha_n)} c_\alpha(\mathbf{u}) \left(\prod_{i=1}^{n} \tau_{Q_i}(x_i^{\alpha_i}) \right),$$

avec $c_\alpha \in \mathbb{K}[\mathbf{u}]$. Ainsi, $\tau_{\mathbf{f}-\mathbf{u}}(g) \in \mathbb{K}[\mathbf{u}]$. $\square$

Nous déduisons de la preuve de la proposition 10.4 le corollaire suivant :

Corollaire 10.5. *Si* $\mathbf{f}$ *est une application entière, alors le polynôme caractéristique de la multiplication par* x_i *dans l'espace vectoriel* $\mathbb{K}(\mathbf{u})[\mathbf{x}]/(\mathbf{f}-\mathbf{u})$ *est à coefficients dans l'anneau* $\mathbb{K}[\mathbf{u}]$.

Exemple 10.6. *Nous allons donner deux exemples d'applications entières ayant des points à l'infini. Nous verrons en exercice 10.2 qu'une application sans zéro à l'infini est toujours entière.*

Soient les éléments $f_1 = x^2 - y$ *et* $f_2 = xy - 1$ *de* $\mathbb{K}[x,y]$. *Les variables* x *et* y *vérifient les relations de dépendance intégrale*

$$\begin{cases} x^3 - f_1 x - f_2 - 1 = 0 \\ y^3 + f_1 y^2 - 2 f_2 - f_2{}^2 - 1 = 0. \end{cases}$$

Considèrons dans $\mathbb{K}[x,y,z]$

$$\begin{cases} f_1 = x^2 + y^2 + z^2 - x \\ f_2 = x^2 + y^2 + z^2 - y \\ f_3 = x^2 + y^2 + z^2 - z. \end{cases}$$

La variable x vérifie la relation de dépendance intégrale

$$3\,x^2 + (4\,f_1 - 2\,f_2 - 2\,f_3 - 1)\,x + 2\,f_1{}^2 - 2\,f_1 f_3 + f_2{}^2 + f_3{}^2 - 2\,f_1 f_2 - f_1 = 0.$$

Par symétrie y et z vérifient des relations du même type.

10.2. Applications commodes

Définition 10.7. *Une application $\mathbf{f} = (f_1, \ldots, f_n)$ est dite commode si chaque coordonnée x_i satisfait une relation algébrique*

$$a_{i0}(f_1, \ldots, f_n)\,x_i^{m_i} + \cdots + a_{im_i}(f_1, \ldots, f_n) = 0\,,$$

avec $a_{ij}(\mathbf{0}) \neq 0$ pour un certain $j \in \{0, \ldots, m_i - 1\}$.

Toute application entière est en particulier commode. Une caractérisation de ces applications est donnée dans [**PT96**].

Lemme 10.8. *Soit $\mathbb{L}$ une extension (de corps) finie de $\mathbb{K}$ et θ un élément de $\mathbb{L}$. Si C_θ (resp. M_θ) est le polynôme caractéristique (resp. minimal) de la multiplication par θ dans $\mathbb{L}$, alors $C_\theta = M_\theta^{[\mathbb{L}:\mathbb{K}(\theta)]}$ (où $[\mathbb{L} : \mathbb{K}(\theta)]$ désigne $\dim_{\mathbb{K}(\theta)} \mathbb{L}$).*

Démonstration. Il existe un entier positif d (c'est le degré de θ) et des scalaires a_i de $\mathbb{K}$ tels que $\theta^d = a_{d-1}\theta^{d-1} + \cdots + a_0$.

Si $m = \dim_{\mathbb{K}(\theta)} \mathbb{L}$ et $(e_1, \ldots, e_m)$ une $\mathbb{K}(\theta)$-base de $\mathbb{L}$, $(\theta^i e_j)_{0 \leq i \leq d-1, 1 \leq j \leq m}$ est une $\mathbb{K}$-base de $\mathbb{L}$. Notons A_θ la matrice de multiplication par θ dans $\mathbb{L}$ dans cette base. Alors

$$C_\theta(T) = \det(T\mathbb{I}_{md} - \mathsf{A}_\theta) = \det \begin{pmatrix} T & & & a_0 \\ 1 & \ddots & & \vdots \\ & \ddots & T & a_{d-2} \\ & & 1 & T - a_{d-1} \end{pmatrix}^m = M_\theta^m(T).$$

$\square$

Proposition 10.9. *Soient $f_0, \ldots, f_n \in \mathbb{K}[\mathbf{x}]$ tels que les n derniers soient algébriquement indépendants sur $\mathbb{K}$. Alors il existe un unique (à une constante près) polynôme irréductible $A \in \mathbb{K}[u_0, \ldots, u_n]$ qui vérifie $A(f_0, \ldots, f_n) = 0$. Si le corps $\mathbb{K}$ est infini et $\deg f_0 < \min_{i=1,\ldots,n} \deg f_i$, le degré de A est au plus*

$$\delta = \frac{\deg f_1 \ldots \deg f_n}{[\mathbb{K}(\mathbf{x}) : \mathbb{K}(f_0, \ldots, f_n)]}.$$

Si de plus $f_1, \ldots, f_n$ n'ont pas de zéro à l'infini, alors $\deg A = \delta$.

Démonstration. L'existence de A découle du fait que le degré de transcendance de l'extension $\mathbb{K}(f_0, \ldots, f_n)$ de $\mathbb{K}$ est égal à n et de l'anneau $\mathbb{K}[u_0 \ldots, u_n]$ est factoriel. Pour l'unicité, supposons l'existence de deux irréductibles A_1 et A_2 tels que $A_1(f_0, \ldots, f_n) = A_2(f_0, \ldots, f_n) = 0$. Le résultant R de A_1 et A_2, considérés comme éléments de $(\mathbb{K}[u_1, \ldots, u_n])[u_0]$, appartient à $\mathbb{K}[u_1, \ldots, u_n]$ et satisfait l'équation $R(f_1, \ldots, f_n) = 0$. Puisque $f_1, \ldots, f_n$ sont $\mathbb{K}$-algébriquement indépendants, $R \equiv 0$, donc A_1 et A_2 ont un diviseur commun non constant dans $\mathbb{K}(u_1, \ldots, u_n)[u_0]$, et aussi dans $\mathbb{K}[u_0, \ldots, u_n]$. Ainsi, $A_1 = c A_2$, avec $c \in \mathbb{K}$.

L'extension $\mathbb{K}(\mathbf{x})$ de $\mathbb{K}(\mathbf{f}) = \mathbb{K}(f_1, \ldots, f_n)$ est finie. Considérons les éléments $\tilde{C}(u_0, \ldots, u_n)$ et $\tilde{A}(u_0, \ldots, u_n)$ de $\mathbb{K}(\mathbf{u})[u_0]$ tels que $\tilde{C}(u_0, f_1, \ldots, f_n)$ soit le polynôme caractéristique de la multiplication par f_0 dans le $\mathbb{K}(\mathbf{f})$-espace vectoriel $\mathbb{K}(\mathbf{x})$ et $\tilde{A}(u_0, f_1, \ldots, f_n)$ son polynôme minimal. Désignons par C (resp. A) le numérateur de $\tilde{C}$ (resp. $\tilde{A}$). Ces polynômes appartiennent à $\mathbb{K}[u_0, \ldots, u_n]$. Il en résulte que A est l'unique irréductible de $\mathbb{K}[u_0, \ldots, u_n]$ qui vérifie l'identité $A(f_0, \ldots, f_n) = 0$. D'après le lemme 10.8,

$$\tilde{C} = \tilde{A}^{[\mathbb{K}(\mathbf{x}):\mathbb{K}(f_0,\ldots,f_n)]} \quad \text{et} \quad C = A^{[\mathbb{K}(\mathbf{x}):\mathbb{K}(f_0,\ldots,f_n)]}.$$

En changeant les variables u_i en $u_i - c_i u_0, i = 1, \ldots, n$, avec $c_i \in \mathbb{K}$, on peut supposer que $\deg A = \deg_{u_0} A$. Par suite,

$$\deg(C) = \deg_{u_0}(C) = \deg_{u_0}(\tilde{C}) \leq \deg(f_1 + c_1 f_0) \ldots \deg(f_n + c_n f_0).$$

De plus $\deg(C) = \prod_{i=1}^{n} \deg(f_i + c_i f_0)$ si $f_1 + c_1 f_0, \ldots, f_n + c_n f_0$ n'ont pas de zéro à l'infini. Ainsi,

$$\deg A \leq \frac{\deg(f_1 + c_1 f_0) \ldots \deg(f_n + c_n f_0)}{[\mathbb{K}(\mathbf{x}) : \mathbb{K}(f_0, \ldots, f_n)]},$$

et l'égalité a lieu si les polynômes $f_1, \ldots, f_n$ n'ont pas de zéro à l'infini. □

Une autre preuve de la proposition 10.9 peut être trouvée dans [**Plo86**].

Exemple 10.10. *L'application polynomiale de* $\mathbb{K}[x, y, z]$

$$(f_1, f_2, f_3) = (x + xyz, y + y^3 z, z)$$

n'est pas commode, car les relations irréductibles uniques des coordonnées sur $\mathbb{K}[f_1, f_2, f_3]$ *sont*

$$\begin{cases} f_2 f_3 x^2 + f_1 x - f_1^2 = 0 \\ f_3 y^3 + y - f_2 = 0 \\ z - f_3 = 0. \end{cases}$$

Proposition 10.11. *Si l'application* $\mathbf{f}$ *est commode, alors pour tout* $h \in \mathbb{K}[\mathbf{x}]$, *le calcul de* $\tau_{\mathbf{f}}(h)$ *se ramène à des calculs de résidus d'une seule variable.*

Démonstration. Pour chaque $i \in \{1, \ldots, n\}$, il existe $g_i \in \mathbb{K}[x_i]$ non nul tel que

$$g_i(x_i) = \sum_{j=1}^{n} A_{ij} f_j \ , \ A_{ij} \in \mathbb{K}[\mathbf{x}].$$

Si $\mathbf{g} = (g_1, \ldots, g_n)$, d'après la loi de transformation, (9.4) et (9.2), nous avons

$$\tau_{\mathbf{f}}(h) = \tau_{\mathbf{g}}(h \det(A_{ij})) = \sum_{\alpha = (\alpha_1, \ldots, \alpha_n) \in \mathbb{N}^n} c_\alpha \prod_{i=1}^{n} (\tau_{g_i}(x_i^{\alpha_i})).$$

$\square$

Remarque 10.12. Si nous disposons pour tout $i \in \{1, \ldots, n\}$ d'une relation algébrique $A_i(u_0, \ldots, u_n) = a_{i0}(u_1, \ldots, u_n) u_0^{m_i} + \cdots + a_{i m_i}(u_1, \ldots, u_n)$ entre $x_i, f_1, \ldots, f_n$, alors pour $h \in \mathbb{K}[\mathbf{x}]$, $\tau_{\mathbf{f}-\mathbf{u}}(h)$, où $\mathbf{u} = (u_1, \ldots, u_n)$, se calcule facilement comme suit. Nous déduisons de A_i que

$$a_{i0}(\mathbf{u}) x_i^{m_i} + \cdots + a_{i m_i}(\mathbf{u}) = \sum_{j=1}^{n} A_{ij}(\mathbf{u}, x_i)(f_j - u_j) \ , \ A_{ij} \in \mathbb{K}[\mathbf{u}, x_i].$$

Puis la loi de transformation ramène le calcul de $\tau_{\mathbf{f}-\mathbf{u}}(h)$ à des calculs de résidus d'une seule variable.

Pour que la proposition 10.11 fournisse un algorithme de calcul des résidus, il faut préciser comment peut-on trouver des relations algébriques entre chaque x_i et les composantes $f_1, \ldots, f_n$ de $\mathbf{f}$. C'est le but de la prochaine section.

10.3. Structure de la matrice bézoutienne

Les polynômes $f_1, \ldots, f_n$ sont fixés. Soient $\mathbf{v} = (v_i)_i$ et $\mathbf{w} = (w_j)_j$ deux bases de $\mathbb{K}[\mathbf{x}]$. Si $f_0 \in \mathbb{K}[\mathbf{x}]$, le bézoutien Θ_{f_0} de $f_0, \ldots, f_n$ se décompose sous la forme

$$\Theta_{f_0}(\mathbf{x}, \mathbf{y}) = \sum_{i,j} \alpha_{ij} v_i(\mathbf{x}) w_j(\mathbf{y}), \ \alpha_{ij} \in \mathbb{K}.$$

La matrice des coefficients $(\alpha_{ij})_{i,j}$ dans cette décomposition est notée $[\Theta_{f_0}]_{\mathbf{v},\mathbf{w}}$.

Le bézoutien de n polynômes $f_1, \ldots, f_n \in \mathbb{K}[x_1, \ldots, x_n]$ est $\Theta_{1,f_1,\ldots,f_n}$, qui est aussi noté $\Delta_{f_1,\ldots,f_n}$ (ou tout simplement Δ, puisque $f_1, \ldots, f_n$ sont fixés).

Remarque 10.13. La matrice $[\Theta_{f_0}]_{\mathbf{v},\mathbf{w}}$ est celle de l'application $\mathbb{K}$-linéaire

$$\Theta_{f_0}{}^{\triangleright} : \widehat{\mathbb{K}[\mathbf{x}]} \ \rightarrow \ \mathbb{K}[\mathbf{x}]$$

$$\lambda \ \mapsto \ \Theta_{f_0}{}^{\triangleright}(\lambda) := \sum_{i} \left(\sum_{j} \alpha_{ij} \lambda(w_j) \right) v_i(\mathbf{x})$$

dans la base duale $(\widehat{w_j})_j$ de $\widehat{\mathbb{K}[\mathbf{x}]}$ et la base $(v_i)_i$ de $\mathbb{K}[\mathbf{x}]$. De la même façon, on définit $\Theta_{f_0}{}^{\lhd} : \lambda \mapsto \sum_j (\sum_i \alpha_{ij} \lambda(v_i)) w_j(\mathbf{x})$. La matrice de cette dernière application dans les bases $(\widehat{v_j})_j$ et $(w_i)_i$ est la transposée de $[\Theta_{f_0}]_{\mathbf{v},\mathbf{w}}$.

Si $\mathbf{v} = \mathbf{w} = (\mathbf{x}^\alpha)_{\alpha \in \mathbb{N}^n}$, $[\Theta_{f_0}]_{\mathbf{v},\mathbf{w}}$ est exactement la matrice bézoutienne de $f_0, \ldots, f_n$.

10.3.1. Base de l'espace vectoriel $\mathcal{A}$.

— Nous avons vu dans la section 8.5 que si le bézoutien $\Delta_{\mathbf{f}}$ de $\mathbf{f} = (f_1, \ldots, f_n)$ se décompose dans $\mathbb{K}[\mathbf{x}]$ sous la forme $\Delta_{\mathbf{f}}(\mathbf{x}, \mathbf{y}) = \sum a_i(\mathbf{x}) b_i(\mathbf{y})$, alors $(a_i)_i$ et $(b_i)_i$ sont des parties génératrices de l'espace vectoriel $\mathcal{A} = \mathbb{K}[\mathbf{x}]/F$, où F désigne l'idéal engendré par $f_1, \ldots, f_n$. Puisque $\max(\deg a_i, \deg b_i) \leq \nu = \sum_{i=1}^{n} \deg f_i - n$, les monômes de degré au plus ν engendrent $\mathcal{A}$ et nous avons le résultat suivant :

Proposition 10.14. *Il existe une base du $\mathbb{K}$-espace vectoriel $\mathcal{A}$ formée de monômes de degré au plus ν.*

Théorème 10.15. *Si $\mathbf{f} = (f_1, \ldots, f_n)$ est une suite quasi-régulière de $\mathbb{K}[\mathbf{x}]$, alors toute base de Gröbner réduite de l'idéal F, engendré par $f_1, \ldots, f_n$, pour un ordre monomial gradué (i.e. qui raffine le degré total) est formée d'éléments de degrés au plus $\nu + 1$.*

Démonstration. Considérons la base de $\mathcal{A} = \mathbb{K}[\mathbf{x}]/F$ formée par les classes des monômes $(\mathbf{x}^\alpha)_{\alpha \in E}$ qui n'appartiennent pas à $\mathfrak{m}(F)$ (pour un ordre gradué). Supposons que l'un de ces monômes $\mathbf{x}^\beta$ soit de degré au moins $\nu + 1$. D'après la proposition 10.14, il se réécrit modulo F sous la forme

$$\mathbf{x}^\beta \equiv \sum_{\alpha \in E} \lambda_\alpha \mathbf{x}^\alpha \quad , \quad \lambda_\alpha \in \mathbb{K}, \, |\alpha| \leq \nu.$$

Le polynôme $h = \mathbf{x}^\beta - \sum_{\alpha \in E} \lambda_\alpha \mathbf{x}^\alpha \in F$ et $\mathfrak{m}(h) = \mathbf{x}^\beta \in \mathfrak{m}(F)$, car pour tout $\alpha \in E$, $|\beta| > |\alpha|$, ce qui contredit $\mathbf{x}^\beta \notin \mathfrak{m}(F)$. Donc les éléments de la base de Gröbner réduite de F sont de degrés au plus $\nu + 1$. $\qquad\square$

Corollaire 10.16. *Si $h \in \mathbb{K}[\mathbf{x}]$ vérifie $\tau_{\mathbf{f}}(h \mathbf{x}^\alpha) = 0$ pour tout $\mathbf{x}^\alpha$ de degré au plus ν, alors $h \in F$.*

L'appartenance d'un polynôme h de $\mathbb{K}[\mathbf{x}]$ à l'idéal F peut ainsi se tester par des calculs d'algèbre linéaire sur des polynômes de « petits degrés ». En général, la complexité du problème de l'appartenance d'un polynôme à un idéal est doublement exponentielle (voir remarque 2.30). La proposition 10.11 et l'algorithme 10.27 suivant permettent de transformer ce problème en un problème qui est linéaire dans le cas d'une application quasi-régulière.

Proposition 10.17. *Si $\mathbf{f} = (f_1, \ldots, f_n)$ forme une suite quasi-régulière, alors il existe $g \in \mathbb{K}[\mathbf{x}]$ de degré au plus $\nu = \sum_{i=1}^{n} \deg f_i - n$ tel que pour tout*

$h \in \mathbb{K}[\mathbf{x}]$, *nous avons*

$$h \in F \Longleftrightarrow \left\{ \begin{array}{l} g\,h = g_1 f_1 + \cdots + g_n f_n \ , \quad g_i \in \mathbb{K}[\mathbf{x}] \ , \\ \deg(g_j\,f_j) \leq \nu + \deg h \ , \quad j = 1, \ldots, n. \end{array} \right.$$

Démonstration. Comme

$$\begin{aligned} \Theta_h &= h(\mathbf{x})\Theta_1(\mathbf{x}, \mathbf{y}) + f_1(\mathbf{x})R_1(\mathbf{x}, \mathbf{y}) + \cdots + f_n(\mathbf{x})R_n(\mathbf{x}, \mathbf{y}) \\ &= h(\mathbf{y})\Theta_1(\mathbf{x}, \mathbf{y}) + f_1(\mathbf{y})Q_1(\mathbf{x}, \mathbf{y}) + \cdots + f_n(\mathbf{y})Q_n(\mathbf{x}, \mathbf{y}), \end{aligned}$$

où les R_i, Q_i appartiennent à $\mathbb{K}[\mathbf{x}, \mathbf{y}]$, $h \in F$ si et seulement si,

$$\Theta_h{}^{\triangleright}\tau_{\mathbf{f}} = (\Theta_1{}^{\triangleright}\tau_{\mathbf{f}})\,h - g_1 f_1 - \cdots - g_n f_n = 0 \ , \ g_i = R_i{}^{\triangleright}\tau_{\mathbf{f}} \ .$$

En posant $g = \Theta_1{}^{\triangleright}\tau_{\mathbf{f}}$, nous obtenons le résultat cherché. $\qquad\square$

L'identité de la proposition 10.17 peut se voir comme un système linéaire dans lequel les inconnues sont les coefficients de $g_1, \ldots, g_n$. La matrice de ce système est de même type que celle de Macaulay.

10.3.2. Matrice de multiplication et bézoutien. — Le lemme suivant montre que toutes les matrices bézoutiennes B_{f_0} (lorsque f_0 décrit $\mathbb{K}[\mathbf{x}]$) admettent une décomposition diagonale dans une base commune.

Soit $F = (f_1, \ldots, f_n)$ un idéal de $\mathbb{K}[\mathbf{x}]$. Notons F_0 l'intersection des composantes primaires de F, qui correspondent aux points isolés de $\mathcal{Z}(F)$ et $\mathcal{A}_0$ la $\mathbb{K}$-algèbre $\mathbb{K}[\mathbf{x}]/F_0$ de dimension finie D.

Lemme 10.18. *Il existe deux bases* $\mathbf{v} = (v_i)_{i \in \mathbb{N}}$ *et* $\mathbf{w} = (w_i)_{i \in \mathbb{N}}$ *de* $\mathbb{K}[\mathbf{x}]$ *telles que* $(v_1, \ldots, v_D), (w_1, \ldots, w_D)$ *soient des bases de* $\mathcal{A}_0$, *avec* $v_i, w_i \in F_0$ *pour* $i > D$, *et pour tout* $f_0 \in \mathbb{K}[\mathbf{x}]$, *la matrice* $[\Theta_{f_0}]_{\mathbf{v}, \mathbf{w}}$ *est de la forme*

$$\begin{array}{c} v_1 \ \cdots \ v_D \quad v_{D+1} \cdots \\ \left(\begin{array}{c|c} & \\ \mathsf{M}_{f_0} & 0 \\ & \\ \hline & \\ 0 & \mathsf{L}_{f_0} \\ & \end{array} \right) \begin{array}{l} w_1 \\ \vdots \\ w_D \\ w_{D+1} \\ \vdots \end{array} \end{array} \qquad (10.1)$$

où M_{f_0} *est la matrice de multiplication par* f_0 *dans* $\mathcal{A}_0$, *dans la base* $(v_1, \ldots, v_D)$.

Démonstration. Nous pouvons supposer que le corps $\mathbb{K}$ est algébriquement clos. Si $\mathcal{Z}(F_0) = \{\zeta_1, \ldots, \zeta_d\}$, pour $i = 1, \ldots, d$, Q_i désigne la composante primaire de F_0 qui définit la racine ζ_i. D'après le théorème 4.9,

$$\mathcal{A}_0 = \mathcal{A}_1 \oplus \cdots \oplus \mathcal{A}_d \ , \ \text{avec} \ \mathcal{A}_i = \mathbb{K}[\mathbf{x}]/Q_i \ \text{pour} \ i = 1, \ldots, d.$$

Nous identifions $\widehat{\mathcal{A}_0}$ à l'espace vectoriel $I_0^\perp$ des formes linéaires sur $\mathbb{K}[\mathbf{x}]$ qui s'annulent sur F_0.

Considérons les deux sous-espaces vectoriels $E = \Theta_1{}^\rhd(\widehat{\mathcal{A}_0})$ et $G = \Theta_1{}^\lhd(\widehat{\mathcal{A}_0})$ de $\mathbb{K}[\mathbf{x}]$. Comme $\dim_\mathbb{K}(\widehat{\mathcal{A}_0}) = D$, E et G sont de dimensions au plus D. Les applications $\Theta_1{}^\rhd$ et $\Theta_1{}^\lhd$ définissent des $\mathcal{A}_i$-isomorphismes entre $\widehat{\mathcal{A}_i}$ et $\mathcal{A}_i$, pour $i = 1, \ldots, n$. Par conséquent, les images de $\widehat{\mathcal{A}_0}$ par $\Theta_1{}^\rhd$ et $\Theta_1{}^\lhd$ sont de dimensions au moins D. Par suite, $\dim_\mathbb{K} E = \dim_\mathbb{K} G = D$, E et G sont isomorphes à $\mathcal{A}_0$. Ainsi, $\mathbb{K}[\mathbf{x}] = E \oplus F_0 = G \oplus F_0$.

Puisque $\Theta_1{}^\rhd(F_0^\perp) = E$ et $\Theta_1{}^\lhd(F_0^\perp) = G$, $\Theta_1 \in E \otimes G \oplus F_0 \otimes F_0$.

Fixons $f_0 \in \mathbb{K}[\mathbf{x}]$. D'après la proposition 5.43 et la remarque 10.13,

$$\Theta_{f_0}(\mathbf{x}, \mathbf{y}) - f_0(\mathbf{y})\Theta_1(\mathbf{x}, \mathbf{y}) \in (f_1(\mathbf{y}), \ldots, f_n(\mathbf{y}))\mathbb{K}[\mathbf{x}, \mathbf{y}].$$

Par conséquent,

$$\Theta_{f_0}{}^\rhd(\widehat{\mathcal{A}_0}) = (f_0(\mathbf{y})\Theta_1)^\rhd(\widehat{\mathcal{A}_0}) = \Theta_1{}^\rhd(f_0 \cdot \widehat{\mathcal{A}_0}) \subset \Theta_1{}^\rhd(\widehat{\mathcal{A}_0}) = E.$$

Un argument similaire montre que $\Theta_{f_0}{}^\lhd(\widehat{\mathcal{A}_0}) \subset G$. Donc $\Theta_{f_0} \in E \otimes G \oplus F_0 \otimes F_0$.

Soient $\mathbf{v} = (v_i)_{i\in\mathbb{N}}$ et $\mathbf{w} = (w_i)_{i\in\mathbb{N}}$ des bases de $\mathbb{K}[\mathbf{x}]$ telles que $(v_1, \ldots, v_D)$ soit une base de E, $(w_1, \ldots, w_D)$ une base de G, avec v_i et w_i des éléments de F_0 si $i > D$. Comme $\Theta_{f_0} \in E \otimes G \oplus F_0 \otimes F_0$, la matrice $[\Theta_{f_0}]_{\mathbf{v},\mathbf{w}}$ est de la forme (10.1).

Soient $C_{f_0} = (c_{ij}(f_0))_{1\le i,j\le D}$ le bloc carré supérieur de $[\Theta_{f_0}]_{\mathbf{v},\mathbf{w}}$ et $\mathtt{M}_{f_0} = (m_{ij})_{1\le i,j\le D}$ la matrice de multiplication par f_0 dans la base $(v_i)_{1\le i\le D}$ de $\mathcal{A}_0$. Nous déduisons de cette décomposition, que modulo l'idéal F,

$$
\begin{aligned}
\Theta_{f_0} &\equiv f_0(\mathbf{x})\Theta_1 \equiv \sum_{i,j=1}^{D} c_{ij}(f_0)\, v_i \otimes w_j \equiv f_0(\mathbf{x}) \sum_{i,j=1}^{D} c_{ij}(1)\, v_i \otimes w_j \\
&\equiv \sum_{i,j=1}^{D} c_{ij}(1)\, (f_0\, v_i) \otimes w_j \equiv \sum_{k,j=1}^{D} \left(\sum_{i=1}^{D} m_{ki} c_{ij}(1) \right) v_k \otimes w_j.
\end{aligned}
$$

Ainsi, $C_{f_0} = \mathtt{M}_{f_0} C_1$. La matrice C_1 est inversible, car c'est la matrice de $\Theta_1{}^\rhd$ dans les bases $(\widehat{v}_i)_{1\le i\le D}$ de $\widehat{\mathcal{A}_0}$ et $(v_i)_{1\le i\le D}$ de $\mathcal{A}_0$. Par un changement de variables, nous pouvons supposer que $C_1 = \mathbb{I}_D$, et donc la matrice $[\Theta_{f_0}]_{\mathbf{v},\mathbf{w}}$ est bien celle donnée par (10.1). □

Nous déduisons du lemme 10.18 le résultat suivant :

Proposition 10.19. *Tout mineur non nul de taille maximale de la matrice bézoutienne de $f_0, \ldots, f_n$ est divisible par $\det(\mathtt{M}_{f_0})$, où $\mathtt{M}_{f_0}$ désigne la matrice de multiplication par f_0 dans $\mathcal{A}_0$.*

Proposition 10.20. *La taille de la matrice bézoutienne de $f_0, \ldots, f_n$ est bornée par $(e \max_{0\le i\le n} \deg f_i)^n$.*

Démonstration. La taille de cette matrice est bornée par le nombre de monômes en n variables de degrés au plus $\deg f_0 + \cdots + \deg f_n - n$. Ce nombre est inférieur à $\binom{(n+1)d}{n}$, avec $d = \max_{0 \le i \le n} \deg f_i$. D'après la formule de Stirling, $n! \ge \sqrt{2\pi n} \left(\dfrac{n}{e}\right)^n$. Si $n \ge 2$, alors

$$\binom{(n+1)d}{n} \le \frac{1}{n!}(n+1)^n d^n \le \frac{1}{\sqrt{2\pi n}}\left(\frac{n+1}{n}\right)^n (e\,d)^n \le \frac{e}{\sqrt{2\pi n}}(e\,d)^n \le (e\,d)^n.$$

Cette inégalité est aussi satisfaite pour $n = 1$.

$\square$

10.3.3. Représentation rationnelle des points isolés d'une variété. —

Nous allons voir dans cette sous-section comment calculer une représentation rationnelle des points isolés d'une variété algébrique définie par n équations, à partir de la matrice bézoutienne.

Soit $F = (f_1, \ldots, f_n)$ un idéal de $\mathbb{K}[\mathbf{x}]$ et $\mathcal{Z}_0$ l'ensemble des points isolés de la variété $\mathcal{Z}(F)$. Rappelons qu'il est possible d'obtenir une représentation rationnelle de $\mathcal{Z}_0$ à partir de la forme de Chow réduite de F (voir section 4.40).

Par ailleurs, d'après le théorème 10.19, tout mineur maximal non nul $\Delta(\mathbf{u})$ de la matrice bézoutienne de $u_0 + u_1 x_1 + \cdots + u_n x_n, f_1, \ldots, f_n$ est divisible par la forme de Chow de F. Ceci permet de compléter l'algorithme de la section 4.40 pour calculer les points isolés de $\mathcal{Z}(F)$.

10.3.4. Décomposition géométrique d'une variété algébrique. — Soit

$f_1 = \cdots = f_m = 0$ un système d'équations qui définit une variété $\mathcal{Z}$. Nous voulons trouver ses composantes (de différentes dimensions).

Nous avons décrit dans la sous-section précédente et l'algorithme 4.40 une méthode pour obtenir les points isolés de $\mathcal{Z}$. L'application de cette description, en « cachant » une variable permet de construire les courbes isolées de $\mathcal{Z}$, puis en « cachant » une nouvelle variable les surfaces isolées de $\mathcal{Z}$, et ainsi de suite. Cette méthode fournit les différentes composantes de $\mathcal{Z}$, en commençant par celles de plus petites dimensions. Ainsi, le problème des composantes isolées de dimension i se réduit à un problème de composantes isolées de dimension $i-1$ en considérant des variables (par exemple $x_1, \ldots, x_i$) comme des paramètres.

Supposons que la projection des courbes isolées sur la droite $x_2 = \cdots = x_n = 0$ est dominante, ou encore que ces courbes sont en position de Noether (voir sous-section 3.1.4) par rapport à x_1, et notons $K = \mathbb{K}(x_1)$ le corps des fractions en x_1. Les courbes isolées de $\mathcal{Z}$ correspondent aux points isolés de $\mathcal{Z}_{\overline{K}}(f_1, \ldots, f_m)$. Pour appliquer la méthode de la sous-section 10.3.3, nous allons construire un système carré en $x_2, \ldots, x_n$ et à coefficients dans K à partir de $f_1, \ldots, f_n$ tel que les points isolés de $f_1, \ldots, f_m$ dans $\overline{\mathbb{K}}^{n-1}$ soient encore isolés dans la variété definie par ce dernier système.

Si ζ est un point isolé de $\mathcal{Z}_{\overline{K}}(f_1, \ldots, f_m)$, et A désigne l'algèbre locale associée à ζ, alors $A/(f_1, \ldots, f_m)$ est de dimension 0. D'après l'exercice 8.6, il existe $n-1$ combinaisons génériques $g_1, \ldots, g_{n-1}$ de $f_1, \ldots, f_m$, à coefficients constants telles que $A/(g_1, \ldots, g_{n-1})$ soit de dimension 0. Le point ζ est bien isolé dans la variété $\mathcal{Z}_{\overline{K}}(g_1, \ldots, g_{n-1})$. La méthode développée précédemment appliquée à $g_1, \ldots, g_{n-1}$ permet la construction des courbes isolées de $\mathcal{Z}_{\overline{K}}(f_1, \ldots, f_m)$. En itérant ce procédé, nous obtenons toutes les composantes de la variété $\mathcal{Z}$.

Algorithme 10.21. DÉCOMPOSITION GÉOMÉTRIQUE D'UNE VARIÉTÉ.

ENTRÉE : $f_1, \ldots, f_m$ des polynômes de $\mathbb{K}[x_1, \ldots, x_n]$.

1. Si $m > n$, choisir n combinaisons linéaires aléatoires à coefficients constants $h_1, \ldots, h_n$ de $f_1, \ldots, f_m$. Puis calculer par l'algorithme 4.40 une représentation rationnelle des points isolés de $\mathcal{Z}(h_1, \ldots, h_n)$,

2. Choisir une des variables (par exemple x_1) comme paramètre et reprendre l'étape 1 avec n remplacé par $n - 1$ et $\mathbb{K}$ par $\mathbb{K}(x_1)$. Et ainsi de suite.

SORTIE : Une représentation rationnelle des composantes de la variété $\mathcal{Z}(f_1, \ldots, f_m)$.

La décomposition ainsi obtenue n'est pas minimale car les composantes calculées peuvent être incluses dans d'autres de dimensions plus grandes.

Exemple 10.22. *Illustrons cet algorithme sur la variété de $\mathbb{K}^3$ définie par l'idéal engendré par*

$$
\begin{aligned}
f_1 &= (x_1 x_3 - x_2{}^2)(x_1 x_2 x_3 - 1), \\
f_2 &= (x_2 - x_1{}^2)(x_1 x_2 x_3 - 1), \\
f_3 &= (x_3 - x_1{}^3)(x_3{}^2 - x_1 - 1)(x_1 x_2 x_3 - 1).
\end{aligned}
$$

L'algorithme 4.40 appliquée à f_1, f_2, f_3 conduit à la représentation rationnelle

$$
\left(u_0 + \frac{9}{5}, 0, 0, 1\right) \quad , \quad \left(u_0 + \frac{1}{5}, 0, 0, -1\right) \quad , \quad \left(u_0 + 1, 0, 0, 0\right).
$$

Donc les points isolés de $\mathcal{Z}(f_1, f_2, f_3)$ sont $\{(0, 0, 1), (0, 0, -1), (0, 0, 0)\}$.

Pour les composantes de dimension 1 *de* $\mathcal{Z}(f_1, f_2, f_3)$, *en prenant* x_1 *comme paramètre. L'algorithme fournit la représentation rationnelle*

$$\left(u_0 - \frac{1}{10} + \frac{1}{5} x_1{}^2 + \frac{3}{10} x_1{}^3, \, x_1{}^2, \, x_1{}^3 \right).$$

Le premier terme de cette représentation est une équation en u_0 *et* x_1 *qui décrit une courbe plane. Les autres termes correspondent aux numérateurs des fractions rationnelles qui servent à calculer l'image de cette courbe. Ici on obtient directement la paramétrisation de la courbe isolée* $(x_1, x_1{}^2, x_1{}^3)$.

Pour les composantes de dimension 2, *nous obtenons la représentation*

$$\left(\frac{2}{5} x_1 x_2 + u_0 x_1 x_2 - \frac{7}{10}, \, \frac{1}{x_1 x_2} \right).$$

10.4. Relations de dépendance algébrique

Etant donnés $f_0, \ldots, f_n \in \mathbb{K}[\mathbf{x}]$ tels que les n derniers soient algébriquement indépendants sur $\mathbb{K}$. Il existe alors $A \in \mathbb{K}[u_0, \ldots, u_n]$ qui satisfait $A(f_0, \ldots, f_n) = 0$. Nous allons voir comment trouver de tels candidats A, en utilisant l'algèbre linéaire.

Bien sûr, A peut être obtenu par des techniques de bases de Gröbner. En effet, si on calcule une base de Gröbner G de l'idéal de $\mathbb{K}[u_0, \ldots, u_n, x_1, \ldots, x_n]$ engendré par $f_0 - u_0, \ldots, f_n - u_n$, pour un ordre d'élimination dans lequel $(u_0, \ldots, u_n)$ est plus petit que $(x_1, \ldots, x_n)$, alors $G \cap \mathbb{K}[u_0, \ldots, u_n]$ contient une relation algébrique entre $f_0, \ldots, f_n$. Cependant, le calcul de bases de Gröbner est coûteux et ne permet pas de contrôler efficacement la taille des objets calculés. Dans cette section, nous présentons une méthode alternative sur laquelle nous avons plus de contrôle.

Théorème **10.23.** *Tout mineur maximal non nul de la matrice bézoutienne de* $f_0 - u_0, \ldots, f_n - u_n \in \mathbb{K}[u_0, \ldots, u_n][\mathbf{x}]$ *fournit une relation de dépendance algébrique entre* $f_0, \ldots, f_n$.

Démonstration. Si D est le degré de l'extension $\mathbb{K}(\mathbf{x})$ de $\mathbb{K}(\mathbf{f}) = \mathbb{K}(f_1, \ldots, f_n)$, en introduisant $\mathbf{u} = (u_1, \ldots, u_n)$, $D = \dim_{\mathbb{K}(\mathbf{u})} \mathbb{K}(\mathbf{u})[\mathbf{x}]/(\mathbf{f} - \mathbf{u})$. En effet, si $(v_1, \ldots, v_D)$ est une $\mathbb{K}(\mathbf{f})$-base de $\mathbb{K}(\mathbf{x})$, avec $v_i \in \mathbb{K}[\mathbf{x}], i = 1, \ldots, D$, alors $(v_1, \ldots, v_D)$ est une $\mathbb{K}(\mathbf{u})$-base de $\mathbb{K}(\mathbf{u})[\mathbf{x}]/(\mathbf{f} - \mathbf{u})$.

Dorénavant le corps de base est $\mathbb{K}(\mathbf{u}) = \mathbb{K}(u_1, \ldots, u_n)$. Il est clair que

$$\Theta_1^{\mathbf{u}} := \Theta_{1, f_1 - u_1, \ldots, f_n - u_n} = \Theta_{1, f_1, \ldots, f_n} = \Theta_1 \,,$$

et que le bézoutien de $f_0 - u_0, \ldots, f_n - u_n$ est

$$\Theta_{f_0 - u_0, \ldots, f_n - u_n} = \Theta_{f_0, f_1 - u_1, \ldots, f_n - u_n} - u_0 \, \Theta_{1, f_1 - u_1, \ldots, f_n - u_n} = \Theta_{f_0}^{\mathbf{u}} - u_0 \, \Theta_1^{\mathbf{u}}.$$

D'après le lemme 10.18, il existe deux bases $\mathbf{v}$ et $\mathbf{w}$ de $\mathbb{K}(\mathbf{u})[\mathbf{x}]$ telles que pour tout $g \in \mathbb{K}[\mathbf{x}]$, la matrice bézoutienne de $g, f_1 - u_1, \ldots, f_n - u_n$ dans ces bases est de la forme

$$[\Theta_g^{\mathbf{u}}]_{\mathbf{v},\mathbf{w}} = \begin{pmatrix} \begin{array}{c|c} \mathtt{M}_g & 0 \\ \hline 0 & \mathtt{L}_g \end{array} \end{pmatrix} \begin{array}{l} w_1 \\ \vdots \\ w_D \\ w_{D+1} \\ \vdots \end{array}$$

avec $v_1 \ \cdots \ v_D \quad v_{D+1} \cdots$ at the top.

Soient $\tilde{\mathbf{v}} = (\mathbf{x}^\alpha)_{\alpha \in \mathbb{N}^n}$, $\tilde{\mathbf{w}} = (\mathbf{y}^\beta)_{\beta \in \mathbb{N}^n}$ les bases monomiales de $\mathbb{K}[\mathbf{x}]$ et $\mathbb{K}[\mathbf{y}]$. Les matrices $[\Theta_{f_0}^{\mathbf{u}}]_{\tilde{\mathbf{v}},\tilde{\mathbf{w}}}$, $[\Theta_{f_0}^{\mathbf{u}}]_{\mathbf{v},\mathbf{w}}$ et $[\Theta_1^{\mathbf{u}}]_{\tilde{\mathbf{v}},\tilde{\mathbf{w}}}$, $[\Theta_1^{\mathbf{u}}]_{\mathbf{v},\mathbf{w}}$ se déduisent les unes des autres par des changements de bases (par multiplication à droite et à gauche par des matrices inversibles $\mathtt{R}(\mathbf{u})$ et $\mathtt{Q}(\mathbf{u})$ à coefficients dans $\mathbb{K}(\mathbf{u})$), donc

$$\mathtt{B}_{u_0,\dots,u_n} = [\Theta_{f_0-u_0}^{\mathbf{u}}]_{\tilde{\mathbf{v}},\tilde{\mathbf{w}}} = [\Theta_{f_0}^{\mathbf{u}}]_{\tilde{\mathbf{v}},\tilde{\mathbf{w}}} - u_0 [\Theta_1^{\mathbf{u}}]_{\tilde{\mathbf{v}},\tilde{\mathbf{w}}}$$
$$= \mathtt{R}(\mathbf{u}) \mathtt{N}_{u_0,\dots,u_n} \mathtt{Q}(\mathbf{u})$$

avec

$$\mathtt{N}_{u_0,\dots,u_n} = \begin{pmatrix} \begin{array}{c|c} \mathtt{M}_{f_0} - u_0 \mathbb{I}_D & \mathbf{0} \\ \hline \mathbf{0} & \mathtt{L}_{f_0} - u_0 \mathtt{L}_1 \end{array} \end{pmatrix},$$

où $\mathbb{I}_D$ désigne la matrice identité de taille D. Par suite, tout mineur maximal non nul $A(u_0,\dots,u_n)$ de $\mathtt{B}_{u_0,\dots,u_n}$ est une combinaison linéaire, à coefficients dans $\mathbb{K}(\mathbf{u})$, de mineurs maximaux de $\mathtt{N}_{u_0,\dots,u_n}$. Ces derniers sont tous multiples de $\det(\mathtt{M}_{f_0} - u_0\mathbb{I}_D)$. Par conséquent, $A(u_0,\dots,u_n)$ est un multiple du polynôme caractéristique de la multiplication par f_0 dans $\mathbb{K}(\mathbf{u})[\mathbf{x}]/(\mathbf{f} - \mathbf{u})$. D'après le théorème de Cayley-Hamilton, $A(f_0,\dots,f_n) = 0$. □

Remarque 10.24. Dans la pratique pour calculer un mineur maximal non nul de la matrice bézoutienne, nous utiliserons une variante de la méthode du pivot de Gauss, appelée parfois méthode de Bareiss [**GCL92**]. Elle permet de triangulariser la matrice, les coefficients obtenus sont dans l'anneau de base et la dernière ligne non nulle de la matrice triangularisée contient des mineurs maximaux non nuls.

D'après la proposition 10.20, le degré de la relation algébrique donnée par le théorème 10.23 est au plus $e(\max_{i=0,\dots,n} \deg f_i)^n$. Les relations algébriques obtenues par la méthode décrite ci-dessus ne sont pas minimales (voir la proposition 10.9). Perron a montré que si le poids de la variable u_i est $\deg f_i, i = 0, \ldots, n$, il est possible de trouver un élément A de $\mathbb{K}[u_0, \ldots, u_n]$ de poids au plus $\deg f_0 \ldots \deg f_n$ tel que $A(f_0, \ldots, f_n) = 0$ (voir exercice 10.8).

Exemple 10.25. Nous allons illustrer cette méthode sur $\mathbf{f} = (f_1, f_2, f_3)$, où

$$f_1 = x^2 + y^2 + z^2 \ , \ f_2 = x^3 + y^3 + z^3 \ , \ f_3 = x^4 + y^4 + z^4.$$

Un mineur maximal du bézoutien de $x - u_0, f_1 - u_1, f_2 - u_2, f_3 - u_3$ est

```
last(ffgausselim(mbezout([x-u0,f1-u1,f2-u2,f3-u3],[x,y,z])));
```

$$\begin{aligned}
&\left(12\,u_0{}^{12} - 24\,u_1 u_0{}^{10} - 16\,u_2 u_0{}^9 + \left(24\,u_1{}^2 - 12\,u_3\right) u_0{}^8 + 48\,u_2 u_1 u_0{}^7 + \left(-8\,u_2{}^2 - 24\,u_1{}^3\right) u_0{}^6 \right. \\
&+ \left(-24\,u_1{}^2 u_2 + 24\,u_3 u_2\right) u_0{}^5 + \left(-24\,u_2{}^2 u_1 + 6\,u_3 u_1{}^2 + 3\,u_3{}^2 + 15\,u_1{}^4\right) u_0{}^4 \\
&+ \left(8\,u_1{}^3 u_2 - 24\,u_1 u_3 u_2 + 16\,u_2{}^3\right) u_0{}^3 + \left(-6\,u_1{}^5 - 12\,u_3 u_2{}^2 + 6\,u_3{}^2 u_1 + 12\,u_1{}^2 u_2{}^2\right) u_0{}^2 \\
&\left. + u_1{}^6 - 3\,u_1{}^2 u_3{}^2 + 12\,u_1 u_3 u_2{}^2 - 2\,u_3{}^3 - 4\,u_2{}^4 - 4\,u_1{}^3 u_2{}^2\right)^2.
\end{aligned}$$

Ce mineur fournit une relation algébrique entre x, f_1, f_2, f_3. Ici, la matrice bézoutienne est de taille 50×50 et son rang est 24.

Comme les polynômes f_1, f_2, f_3 n'ont pas de zéro à l'infini, d'après la proposition 10.9, le polynôme caractéristique de la multiplication par x dans $\mathbb{K}[x, y, z]/(f_1, f_2, f_3)$ est ce polynôme de degré 24.

10.5. Algorithme de calcul des résidus multivariables

Dans cette section, nous utilisons la loi de transformation généralisée et le calcul des relations algébriques (section 10.4) pour mettre en place un algorithme de calcul du résidu d'une application polynomiale quelconque. Cet algorithme consiste à se ramener à des résidus d'une variable via les matrices bézoutiennes et la loi de transformation généralisée.

Soit $\mathbf{f} = (f_1, \ldots, f_n)$ une application de $\mathbb{K}[\mathbf{x}]$ qui définit une variété discrète. Pour chaque $i \in \{1, \ldots, n\}$, $A_i(u_0, \ldots, u_n)$ désigne une relation algébrique entre $x_i, f_1, \ldots, f_n$ donnée par le théorème 10.23. Posons

$$Q_i(\mathbf{u}; x_i) = A_i(x_i, u_1, \ldots, u_n) = \sum_{j=1}^n a_{ij}(\mathbf{u}, \mathbf{f}, x_i)(f_j - u_j). \tag{10.2}$$

Soit $\alpha = (\alpha_1, \ldots, \alpha_n)$ un vecteur générique (i.e. choisi à l'exterieur d'une variété algébrique) de $\mathbb{K}^n$, et définissons le multi-indice $m = (m_1, \ldots, m_n)$, les applications $\mathbf{R} = (R_1, \ldots, R_n)$ et $\mathbf{S} = (S_1, \ldots, S_n)$ de la manière suivante : si t est une nouvelle variable, pour tout $i \in \{1, \ldots, n\}$,

$$Q_i(\alpha_1 t, \ldots, \alpha_n t; x_i) \ = \ t^{m_i}\left(R_i(x_i) - t S_i(t, x_i)\right). \tag{10.3}$$

Théorème 10.26. *Sous les hypothèses ci-dessus et pour tout* $h \in \mathbb{K}[\mathbf{x}]$, *si*
$D = \det(a_{ij}(\alpha_1 t, \ldots, \alpha_n t, \mathbf{f}, x_i))_{1 \leq i,j \leq n}$, *alors*

$$
\begin{aligned}
\tau_{\mathbf{f}}(h) &= \tau_{\left(t^{|m|+1}, R_1(x_1) - tS_1(t,x_1), \ldots, R_n(x_n) - tS_n(t,x_n)\right)}(h\, D) \\
&= \sum_{\substack{k=(k_1,\ldots,k_n)\in\mathbb{N}^n \\ |k|\leq|m|}} \tau_{\left(t^{|m|+1-|k|}, R_1^{k_1+1}(x_1), \ldots, R_n^{k_n+1}(x_n)\right)}(h\, D\, S_1^{k_1} \ldots S_n^{k_n}).
\end{aligned}
$$

Démonstration. La loi de transformation généralisée appliquée aux applications $(t, f_1 - \alpha_1 t, \ldots, f_n - \alpha_n t)$ et $(t, R_1 - tS_1, \ldots, R_n - tS_n)$ fournit

$$
\tau_{(t, f_1 - \alpha_1 t, \ldots, f_n - \alpha_n t)}(h) = \tau_{(t^{|m|+1}, R_1 - tS_1, \ldots, R_n - tS_n)}(h\, D). \tag{10.4}
$$

Puis l'application de la loi de transformation usuelle aux identités

$$
R_i^{|m|+1} - (tS_i)^{|m|+1} = (R_i - tS_i) \sum_{k_i=0}^{|m|} R_i^{|m|-k_i} (tS_i)^{k_i},
$$

implique que le second membre de (10.4) est égal à

$$
\tau_{(t^{|m|+1}, \mathbf{R}^{|m|+1})} \left(h\, D \prod_{j=1}^{n} \sum_{k_j=0}^{|m|} (tS_j)^{k_j} R_j^{|m|-k_j} \right) = \sum_{\substack{k\in\mathbb{N}^n \\ |k|\leq|m|}} \tau_{(t^{|m|+1-|k|}, \mathbf{R}^{k+1})}(h\, D\, \mathbf{S}^k),
$$

$\mathbf{R}^{|m|+1} = (R_1^{m_1+1}, \ldots, R_n^{m_n+1})$, $\mathbf{R}^{k+1} = (R_1^{k_1+1}, \ldots, R_n^{k_n+1})$, $\mathbf{S}^k = S_1^{k_1} \ldots S_n^{k_n}$. Le théorème découle de $\tau_{\mathbf{f}}(h) = \tau_{(t,f_1,\ldots,f_n)}(h) = \tau_{(t,f_1-\alpha_1 t,\ldots,f_n-\alpha_n t)}(h)$, et de ce qui précède. $\qquad\square$

Algorithme 10.27. Calcul des résidus multivariables.

Entrée : une application $\mathbf{f} = (f_1, \ldots, f_n)$ de $\mathbb{K}[\mathbf{x}]$ qui définit une variété discrète.

1. Pour chaque $i \in \{1, \ldots, n\}$, on calcule une relation algébrique A_i entre $x_i, f_1, \ldots, f_n$ (théorème 10.23).

2. On choisit un vecteur $(\alpha_1, \ldots, \alpha_n)$ de $\mathbb{K}^n$ générique et on détermine les entiers m_i, les polynômes $R_1, \ldots, R_n$, $S_1, \ldots, S_n$, et le déterminant $D = \det(a_{ij}(\alpha_1 t, \ldots, \alpha_n t, \mathbf{f}, x_i))$ définis dans (10.2) et (10.3).

3. Soit $h \in \mathbb{K}[\mathbf{x}]$. Pour tout multi-indice $k = (k_1, \ldots, k_n) \in \mathbb{N}^n$ tel que $|k| \leq |m|$, on calcule le coefficient $c_{k,0}(x_1, \ldots, x_n)$ de $t^{|m|-|k|}$ dans $h \, D \, S_1^{k_1} \ldots S_n^{k_n}$, et par induction le coefficient $c_{k,i}(x_{i+1}, \ldots, x_n)$ de $x_i^{(k_i+1)\deg R_i - 1}$ dans le reste de la division euclidienne de $c_{k,i-1}(x_i, \ldots, x_n)$ par $R_i^{k_i+1}(x_i), i = 1, \ldots, n$.

Sortie : $\tau_{\mathbf{f}}(h) = \sum_{k \in \mathbb{N}^n : |k| \leq |m|} c_{k,n}$.

10.6. Applications propres de $\mathbb{C}^n$

Dans cette partie, nous donnerons des algorithmes pour tester si une application polynomiale de $\mathbb{C}^n$ dans $\mathbb{C}^n$ est propre (i.e. l'image inverse d'un compact de $\mathbb{C}^n$ est un compact, ou encore $\lim_{\|x\| \mapsto \infty} \|\mathbf{f}(x)\| = \infty$). La notion de la propreté est très importante, par exemple dans la conjecture du Jacobien et l'étude des automorphismes de $\mathbb{C}^n$ (voir [**BCW82**]). Elle joue aussi un rôle crucial dans les problèmes de représentation d'un polynôme dans un idéal (voir [**BY91**], [**Elk93**], [**Elk94**]).

Proposition 10.28. *Soit* $\mathbf{f} : \mathbb{C}^n \to \mathbb{C}^n$ *une application polynomiale dominante de degré géométrique* d. *Les conditions suivantes sont équivalentes :*

i) $\mathbf{f}$ *est propre.*

ii) Pour tout $h \in \mathbb{C}[\mathbf{x}]$, *le polynôme caractéristique de l'endomorphisme de multiplication par* h

$$\mathbb{C}(\mathbf{u})[\mathbf{x}]/(\mathbf{f} - \mathbf{u}) \to \mathbb{C}(\mathbf{u})[\mathbf{x}]/(\mathbf{f} - \mathbf{u})$$
$$a \mapsto h\,a$$

est à coefficients dans $\mathbb{C}[\mathbf{u}]$.

iii) $\mathbf{f}$ *est entière.*

iv) Il existe des constantes $R, C, d > 0$ *telles que*

$$\forall x \in \mathbb{C}^n \,, \ \|x\| \geq R \implies \|\mathbf{f}(x)\| \geq C\|x\|^d.$$

v) $\forall h \in \mathbb{C}[\mathbf{x}], \tau_{\mathbf{f}-\mathbf{u}}(h) \in \mathbb{C}[\mathbf{u}]$.

vi) $\forall i \in \{1, \ldots, n\}, \forall j \in \{1, \ldots, d\}, \tau_{\mathbf{f}-\mathbf{u}}(x_i{}^j \operatorname{Jac}_{\mathbf{f}}) \in \mathbb{C}[\mathbf{u}].$

Démonstration. Soient $\zeta_1(\mathbf{u}), \ldots, \zeta_d(\mathbf{u})$ les racines communes aux polynômes $f_1 - u_1, \ldots, f_n - u_n$ dans la clôture algébrique de $\mathbb{C}(\mathbf{u})$.

i) $\Rightarrow$ *ii)* Si le polynôme caractéristique de l'endomorphisme de multiplication par h est

$$C(\mathbf{u}; T) = T^d + a_1(\mathbf{u})T^{d-1} + \cdots + a_d(\mathbf{u}) = \prod_{i=1}^{d}\Big(T - h(\zeta_i(\mathbf{u}))\Big) \in \mathbb{C}(\mathbf{u})[T],$$

les coefficients $a_i(\mathbf{u})$ vérifient

$$
\begin{aligned}
|a_i(\mathbf{u})| &= \Bigg| \sum_{1 \le j_1 < \cdots < j_i \le d} h(\zeta_{j_1}(\mathbf{u})) \ldots h(\zeta_{j_i}(\mathbf{u})) \Bigg| \\
&\le \sum_{1 \le j_1 < \cdots < j_i \le d} C_h(1 + \|\zeta_{j_1}(\mathbf{u})\|)^{\deg h} \ldots (1 + \|\zeta_{j_i}(\mathbf{u})\|)^{\deg h},
\end{aligned}
$$

avec $C_h > 0$. Puisque $\mathbf{f}$ est propre,

$$\forall A > 0 \ , \ \exists B > 0 \ : \ \forall x \in \mathbb{C}^n, \ \|x\| \ge B \Longrightarrow \|\mathbf{f}(x)\| \ge A.$$

Comme $\mathbf{f}(\zeta_j(\mathbf{u})) = \mathbf{u}$, si $u \in \mathbb{C}^n$ est générique et $\|u\| \le A$, alors il existe $C > 0$ tel que $|a_i(u)| \le C$. Donc $a_i \in \mathbb{C}[\mathbf{u}]$ pour $i = 1, \ldots, d$, et $C(\mathbf{u}; T) \in \mathbb{C}[\mathbf{u}; T]$.

ii) $\Rightarrow$ *iii)* Soit $h \in \mathbb{C}[\mathbf{x}]$. Le polynôme caractéristique de la multiplication par h dans $\mathbb{C}(\mathbf{u})[\mathbf{x}]/(\mathbf{f} - \mathbf{u})$ fournit une relation de dépendance intégrale pour h à coefficients dans $\mathbb{C}[\mathbf{f}]$. Ainsi, l'extension d'anneaux $\mathbb{C}[\mathbf{x}]$ de $\mathbb{C}[\mathbf{f}]$ est entière.

iii) $\Rightarrow$ *iv)* Il est facile de voir que si α est une racine de l'équation d'une variable $T^m + a_1 T^{m-1} + \cdots + a_m = 0$, alors $|\alpha| \le m \max_{j \in \{1, \ldots, m\}}(|a_j|^{1/j})$. En utilisant cette observation et les relations de dépendance intégrale

$$x_i^{m_i} + a_{i,1}(\mathbf{f})x_i^{m_i-1} + \cdots + a_{i,m_i}(\mathbf{f}) = 0 \ , \ i = 1, \ldots, n,$$

nous déduisons que

$$\forall i = 1, \ldots, n, \ \exists C_i > 0 : |x_i| \le C_i \max_{1 \le j \le m_i}(|a_{i,j}(\mathbf{f})|^{1/j}).$$

Il existe alors une constante $C > 0$ telle que pour $x \in \mathbb{C}^n$ suffisamment grand

$$|x| \le C \ \|\mathbf{f}(x)\|^{\max_{i \in \{1, \ldots, n\}} \max_{j \in \{1, \ldots, m_i\}}\left(\frac{\deg a_{i,j}}{j}\right)}.$$

iv) $\Rightarrow$ *i)* Evident.

iii) $\Rightarrow$ *v)* C'est la proposition 10.4.

v) $\Rightarrow$ *vi)* Evident.

vi) $\Rightarrow$ *iii)* Soit $g \in \mathbb{C}[\mathbf{x}]$. Considérons l'endomorphisme de multiplication par g dans le $\mathbb{C}(\mathbf{u})$-espace vectoriel $\mathbb{C}(\mathbf{u})[\mathbf{x}]/(\mathbf{f} - \mathbf{u})$. Si $\sigma_1(\mathbf{u}), \ldots, \sigma_d(\mathbf{u})$ sont les fonctions symétriques élémentaires de $g(\zeta_1(\mathbf{u})), \ldots, g(\zeta_d(\mathbf{u}))$, le polynôme caractéristique de cet endomorphisme

$$P(\mathbf{u}; T) = T^d - \sigma_1(\mathbf{u})T^{d-1} + \cdots + (-1)^d \sigma_d(\mathbf{u}).$$

Fixons $i \in \{1, \ldots, n\}$ et posons $g(\mathbf{x}) = x_i$. Comme $S_j(\mathbf{u}) = \tau_{\mathbf{f}-\mathbf{u}}(x_i{}^j \mathrm{Jac}_{\mathbf{f}}) \in \mathbb{C}[\mathbf{u}]$, nous déduisons des formules de Newton que $P(\mathbf{u}; T) \in \mathbb{C}[\mathbf{u}][T]$. Le théorème de Cayley-Hamilton fournit une relation de dépendance intégrale $P(\mathbf{f}; x_i) = 0$ pour x_i sur $\mathbb{C}[\mathbf{f}]$. □

***Algorithme* 10.29.** PROPRETÉ D'UNE APPLICATION POLYNOMIALE I.

ENTRÉE : $\mathbf{f} : \mathbb{C}^n \to \mathbb{C}^n$ une application polynomiale.

1. Pour tout $i = 1, \ldots, n$, on calcule une relation algébrique
$$A_i(u_0, \ldots, u_n) = a_{i0}(u_1, \ldots, u_n)u_0^{m_i} + \cdots + a_{im_i}(u_1, \ldots, u_n)$$
   entre $x_i, f_1, \ldots, f_n$, par la méthode décrite dans la section 10.4.

2. Si les n relations obtenues sont intégrales (i.e. tous les polynômes a_{i0} sont constants et non nuls), alors f est propre. Sinon, il existe des indices $i \in \{1, \ldots, n\}$ tels que les a_{i0} ne sont pas constants. Pour ces i, on décompose A_i en polynômes irréductibles.

3. Pour chacun de ces indices i, on examine l'unique polynôme irréductible
$$B_i(u_0, \ldots, u_n) = b_{i0}(u_1, \ldots, u_n)u_0^{n_i} + \cdots + b_{in_i}(u_1, \ldots, u_n) \in \mathbb{C}[u_0, \ldots, u_n]$$
   qui satisfait $B_i(x_i, f_1, \ldots, f_n) = 0$.

SORTIE : L'application f est propre si, et seulement si, les polynômes b_{i0} sont constants et non nuls.

On peut tester la propreté d'une application polynomiale sans avoir recours à un algorithme de factorisation polynomiale comme ci-dessus.

Algorithme 10.30. PROPRETÉ D'UNE APPLICATION POLYNOMIALE II.

ENTRÉE : une application f : $\mathbb{C}^n \to \mathbb{C}^n$ dominante de degré géométrique d.

Calculer $d = \dim_{\mathbb{C}(\mathbf{u})} \mathbb{C}(\mathbf{u})[\mathbf{x}]/(\mathbf{f} - \mathbf{u}) = \tau_{\mathbf{f}-\mathbf{u}}(\mathrm{Jac}_{\mathbf{f}})$, puis les fractions rationnelles $\tau_{\mathbf{f}-\mathbf{u}}(x_i{}^j \mathrm{Jac}_{\mathbf{f}}), i = 1,\ldots,n, j = 1,\ldots,d$, en utilisant la remarque 10.12.

SORTIE : f est propre si, et seulement si, ces fractions rationnelles sont polynomiales.

Remarque 10.31. Les polynômes a_i qui apparaissent dans la décomposition du bézoutien

$$\Theta_{1,f_1,\ldots,f_n}(\mathbf{x},\mathbf{y}) = \sum_{i=1}^{s} a_i(\mathbf{x})b_i(\mathbf{y}) \in \mathbb{C}[\mathbf{x},\mathbf{y}]$$

engendrent le $\mathbb{K}$-espace vectoriel $\mathcal{A}$ (voir section 8.5). Le point v) de la proposition 10.28 est donc équivalent à : pour tout $i \in \{1,\ldots,s\}, \tau_{\mathbf{f}-\mathbf{u}}(a_i) \in \mathbb{C}[\mathbf{u}]$. Il en résulte donc un algorithme, similaire à 10.30, pour décider si l'application f est propre.

10.7. Exposant de Lojasiewicz

Soit $\mathbf{f} : \mathbb{C}^n \to \mathbb{C}^n$ une application polynomiale propre. D'apres la proposition 10.28, il existe des constantes $R > 0$, $C > 0$, $d > 0$ telles que

$$\forall x \in \mathbb{C}^n , \; \|x\| \geq R \implies \|\mathbf{f}(x)\| \geq C\|x\|^d.$$

Définition 10.32. L'exposant de Lojasiewicz *de* f *est*

$$\mathcal{L}(\mathbf{f}) = \sup\{d > 0 : \exists \, R,C > 0, \; \forall x \in \mathbb{C}^n, \|x\| \geq R \implies \|\mathbf{f}(x)\| \geq C\|x\|^d\}.$$

Il est clair que $\mathcal{L}(\mathbf{f}) \leq \max_{i=1,\ldots,n} \deg f_i$. Nous allons montrer que $\mathcal{L}(\mathbf{f})$ est un rationnel et donner une formule pour le calculer.

Dans le cas d'une variable, $\mathcal{L}(\mathbf{f}) = \deg \mathbf{f}$. Lorsque $n > 1$, la situation est beaucoup plus compliquée.

La propreté des applications polynomiales et l'exposant de Lojasiewicz ont été extensivement étudiées dans [**CK92**], [**Plo85**], [**Jel93**].

Définition 10.33. Le degré d'une application f *est le maximum des degrés de ses composantes, il est noté* $\deg \mathbf{f}$.

Proposition 10.34. *Si l'application* f *est propre, alors*

$$\frac{\min_{1\leq i \leq n} \deg f_i}{\prod_{i=1}^{n} \deg f_i} \leq \mathcal{L}(\mathbf{f}) \leq \min_{1\leq i \leq n} \deg f_i.$$

Si de plus f *n'a pas de zéro à l'infini,* $\mathcal{L}(\mathbf{f}) = \min_{1\leq i \leq n}(\deg f_i)$.

Démonstration. Soient $R > 0$, $C > 0$, $d > 0$ tels que

$$\forall x \in \mathbb{C}^n \ , \ \|x\| \geq R \implies \|\mathbf{f}(x)\| \geq C\|x\|^d.$$

Si $h \in \mathbb{C}[\mathbf{x}]$, il existe $c_1 > 0$ et $c_2 > 0$ tels que pour x grand

$$|h(\mathbf{f}(x))| \leq c_1 \|x\|^{\deg(h \circ \mathbf{f})} \leq c_2 \|\mathbf{f}(x)\|^{\frac{\deg(h \circ \mathbf{f})}{d}}.$$

Comme $\mathbf{f}$ est surjective, $\deg h \leq \frac{\deg(h \circ \mathbf{f})}{d}$. En particulier, si $h = x_i$, nous déduisons que $\mathcal{L}(\mathbf{f}) \leq \deg f_i$.

Soit $A_i(u_0, \ldots, u_n) = u_0^{m_i} + a_{i1}(u_1, \ldots, u_n)u_0^{m_i-1} + \cdots + a_{im_i}(u_1, \ldots, u_n)$ l'unique relation irréductible de $\mathbb{K}[u_0, \ldots, u_n]$ entre $x_i, f_1, \ldots, f_n$, pour $i = 1, \ldots, n$. Il découle de la preuve de $iii) \Rightarrow iv)$ de la proposition 10.28 que

$$\mathcal{L}(\mathbf{f}) \geq \frac{1}{\max_{1 \leq i \leq n} \max_{1 \leq j \leq m_i} \left(\frac{\deg a_{ij}}{j} \right)}.$$

D'après un résultat de Perron (voir exercice 10.8),

$$\forall j \in \{1, \ldots, m_i\}, \ (\deg a_{ij}) \min_{i=1,\ldots,n} \deg f_i + m_i - j \leq \deg f_1 \ldots \deg f_n.$$

Ainsi, nous obtenons l'encadrement souhaité pour $\mathcal{L}(\mathbf{f})$.

Pour chaque $i \in \{1, \ldots, n\}$, posons $g_i = f_i^{d_1 \ldots d_{i-1} d_{i+1} \ldots d_n}$, où $d_j = \deg f_j$. L'application $\mathbf{g} = (g_1, \ldots, g_n)$ est propre, et $\deg g_1 = \cdots = \deg g_n = \prod_{i=1}^n d_i = \delta$. Si p_i désigne la partie homogène de plus haut degré de g_i et $\mathbf{p}$ l'application $(p_1, \ldots, p_n)$, alors

$$\|\mathbf{g}(x)\| \geq \|\mathbf{p}(x)\| - \|\mathbf{g}(x) - \mathbf{p}(x)\| \geq \|x\|^\delta \left(\min_{\|x\|=1} \|\mathbf{p}(x)\| - \frac{\|\mathbf{g}(x) - \mathbf{p}(x)\|}{\|x\|^\delta} \right).$$

Donc pour $\|x\|$ suffisamment grand $\|\mathbf{g}(x)\| \geq c \|x\|^\delta$, avec $c > 0$. Par suite, il existe $R > 0$ et $c_1 > 0$ tels que $\|\mathbf{f}(x)\| \geq c_1 \|x\|^{\min \deg f_i}$, si $\|x\| \geq R$. $\quad\square$

Théorème 10.35. [Plo85] *Soit $\mathbf{f} : \mathbb{C}^n \to \mathbb{C}^n$ une application polynomiale propre. Si $T^d + a_{i1}(\mathbf{u})T^{d-1} + \cdots + a_{id}(\mathbf{u})$ est le polynôme caractéristique de la multiplication par x_i dans le $\mathbb{C}(\mathbf{u})$-espace vectoriel $\mathbb{C}(\mathbf{u})[\mathbf{x}]/(\mathbf{f} - \mathbf{u})$, alors*

$$\mathcal{L}(\mathbf{f}) = \frac{1}{\max_{1 \leq i \leq n} \max_{1 \leq j \leq m_i} \left(\frac{\deg a_{ij}}{j} \right)}.$$

En particulier, l'exposant de Lojasiewicz est un nombre rationnel. Pour la preuve de ce résultat, nous avons besoin du lemme suivant :

Lemme 10.36. *Soit*

$$A(\mathbf{u}, T) = T^d + a_1(u_1, \ldots, u_n)T^{d-1} + \cdots + a_d(u_1, \ldots, u_n) \in \mathbb{C}[\mathbf{u}, T].$$

i) Il existe $c > 0$ tel que si $(u,t) \in \mathbb{C}^n \times \mathbb{C}, \|u\| \geq 1$ et $A(u,t) = 0$, alors

$$|t| \leq c \, \|u\|^{\max_{1 \leq i \leq d}\left(\frac{\deg a_i}{i}\right)}.$$

ii) Si R, c, δ sont des constantes strictement positives telles que l'ensemble $\{(u,t) \in \mathbb{C}^{n+1} : \|u\| \geq R, A(u,t) = 0\}$ est contenu dans $\{(u,t) \in \mathbb{C}^{n+1} : \|u\| \geq R, |t| \leq c\|u\|^{\delta}\}$, alors $\max_{1 \leq i \leq d}\left(\frac{\deg a_i}{i}\right) \leq \delta$.

iii) Soit A le polynôme caractéristique de la multiplication M_h par $h \in \mathbb{C}[\mathbf{x}]$ dans $\mathbb{C}(\mathbf{u})[\mathbf{x}]/(\mathbf{f} - \mathbf{u})$. Soient R, c, δ des constantes strictement positives telles que si pour tout $x \in \mathbb{C}^n$ vérifiant $\|\mathbf{f}(x)\| \geq R$, $|h(x)| \leq c\|\mathbf{f}(x)\|^{\delta}$, alors $\max_{1 \leq i \leq d}\left(\frac{\deg a_i}{i}\right) \leq \delta$.

Démonstration. i) Si $t^d + a_1(u)t^{d-1} + \cdots + a_d(u) = 0$, il est facile de voir que $|t| \leq d\max_{1 \leq i \leq d}|a_i(u)|^{1/i}$, et l'inégalité cherchée s'en suit.

  ii) Soit $u \in \mathbb{C}^n$ tel que $\|u\| \geq R$. Nous avons $A(u,T) = \prod_{i=1}^{d}(T - \zeta_i(u))$, avec $|\zeta_i(u)| \leq c\|u\|^{\delta}$. Donc pour tout $i \in \{1, \ldots, d\}$, il existe $c_1 > 0$ tel que

$$|a_i(u)| = \left| \sum_{1 \leq j_1 < \cdots < j_i \leq d} \zeta_{j_1}(u) \ldots \zeta_{j_i}(u) \right| \leq c_1 \|u\|^{i\delta}.$$

Ainsi, $\deg a_i \leq i\delta$, pour $i = 1, \ldots, d$.

  iii) Soit $(u,t) \in \mathbb{C}^n \times \mathbb{C}$ tel que $|u| \geq R$ et $A(u,t) = 0$. Comme $\mathbf{f}$ est surjective $u = \mathbf{f}(x), t = h(x)$ (en utilisant l'identité de Cayley-Hamilton $A(u, M_h) = 0$ et donc $A(u,h) = A(u, M_h)(1) = 0$). D'après l'hypothèse $|t| \leq c\|u\|^{\delta}$. Il découle de *ii)* que $\max_{1 \leq i \leq d}\left(\frac{\deg a_i}{i}\right) \leq \delta$. $\qquad\square$

Démonstration. (preuve du théorème 10.35) D'après la preuve de *iii) $\Longrightarrow$ iv)* de la proposition 10.28, il suffit de montrer que l'existence des constantes $R, c, \delta > 0$ telles que $\|\mathbf{f}(x)\| \geq c\|x\|^{\delta}$ dès que $\|x\| \geq R$, entraîne

$$\delta \max_{1 \leq i \leq n} \max_{1 \leq j \leq d}\left(\frac{\deg a_{ij}}{j}\right) \leq 1.$$

Il existe $c_1 > 0$ tel que pour tout $x \in \mathbb{C}^n, \|x\| \geq 1, \|\mathbf{f}(x)\| \leq c_1 \|x\|^{\deg \mathbf{f}}$. Supposons que $R \geq 1$. Si $x \in \mathbb{C}^n$ vérifie $\|\mathbf{f}(x)\| \geq c_1 R^{\deg \mathbf{f}}(1 + \max_{\|x\| \leq 1} \|\mathbf{f}(x)\|) = C$, alors $\|x\| \geq R$, sinon $\|x\| \leq 1$ ou bien $1 \leq \|x\| \leq R$. Dans les deux cas $\|\mathbf{f}(x)\| < C$, ce qui est contraire au choix de C. Et donc si $x \in \mathbb{C}^n$ est choisi tel que $\|f(x)\| > C$, alors pour tout $i \in \{1, \ldots, n\}, \|\mathbf{f}(x)\| \geq c|x_i|^{\delta}$. Le point *iii)* du lemme précédent appliqué à l'application $h = x_i$ implique que $\frac{1}{\delta} \geq \max_{j=1, \ldots, m_i} \frac{\deg a_{ij}}{j}$. $\qquad\square$

Algorithme 10.37. CALCUL DE L'EXPOSANT DE LOJASIEWICZ.

ENTRÉE : une application polynomiale propre $f : \mathbb{C}^n \to \mathbb{C}^n$.

1. Pour chaque $i \in \{1,\ldots,n\}$, le théorème 10.23 fournit une relation algébrique $A_i(u_0,\ldots,u_n)$ entre $x_i, f_1,\ldots,f_n$.

2. On factorise A_i pour trouver le polynôme minimal M_i de la multiplication par x_i dans le $\mathbb{C}(u)$-espace vectoriel $\mathbb{C}(u)[x]/(f-u)$, où $u = (u_1,\ldots,u_n)$.

3. On calcule le degré géométrique $d = \tau_{f-u}(\mathrm{Jac}_f)$ de f (remarque 10.12).

4. On détermine le polynôme caractéristique C_i de la multiplication par x_i dans $\mathbb{C}(u)[x]/(f-u)$, en utilisant le fait que C_i est une puissance de M_i (lemme 10.8).

SORTIE : le rationnel $\mathcal{L}(f)$ donné par la formule du théorème 10.35.

Exemple 10.38. *Illustrons cet algorithme sur l'application $f = (f_1, f_2, f_3)$ de $\mathbb{C}[x,y,z]$:*

$$f_1 = x^2 + y^2 + z^2 - x \ , \ \ f_2 = x^2 + y^2 + z^2 - y \ , \ \ f_3 = x^2 + y^2 + z^2 - z.$$

Un mineur maximal de la matrice de Bézout de $x - u_0, f_1 - u_1, f_2 - u_2, f_3 - u_3$ est

$$3u_0^2 + (4u_1 - 2u_2 - 2u_3 - 1)u_0 + u_3^2 - 2u_2 u_1 + 2u_1^2 + u_2^2 - 2u_3 u_1 - u_1.$$

Un calcul similaire avec $y - u_0$ (resp. $z - u_0$), $f_1 - u_1, f_2 - u_2, f_3 - u_3$ donne

$$-3u_0^2 + (2u_1 - 4u_2 + 2u_3 + 1)u_0 - u_3^2 + 2u_3 u_2 - u_1^2 - 2u_2^2 + 2u_2 u_1 + u_2$$

(resp. $3u_0^2 + (4u_3 - 2u_2 - 2u_1 - 1)u_0 - 2u_3 u_1 - 2u_3 u_2 + 2u_3^2 + u_1^2 + u_2^2 - u_3$).
En utilisant la formule du théorème 10.35, $\mathcal{L}(f) = 1$.

10.8. Inversion d'une application polynomiale

Un cas particulier des applications propres est celui des applications inversibles. Dans cette section, nous montrons comment les bézoutiens peuvent être aussi utilisé pour calculer explicitement les inverses de telles applications.

Proposition 10.39. *Soit $f = (f_1, \ldots, f_n) : \mathbb{C}^n \to \mathbb{C}^n$ une application polynomiale bijective. Si $f_0 = v_0 + v_1 x_1 + \cdots + v_n x_n$, où $v_0, \ldots, v_n$ sont des paramètres, alors tout mineur maximal de la matrice bézoutienne $B_{f_0, f_1 - u_1, \ldots, f_n - u_n}$ est divisible par un élément de la forme $v_0 + v_1 g_1(u) + \cdots + v_n g_n(u)$, où pour tout $i = 1, \ldots, n, g_i \in \mathbb{C}[u_1, \ldots, u_n]$. De plus, l'inverse de f est $(g_1, \ldots, g_n)$.*

Démonstration. Pour tout $u \in \mathbb{C}^n$, la variété algébrique définie par $\mathbf{f} - u$ est réduite à un seul point (simple) $\zeta_u = \mathbf{f}^{-1}(u)$; l'espace $\mathcal{A}_u = \mathbb{C}[\mathbf{x}]/(\mathbf{f} - u)$ est donc une droite vectorielle. Par suite, la matrice de multiplication M_{x_i} par x_i dans $\mathcal{A}_u$ est de taille 1×1 et vaut $(\zeta_{u,i})$, où $\zeta_{u,i}$ désigne la $i^{\text{ème}}$ coordonnée de ζ_u. Si $\mathbf{f}^{-1} = (g_1, \ldots, g_n), \zeta_{u,i} = g_i(u)$ pour $i = 1, \ldots, n$. Les g_i sont des polynômes en $\mathbf{u}$ (corollaire 10.5). D'après la proposition 10.19, tout mineur maximal de $\mathrm{B}_{f_0, f_1 - u_1, \ldots, f_n - u_n}$ est divisible par

$$\det(v_0 \, \mathbb{I}_1 + v_1 \mathrm{M}_{x_1} + \cdots + v_n \mathrm{M}_{x_n}) = v_0 + v_1 \, g_1(\mathbf{u}) + \cdots + v_n g_n(\mathbf{u}).$$

$\square$

Remarquons que si $\mathbf{f} : \mathbb{C}^n \to \mathbb{C}^n$ est une application polynomiale bijective, son inverse $\mathbf{f}^{-1}$ est aussi polynomiale. Ceci conduit à l'algorithme suivant :

Algorithme 10.40. CALCUL DE L'INVERSE D'UNE APPLICATION POLYNO-MIALE.

ENTRÉE : une application polynomiale bijective $\mathbf{f} = (f_1, \ldots, f_n)$: $\mathbb{C}^n \to \mathbb{C}^n$.

1. Soient $u_1, \ldots, u_n, v_0, \ldots, v_n$ des paramètres. Poser $f_0 = v_0 + v_1 x_1 + \cdots + v_n x_n$, et calculer la matrice bézoutienne $\mathrm{B}_{f_0, f_1 - u_1, \ldots, f_n - u_n}$.

2. Déterminer un mineur maximal non nul $\Delta(\mathbf{u}, \mathbf{v})$ de cette matrice.

3. Factoriser $\Delta(\mathbf{u}, \mathbf{v})$, puis sélectionner le facteur linéaire en $\mathbf{v}$,
$$v_0 + v_1 \, g_1(\mathbf{u}) + \cdots + v_n \, g_n(\mathbf{u})$$
tel que $\mathbf{f} \circ (g_1, \ldots, g_n)$ est l'identité de $\mathbb{C}^n$.

SORTIE : $\mathbf{f}^{-1} = (g_1, \ldots, g_n)$.

Exemple 10.41. *Nous allons montrer, en utilisant cet algorithme, que si $\mathbf{f}$ est une application polynomiale de $\mathbb{C}^2$ de degré au plus 3 et de Jacobien 1, alors $\mathbf{f}$ est inversible.*

On peut supposer que l'application $\mathbf{f} = (f_1, f_2)$, avec

$$f_1(x, y) = x + a_1 x^2 + a_2 xy + a_3 y^2 + a_4 x^3 + a_5 x^2 y + a_6 xy^2 + a_7 y^3$$
$$f_2(x, y) = y + b_1 x^2 + b_2 xy + b_3 y^2 + b_4 x^3 + b_5 x^2 y + b_6 xy^2 + b_7 y^3.$$

La condition $\mathrm{Jac}(f_1, f_2) = 1$ *fournit 14 équations sur les paramètres* a_i, b_j :

$$-3\,a_6b_5 + 9\,a_4b_7 + 3\,a_5b_6 - 9\,a_7b_4\ ,\ \ 6\,a_4b_6 - 6\,a_6b_4\ ,\ \ -3\,a_7b_6 + 3\,a_6b_7\ ,$$
$$2\,a_5 - 4\,a_3b_1 + 2\,b_6 + 4\,a_1b_3\ ,\ \ 3\,a_4b_5 - 3\,a_5b_4\ ,\ \ 2\,b_3 + a_2\ ,$$
$$a_2b_6 - a_6b_2 + 6\,a_1b_7 - 6\,a_7b_1 + 4\,a_5b_3 - 4\,a_3b_5\ ,\ \ -6\,a_7b_5 + 6\,a_5b_7\ ,$$
$$2\,a_1 + b_2\ ,\ \ 3\,a_2b_7 + 2\,a_6b_3 - 3\,a_7b_2 - 2\,a_3b_6\ ,\ \ 2\,a_1b_2 - 2\,a_2b_1 + 3\,a_4 + b_5\ ,$$
$$-2\,a_3b_2 + 2\,a_2b_3 + 3\,b_7 + a_6\ ,\ \ 3\,a_4b_2 - 2\,a_5b_1 + 2\,a_1b_5 - 3\,a_2b_4\ ,$$
$$-a_2b_5 + a_5b_2 - 4\,a_6b_1 + 6\,a_4b_3 + 4\,a_1b_6 - 6\,a_3b_4.$$

La matrice bézoutienne $B_{v_0 + v_1 x + v_2 y, f_1 - u_1, f_2 - u_2}$ *est de taille* 10×10 *et de rang* 9 *(après simplification modulo ces 14 équations et sous les hypothèses* $a_4 \neq 0, a_5 \neq 0$*). Un mineur maximal non nul de cette matrice est*

$$\frac{4}{729 a_4^4 a_5^2} (3\,v_2 a_4 - v_1 a_5)^8 \big[v_0 + (u_1 - \frac{3 a_4 a_2}{2 a_5} u_1^2 - a_2\,u_1 u_2 - \frac{a_5 a_2}{6 a_4} u_2^2$$
$$-a_4\,u_1^3 - a_5\,u_1^2 u_2 - \frac{a_5^2}{3\,a_4} u_1 u_2^2 - \frac{a_5^3}{27 a_4^2} u_2^3)\,v_1 + (u_2 + \frac{9\,a_4^2 a_2}{2\,a_5^2} u_1^2$$
$$+3\,\frac{a_4 a_2}{a_5} u_1 u_2 + \frac{a_2}{2} u_2^2 + 3\,\frac{a_4^2}{a_5} u_1^3 + 3\,a_4\,u_1^2 u_2 + a_5\,u_1 u_2^2 + \frac{a_5^2}{9\,a_4} u_2^3)\,v_2 \big].$$

L'inverse de f *est alors*

$$(g_1, g_2) \ = \ (u_1 - \frac{3 a_4 a_2}{2 a_5} u_1^2 - a_2\,u_1 u_2 - \frac{a_5 a_2}{6 a_4} u_2^2 - a_4\,u_1^3 - a_5\,u_1^2 u_2$$
$$-\frac{a_5^2}{3\,a_4} u_1 u_2^2 - \frac{a_5^3}{27 a_4^2} u_2^3\ ,\ \ u_2 + \frac{9\,a_4^2 a_2}{2\,a_5^2} u_1^2 + 3\,\frac{a_4 a_2}{a_5} u_1 u_2$$
$$+\frac{a_2}{2} u_2^2 + 3\,\frac{a_4^2}{a_5} u_1^3 + 3\,a_4\,u_1^2 u_2 + a_5\,u_1 u_2^2 + \frac{a_5^2}{9\,a_4} u_2^3).$$

Ce calcul permet de vérifier la conjecture du Jacobien pour les applications en 2 *variables et de degrés au plus* 3. *Ce cas est bien connu (voir* [BCW82]*), mais sans un calcul explicite de l'inverse.*

10.9. Exercices

Exercice 10.1. Soient f l'application de l'exemple 10.10 et $h \in \mathbb{C}[\mathbf{x}]$.

1. Calculer $\tau_{f - \mathbf{u}}(h)$ et $\tau_f(h)$.
2. Est-ce que $\lim_{\mathbf{u} \to 0} \tau_{f - \mathbf{u}}(h) = \tau_f(h)$?

Exercice 10.2. Soit $\mathbf{f} : \mathbb{C}^n \to \mathbb{C}^n$ une application polynomiale. Montrer que si les n composantes de f n'ont pas de zéro à l'infini, alors f est propre.

Exercice 10.3. Montrer :

1. $\mathcal{L}(\mathbf{f}) > -\infty$ si, et seulement si, le nombre de racines de $f_1, \ldots, f_n$ est fini.
2. $\mathcal{L}(\mathbf{f}) > 0$ si, et seulement si, f est propre.

3. Si l'application $\mathbf{f}$ est un automorphisme polynomiale (i.e. bijective avec $\mathbf{f}^{-1}$ polynomiale), alors $\mathcal{L}(\mathbf{f}) = \frac{1}{\deg \mathbf{f}^{-1}}$.

4. Montrer que si $\mathbf{f}$ est un automorphisme polynomiale, alors

$$\deg \mathbf{f}^{-1} \leq (\deg \mathbf{f})^{n-1}.$$

Exercice 10.4. Soient $r = \dfrac{a}{b} \in \mathbb{Q}_+^*$ et un entier $c > r$. Considérons l'application

$$\mathbf{f} : \mathbb{C}^2 \;\; \rightarrow \;\; \mathbb{C}^2$$
$$(x, y) \;\; \mapsto \;\; (x^c, x^{bc} + y^a).$$

Montrer que $\mathbf{f}$ est propre et $\mathcal{L}(\mathbf{f}) = r$.

Exercice 10.5. Soit $\mathbf{f} : \mathbb{C}^n \to \mathbb{C}^n$ une application propre.

1. Si $\mathcal{L}(\mathbf{f}) = \frac{\min \deg f_i}{\deg f_1 \dots \deg f_n}$, montrer que $\mathbf{f}$ est un automorphisme polynomiale.

2. Montrer que si $n = 2$, alors la réciproque est vraie.

Exercice 10.6. Soit $\mathcal{L}(\mathbf{f}) = \frac{a}{b}$, avec a et b deux entiers positifs premiers entre-eux. Montrer que si d est le degré géométrique de $\mathbf{f}$, alors $a \leq d$.

Exercice 10.7. Soit $\mathbf{f} = (f_1, \dots, f_n) : \mathbb{C}^n \to \mathbb{C}^n$ une application polynomiale telle que $\mathcal{Z}(f_1, \dots, f_n)$ soit discrète. En analyse complexe (voir [**GH78**]), on définit

$$\mathrm{res}_{\mathbf{f}} : \mathbb{C}[\mathbf{x}] \;\; \rightarrow \;\; \mathbb{C}$$
$$h \;\; \mapsto \;\; \tau_{\mathbf{f}}(h) = \frac{1}{2i\pi} \int_{\{x \in \mathbb{C}^n : |f_i(x)| = \varepsilon_i\}} \frac{h(x)}{f_1(x) \dots f_n(x)} dx.$$

1. Montrer que $\mathrm{res}_{\mathbf{f}} = \tau_{\mathbf{f}}$.

2. Supposons que $\mathbf{f}$ est inversible et soit $(g_1, \dots, g_n)$ son inverse. Établir

$$\forall i \in \{1, \dots, n\} \, , \; \forall w \in \mathbb{C}^n \, , \; g_i(w) = \mathrm{Jac}_{\mathbf{f}} \sum_{\alpha \in \mathbb{N}^n} \tau_{\mathbf{f}^{\alpha+1}}(x_i) w^{\alpha}.$$

3. Prouver que les g_i sont des polynômes. Puis, donner le degré de $\mathbf{f}^{-1} = (g_1, \dots, g_n)$.

4. En déduire que pour tout $i \in \{1, \dots, n\}$, pour tout $w \in \mathbb{C}^n$,

$$g_i(w) = \mathrm{Jac}_{\mathbf{f}} \tau_{\mathbf{f}-w}(x_i) = \mathrm{Jac}_{\mathbf{f}} \sum_{|\alpha| \leq 1/\mathcal{L}(f)} \tau_{\mathbf{f}^{\alpha+1}}(x_i) w^{\alpha}.$$

5. En déduire un algorithme pour calculer l'inverse d'une application polynomiale inversible.

Exercice 10.8. Soient $f_1, \dots, f_{n+1}$ des éléments de $\mathbb{K}[\mathbf{x}] := \mathbb{K}[x_1, \dots, x_n]$ de degrés respectifs $d_1, \dots, d_{n+1}$. Le but de ce problème est de montrer qu'il existe un polynôme $p(y_1, \dots, y_{n+1}) = \sum_{\mathbf{a}=(a_1, \dots, a_{n+1})} \lambda_{\mathbf{a}} \mathbf{y}^{\mathbf{a}} \in \mathbb{K}[\mathbf{x}]$ tel que $p(f_1, \dots, f_{n+1}) = 0$ avec

$$\sum_{i=1}^{n+1} a_i d_i \leq d_1 \dots d_{n+1}.$$

Pour tout monôme $\mathbf{y}^{\mathbf{a}}$, on appellera **d**-degré l'entier $\delta(\mathbf{y}^{\mathbf{a}}) = \sum_{i=1}^{n+1} a_i d_i$. Pour tout $l \in \mathbb{N}$, on note $\mathbb{K}[\mathbf{x}]_l$ l'ensemble des polynômes de degrés au plus l.

Dans un premier temps, supposons que les f_i sont génériques (i.e. leurs coefficients sont des paramètres $\mathbf{c}$).

1. Soit $E = \{\mathbf{r} = (r_1, \ldots, r_n) \in \mathbb{N}^n : 0 \leq r_i \leq d_i - 1\}$. Quel est le cardinal de E ?

2. Pour tout $l \in \mathbb{N}$, considérons l'application

$$\psi_l : \mathbb{K}^N \rightarrow \mathbb{K}[\mathbf{x}]_l$$
$$(\lambda_{\mathbf{q},\mathbf{r}}) \mapsto \sum_{\mathbf{q}=(q_1,\ldots,q_n),\mathbf{r}} \lambda_{\mathbf{q},\mathbf{r}} f_1^{q_1} \ldots f_n^{q_n} \mathbf{x}^{\mathbf{r}},$$

avec $\mathbf{r} \in E$ et $\mathbf{q}$ tel que $\sum_{i=1}^n (d_i q_i + r_i) \leq l$. Montrer que pour une spécialisation des coefficients $\mathbf{c}$ de $f_1, \ldots, f_n$, ψ_l est surjective. Quelle est la valeur de N ?

3. En déduire que génériquement (en les coefficients $\mathbf{c}$) tout polynôme F de degré l s'écrit sous la forme

$$F = \sum_{\mathbf{q}=(q_1,\ldots,q_n),\mathbf{r}} \lambda_{\mathbf{q},\mathbf{r}} f_1^{q_1} \ldots f_n^{q_n} \mathbf{x}^{\mathbf{r}},$$

avec $\mathbf{r} \in E$ et pour chaque $(\mathbf{q}, \mathbf{r})$, $\sum_{i=1}^n (d_i q_i + r_i) \leq l$.

4. Montrer que $\lambda_{\mathbf{q},\mathbf{r}}$ est une fraction rationnelle en $\mathbf{c}$ et majorer le degré de son numérateur et dénominateur.

5. Montrer que pour tout $\tilde{r} \in E$, on a $f_{n+1} \mathbf{x}^{\tilde{\mathbf{r}}} = \sum_{\mathbf{r} \in E} G_{\mathbf{r},\tilde{\mathbf{r}}} \mathbf{x}^{\mathbf{r}}$, où $G_{\tilde{\mathbf{r}},\mathbf{r}} = G_{\tilde{\mathbf{r}},\mathbf{r}}(f_1, \ldots, f_n)$ est un polynôme de $f_1, \ldots, f_n$. Quel est le $\mathbf{d}$-degré de $G_{\mathbf{r},\tilde{\mathbf{r}}}$?

6. Montrer que $(\mathbf{x}^{\mathbf{r}})_{\mathbf{r} \in E}$ est solution d'un système linéaire $\{\sum_{\mathbf{r} \in E} H_{\mathbf{r},\tilde{\mathbf{r}}} \mathbf{x}^{\mathbf{r}} = 0\}_{\tilde{\mathbf{r}} \in E}$, où $H_{\mathbf{r},\tilde{\mathbf{r}}} = H_{\mathbf{r},\tilde{\mathbf{r}}}(f_1, \ldots, f_{n+1})$ est un polynôme en $f_1, \ldots, f_{n+1}$.

7. Montrer que le $\mathbf{d}$-degré de $H_{\mathbf{r},\tilde{\mathbf{r}}}$ est au plus $d_{n+1} + |\tilde{\mathbf{r}}| - |\mathbf{r}|$.

8. En déduire que génériquement (en $\mathbf{c}$), il existe un polynôme $P(y_1, \ldots, y_{n+1})$ de $\mathbf{d}$-degré au plus $d_1 \ldots d_n d_{n+1}$ tel que $P(f_1, \ldots, f_{n+1}) = 0$.

9. Montrer que les coefficients de ce polynôme sont des fractions rationnelles en $\mathbf{c}$ et majorer les degrés des numérateurs et dénominateurs de ces fractions.

10. Montrer que si $f_1, \ldots, f_{n+1} \in \mathbb{K}[\mathbf{x}]$ sont de degrés respectifs $d_1, \ldots, d_{n+1}$, alors les polynômes $f_1^{a_1} \ldots f_{n+1}^{a_{n+1}}$ tels $\sum_{i=1}^{n+1} a_i d_i \leq d_1 \cdots d_{n+1}$ sont liés. Conclure.

LISTE DES ALGORITHMES

LISTE DES NOTATIONS

A	un anneau,
$\mathbb{K}$	un corps,
$\overline{\mathbb{K}}$	la clôture algébrique de $\mathbb{K}$,
$\mathbb{K}[\mathbf{x}] = \mathbb{K}[x_1, \ldots, x_n]$	l'anneau des polynômes à n variables $x_1, \ldots, x_n$ et à coefficients dans $\mathbb{K}$,
$\mathbb{K}[x]$	l'anneau des polynômes en la variable x,
$\mathbb{K}[x, y]$	l'anneau des polynômes en les variables x, y,
$\mathbb{K}[x, y, z]$	l'anneau des polynômes en les variables x, y, z,
$|F|$	le cardinal d'un ensemble F,
(F)	l'idéal de $\mathbb{K}[\mathbf{x}]$ engendré par $F \subset \mathbb{K}[\mathbf{x}]$,
$\langle F \rangle$	l'espace vectoriel engendré par $F \subset \mathbb{K}[\mathbf{x}]$,
$\mathbf{x}^\alpha$	monôme $x_1^{\alpha_1} \ldots x_n^{\alpha_n}$ pour $\alpha = (\alpha_1, \ldots, \alpha_n) \in \mathbb{N}^n$,
$|\alpha| = \alpha_1 + \cdots + \alpha_n$	son degré,
$\alpha! = \alpha_1! \cdots \alpha_n!$	si $\alpha = (\alpha_1, \ldots, \alpha_n) \in \mathbb{N}^n$,
$\mathbf{x}^A$	l'ensemble des monômes $\mathbf{x}^\alpha$ pour $\alpha \in A \subset \mathbb{N}^n$,
$\deg f$	le degré de $f \in \mathbb{K}[\mathbf{x}]$,
$h^\top = h(0, x_1, \ldots, x_n)$	pour tout polynôme homogène $h \in \mathbb{K}[x_0, \ldots, x_n]$,
$t(f)$	la partie de plus haut degré de $f \in \mathbb{K}[x_1, \ldots, x_n]$,
$\mathbb{K}[f_1, \ldots, f_n]$	le sous-anneau de $\mathbb{K}[\mathbf{x}]$ engendré par $f_1, \ldots, f_n \in \mathbb{K}[\mathbf{x}]$,
$\mathbb{K}[\mathbf{x}]/I$	l'algèbre quotient de $\mathbb{K}[x]$ modulo l'idéal I,
$\mathbb{K}(\mathbf{x}) = \mathbb{K}(x_1, \ldots, x_n)$	le corps des fractions rationnelles en $x_1, \ldots, x_n$,
$(I : J)$	le transporteur de J dans I (I, J idéaux de $\mathbb{K}[\mathbf{x}]$),
$\mathrm{Ass}(I)$	l'ensemble des idéaux premiers associés à l'idéal I,
$\mathfrak{m}_\zeta$	l'idéal maximal $(x_1 - \zeta_1, \ldots, x_n - \zeta_n)$, pour $\zeta = (\zeta_1, \ldots, \zeta_n) \in \mathbb{K}^n$,
$\mathcal{I}(Y)$	l'idéal des polynômes de $\mathbb{K}[\mathbf{x}]$ qui s'annulent sur $Y \subset \mathbb{K}^n$,
$\mathtt{c}_<(f) = \mathtt{c}(f)$	le coefficient dominant de $f \in \mathbb{K}[\mathbf{x}]$, pour un ordre monomial $<$,
$\mathtt{m}_<(f) = \mathtt{m}(f)$	le monôme dominant de f,

$\mathbf{t}_<(f) = \mathbf{t}(f)$	le terme dominant de f,
$\mathbf{m}(I)$	l'ensemble $\{\mathbf{m}(f) : f \in I\}$ pour $I \subset \mathbb{K}[\mathbf{x}]$,
$\mathrm{Syz}(f_1, \ldots, f_s)$	le module $\{(g_1, \ldots, g_s) \in (\mathbb{K}[\mathbf{x}])^s : g_1 f_1 + \cdots + g_s f_s = 0\}$ pour $f_1, \ldots, f_s \in \mathbb{K}[\mathbf{x}]$,
$\mathcal{Z}_\mathbb{K}(I) = \mathcal{Z}(I)$	la variété algébrique définie par $I \subset \mathbb{K}[\mathbf{x}]$,
μ_ζ	la multiplicité de la racine $\zeta \in \mathcal{Z}(I)$,
$\dim_\mathbb{K} E$	la dimension du $\mathbb{K}$-espace vectoriel E,
$\widehat{E}$	le dual de E,
$E \cong F$	E et F sont deux espaces vectoriels isomorphes,
Tr	la trace d'un endomorphisme,
tr	la trace d'une matrice,
M_a	l'opérateur de multiplication par $a \in \mathcal{A}$ ($\mathbb{K}$-algèbre),
M_a	la matrice de M_a dans une base de $\mathcal{A}$,
$\mathbb{I}_d$	la matrice identité de taille d,
$\mathrm{Res}_X(f_0, \ldots, f_n)$	le résultant sur X des polynômes $f_0, \ldots, f_n$.

BIBLIOGRAPHIE

[Abe73]   O. Aberth. Iteration methods for finding all zeros of a polynomial simultaneously. *Mathematics of Computation*, 27, 1973.

[ABRW96]   M.E. Alonso, E. Becker, M.F. Roy, and T. Wörmann. Zeros, multiplicities and idempotents for zero dimensional systems. In L. González-Vega and T. Recio, editors, *Algorithms in Algebraic Geometry and Applications*, volume 143 of *Prog. in Math.*, pages 1–15. Birkhäuser, Basel, 1996.

[AL94]   W. Adams and P. Loustaunau. *An Introduction to Gröbner Bases*. AMS, Providence RI, 1994.

[AM69]   M.F. Atiyah and I.G. MacDonald. *Introduction to Commutative Algebra*. Addison-Wesley, 1969.

[Amo90]   F. Amoroso. Bounds for the degrees in the membership test for polynomial ideals. *Acta Arith.*, 56 :19–24, 1990.

[AVGZ86]   V. Arnold, A. Varchenko, and S. M Gusein-Zade. *Singularités des applications différentiables*. Edition Mir, Moscou, 1986.

[BCR87]   J. Bochnak, M. Coste, and M-F. Roy. *Géométrie algébrique réelle*. Springer-Verlag, 1987.

[BCRS96]   E. Becker, J.P. Cardinal, M.F. Roy, and Z. Szafraniec. Multivariate Bezoutians, Kronecker symbol and Eisenbud-Levin formula. In L. González-Vega and T. Recio, editors, *Algorithms in Algebraic Geometry and Applications*, volume 143 of *Prog. in Math.*, pages 79–104. Birkhäuser, Basel, 1996.

[BCW82]   H. Bass, F.H. Conell, and D. Wright. The Jacobian Conjecture :
            reduction of degree and formal expansion of the inverse. *Bull.*
            Amer. Math. Soc., 7 :287–330, 1982.

[BEM00]   L. Busé, M. Elkadi, and B. Mourrain. Generalized resultant
            over unirational algebraic varieties. *J. of Symb. Computation,*
            29 :515–526, 2000.

[BEM01]   L. Busé, M. Elkadi, and B. Mourrain. Resultant over the resi-
            dual of a complete intersection. *J. of Pure and Applied Algebra,*
            164 :35–57, 2001.

[Ber75]   D.N. Bernstein. The number of roots of a system of equations.
            Funct. Anal. and Appl., 9(2) :183–185, 1975.

[Béz79]   E. Bézout. *Théorie Générale des Équations Algébriques.* Paris :
            Ph.-D. Pierres, 1779.

[BGVY93]   C.A. Berenstein, R. Gay, A. Vidras, and A. Yger. *Residue*
            Currents and Bezout Identities, volume 114 of *Prog. in Math.*
            Birkhäuser, 1993.

[BGW88]   C. Bajaj, T. Garrity, and J. Warren. On the applications
            of multi-equational resultants. Technical Report 826, Purdue
            Univ., 1988.

[BH98]   J-Y. Boyer and M. Hickel. Une généralisation de la loi de trans-
            formation pour les résidus. *Bull. Soc. math. Fr.*, 125 :315–335,
            1998.

[BH99]   J-Y. Boyer and M. Hickel. Extension dans un cadre algébrique
            d'une formule de weil. *Manuscripta Mathematica*, 98(195-335),
            1999.

[Bin96]   D. Bini. Numerical computation of polynomial zeros by means
            of Aberth's method. *Numerical Algorithms*, 13, 1996.

[BM04]   J. Briançon and Ph. Maisonobe. *Eléments d'algèbre commuta-*
            tive. Ellipses-Marketing, Paris, 2004.

[BMB94]   L.M. Balbes, S.W. Mascarella, and D.B. Boyd. A perspective
            of modern methods in computer-aided drug design. *Reviews in*
            Computational Chemistry, 5 :337–379, 1994.

[BMP98]   D. Bondyfalat, B. Mourrain, and V. Y. Pan. Controlled iterative methods for solving polynomial systems. In O. Gloor, editor, *Proc. Intern. Symp. on Symbolic and Algebraic Computation*, pages 252–259. NewYork, ACM Press., 1998.

[BMP00]   D. Bondyfalat, B. Mourrain, and V. Y. Pan. Computation of a specified root of a polynomials system of equations using eigenvectors. *Lin. Alg. and its Appl.*, 319 :193–209, 2000.

[BPR97]   S. Basu, R. Pollack, and M.-F. Roy. Computing roadmaps of semi-algebraic sets on a variety. In F. Cucker and M. Shub, editors, *Proc. Workshop on Foundations of Computational Mathematics*, pages 1–15, Berlin, 1997. Springer-Verlag.

[BPR03]   S. Basu, R. Pollack, and M.-F. Roy. *Algorithms in real algebraic geometry*, volume 10 of *Algorithms and Computation in Mathematics*. Springer-Verlag, Berlin, 2003.

[BR90]   R. Benedetti and J-J. Risler. *Real algebraic and semi-algebraic sets*. Hermann, 1990.

[Bro87]   W. D. Brownawell. Bounds for the degrees in the nullstellensatz. *Ann. Math.*, 126 :577–591, 1987.

[Bus01a]   L. Busé. *Étude du résultant sur une variété algébrique*. Thèse de Doctorat, Université de Nice Sophia-Antipolis, 2001.

[Bus01b]   L. Busé. Residual resultant over the projective plane and the implicitization problem. In *Proceedings of the 2001 International Symposium on Symbolic and Algebraic Computation*, pages 48–55 (electronic), New York, 2001. ACM.

[BWK93]   T. Becker, V. Weispfenning, and H. Kredel. *Gröbner Bases. A Computational Approach to Commutative Algebra*, volume 141 of *Graduate Texts in Mathematics*. Springer-Verlag, Berlin, 1993.

[BY90]   C. A. Berenstein and A. Yger. Bounds for the degrees in the division problem. *Mich. Math. J.*, 37 :25–43, 1990.

[BY91]   C. A. Berenstein and A. Yger. Effective Bezout identities in $\mathbb{Q}[z_1, \ldots, z_n]$. *Acta. Math.*, 166 :69–120, 1991.

[BY99]   C.A. Berenstein and A. Yger. Residue calculus and Effective Nullstellensatz. *Amer. J. Math.*, 121, 1999.

[Can88]   J. Canny. *The Complexity of Robot Motion Planning*. M.I.T. Press, Cambridge, Mass., 1988.

[Can93]   J. Canny. Improved algorithms for sign determination and existential quantifier elimination. *The Computer Journal*, 36(5) :409–418, 1993.

[Cay48]   A. Cayley. On the theory of elimination. *Dublin Math. J.*, II :116–120, 1848.

[Cay65]   A. Cayley. On the theory of elimination. *Cambridge & Dublin Math. J.*, III :210–270, 1865.

[CDS96]   E. Cattani, A. Dickenstein, and B. Sturmfels. Computing multidimensional residues. In L. González-Vega and T. Recio, editors, *Algorithms in Algebraic Geometry and Applications*, volume 143 of *Prog. in Math*. Birkhäuser, Basel, 1996.

[CE93]   J. Canny and I. Emiris. An efficient algorithm for the sparse mixed resultant. In G. Cohen, T. Mora, and O. Moreno, editors, *Proc. Intern. Symp. on Applied Algebra, Algebraic Algorithms and Error-Corr. Codes (Puerto Rico)*, volume 673 of *Lect. Notes in Comp. Science*, pages 89–104. Springer, 1993.

[CG05]   G. Chèze and A. Galligo. Four lectures on polynomial absolute factorization. In *Solving polynomial equations*, volume 14 of *Algorithms Comput. Math.*, pages 339–392. Springer, Berlin, 2005.

[CGH88]   L. Caniglia, A. Galligo, and J. Heintz. Borne simple exponentielle pour les degrés dans le théorème des zéros sur un corps de caractéristique quelconque. *C. R. Acad. Sci., Paris*, 307 :255–258, 1988.

[Cha93]   M. Chardin. The resultant via a Koszul complex. In F. Eyssette and A. Galligo, editors, *Computational Algebraic Geometry*, volume 109 of *Prog. in Mathematics*, pages 29–39. Birkhäuser, Boston, 1993. (Proc. MEGA '92, Nice).

[CK92]   J. Chadzynski and T. Krasinski. On the Lojasiewicz exponent at infinity for polynomial mappings of $\mathbb{C}^2$ into $\mathbb{C}^2$ and components of polynomial automorphisms of $\mathbb{C}^2$. *Ann. Pol. Math.*, 57 :291–302, 1992.

[CLO92]   D. Cox, J. Little, and D. O'Shea. *Ideals, Varieties, and Algo-
            rithms : An Introduction to Computational Algebraic Geometry
            and Commutative Algebra.* Undergraduate Texts in Mathema-
            tics. Springer Verlag, New York, 1992.

[CLO97]   D. Cox, J. Little, and D. O'Shea. *Using Algebraic Geometry.*
            Springer-Verlag, New York, 1997.

[CM93]   J. F. Canny and D. Manocha. Multipolynomial resultant algo-
            rithms. *J. Symb. Comput.*, 15 :99–122, 1993.

[CP93]   J. Canny and P. Pedersen. An algorithm for the Newton re-
            sultant. Technical Report 1394, Comp. Science Dept., Cornell
            University, 1993.

[DD00]   C. D'Andrea and A. Dickenstein. Explicit formulas for the mul-
            tivariate resultant, *J. of Pure and Applied Algebra*, 162 :59–86,
            2001.

[Dem87]   M. Demazure. Le théorème de complexité de Mayr et Meyer. In
            Géométrie et calcul algébrique, volume 22 of *Trav. Cours*, pages
            35–58, 1987.

[Dix08]   A.L. Dixon. The eliminant of three quantics in two independent
            variables. *Proc. of Lond. Math. Society*, 6 :49–69, 473–492, 1908.

[Dur68]   E. Durand. *Solution numérique des équations algébriques*, vo-
            lume 1. Masson, 1968.

[EC95]   I.Z. Emiris and J.F. Canny. Efficient incremental algorithms for
            the sparse resultant and the mixed volume. *J. Symb. Compu-
            tation*, 20(2) :117–149, 1995.

[EHV92]   D. Eisenbud, C. Huneke, and W. Vasconcelos. Direct methods
            for primary decomposition. *Invent. Math.*, 110 :207–235, 1992.

[Eis94]   D. Eisenbud. *Commutative Algebra with a view toward Alge-
            braic Geometry*, volume 150 of *Graduate Texts in Math.* Berlin,
            Springer-Verlag, 1994.

[EL99]   L. Ein and R. Lazarsfeld. A geometric effective Nullstellensatz.
            Invent. Math., 137(2) :427–448, 1999.

[Elk93]   M. Elkadi. Bornes pour les degrés et les hauteurs dans le
            problème de division. *Mich. Math. J.*, 40 :609–618, 1993.

[Elk94]   M. Elkadi Une version effective du théorème de Briançon-Skoda dans le cas algébrique discret. *Acta Arith.*, 66 :201–220, 1994.

[Ell03]   E.B. Elliott. On linear homogeneous diophantine equations. *Quart. J. Pure Appl. Math.*, 34 :348–377, 1903.

[EM99a]   M. Elkadi and B. Mourrain. A new algorithm for the geometric decomposition of a variety. In S. Dooley, editor, *Proc. Intern. Symp. on Symbolic and Algebraic Computation*, pages 9–16. ACM Press, New-York, 1999.

[EM99b]   I.Z. Emiris and B. Mourrain. Computer algebra methods for studying and computing molecular conformations. *Algorithmica, Special Issue on Algorithms for Computational Biology*, 25 :372–402, 1999.

[Ems78]   J. Emsalem. Géométrie des points épais. *Bull. Soc. Math. France*, 106 :399–416, 1978.

[Fau99]   J.C. Faugère. A new efficient algorithm for computing Gröbner Basis (F4). *J. of Pure and Applied Algebra*, 139 :61–88, 1999.

[Fau02]   J.-C. Faugère. A new efficient algorithm for computing gröbner bases without reduction to zero (F5). In *Proc. ISSAC*, 2002.

[FGLM93]   J-C. Faugère, P. Gianni, D. Lazard, and T Mora. Efficient computation of zero-dimensional gröbner bases by change of ordering. *J. Symb. Comput.*, 16 :329–344, 1993.

[FGS93]   N. Fitchas, M. Giusti, and M. Smietanski. Sur la complexité du théorème des zéros. In J. Gudatt, editor, *Proc. of the second. Int. Conf. on Approximation and Optimization*, Peter Lang Verlag, pages 274–329, La Habana, 1993.

[FJ03]   J.-C. Faugère and A. Joux. Algebraic cryptanalysis of hidden field equation (HFE) cryptosystems using Gröbner bases. In *Advances in cryptology—CRYPTO 2003*, volume 2729 of *Lecture Notes in Comput. Sci.*, pages 44–60. Springer, Berlin, 2003.

[FK99]   J.-C. Faugère and I. Kotsireas. Symmetry theorems for the Newtonian 4- and 5-body problems with equal masses. In *Computer algebra in scientific computing—CASC'99 (Munich)*, pages 81–92. Springer, Berlin, 1999.

[FMR98]   J.-C. Faugère, F. Moreau de Saint-Martin, and F. Rouillier. Design of regular nonseparable bidimensional wavelets using Gröbner basis techniques. *IEEE Trans. Signal Process.*, 46(4) :845–856, 1998.

[Fuh96]   P.A. Fuhrmann. *A polynomial approach to linear algebra.* Springer-Verlag, 1996.

[Ful93]   W. Fulton. *Introduction to Toric Varieties.* Number 131 in Annals of Mathematics. Princeton University Press, Princeton, 1993.

[GCL92]   K.O. Geddes, S.R. Czapor, and G. Labahn. *Algorithms for Computer Algebra.* Kluwer Academic Publishers, Norwell, Massachusetts, 1992.

[GH78]   Ph. Griffiths and J. Harris. *Principles of Algebraic Geometry.* Wiley Interscience, New York, 1978.

[GKZ94]   I.M. Gelfand, M.M. Kapranov, and A.V. Zelevinsky. *Discriminants, Resultants and Multidimensional Determinants.* Boston, Birkhäuser, 1994.

[GLGV98]   M-J. González-López and L. González-Vega. Newton identities in the multivariate case : Pham systems. In B Buchberger and Winkler F., editors, *Gröbner Bases and Applications*, volume 251, pages 351–366. Cambridge University Press, 1998.

[GPS]   G.-M. Greuel, G. Pfister, and H. Schoenemann. Singular, a computer algebra system for polynomial computations. Available at http ://www.singular.uni-kl.de/team.html.

[Grö70]   W. Gröbner. *Algebrische Geometrie II*, volume 737 of *Bib. Inst. Mannheim.* Hochschultaschenbücher, 1970.

[GS]   D. R. Grayson and M. E. Stillman. Macaulay 2, a software system for research in algebraic geometry. Available at http ://www.math.uiuc.edu/Macaulay2.

[GTZ88]   P. Gianni, B. Trager, and G. Zacharias. Groebner bases and primary decomposition of polynomial ideals. *J. Symb. Comput,* 6 :149–167, 1988.

[GVL93]   L. González-Vega and H. Lombardi. A real Nullstellensatz and Positivstellensatz for the semipolynomials over an ordered field. *J. Pure Appl. Algebra,* 90(2) :167–188, 1993.

[GVL96]   G. H. Golub and C. F. Van Loan. *Matrix computations.* Johns Hopkins Studies in the Mathematical Sciences. Johns Hopkins University Press, Baltimore, MD, third edition, 1996.

[GVRR97]   L. Gonzalez-Vega, F. Rouillier, and M.F. Roy. *Symbolic Recipes for Polynomial System Solving.* Some Tapas of Computer Algebra. Springer, 1997.

[Har77]   R. Hartshorne. *Algebraic Geometry.* Springer-Verlag, 1977.

[Har92]   J. Harris. *Algebraic Geometry, a first course*, volume 133 of *Graduate Texts in Math.* New-York, Springer-Verlag, 1992.

[Hic00]   M. Hickel. Une remarque sur le jacobien. Preprint, 2000.

[Hil93]   D. Hilbert. *Theory of algebraic invariant.* Cambridge mathematical library. Cambridge University Press, réédit. 1993.

[Hof89]   C.M. Hoffmann. *Geometric and Solid Modeling.* Morgan Kaufmann, 1989.

[Hur95]   A. Hurwitz. Uber die Bedingungen, unter welchen eine Gleichung nur Wurzeln mit negativen reellen Teilen besitzt. (On the conditions under which an equation has only roots with negative real parts). *Math. Ann.*, 46 :273–284, 1895.

[Jel93]   Z. Jelonek. The set of points at which a polynomial map is not proper. *Ann. Pol. Math*, 58 :259–266, 1993.

[Jou91]   J.P. Jouanolou. Le formalisme du résultant. *Adv. in Math.*, 90(2) :117–263, 1991.

[Jou93a]   J.P. Jouanolou. Formes d'inertie et Résultants : Un formulaire. Prépublication de l'IRMA (Strasbourg), 1993.

[Jou93b]   J.P. Jouanolou. Résultant anisotrope, compléments et applications. Prépublication de l'IRMA (Strasbourg), 1993.

[Ker66]   I. Kerner. Ein Gesamtschrittverfahrenzur Berechnung der Nullstellen von Polynomen. *Numer. Math.*, 8 :290–294, 1966.

[Kho78]   A.G. Khovanskii. Newton polyhedra and the genus of complete intersections. *Funktsional'nyi Analiz i Ego Prilozheniya*, 12(1) :51–61, Jan.–Mar. 1978.

[KL99]   I. Kotsireas and D. Lazard. Central configurations of the 5-body
            problem with equal masses in three-dimensional space. *Zap.
            Nauchn. Sem. S.-Peterburg. Otdel. Mat. Inst. Steklov. (POMI)*,
            258(Teor. Predst. Din. Sist. Komb. i Algoritm. Metody. 4) :292–
            317, 360–361, 1999.

[Kli72]   M. Kline. *Mathematical Thought from Ancient to Modern
            Times*, volume xvi. New York Oxford University Press, 1972.

[Kol88]   J. Kollár. Sharp effective Nullstellensatz. *J. Amer. Math. Soc.*,
            1 :963–975, 1988.

[Kol99]   J. Kollár. Real algebraic threefolds. II. Minimal model program.
            J. Amer. Math. Soc., 12(1) :33–83, 1999.

[KP96]   T. Krick and L.M. Pardo. A computational method for diopha-
            tine approximation. In L. González-Vega and T. Recio, editors,
            Algorithms in Algebraic Geometry and Applications, volume 143
            of *Prog. in Math.*, pages 193–254. Birkhäuser, Basel, 1996.

[KPS01]   T. Krick, L. M. Pardo, and M. Sombra. Sharp estimates for
            the arithmetic Nullstellensatz. *Duke Math. J.*, 109(3) :521–598,
            2001.

[Kun86]   E. Kunz. *Kähler differentials*. Advanced lectures in Mathema-
            tics. Friedr. Vieweg and Sohn, 1986.

[Kus75]   A.G. Kushnirenko. The Newton polyhedron and the number of
            solutions of a system of k equations in k unknowns. *Uspekhi
            Matem. Nauk.*, 30 :266–267, 1975.

[Kyt88]   A.M. Kytmanov. A transformation formula for grothendieck
            residues and some of its applications. *ib. Math. J.*, 29 :495–499,
            1988.

[Lan80]   S. Lang. *Algebra*. Addison-Wesley, 1980.

[Las01]   A. Lascoux. Note on interpolation in one and several variables.
            http://schubert.univ-mlv.fr/~al/, 2001.

[Laz81]   D. Lazard. Résolution des systèmes d'équations algébriques.
            Theo. Comp. Science, 15 :77–110, 1981.

[Laz93]   D. Lazard. Generalized Stewart platform : How to compute with
            rigid motions ? In *IMACS -SC'93*, 1993.

[Lip87]   J. Lipman. *Residues and traces of differential forms via Ho-schild homologie*, volume 61 of *Cont. Math.* AMS, Providence, 1987.

[Lom91]   H. Lombardi. Effective real Nullstellensatz and variants. In *Effective methods in algebraic geometry (Castiglioncello, 1990)*, volume 94 of *Progr. Math.*, pages 263–288. Birkhäuser Boston, Boston, MA, 1991.

[Mac02]   F.S. Macaulay. Some formulae in elimination. *Proc. London Math. Soc.*, 1(33) :3–27, 1902.

[Mac16]   F.S. Macaulay. *The Algebraic Theory of Modular Systems.* Cambridge Univ. Press, 1916.

[Mai94]   Ph. Maisonobe. $\mathcal{D}$-modules : an overview towards effectivity. In E. Tournier, editor, *Computer Algebra and Differential Equations*, pages 21–55. Cambridge Univ. Press, 1994.

[Mal85]   M.-P. Malliavin. *Algèbre commutative.* Collection Maîtrise de Mathématiques Pures. Masson, Paris, 1985.

[Mat80]   H. Matsumura. *Commutative Algebra.* Mathematics Lecture Notes Series. The Benjamin/Cummings Publishing Company, 1980.

[MC27]   F. Morley and A.B. Coble. New results in elimination. *American J. Math.*, 49 :463–488, 1927.

[MD95]   D. Manocha and J. Demmel. Algorithms for intersecting parametric and algebraic curves II : Multiple intersections. *Graphical Models and Image Proc.*, 57(2) :81–100, 1995.

[MM82]   E. Mayr and A. Meyer. The complexity of the word problems for commutative semigroups and polynomial ideals. *Adv. Math.*, 46 :305–329, 1982.

[MMM95]   M.G Marinari, T. Mora, and H.M. Möller. Grobner duality and multiplicities in polynomial system solving. In A.H.M. Levelt, editor, *ISSAC'95*, pages 167–179. ACM Press, 1995.

[Mon02]   C. Monico. Computing the primary decomposition of zero-dimensional ideals. *J. Symb. Comput.*, 34(5) :451–459, 2002.

[Mou93]   B. Mourrain. The 40 generic positions of a parallel robot. In M. Bronstein, editor, *Proc. Intern. Symp. on Symbolic and Algebraic Computation*, ACM press, pages 173–182, Kiev (Ukraine), July 1993.

[Mou96]   B. Mourrain. Enumeration problems in Geometry, Robotics and Vision. In L. González and T. Recio, editors, *Algorithms in Algebraic Geometry and Applications*, volume 143 of *Prog. in Math.*, pages 285–306. Birkhäuser, Basel, 1996.

[MP98]   B. Mourrain and V. Y. Pan. Asymptotic acceleration of solving multivariate polynomial systems of equations. In *Proc. STOC*, pages 488–496. ACM Press., 1998.

[MP00]   B. Mourrain and V. Y. Pan. Multivariate polynomials, duality and structured matrices. *J. of Complexity*, 16(1) :110–180, 2000.

[MPR03]   B. Mourrain, Y. V. Pan, and O. Ruatta. Accelerated solution of multivariate polynomial systems of equations. *SIAM J. Comput.*, 32(2) :435–454, 2003.

[MR02]   B. Mourrain and O. Ruatta. Relation between roots and coefficients, interpolation and application to system solving. *J. of Symb. Computation*, 33(5) :679–699, 2002.

[Net00]   E. Netto. *Vorlesungen über Algebra*. Leipzig, Teubner, 1900.

[Ped96]   P. S. Pedersen. A Basis for Polynomial Solutions to Systems of Linear Constant Coefficient PDE's. *Adv. In Math.*, 117 :157–163, 1996.

[Phi91]   P. Philippon. Dénominateurs dans le théorème des zéros de Hilbert. *Acta Arith.*, 58 :1–25, 1991.

[Plo85]   A. Ploski. In the growth of proper polynomial mappings. *Ann. Pol. Math.*, 45 :297–309, 1985.

[Plo86]   A. Ploski. Algebraic dependence and polynomial automorphisms. *Bull. Pol. Acad. Sci. Math.*, 34 :653–659, 1986.

[PRS93]   P. S. Pedersen, M.-F. Roy, and A. Szpirglas. Counting Real Zeros in the multivariate Case. In A. Galligo and F. Eyssette, editors, *Effective Methods in Algebraic Geometry (MEGA '92)*, Progress in Math., pages 203–223, Nice (France), 1993. Birkhäuser.

[PT96]   A. Ploski and P. Tworzewski. A separation condition for po-
             lynomial mappings. *Bull. Pol. Acad. Sci. Math.*, 44 :327–331,
             1996.

[Ren92]   J. Renegar. On the computational complexity and geometry of
             the first order theory of reals (I, II, III). *J. Symb. Computation*,
             13(3) :255–352, 1992.

[Rob86]   L. Robbiano. On the theory of graded structures. *J. Symb.
             Comp. 2*, pages 139–170, 1986.

[Rob00]   L. Robbiano. Computing ideals of points. *J. Symb. Comp*,
             30 :341–356, 2000.

[Rou95]   F. Rouillier. Real root counting for some robotics problems.
             In *Computational kinematics '95 (Sophia Antipolis, 1995)*, vo-
             lume 40 of *Solid Mech. Appl.*, pages 73–82. Kluwer Acad. Publ.,
             Dordrecht, 1995.

[Rou96]   F. Rouillier. *Algorithmes efficaces pour l'étude des zéros réels
             des systèmes polynomiaux*. Thèse de Doctorat, Université de
             Rennes, 1996.

[Rou99]   F. Rouillier. Solving zero-dimensional systems through the ra-
             tional univariate representation. *Appl. Algebra Engrg. Comm.
             Comput.*, 9(5) :433–461, 1999.

[RR95]   M. Raghavan and B. Roth. Solving polynomial systems for the
             the kinematic analysis of mechanisms and robot manipulators.
             ASME J. of Mechanical Design, 117(2) :71–79, 1995.

[Rua01]   O. Ruatta. A multivariate Weierstrass iterative rootfinder. In
             B. Mourrain, editor, *Proc. Annual ACM Intern. Symp. on Sym-
             bolic and Algebraic Computation*, pages 276–283, London, On-
             tario, 2001. New-York, ACM Press.

[Sha74]   I.R. Shafarevitch. *Basic Algebraic Geometry*. New-York,
             Springer-Verlag, 1974.

[Spo89]   S. Spodzieja. On some property of a homogeneous polynomial
             mapping. *Bull. de la Soc. des Sciences et des Lettres de Lódz*,
             59(5) :1–5, 1989.

[SS75]   G. Scheja and U. Storch. Über Spurfunktionen bei vollständigen
             Durschnitten. *J. Reine Angew Mathematik*, 278 :174–190, 1975.

[SS95]   J. Sabia and P. Solerno. Bounds for traces in complete intersec-
              tions and degrees in the Nullstellenstaz. *AAECC-6*, 948 :353–
              376, 1995.

[Stu93]   B. Sturmfels. Sparse elimination theory. In D. Eisenbud and
              L. Robbiano, editors, *Proc. Computat. Algebraic Geom. and
              Commut. Algebra 1991*, pages 264–298, Cortona, Italy, 1993.
              Cambridge Univ. Press.

[Syl53]   J.J. Sylvester. On a theory of syzygetic relations of two rational
              integral functions, comprising an application to the theory of
              Sturm's functions, and that of the greatest algebraic common
              measure. *Philosophical Trans.*, 143 :407–548, 1853.

[Tré02]   Ph. Trébuchet. *Vers une résolution stable et rapide des
              équations algébriques*. Thèse de Doctorat, Université Pierre et
              Marie Curie, 2002.

[Vas98]   W.V. Vasconcelos. *Computational Methods in Commutative Al-
              gebra and Algebraic Geometry*, volume 2 of *Algorithms and
              Computation in Mathematics*. Springer-Verlag, 1998.

[vdW50]   B.L. van der Waerden. *Modern Algebra*. F. Ungar Publishing
              Co., New York, 3rd edition, 1950.

[Wei03]   K. Weierstrass. Neuer Beweis des Satzes, dass Jede Ganze Ra-
              tionale Function einer Veränderlichen Dargestellt werden kann
              als ein Product aus Linearen Functionen derselben Veränderli-
              chen. *Mathematische Werke*, 1903. Tome 3.

[Wil65]   J. Wilkinson. *The Algebraic Eigenvalue Problem*. Oxford Univ.
              Press, London, 1965.

[Yuz84]   A.P. Yuzhakov. On the computation of the complete sum of
              residues relative to a polynomial mapping in $\mathbb{C}^n$. *Sov. Math.,
              Dokl.*, 29 :321–324, 1984.

INDEX

Déjà parus dans la même collection

1. T. CAZENAVE, A. HARAUX
Introduction aux problèmes d'évolution
semi-linéaires. 1990

2. P. JOLY
Mise en œuvre de la méthode des
éléments finis. 1990

3/4. E. GODLEWSKI, P.-A. RAVIART
Hyperbolic systems of conservation
laws. 1991

5/6. PH. DESTUYNDER
Modélisation mécanique des milieux
continus. 1991

7. J. C. NEDELEC
Notions sur les techniques d'éléments
finis. 1992

8. G. ROBIN
Algorithmique et cryptographie. 1992

9. D. LAMBERTON, B. LAPEYRE
Introduction au calcul stochastique
appliqué. 1992

10. C. BERNARDI, Y. MADAY
Approximations spectrales de problèmes
aux limites elliptiques. 1992

11. V. GENON-CATALOT, D. PICARD
Eléments de statistique asymptotique.
1993

12. P. DEHORNOY
Complexité et décidabilité. 1993

13. O. KAVIAN
Introduction à la théorie des points
critiques. 1994

14. A. BOSSAVIT
Électromagnétisme, en vue de la
modélisation. 1994

15. R. KH. ZEYTOUNIAN
Modélisation asymptotique en
mécanique des fluides Newtoniens. 1994

16. D. BOUCHE, F. MOLINET
Méthodes asymptotiques en
électromagnétisme. 1994

17. G. BARLES
Solutions de viscosité des équations
de Hamilton-Jacobi. 1994

18. Q. S. NGUYEN
Stabilité des structures élastiques. 1995

19. F. ROBERT
Les systèmes dynamiques discrets. 1995

20. O. PAPINI, J. WOLFMANN
Algèbre discrète et codes correcteurs.
1995

21. D. COLLOMBIER
Plans d'expérience factoriels. 1996

22. G. GAGNEUX, M. MADAUNE-TORT
Analyse mathématique de modèles non
linéaires de l'ingénierie pétrolière. 1996

23. M. DUFLO
Algorithmes stochastiques. 1996

24. P. DESTUYNDER, M. SALAUN
Mathematical Analysis of Thin Plate
Models. 1996

25. P. ROUGEE
Mécanique des grandes transformations.
1997

26. L. HÖRMANDER
Lectures on Nonlinear Hyperbolic
Differential Equations. 1997

27. J. F. BONNANS, J. C. GILBERT,
C. LEMARÉCHAL, C. SAGASTIZÁBAL
Optimisation numérique. 1997

28. C. COCOZZA-THIVENT
Processus stochastiques et fiabilité des
systèmes. 1997

29. B. LAPEYRE, É. PARDOUX, R. SENTIS
Méthodes de Monte-Carlo pour les
équations de transport et de diffusion.
1998

30. P. SAGAUT
Introduction à la simulation des grandes
échelles pour les écoulements de fluide
incompressible. 1998

31. E. RIO
Théorie asymptotique des processus
aléatoires faiblement dépendants. 1999

32. J. MOREAU, P.-A. DOUDIN,
P. CAZES (EDS.)
L'analyse des correspondances et les
techniques connexes. 1999

33. B. CHALMOND
Eléments de modélisation pour l'analyse
d'images. 1999

Déjà parus dans la même collection

34. J. ISTAS
Introduction aux modélisations
mathématiques pour les sciences du
vivant. 2000

35. P. ROBERT
Réseaux et files d'attente : méthodes
probabilistes. 2000

36. A. ERN, J.-L. GUERMOND
Eléments finis : théorie, applications,
mise en œuvre. 2001

37. S. SORIN
A First Course on Zero-Sum Repeated
Games. 2002

38. J. F. MAURRAS
Programmation linéaire, complexité.
2002

39. B. YCART
Modèles et algorithmes Markoviens.
2002

40. B. BONNARD, M. CHYBA
Singular Trajectories and their Role in
Control Theory. 2003

41. A. TSYBAKOV
Introdution à l'estimation
non-paramétrique. 2003

42. J. ABDELJAOUED, H. LOMBARDI
Méthodes matricielles – Introduction à la
complexité algébrique. 2004

43. U. BOSCAIN, B. PICCOLI
Optimal Syntheses for Control Systems
on 2-D Manifolds. 2004

44. L. YOUNES
Invariance, déformations et
reconnaissance de formes.
2004

45. C. BERNARDI, Y. MADAY, F. RAPETTI
Discrétisations variationnelles de
problèmes aux limites elliptiques.
2004

46. J.-P. FRANÇOISE
Oscillations en biologie : Analyse
qualitative et modèles. 2005

47. C. LE BRIS
Systèmes multi-échelles : Modélisation
et simulation. 2005

48. A. HENROT, M. PIERRE
Variation et optimisation de formes :
Une analyse géometric.
2005

49. B. BIDÉGARAY-FESQUET
Hiérarchie de modèles en optique
quantique : De Maxwell-Bloch à
Schrödinger non-linéaire.
2005

50. R. DÁGER, E. ZUAZUA
Wave Propagation, Observation and
Control in $1 - d$ Flexible
Multi-Structures. 2005

51. B. BONNARD, L. FAUBOURG,
E. TRÉLAT
Mécanique céleste et contrôle des
véhicules spatiaux. 2005

52. F. BOYER, P. FABRIE
Eléments d'analyse pour
l'étude de quelques modèles
d'écoulements de fluides
visqueux incompressibles.
2005

53. E. CANCÈS, C. L. BRIS, Y. MADAY
Méthodes mathématiques
en chimie quantique.
Une introduction. 2006

54. J-P. DEDIEU
Points fixes, zeros et la methode
de Newton. 2006

55. P. LOPEZ, A. S. NOURI
Théorie élémentaire et
pratique de la commande
par les régimes glissants. 2006

56. J. COUSTEIX, J. MAUSS
Analyse asympotitque et
couche limite. 2006

57. J.-F. DELMAS, B. JOURDAIN
Modèles aléatoires. 2006

58. G. ALLAIRE
Conception optimale de structures.
2007

59. M. ELKADI, B. MOURRAIN
Introduction à la résolution des systèmes
polynomiaux. 2007